面向系统能力培养大学计算机类专业规划教材

离散数学简明教程

卢 力 编著

清華大学出版社
北 京

内 容 简 介

离散数学是研究离散量的结构和相互间关系的学科，是计算机、软件工程等专业的理论基础.

本书依据教育部计算机科学与技术教学指导委员会编制的《高等学校计算机科学与技术专业规范》和《高等学校计算机科学与技术专业核心课程教学实施方案》进行编写，简要介绍离散数学的集合论、抽象代数、图论和数理逻辑 4 个部分，主要包括集合及其运算，关系，函数，代数系统，群、环和域，格和布尔代数，图与树，特殊图，命题逻辑，谓词逻辑共 10 章，“整数的整除与同余”一章作为预备知识供学习集合论和代数系统部分时参考. 由于教材以集合论开头，便于学生学习时循序渐进，同时由于教材内容简明扼要，例题和习题多且包含一些实际应用问题，从而可以调动学生的学习积极性，培养学生的数学思维和解决实际问题的能力，为后续专业课程的学习奠定良好的基础.

本书可作为高等院校计算机、软件工程及相关专业本科生“离散数学”课程的教材，也可供从事计算机、软件工程及相关领域研究和应用开发人员自学或参考.

图书在版编目(CIP)数据

离散数学简明教程/卢力编著. —北京：清华大学出版社，2017（2024.2重印）
（面向系统能力培养大学计算机类专业规划教材）
ISBN 978-7-302-46062-6

Ⅰ. ①离… Ⅱ. ①卢… Ⅲ. ①离散数学－教材 Ⅳ. ①O158

中国版本图书馆 CIP 数据核字(2017)第 004893 号

责任编辑：张瑞庆 赵晓宁
封面设计：常雪影
责任校对：李建庄
责任印制：宋 林

出版发行：清华大学出版社
网　　址：https：//www.tup.com.cn，https：//www.wqxuetang.com
地　　址：北京清华大学学研大厦 A 座　　**邮　　编**：100084
社 总 机：010-83470000　　**邮　　购**：010-62786544
投稿与读者服务：010-62776969，c-service@tup.tsinghua.edu.cn
质 量 反 馈：010-62772015，zhiliang@tup.tsinghua.edu.cn
课 件 下 载：https：//www.tup.com.cn，010-83470236
印 装 者：三河市龙大印装有限公司
经　　销：全国新华书店
开　　本：185mm×260mm　　**印　　张**：20.75　　**字　　数**：526 千字
版　　次：2017 年 7 月第 1 版　　**印　　次**：2024 年 2 月第 5 次印刷
定　　价：53.90 元

产品编号：069439-03

FOREWORD

前 言

离散数学是相对于连续数学而言的. 从数学的发展历程来看,最开始的数学是离散的数学,如计数;后面出现微积分这样连续的数学;随着计算机的出现,离散数学重新找到了它应有的位置.

广义来讲,离散数学包括两个方面,一个是连续数学的离散化,即计算数学或数值分析的研究内容;另一个就是离散量自身的研究内容. 一般而言,离散数学是研究离散量的结构和相互间关系的学科. 离散结构则是离散数学和组合数学的统称.

离散数学是计算机、软件工程专业的一门核心基础课程,其主要作用如下:

(1) 离散数学为后继专业课程如数据结构、数据库原理、数字逻辑、信息安全、编译原理、人工智能、操作系统等提供必要的数学基础;

(2) 离散数学为从事计算机科学各方面的工作以及解决计算机科学中遇到的实际问题等提供有力的工具;

(3) 离散数学是现代数学的一个重要分支,通过该课程的学习可以提高逻辑思维与抽象思维能力、创造性思维能力以及分析和解决实际问题的能力等,培养出高素质的人才.

离散数学课程的主要内容可以分为4个部分,其导图如下. 课程以离散量为研究对象,内容丰富,涉及面宽,具有4个主要的特点:以集合论为基础;高度的抽象性;推理的严密性;应用的广泛性.

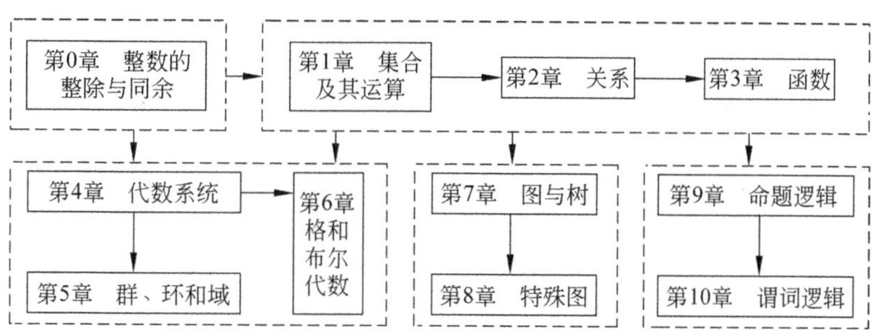

本课程概念多、定理多、推理多,并且内容较为抽象. 但由于它是为后继专业知识的学习做必要的数学准备的,因此它研究的内容均比较基础,难度不大. 在学习离散数学的过程中,不必过分关注它的用处以及它在计算机学科中所起的作用,而应从以下几个方面入手,力争学好本课程的全部内容.

(1) 熟读教材,重于细节. 这是学好离散数学不可缺少的一环,要准确理解各个概念和定理的含义,要看懂必要的推理过程.

(2) 独立思考,加强练习. 在熟读教材的基础上,必须通过练习、独立思考来真正获取知识.

FOREWORD

前 言

(3) 注重抽象思维能力的培养. 要学好这门课程,必须具有较强的抽象思维能力,才能深入掌握课程内容. 证明技巧的训练,可以促进推理技能的提高、逻辑抽象的深入、思维方式的严谨和理解能力的增强.

本教材是编者根据多年从事离散数学课程教学实践,并在参阅国内同行编著的多本教材的基础上编写完成的,特别是在教学中一直选用洪帆教授主编的《离散数学基础》组织教学,因此受到了许多潜移默化的影响,在此表示衷心的感谢. 教材的编写得到了华中科技大学教材建设项目的资助和清华大学出版社的支持,在此一并表示衷心的感谢.

讲授本教材的基本部分约需 64～80 学时. 教材习题分为 A 类题和 B 类题两类,其中 B 类题多为知识拓展和难度较大的综合题,供学习者选做. 另有思考题散布于教材内容之中. 教材还配有电子教案,与教材配套的习题解答也在整理之中.

限于编者的水平,书中错误和疏漏之处在所难免,敬请读者不吝指正.

编 者

2017 年 4 月于武汉

C O N T E N T S

目录

CONTENTS

目录

C O N T E N T S

C O N T E N T S

CONTENTS

C O N T E N T S

CONTENTS

C O N T E N T S

第 0 章　整数的整除与同余

数学是科学之王,数论是数学之王,因此吸引着一些具有数学天赋和灵感的人终生投身于数论的研究. 数论最初是从研究整数开始的,所以也称为整数论,后来进一步发展成为数论. 确切地说,数论是研究整数性质和方程整数解的学科. 数论是一门最古老的数学分支,以严格和简洁著称,既丰富又深刻,问题浅显易懂,但从经验归纳往往又难于证明. 因此,数论具有概念简单易懂但解题过程困难曲折等特点. 长期以来,数论被当作"纯"数学进行研究,但随着密码学等的发展,数论产生的影响越来越大,已成为计算机科学技术和通信工程技术领域的重要数学基础.

初等数论是用初等数学的方法来研究整数性质和方程整数解的学科. 本章将重点介绍整数的整除和同余,它们是初等数论中两个最重要的概念,也是初等数论的基础,在计算机的数据表示、数据传输以及数据保密等方面起着非常重要的作用.

0.1　整除及带余除法

0.1.1　整数

整数、正整数、负整数分别是集合$\{\cdots,-3,-2,-1,0,1,2,3,\cdots\}$,$\{1,2,3,\cdots\}$,$\{\cdots,-3,-2,-1\}$中的元素.

奇数、偶数分别是集合$\{\cdots,-5,-3,-1,1,3,5,\cdots\}$,$\{\cdots,-6,-4,-2,0,2,4,6,\cdots\}$中的元素.

常用 $\mathbf{Z}$ 表示所有整数构成的集合,$\mathbf{Z}^+$ 表示所有正整数构成的集合,$\mathbf{N}$ 表示所有非负整数即自然数构成的集合,小写字母 $a,b,c,d,\cdots$ 表示整数.

整数的加、减、乘、除四则运算的符号分别用$+$、$-$、$\times$或$\cdot$、$/$表示.

当几个小写英文字母在一起时,表示将这几个整数相乘,例如 $ab=a\times b$,$abc=a\times b\times c$.

当 n 是正整数时,a^n 表示由 n 个相同的整数 a 相乘所得的积. 记 $a^1=a$.

用记号$|a|$来表示整数 a 的绝对值,即

$$|a|=\begin{cases}a, & a\geqslant 0\\ -a, & a<0\end{cases}$$

最小整数公理(良序性)　正整数集合 $\mathbf{Z}^+$ 的任意非空子集都存在一个最小的正整数.

显然,正整数集合 $\mathbf{Z}^+$ 具有良序性,但是整数集合 $\mathbf{Z}$ 并不具有良序性,因为没有最小值.

在整数的加、减、乘、除四则运算中,

$$整数+整数=整数,\quad 整数-整数=整数,\quad 整数\times 整数=整数$$

但是整数除整数却不一定得到整数,这正是将要研究的整数的整除性.

0.1.2 整除的概念与性质

定义 0.1 设 a,b 是两个整数，$a\neq 0$. 如果存在整数 q，使得 $b=aq$，则称 **a 整除 b**，或 **b 被 a 整除**，记为 $a|b$，又称 a 是 b 的**因子或因数**，b 是 a 的**倍数**. 此时 q 可表示为 $q=b/a$. 如果找不到这样的整数 q，则称 **a 不整除 b**，记为 $a\nmid b$.

例如：$2|6$，而 $-4\nmid 6$，同时 6 的因子分别为 $\pm1,\pm2,\pm3,\pm6$.

根据整除的定义，显然有

(1) 设 a 是任一非零整数，则 $a|0$，即 0 是任一非零整数的倍数.

(2) 设 a 是任一整数，则 $\pm1|a$，即 1 和 -1 是任一整数的因数.

(3) 设 a 是任一非零整数，则 $a|a$，即任一非零整数是其自身的倍数，也是其自身的因数.

非零整数 a 的因子 $\pm1,\pm a$ 称为 a 的**平凡因子**，其他的因子（如果存在的话）称为 a 的**非平凡因子或真因子**.

显然，若整数 b 是 a 的真因子，则有 $1<|b|<|a|$.

定义 0.2 设 a,b 是两个整数，形如 $ax+by$ 的数称为 a 与 b 的**线性组合**，其中 x,y 是任意的整数.

两个整数的线性组合可推广到有限个整数的情形.

定理 0.1 设 a,b,c 为整数，则有

(1) $a|b$ 当且仅当 $a|-b$ 当且仅当 $-a|b$ 当且仅当 $-a|-b$ 当且仅当 $|a|\,|\,|b|$.

(2) 若 $a|b$ 且 $b|a$，则 $b=a$ 或者 $b=-a$.

(3) 若 $a|b$ 且 $b|c$，则 $a|c$.

(4) $c|a$ 且 $c|b$ 当且仅当对任意的 $x,y\in\mathbf{Z}$，都有 $c|(ax+by)$.

(5) 若 $a|b$ 且 $b\neq0$，则 $|a|\leqslant|b|$.

(6) $a|b$ 当且仅当 $ca|cb$，其中 $c\neq0$.

证明 (1) 证明 $a|b$ 当且仅当 $a|-b$，其余证法类似.

若 $a|b$，则存在整数 e，使得 $b=ae$，因此 $(-b)=a(-e)$，所以 $a|-b$.

同法可证，若 $a|-b$，则 $a|b$. 故 $a|b$ 当且仅当 $a|-b$.

(2) 若 $a|b$ 且 $b|a$，则存在整数 e 和 f，使得 $b=ae$ 且 $a=bf$，于是 $ef=1$.

由于 e 与 f 是整数，因而 $e=f=1$ 或 $e=f=-1$. 故 $b=a$ 或者 $b=-a$.

(3) 若 $a|b$ 且 $b|c$，则存在整数 e 和 f，使得 $b=ae$ 且 $c=bf$，于是 $c=a(ef)$.

由于整数 e 与 f 的乘积仍然是整数，因而 $a|c$.

(4) 由于 $c|a$ 且 $c|b$，故存在整数 e 和 f，使得 $a=ce$ 且 $b=cf$，因而

$$ax+by=cex+cfy=c(ex+fy)$$

由于 $ex+fy$ 仍然是整数，因而 $c|(ax+by)$.

反之，令 $x=1,y=0$ 和 $x=0,y=1$，则分别有 $c|a$ 且 $c|b$.

此性质常称为**整除的组合性质**.

(5) 若 $a|b$，则由 $b\neq0$ 知，存在整数 $e\neq0$，使得 $b=ae$，故 $|b|=|a|\,|e|$. 又因为 $|e|\geqslant1$，因此 $|a|\leqslant|b|$.

(6) 若 $a|b$,则存在整数 e,使得 $b=ae$,因此 $cb=(ca)e$,所以 $ca|cb(c\neq 0)$.

同法可证,若 $ca|cb(c\neq 0)$,则 $a|b$.故 $a|b$ 当且仅当 $ca|cb(c\neq 0)$. ■

推论 0.1 设 $a_1,a_2,\cdots,a_n,b$ 为整数,若 $b|a_1,b|a_2,\cdots,b|a_n$,则对任意的整数 $c_1,c_2,\cdots,c_n$,有 $b|(c_1a_1+c_2a_2+\cdots+c_na_n)$.

证明 由定理 0.1(4)立得. ■

推论 0.2 设 a,b 为整数,若 $a|b$ 且 $|b|<|a|$,则 $b=0$.

证明 由定理 0.1(5)立得. ■

【例 0.1】 证明:若 n 是奇数,则 $8|(n^2-1)$.

证明 若 n 是奇数,则存在整数 k,使得 $n=2k+1$,于是

$$n^2-1=(2k+1)^2-1=4k(k+1)$$

因为 k 与 $k+1$ 中有一个为偶数,所以 $8|(n^2-1)$.

【例 0.2】 证明:若 $3|n,5|n$,则 $15|n$.

证明 若 $3|n$,则存在整数 s,使得 $n=3s$,故 $5|3s$. 显然 $5|5s$,故有 $5|(2\times 5s-3\times 3s)$,即 $5|s$,因而存在整数 t,使得 $s=5t$,所以 $n=3(5t)=15t$,于是 $15|n$.

【例 0.3】 设 a,b 为两个非零整数,且有整数 s,t,使得 $as+bt=1$,证明:

(1) 若 $m|a$ 且 $m|b$,则 $m=\pm 1$.

(2) 若 $a|n$ 且 $b|n$,则 $ab|n$.

证明:(1) 若 $m|a$ 且 $m|b$,则 $m|(as+bt)$. 由题设 $as+bt=1$ 知 $m|1$,故 $m=\pm 1$.

(2) 由题设 $as+bt=1$,有

$$n=n\times 1=n(as+bt)=(na)s+(nb)t$$

再由 $a|n$ 且 $b|n$,有 $ab|nb$ 且 $ab|an$,因此 $ab|((na)s+(nb)t)$,即 $ab|n$.

定义 0.3 设整数 $a\neq 0,a\neq\pm 1$,如果它没有真因数,则称 a 为**素数**或**质数**、**不可约数**,否则称 a 为**合数**.

例如,2,3,5,7,11,13,…都是素数;4,6,8,9,10,12,…都是合数. 通常用 p 或 $p_1,p_2,p_3,\cdots$表示素数.

由素数和合数的定义知,整数集合可分为三类:素数集合、合数集合和$\{0,1,-1\}$.

以后约定,素数和合数是正整数,因为 a 是素数(合数)当且仅当$-a$ 是素数(合数).

定义 0.4 设 $x\in\mathbf{R}$(实数集合),$[x]$表示不超过 x 的最大整数,称为 x 的**整数部分**;$\{x\}$表示 $x-[x]$,称为 x 的**小数部分**.

例如:$[3.14]=3,\{3.14\}=0.14;[-3.14]=-4,\{-3.14\}=0.86$.

0.1.3 带余除法

定理 0.2(带余除法) 设 a,b 是两个整数,$b\neq 0$,则存在唯一的一对整数 q 和 r,使得

$$a=qb+r,\quad 0\leqslant r<|b| \tag{0.1}$$

并分别称 q 与 r 为 b 除 a 的**商**和**余数**.

证明 如果 $b>0$,则 b 的倍数由小到大排列为

$$\cdots,-4b,-3b,-2b,-b,0b,b,2b,3b,4b,\cdots$$

如果 $b<0$,则 b 的倍数由小到大排列为

$$\cdots,4b,3b,2b,b,0b,-b,-2b,-3b,-4b,\cdots$$

整数 a 同 b 的这些倍数相比可能出现以下两种情形：

(1) 存在整数 q，使得 $a=qb$，此时取 $r=0$，则式(0.1)成立.

(2) 当 $b>0$ 时，存在整数 q，使得 $qb\leqslant a<(q+1)b$，因此有 $0\leqslant a-qb<b$.

当 $b<0$ 时，存在整数 q，使得 $qb\leqslant a<(q-1)b$，因此有 $0\leqslant a-qb<-b$.

于是 $0\leqslant a-qb<|b|$. 令 $r=a-qb$，则 $a=qb+r, 0\leqslant r<|b|$.

此即证明了 q 和 r 的存在性.

假设分别存在整数 q 与 r，以及 q_1 与 r_1，使得

$$a=qb+r,\quad 0\leqslant r<|b|$$

$$a=q_1b+r_1,\quad 0\leqslant r_1<|b|$$

两式相减得：$r_1-r=(q-q_1)b$. 于是 $b|(r_1-r)$，且 $|r_1-r|=|(q-q_1)b|$.

因为 $0\leqslant r<|b|, 0\leqslant r_1<|b|$，故有 $|r_1-r|<|b|$.

若 $q\neq q_1$，则 $|(q-q_1)b|\geqslant|b|$，而 $|r_1-r|<|b|$，矛盾. 故必有 $q=q_1, r=r_1$. 即商 q 和余数 r 都是唯一的. ■

显然，若 $a=qb+r, 0\leqslant r<|b|$，则 $b|a$ 当且仅当 $r=0$.

一般情况下，约定 $b>0$，则式(0.1)表示为

$$a=qb+r,\quad 0\leqslant r<b \tag{0.2}$$

其中 r 常记为 $\mathrm{res}_b(a)$.

推论 0.3 设整数 $a>0$，则任一整数被 a 除后所得到的最小非负余数是且仅是 $0,1,2,\cdots,a-1$ 这 a 个数中的一个.

注意：这是带余除法定理的直接推论，是整数的进制表示法的基础.

【例 0.4】 证明：任意给出的 5 个整数中，必有三个数之和被 3 整除.

证明：设 $a_1\sim a_5$ 为 5 个整数，且由带余除法有

$$a_i=3q_i+r_i,\quad 0\leqslant r_i<3, i=1,2,3,4,5$$

分别考虑以下两种情况：

(1) 若在 $r_1\sim r_5$ 中数 0,1,2 都出现，不妨设 $r_1=0, r_2=1, r_3=2$，则

$$a_1+a_2+a_3=3(q_1+q_2+q_3)+3$$

可被 3 整除.

(2) 若在 $r_1\sim r_5$ 中数 0,1,2 至少有一个不出现，则至少有三个取相同的值，不妨设 $r_1=r_2=r_3=r(r=0,1$ 或 $2)$，因而

$$a_1+a_2+a_3=3(q_1+q_2+q_3)+3r$$

可被 3 整除.

0.1.4 整数的进制表示法

整数通常是以十进制表示的，除此之外，还有二进制表示等，下面对此进行讨论.

定理 0.3 设整数 $b>1$，则任意正整数 n 都可以唯一表示为

$$n=a_kb^k+a_{k-1}b^{k-1}+\cdots+a_1b+a_0 \tag{0.3}$$

称此表达式为正整数 n 的 **b 进制表示**，记为

$$n=(a_k a_{k-1}\cdots a_1 a_0)_b \tag{0.4}$$

其中 $0\leqslant a_j<b, j=0,1,\cdots,k$，且首项系数 $a_k\neq 0$，k 是非负整数.

证明 根据带余除法，以 b 除 n，得到 $n=bq_0+a_0, 0\leqslant a_0<b$.

如果 $q_0\neq 0$，继续以 b 除 q_0，得到 $q_0=bq_1+a_1, 0\leqslant a_1<b$.

继续这个过程，依次得到

$$q_1=bq_2+a_2,\quad 0\leqslant a_2<b$$
$$\vdots$$
$$q_{k-2}=bq_{k-1}+a_{k-1},\quad 0\leqslant a_{k-1}<b$$
$$q_{k-1}=b\times 0+a_k,\quad 0\leqslant a_k<b$$

当商为 0 时，结束这个过程.

将第二个方程 $q_0=bq_1+a_1$ 代入到第一个方程 $n=bq_0+a_0$，得到

$$n=b(bq_1+a_1)+a_0=b^2q_1+a_1b+a_0$$

以 $q_1=bq_2+a_2$ 进行替换，得到

$$n=b^3q_2+a_2b^2+a_1b+a_0$$
$$\cdots$$

以 $q_{k-2}=bq_{k-1}+a_{k-1}$ 进行替换，得到

$$n=b^kq_{k-1}+a_{k-1}b^{k-1}+\cdots+a_1b+a_0$$

以 $q_{k-1}=b\times 0+a_k$ 进行替换，得到

$$n=a_kb^k+a_{k-1}b^{k-1}+\cdots+a_1b+a_0$$

其中 $0\leqslant a_j<b, j=0,1,\cdots,k$，且 $a_k\neq 0$. 这里假定 $a_k=q_{k-1}$ 是最后一个不为 0 的商.

因此，存在性得证.

假设 n 有两个表达式

$$n=a_kb^k+a_{k-1}b^{k-1}+\cdots+a_1b+a_0$$
$$n=c_kb^k+c_{k-1}b^{k-1}+\cdots+c_1b+c_0$$

其中 $0\leqslant a_j<b, 0\leqslant c_j<b, j=0,1,\cdots,k$，且 $a_k\neq 0, c_k\neq 0$.

将两式相减，得到

$$(a_k-c_k)b^k+(a_{k-1}-c_{k-1})b^{k-1}+\cdots+(a_1-c_1)b+(a_0-c_0)=0$$

若两式不同，则必定存在一个最小的整数 $j, 0\leqslant j\leqslant k$，使得 $a_j\neq c_j$，因此有

$$(a_k-c_k)b^k+\cdots+(a_{j+1}-c_{j+1})b^{j+1}+(a_j-c_j)b^j=0$$

即

$$[(a_k-c_k)b^{k-j}+\cdots+(a_{j+1}-c_{j+1})b+(a_j-c_j)]b^j=0$$

亦即

$$(a_k-c_k)b^{k-j}+\cdots+(a_{j+1}-c_{j+1})b+(a_j-c_j)=0$$

因此

$$\begin{aligned}a_j-c_j&=(c_k-a_k)b^{k-j}+\cdots+(c_{j+1}-a_{j+1})b\\&=[(c_k-a_k)b^{k-j-1}+\cdots+(c_{j+1}-a_{j+1})]b\end{aligned}$$

故 $b\mid(a_j-c_j)$，因而 $|a_j-c_j|\geqslant b$.

然而由 $0\leqslant a_j<b, 0\leqslant c_j<b$，得到 $|a_j-c_j|<b$，从而得出矛盾. 因此 n 的表达式是唯一

的. ■

【思考 0.1】 定理 0.3 的证明过程中,为什么重复带余除法的过程可以在有限步骤内使得商为 0?

注意:正整数 n 的表示法的证明过程给出了一个寻找 n 的以 b 为基底的表达式的方法,具体步骤如下:

(1) 以 b 除 n,得到商 $[n/b]=q_0$,余数 a_0.

(2) 以 b 除商 q_0,得到商 q_1,余数 a_1.

(3) 继续这一过程,依次以 b 除商,直到商值为 0 时终止.

(4) 按式(0.3)或式(0.4)写出正整数 n 的 b 进制表示.

【例 0.5】 给出整数 2345 的十进制表示.

【解】 逐次应用带余数除法得到

$$2345 = 10 \times 234 + 5$$
$$234 = 10 \times 23 + 4$$
$$23 = 10 \times 2 + 3$$
$$2 = 10 \times 0 + 2$$

依次"由后向前"选取这些除式的余数即得

$$2345 = 2 \times 10^3 + 3 \times 10^2 + 4 \times 10 + 5$$

在计算机中普遍采用的是二进制表示法,即在整数 n 的 b 进制表示中取 $b=2$.

【例 0.6】 计算整数 642 的以 2 为基底的表达式.

【解】 逐次应用带余数除法得到

$$642 = 2 \times 321 + 0$$
$$321 = 2 \times 160 + 1$$
$$160 = 2 \times 80 + 0$$
$$80 = 2 \times 40 + 0$$
$$40 = 2 \times 20 + 0$$
$$20 = 2 \times 10 + 0$$
$$10 = 2 \times 5 + 0$$
$$5 = 2 \times 2 + 1$$
$$2 = 2 \times 1 + 0$$
$$1 = 2 \times 0 + 1$$

因此 $642=(1010000010)_2$.

【例 0.7】 将 $(110101)_2$ 化成十进制数.

【解】 $(110101)_2 = 1\times 2^5 + 1\times 2^4 + 0\times 2^3 + 1\times 2^2 + 0\times 2 + 1 = 53$

另外一种常见的进制表示法是八进制.

【例 0.8】 将整数 226 化为八进制数.

【解】 依次应用带余数除法得到

$$226 = 8 \times 28 + 2$$
$$28 = 8 \times 3 + 4$$

$$3 = 8 \times 0 + 3$$

因此 $227 = (342)_8$.

【例 0.9】 将 $(112)_8$ 化为十进制数.

【解】 $(112)_8 = 1 \times 8^2 + 1 \times 8 + 2 = 74$.

常用的进制转换包括将二进制数转换成八进制数和将八进制数转换成二进制数. 转换方法分别如下:

(1) 将二进制数转换成八进制数,先依次将待转换的二进制数的数字从右向左每三个数字分为一组,最后一组不够三个数字时可在前面添加 0,再将每一组和八进制数中的一个数字进行转换.

转换时可使用下面的式子:

$$(0)_8 = 0 = (0)_2 = (000)_2$$
$$(1)_8 = 1 = (1)_2 = (001)_2$$
$$(2)_8 = 2 = (10)_2 = (010)_2$$
$$(3)_8 = 3 = (11)_2 = (011)_2$$
$$(4)_8 = 4 = (100)_2$$
$$(5)_8 = 5 = (101)_2$$
$$(6)_8 = 6 = (110)_2$$
$$(7)_8 = 7 = (111)_2$$

(2) 将八进制数转换成二进制数,只需依次将此八进制数的数字和相对应的每三个数字为一组的二进制数进行转换.

【例 0.10】 将 $(110101)_2$ 化为八进制数.

【解】 将这个二进制数依次分成三个数字为一组,得

$$(110101)_2 = (110\ 101)_2$$

由 $(110)_2 = (6)_8$, $(101)_2 = (5)_8$, 得

$$(110101)_2 = (65)_8$$

【例 0.11】 将 $(3267)_8$ 化为二进制数.

【解】 由 $(3)_8 = (011)_2$, $(2)_8 = (010)_2$, $(6)_8 = (110)_2$, $(7)_8 = (111)_2$, 即得

$$(3267)_8 = (011010110111)_2 = (11010110111)_2$$

【思考 0.2】 $11\cdots11_2$(n 个 1)是质数还是合数? $10\cdots01_2$(n 个 0)呢?

0.1.5 数学归纳法

一般地,证明一个与自然数 n 有关的命题 $P(n)$,可以采用数学归纳法.

1. 第一数学归纳法

第一数学归纳法有如下步骤:

(1) 证明当 n 取第一个值 n_0 时命题成立(一般 n_0 取值为 0 或 1,但也有特殊情况).

(2) 假设当 $n=k$($k \geqslant n_0$, k 为正整数)时命题成立,证明当 $n=k+1$ 时命题也成立.

综合(1)、(2),对一切自然数 $n(\geqslant n_0)$,命题 $P(n)$ 都成立.

2. 第二数学归纳法

第二数学归纳法有如下步骤：

(1) 证明当 $n=n_0$ 时 $P(n)$ 成立.

(2) 假设 $n_0 \leqslant n \leqslant k$ 时 $P(n)$ 成立,并在此基础上推出 $P(k+1)$ 也成立.

综合(1)、(2),对一切自然数 $n(\geqslant n_0)$,命题 $P(n)$ 都成立.

0.2 整数分解

0.2.1 最大公因数及其性质

定义 0.5 设 a,b 是两个整数,如果 $d|a$ 且 $d|b$,则称整数 d 为 a,b 的**公因数**或**公因子**、**公约数**;若整数 a,b 不全为 0,那么能够同时整除 a 与 b 的最大整数称为 a,b 的**最大公因数**或**最大公因子**、**最大公约数**,记为 $\gcd(a,b)$ 或者 (a,b),同时定义 $(0,0)=0$.

例如：36 与 48 的公因数为 $\pm 1,\pm 2,\pm 3,\pm 4,\pm 6,\pm 12$,因此 $(36,48)=12$. 类似地,$(-31,62)=31$.

定义 0.6 设 $a_1,a_2,\cdots,a_n$ 是不全为 0 的整数,若 $m|a_1,m|a_2,\cdots,m|a_n$,则称整数 m 为整数 $a_1,a_2,\cdots,a_n$ 的**公因数**. 所有公因数中最大的正整数称为 $a_1,a_2,\cdots,a_n$ 的**最大公因数**,记为 $\gcd(a_1,a_2,\cdots,a_n)$ 或者 $(a_1,a_2,\cdots,a_n)$.

例如,$(14,21,42)=7$,$(120,-36,72)=12$.

利用数学归纳法易证：若 $a_1,a_2,\cdots,a_n$ 是不全为 0 的整数,则

$$(a_1,a_2,\cdots,a_n)=((a_1,a_2,\cdots,a_{n-1}),a_n)$$

定义 0.7 如果整数 a 与 b 的最大公因数为 1,即 $(a,b)=1$,则称 a 与 b **互素**或**互质**.

定义 0.8 若 $(a_1,a_2,\cdots,a_n)=1$,则称整数 $a_1,a_2,\cdots,a_n$ 是**互素的**或**互质的**;若 $(a_i,a_j)=1,i,j=1,2,\cdots,n,i\neq j$,则称 $a_1,a_2,\cdots,a_n$ 是**两两互素的**或**两两互质的**.

两两互素的一定是互素的,但反之不一定成立. 例如,$(6,10,15)=1$,但 $(6,10)=2$,$(6,15)=3$,$(10,15)=5$.

注意：因为 $-a$ 与 a 有相同的因数,即 $(a,b)=(|a|,|b|)$ 以及 $(a,0)=|a|$,所以只需要关注正整数之间的最大公因数.

最大公因数具有以下性质.

定理 0.4 设 a,b,c 为正整数,则有

(1) $(a,b)=(b,a)$.

(2) $(0,b)=b$,$(1,b)=1$,$(b,b)=b$.

(3) 若 $a|b$,则 $(a,b)=a$.

(4) 若 $m>0$,则 $(ma,mb)=m(a,b)$.

(5) 若 $c|a$,$c|b$,则 $c|(a,b)$.

(6) 若 $(a,b)=d$,则 $(a/d,b/d)=1$.

(7) 对任意的 $x,y\in\mathbf{Z}$,有 $(a,b)=(a,b+xa)=(a+yb,b)$.

证明 易证(1)～(3).

(4) 设 $D=(ma,mb)$，$d=(a,b)$.

由于 $d|a$，$d|b$，因此 $md|ma$，$md|mb$，于是 $md|D$.

又由于 $D|ma$，$D|mb$，因此 $(D/m)|a$，$(D/m)|b$，于是 $(D/m)|d$，即 $D|md$.

综合即得 $D=md$，即 $(ma,mb)=m(a,b)$.

(5) 因为 $c|a$，$c|b$，故存在整数 k，l 使得 $a=kc$，$b=lc$，故

$$(a,b)=(kc,lc)=c(k,l)$$

因此 $c|(a,b)$.

此结论说明，最大公因数是所有公因数中的最大者，同时任一公因数必定是最大公因数的因数.

(6) 设正整数 e 是 a/d 与 b/d 的公因数，则 $e|(a/d)$ 且 $e|(b/d)$，因此存在整数 k 与 l 使得

$$a/d=ke \quad \text{且} \quad b/d=le$$

因而

$$a=ked \quad \text{且} \quad b=led$$

即 ed 是 a 与 b 的公因数. 由于 d 是 a 与 b 的最大公因数，所以 $ed\leqslant d$，即 $e=1$，从而 a/d 与 b/d 没有除 1 以外的公因数，因此 $(a/d,b/d)=1$.

根据(4)，此结论反过来也成立.

(7) 设 $d=(a,b)$，$e=(a,b+xa)$.

由 $d|a$，$d|b$ 知 $d|(b+xa)$，因此 $d|e$.

由 $e|a$，$e|(b+xa)$ 知 $e|((b+xa)-xa)$，即 $e|b$，因此 $e|d$.

于是 $d=e$，即 $(a,b)=(a,b+xa)$.

同理可证 $(a,b)=(a+yb,b)$. ■

定理 0.5 (1) 设 a，b 均为偶数，则 $(a,b)=2(a/2,b/2)$.

(2) 设 a 为偶数，b 为奇数，则 $(a,b)=(a/2,b)$.

(3) 设 a，b 均为奇数，则 $(a,b)=(a,(a-b)/2)=((a-b)/2,b)$.

证明 (1)、(2)易证.

(3) 因为 a，b 为奇数，所以 $a-b$ 为偶数. 根据定理 0.4 及(2)，有 $(a,b)=(a-b,b)=((a-b)/2,b)$，$(a,b)=(a,b-a)=(a,a-b)=(a,(a-b)/2)$. ■

定理 0.6 整数 a 与 b 的线性组合的最小正整数是它们的最大公因数.

证明 设集合 $S=\{ax+by\mid ax+by>0,x,y\in\mathbf{Z}\}$，由于 $1\times a+0\times b\in\mathbf{Z}^{+}$ 或 $-1\times a+0\times b\in\mathbf{Z}^{+}$，故 S 非空，因而由正整数集合的良序性可知，S 必有最小正整数存在，设为 $d=ma+nb$，其中 m 与 n 都是整数.

下面证明 d 即为 a 与 b 的最大公因数.

(1) 证明 d 是 a 与 b 的公因数，即 $d|a$ 且 $d|b$.

由带余数除法，存在整数 q 与 r，使得

$$a=dq+r,\quad 0\leqslant r<d$$

因而

$$r=a-dq=a-(ma+nb)q=(1-mq)a-nqb$$

即 r 是 a 与 b 的线性组合.

由于 $0 \leqslant r < d$，而 d 是 a 与 b 的线性组合的最小正整数，故有 $r=0$，因而 $a=dq$，即有 $d|a$.

类似可证 $d|b$.

(2) 证明 $d=ma+nb$ 是 a 与 b 的公因数中的最大者.

设 c 是 a 与 b 的任意一个公因子，即 $c|a$ 且 $c|b$，则 $c|(ma+nb)$，即 $c|d$，故 $d \geqslant c$. ■

推论 0.4 若整数 a 与 b 互素，则存在整数 m 与 n，使得 $ma+nb=1$.

证明 若整数 a 与 b 互素，即 $(a,b)=1$，则由定理 0.6 知，1 是 a 与 b 的线性组合的最小正整数，即存在整数 m 与 n，使得 $ma+nb=1$. ■

推论 0.5 对任意整数 a,b,c，若 $(a,b)=1$，则 $(a,bc)=(a,c)$.

证明 当整数 $c=0$ 时，结论显然成立. 下面假设 $c \neq 0$.

若 $(a,b)=1$，则由推论 0.4 知，存在整数 m,n，使得 $am+bn=1$，因此 $a(cm)+(bc)n=c$.

设 $d=(a,bc)$，$e=(a,c)$.

由 $d|a$，$d|bc$ 及等式 $a(cm)+(bc)n=c$ 知 $d|c$，因此 $d|e$.

由 $e|c$，$c|bc$ 知 $e|bc$，再由 $e|a$ 知 $e|d$.

于是 $d=e$，即 $(a,bc)=(a,c)$. ■

定理 0.7 设 p 为素数，a 为整数，若 $p \nmid a$，则 $(p,a)=1$.

证明 设 $d=(p,a)$，则 $d|p$ 且 $d|a$. 因为 p 是素数，故 $d=1$ 或 p.

若 $d=p$，则由 $d|a$ 知 $p|a$，此与 $p \nmid a$ 矛盾，故 $d=1$，即 $(p,a)=1$. ■

定理 0.8 对任意的整数 a,b,c，有

(1) 若 $b|ac$ 且 $(a,b)=1$，则 $b|c$.

(2) 若 $b|c$，$a|c$ 且 $(a,b)=1$，则 $ab|c$.

证明 (1) 若 $(a,b)=1$，则由推论 0.4 知，存在整数 m,n，使得 $am+bn=1$，因此 $acm+bcn=c$. 再由 $b|ac$ 得 $b|c$.

(2) 若 $(a,b)=1$，则存在整数 m,n，使得 $am+bn=1$，因此 $acm+bcn=c$.

由 $b|c$，$a|c$ 知，$ab|ac$，$ab|bc$. 因此 $ab|c$. ■

定理 0.9 若整数 a,b 满足 $a=qb+r$，其中 q,r 为整数，则 $(a,b)=(b,r)$.

证明 根据定理 0.4(1)和(7)，有 $(a,b)=(a-qb,b)=(r,b)=(b,r)$. ■

【例 0.12】 证明：如果整数 a,b 满足 $(a,b)=1$，那么 $(a+b,a-b)=1$ 或 2.

证明 设 $(a+b,a-b)=d$，则 $d|((a+b)+(a-b))$，即 $d|2a$.

同理，$d|2b$. 所以 $d|(2a,2b)$，即 $d|2(a,b)$.

由于 $(a,b)=1$，因此 $d|2$，所以 $d=1$ 或 2.

0.2.2 欧几里得算法

本小节给出寻找两个正整数的最大公因数的辗转相除法，又称欧几里得(Euclid of Alexandria，公元前 330 年—公元前 275 年，古希腊数学家)算法，这是数论中一个重要的方法.

先来看一个求两个数的最大公因数的例子.

【例 0.13】 求 1859 和 1573 的最大公因数.

【解】 由带余数除法得 $1859=1573\times1+286$,因此

$$(1859,1573)=(1573,1859-1573\times1)=(1573,286)$$

再由带余数除法得 $1573=286\times5+143$,因此

$$(1573,286)=(286,1573-286\times5)=(286,143)$$

因为 $286=143\times2+0$,所以 $(286,143)=143$.

因此,1859 和 1573 的最大公因数 $(1859,1573)=143$.

定理 0.10(欧几里得算法) 设 a,b 是正整数,$a\geqslant b$,记 $r_0=a,r_1=b$,若对 r_0 与 r_1 连续应用带余数除法得到

$$r_j=r_{j+1}q_{j+1}+r_{j+2} \tag{0.5}$$

其中 $0<r_{j+2}<r_{j+1},j=0,1,2,\cdots,n-2$,且 $r_{n+1}=0$,则 $(a,b)=r_n$.

证明 对 r_0 与 r_1 连续应用带余数除法依次得到

$$\begin{aligned}
r_0&=r_1q_1+r_2,\quad 0<r_2<r_1\\
r_1&=r_2q_2+r_3,\quad 0<r_3<r_2\\
&\vdots\\
r_{n-2}&=r_{n-1}q_{n-1}+r_n,\quad 0<r_n<r_{n-1}\\
r_{n-1}&=r_nq_n+r_{n+1},\quad r_{n+1}=0
\end{aligned}$$

因此 $(a,b)=(r_0,r_1)=(r_1,r_2)=(r_2,r_3)=\cdots=(r_{n-1},r_n)=(r_n,0)=r_n$. ■

利用欧几里得算法,逐次消去 $r_{n-1},r_{n-2},\cdots,r_3,r_2$,可以将两个整数的最大公因数表示为这两个整数的一个线性组合.

【例 0.14】 计算 $(222,102)$,并将 $(222,102)$ 表示为 222 与 102 的一个线性组合.

【解】 $222=2\times102+18,102=5\times18+12,18=1\times12+6,12=2\times6$,最后一个非零余数 6 就是 222 与 102 的最大公因数,即 $(222,102)=6$.

由欧几里得算法求解 $(222,102)$ 的过程得到

$$\begin{aligned}
18&=222-2\times102(\text{即 } 222=2\times102+18),\\
12&=102-5\times18(\text{即 } 102=5\times18+12),\\
6&=18-1\times12(\text{即 } 18=1\times12+6).
\end{aligned}$$

结合这三个等式得到

$$\begin{aligned}
6&=18-1\times(102-5\times18)\\
&=6\times18-1\times102\\
&=6\times(222-2\times102)-1\times102\\
&=6\times222-13\times102.
\end{aligned}$$

最后一个等式就将 $(222,102)=6$ 表示成了 222 与 102 的一个线性组合.

【思考 0.3】 以 $(1859,1573)$ 为例说明如何用竖式计算 (a,b).

0.2.3 因式分解法

本节主要研究如何利用因式分解来寻找两个整数的最大公因数与最小公倍数.

定理 0.11 若素数 p 整除正整数 $a_1,a_2,\cdots,a_n$ 的乘积,即 $p\mid a_1a_2\cdots a_n$,则至少存在一个整数 $i,1\leqslant i\leqslant n$,使得 $p\mid a_i$.

证明 利用数学归纳法证明.

当 $n=1$ 时显然成立. 假设这一结果对于 $n=k$ 是成立的.

考察 $n=k+1$ 时的情形. 设素数 p 整除 $k+1$ 个正整数 $a_1,a_2,\cdots,a_k,a_{k+1}$ 的乘积,则 $(p,a_1a_2\cdots a_k)=1$ 或 $(p,a_1a_2\cdots a_k)=p$.

若 $(p,a_1a_2\cdots a_k)=1$,则 $p|a_{k+1}$.

若 $p|a_1a_2\cdots a_k$,由归纳假设,存在某个整数 i,$1\leqslant i\leqslant k$,使得 $p|a_i$.

因此得证. ■

定理 0.12 每个大于 1 的整数 n 都至少有一个素数因子(简称**素因子**).

证明 若 n 是素数,则结论显然成立.

若 n 不是素数,则它有真因子. 设 a 是其中的最小者,则 a 必为素数. 否则,若 a 不是素数,则 a 存在真因子 b,使得 $b|a$,因此 $b|n$,即 b 是 n 的真因子,这与 a 的最小性矛盾,因此 a 是素数.

因而 n 至少有一个素因子. ■

定理 0.13(算术基本定理) 如果不考虑素因子的排列顺序,每个大于 1 的整数 n 都可以唯一地分解成

$$n = p_1p_2\cdots p_s \tag{0.6}$$

其中 $p_i(i=1,2,\cdots,s)$ 是素数.

证明 利用数学归纳法证明存在性.

当 $n=2$ 时,2 即是素数,结论显然成立.

假设当 $n=2,3,\cdots,k$ 时结论成立,下面证明 $n=k+1$ 时结论也成立.

如果 $k+1$ 为素数,则结论显然成立.

如果 $k+1$ 为合数,则由定理 0.12 知,存在素因子 p 与整数 a,使得 $k+1=pa$. 由于 $2\leqslant a\leqslant k$,故由归纳假设知,存在素数 $q_1,q_2,\cdots,q_l$,使得 $a=q_1q_2\cdots q_l$,从而 $k+1=pq_1q_2\cdots q_l$.

因此存在性得证.

下证唯一性. 设 n 还有分解式 $n=q_1q_2\cdots q_t$,则

$$p_1p_2\cdots p_s = q_1q_2\cdots q_t \tag{0.7}$$

其中素数 $p_1\leqslant p_2\leqslant\cdots\leqslant p_s$,$q_1\leqslant q_2\leqslant\cdots\leqslant q_t$.

因为 $p_1|p_1p_2\cdots p_s$,故 $p_1|q_1q_2\cdots q_t$,根据定理 0.11,必存在 q_j,使得 $p_1|q_j$. 由于 p_1,q_j 都是素数,因此 $p_1=q_j$.

同理,存在 p_k,使得 $q_1=p_k$. 于是有

$$p_1 \leqslant p_k = q_1 \leqslant q_j = p_1$$

从而 $p_1=q_1$. 消去式(0.7)中相同的素数 p_1,得到

$$p_2\cdots p_s = q_2\cdots q_t$$

同理可以推出 $p_2=q_2$,$p_3=q_3$,$\cdots$,$p_s=q_t$ 以及 $s=t$.

从而唯一性得证. ■

如果把式(0.7)中相同的素因子写在一起,则有

推论 0.6 大于 1 的整数 n 的素因子分解都可以写成

$$n = p_1^{n_1}p_2^{n_2}\cdots p_k^{n_k} \tag{0.8}$$

其中 $p_1 < p_2 < \cdots < p_k$ 是素数，$n_i \geqslant 1$，$1 \leqslant i \leqslant k$. 称式(0.8)为正整数 n 的**标准分解式**.

例如，正整数 176 和 108 的标准分解式如下：

$$176 = 2 \times 2 \times 2 \times 2 \times 11 = 2^4 \times 11$$

$$108 = 2 \times 2 \times 3 \times 3 \times 3 = 2^2 \times 3^3$$

【思考 0.4】 以 10725 为例说明如何用竖式计算大于 1 的整数的标准分解式.

定理 0.14 设大于 1 的整数 n 有标准分解式(0.8)，则 d 是 n 的正因数的充要条件是

$$d = p_1^{d_1} p_2^{d_2} \cdots p_k^{d_k}, \quad 0 \leqslant d_i \leqslant n_i, 1 \leqslant i \leqslant k \tag{0.9}$$

证明 充分性显然成立. 下面证明必要性.

设 d 至少有一个因数 q，$q \neq p_i (1 \leqslant i \leqslant k)$，则必有

$$\frac{n}{d} = p_1^{n_1 - d_1} p_2^{n_2 - d_2} \cdots p_k^{n_k - d_k} \frac{1}{q} \neq \text{整数}$$

即 $d \nmid n$，矛盾. ■

定义 0.9 设 a，b 是两个均不为零的整数，如果 $a \mid c$ 且 $b \mid c$，则称整数 c 为 a，b 的**公倍数**；所有公倍数中最小的正整数称为 a，b 的**最小公倍数**，记为 $\operatorname{lcm}(a,b)$ 或者 $[a,b]$.

定义 0.10 设整数 $n \geqslant 2$，若 $a_1 \mid m, a_2 \mid m, \cdots, a_n \mid m$，则称整数 m 为整数 $a_1, a_2, \cdots, a_n$ 的**公倍数**；所有公倍数中最小的正整数称为 $a_1, a_2, \cdots, a_n$ 的**最小公倍数**，记为 $\operatorname{lcm}(a_1, a_2, \cdots, a_n)$ 或者 $[a_1, a_2, \cdots, a_n]$.

例如：$[4,6]=12$，$[9,13]=117$，$[36,45,108]=540$.

显然，整数的公因数的集合是一个有限集，整数的公倍数的集合则是一个无限集.

一旦知道了两个数的素因子分解，则很容易求其最大公约数和最小公倍数.

定理 0.15 设正整数 a 与 b 有标准分解式

$$a = p_1^{a_1} p_2^{a_2} \cdots p_n^{a_n}, \quad b = p_1^{b_1} p_2^{b_2} \cdots p_n^{b_n}$$

其中 $a_i \geqslant 0$，$b_i \geqslant 0$，且 $p_1 < p_2 < \cdots < p_n$ 为素数，则

$$(a,b) = p_1^{c_1} p_2^{c_2} \cdots p_n^{c_n}, \quad [a,b] = p_1^{e_1} p_2^{e_2} \cdots p_n^{e_n} \tag{0.10}$$

其中 $c_i = \min(a_i, b_i)$，$e_i = \max(a_i, b_i)$，$i = 1, 2, \cdots, n$.

【例 0.15】 求 108 与 134 的最大公约数与最小公倍数.

【解】 $(108,134) = (2^2 \times 3^3 \times 67^0, 2 \times 3^0 \times 67) = 2$.

$[108,134] = [2^2 \times 3^3 \times 67^0, 2 \times 3^0 \times 67] = 2^2 \times 3^3 \times 67 = 7236$.

定理 0.16 设 a 与 b 是两个正整数，那么 $[a,b] = ab/(a,b)$. 特别地，若 $(a,b)=1$，则 $[a,b] = ab$.

证明 设 a 与 b 有标准分解式

$$a = p_1^{a_1} p_2^{a_2} \cdots p_n^{a_n}, \quad b = p_1^{b_1} p_2^{b_2} \cdots p_n^{b_n}$$

设 $M_j = \max(a_j, b_j)$，$m_j = \min(a_j, b_j)$，$j = 1, 2, \cdots, n$，则

$$\begin{aligned}
[a,b](a,b) &= p_1^{M_1} p_2^{M_2} \cdots p_n^{M_n} p_1^{m_1} p_2^{m_2} \cdots p_n^{m_n} \\
&= p_1^{M_1+m_1} p_2^{M_2+m_2} \cdots p_n^{M_n+m_n} \\
&= p_1^{a_1+b_1} p_2^{a_2+b_2} \cdots p_n^{a_n+b_n} \\
&= p_1^{a_1} p_2^{a_2} \cdots p_n^{a_n} p_1^{b_1} p_2^{b_2} \cdots p_n^{b_n} \\
&= ab
\end{aligned}$$

结论得证. ■

定理证明过程中用到结论：若 x 与 y 是实数，则 $\max(x,y)+\min(x,y)=x+y$.

定理 0.17 如果 a,b,c 为整数，则 $[a,b]|c$ 当且仅当 $a|c$ 且 $b|c$.

证明 如果 $[a,b]|c$，因为 $a|[a,b]$，故 $a|c$. 同法可证 $b|c$.

反过来，设

$$a=p_1^{a_1}p_2^{a_2}\cdots p_n^{a_n},\quad b=p_1^{b_1}p_2^{b_2}\cdots p_n^{b_n},\quad c=p_1^{c_1}p_2^{c_2}\cdots p_n^{c_n}$$

如果 $a|c$ 且 $b|c$，则 $\max(a_i,b_i)\leqslant c_i$，$i=1,2,\cdots,n$，而

$$[a,b]=p_1^{\max(a_1,b_1)}p_2^{\max(a_2,b_2)}\cdots p_n^{\max(a_n,b_n)}$$

故 $[a,b]|c$. ■

定理说明：最小公倍数是所有公倍数中的最小者，任一公倍数必定是最小公倍数的倍数.

由算术基本定理，每个正整数都可以唯一地分解成若干个素数的连乘积的形式，下面介绍几种确定这个分解式的简单分解方法.

定理 0.18 如果 n 是一个合数，则 n 必有不超过 $\sqrt{n}$ 的素因子.

证明 由于 n 是合数，故有 $n=ab$，其中整数 a 与 b 满足条件 $1<a\leqslant b<n$. 下证 $a\leqslant\sqrt{n}$.

假设 $b\geqslant a>\sqrt{n}$，则 $ab>\sqrt{n}\cdot\sqrt{n}=n$，这与 $n=ab$ 矛盾，即 $a\leqslant\sqrt{n}$.

因为 a 一定有一个素因子，设为 p，则 $p|a$. 又 $a|n$，因此 $p|n$，即 p 也是 n 的素因子. 再由 $a\leqslant\sqrt{n}$，得到 $p\leqslant\sqrt{n}$. 结论得证. ■

1. 厄拉多塞方法

若 n 有素因子分解式 $n=p_1^{a_1}p_2^{a_2}\cdots p_s^{a_s}$ 且 $p_1<p_2<\cdots<p_s$，则 n 有不超过 $\sqrt{n}$ 的素因子. 因此，可以使用下面的"筛选法"筛选出不超过 n 的一切素数. 这种"筛选法"是由厄拉多塞(Eratosthenes of Cyrene，公元前 276 年—公元前 195 年，古希腊数学家)发明的，故被称为厄拉多塞方法.

厄拉多塞方法并不是分解素数的方法，而是寻找/筛选和检验素数的方法.

下面以 $n=100$ 为例说明筛选法的操作.

由定理 0.18 可知，每个小于 100 的合数一定有不超过 10 的素因子，而不超过 10 的素数只有 2,3,5 和 7，因而为了找到所有小于 100 的素数，可以

(1) 在不大于 100 的整数中删掉 2 的倍数(不包括 2).

(2) 在剩余的整数中删掉 3 的倍数(不包括 3).

(3) 在剩余的整数中删掉 5 的倍数(不包括 5).

(4) 在剩余的整数中删掉 7 的倍数(不包括 7).

最后剩余的除 1 之外的整数即为小于 100 的素数，共 25 个.

2. 试除法

这是分解整数的最直接的方法. 我们知道，一个整数 n 或者是一个素数，或者有不超过 $\sqrt{n}$ 的素因子. 因而当依次以不超过 $\sqrt{n}$ 的素数 2,3,5,… 去除整数 n 时，

1）或者可以找到 n 的一个素因子 p_1

(1) 寻找 $n_1=n/p_1$ 的素因子. 由于 n_1 的素因子也是 n 的素因子，而 n_1 没有小于 p_1 的素因子，所以可以由 p_1 开始搜索 n_1 的素因子.

(2) 确定是否有不超过 $\sqrt{n}$ 的素数整除 n_1.

2）或者可以确定 n 是素数

重复这个过程，就可以完全确定 n 的素因子分解式.

【例 0.16】 设 $n=3175$，注意到 n 不被 2 或 3 整除，但 n 能被 5 整除，即 $3175=5\times 635$. 又 5 整除 635，即 $635=5\times 127$，而 $\sqrt{127}<13$，同时试除法表明 127 不被素数 5,7 或 11 整除，故 127 是一个素数，进而得到 3175 的标准分解式为 $3175=5^2\times 127$.

定理 0.19 素数的个数是无限的.

证明 假设素数只有有限个，设为 $p_1,p_2,\cdots,p_k$.

令 $a=p_1p_2\cdots p_k+1$，易知 $a>2$ 且 $a\neq p_i(i=1,2,\cdots,k)$，所以 a 必为合数，从而必存在素数 p，使得 $p|a$. 由假设知，p 必等于某个 p_j，因而 $p=p_j$ 一定整除 $a-p_1p_2\cdots p_k=1$，但素数 $p_j\geqslant 2$，这是不可能的，矛盾.

因此，假设不成立，即素数必有无穷多个. ■

虽然素数有无穷多个，但素数的分布却是越往后越稀疏.

例如：

1～1000 之间有 168 个素数；

1000～2000 之间有 135 个素数；

2000～3000 之间有 127 个素数；

3000～4000 之间有 120 个素数；

4000～5000 之间有 119 个素数；

5000～10 000 之间有 560 个素数；

⋮

0.3　同余

日常生活中经常会碰到一些周而复始的情形，如一周七天，一天二十四小时等，因此会产生同为周几，同为几点钟等问题，这就是下面要介绍的同余问题.

0.3.1　同余的概念和性质

定义 0.11 设 a 是整数，m 是正整数，用 $a(\bmod m)$ 表示 a 被 m 除后的余数，称正整数 m 为**模 m**，$a(\bmod m)$ 为 **a 模 m 运算**.

模运算即求余运算，显然有

$$(a+b)(\bmod m)=(a(\bmod m)+b(\bmod m))(\bmod m)$$

$$(a-b)(\bmod m)=(a(\bmod m)-b(\bmod m))(\bmod m)$$

$$(a\times b)(\bmod m)=(a(\bmod m)\times b(\bmod m))(\bmod m)$$

定义 0.12 设 a,b 为整数，m 为正整数，如果 a,b 被 m 除所得余数相同，则称 a 与 b 模

m **同余**，记作 $a \equiv b \pmod m$，称为**同余式**；否则称 a 与 b **模** m **不同余**，记作 $a \not\equiv b \pmod m$.

定理 0.20 设 a,b 是整数，m 是一个正整数，则 $a \equiv b \pmod m$ 当且仅当 $m \mid (a-b)$，即存在整数 k 使得 $a=b+km$.

证明 设 $a \equiv b \pmod m$，则有

$$a = mp + r, \quad b = mq + r, \quad 0 \leqslant r < m$$

因此 $a-b=m(p-q)$，所以 $m \mid (a-b)$.

反之，设 $m \mid (a-b)$. 由

$$a = mp + r, \quad b = mq + s, \quad 0 \leqslant r < m, 0 \leqslant s < m$$

可得 $a-b=m(p-q)+(r-s)$，且 $0 \leqslant |r-s| < m$.

由假设 $m \mid (a-b)$ 可得 $m \mid (r-s)$，因此必有 $r-s=0$，即 $r=s$. 于是 $a \equiv b \pmod m$.

因此，$a \equiv b \pmod m$ 当且仅当 $m \mid (a-b)$ 当且仅当存在整数 k 使得 $a-b=km$，即存在整数 k 使得 $a=b+km$.

从而定理得证. ■

定理给出了同余的一种等价定义，可作为判断两个整数是否同余的一个方法.

【例 0.17】 证明 $14 \equiv -2 \pmod 4$，$15 \not\equiv 16 \pmod 4$.

证明 由于 $14-(-2)=16=4\times 4$，所以 $14 \equiv -2 \pmod 4$.

又 $15-16=4\times(-1)+3$，即 $4 \nmid (15-16)$，所以 $15 \not\equiv 16 \pmod 4$.

定理 0.21 设 m 是一个正整数，

(1) 对任意整数 a，则 $a \equiv a \pmod m$.

(2) 对任意整数 a,b，若 $a \equiv b \pmod m$，则 $b \equiv a \pmod m$.

(3) 对任意整数 a,b,c，若 $a \equiv b \pmod m$，$b \equiv c \pmod m$，则 $a \equiv c \pmod m$.

证明 (1) 因为 $m \mid (a-a)$，所以 $a \equiv a \pmod m$.

(2) 若 $a \equiv b \pmod m$，则存在整数 k 使得 $a-b=km$. 又 $b-a=(-k)m$，而 $-k$ 也是整数，故 $m \mid (b-a)$，因此 $b \equiv a \pmod m$.

(3) 若 $a \equiv b \pmod m$ 且 $b \equiv c \pmod m$，则 $m \mid (a-b)$ 且 $m \mid (b-c)$，即存在整数 s 和 t 使得 $a-b=ms$，$b-c=mt$，因此

$$a - c = a - b + b - c = ms + mt = m(s + t)$$

所以 $m \mid (a-c)$，即 $a \equiv c \pmod m$. ■

定理 0.22 设 a,b,c,d 都是整数，m 是正整数，若 $a \equiv b \pmod m$，$c \equiv d \pmod m$，则有

(1) $a+c \equiv b+d \pmod m$.

(2) $a-c \equiv b-d \pmod m$.

(3) $ac \equiv bd \pmod m$.

证明 若 $a \equiv b \pmod m$，$c \equiv d \pmod m$，则存在整数 s,t 使得 $a-b=ms$，$c-d=mt$，于是

$(a + c) - (b + d) = a - b + c - d = ms + mt = m(s + t)$，

$a - c - (b - d) = a - b - c + d = a - b - (c - d) = ms - mt = m(s - t)$，

$ac - bd = ac - bc + bc - bd = (a - b)c + b(c - d) = msc + mtb = m(cs + bt)$.

因为 $s+t$，$s-t$ 与 $cs+bt$ 依然都是整数，所以有

(1) $a+c \equiv b+d \pmod m$.

(2) $a-c\equiv b-d \pmod m$.

(3) $ac\equiv bd \pmod m$. ■

推论 0.7 设 a,b,c 都是整数,m 是正整数,若 $a\equiv b \pmod m$,则有

(1) $a+c\equiv b+c \pmod m$.

(2) $a-c\equiv b-c \pmod m$.

(3) $ac\equiv bc \pmod m$.

(4) $a^k\equiv b^k \pmod m$,其中 k 为正整数.

(5) $f(a)\equiv f(b) \pmod m$,其中 $f(x)$ 为任意的整系数多项式.

例如:由于 $8\equiv 2 \pmod 3$,故有

$$4096 = 8^4 \equiv 2^4 \pmod 3 = 16 \pmod 3 = 1 \pmod 3$$

【思考 0.5】 一个十进制数,什么时候能被 3 整除? 9 呢?

定理 0.23 设 a,b,c 是整数,m 是正整数,$d=(c,m)>0$,若 $ac\equiv bc \pmod m$,则 $a\equiv b \pmod{m/d}$.

证明 若 $ac\equiv bc \pmod m$,则 $m\mid(ac-bc)$,即 $m\mid(a-b)c$,因而存在整数 k 使得 $(a-b)c=mk$. 等式两边同除以整数 d,得到

$$(a-b)(c/d) = (m/d)k, \quad 即\ k = (a-b)(c/d)/(m/d)$$

由于 $d=(c,m)$,因而 $(c/d,m/d)=1$,于是 $m/d\mid(a-b)$,即 $a\equiv b \pmod{m/d}$. ■

例如:因为 $126\equiv 30 \pmod 8$ 且 $(6,8)=2$,所以有

$$126/6 \equiv 30/6 \pmod{8/2}, \quad 即\ 21 \equiv 5 \pmod 4$$

【例 0.18】 3^{456} 的个位数是几?

【解】 设 3^{456} 的个位数为 x,则 $3^{456}\equiv x \pmod{10}$.

由于 $3^4\equiv 1 \pmod{10}$,故有

$$3^{456} = 3^{4\times 113+4} \equiv 3^4 \pmod{10} = 1 \pmod{10}$$

所以 3^{456} 的个位数为 1.

【例 0.19】 设今天是星期五,问此后 2^{2020} 天是星期几?

【解】 问题转化为求 $(2^{2020}+5) \pmod 7$.

由于 $2^3\equiv 1 \pmod 7$,故有

$$2^{2020} \pmod 7 = 2^{3\times 673+1} \pmod 7 = 2 \pmod 7$$

因此

$$\begin{aligned}(2^{2020}+5) \pmod 7 &= (2^{2020} \pmod 7 + 5 \pmod 7) \pmod 7 \\ &= (2+5) \pmod 7 = 0 \pmod 7\end{aligned}$$

所以,此后 2^{2020} 天是星期天.

定理 0.24(消去律) 设 a,b,c 是整数,m 是正整数,若 $ac\equiv bc \pmod m$ 且 $(c,m)=1$,则 $a\equiv b \pmod m$.

【思考 0.6】 定理 0.24 中的条件"$(c,m)=1$"换成"$c\not\equiv 0 \pmod m$",定理的结论是否成立?

设 m 为正整数,记集合

$$C_a = \{x \mid x \in \mathbf{Z}, x \equiv a \pmod m\} \qquad (0.11)$$

显然，C_a非空，且具有以下性质.

定理 0.25 设 m 是正整数，则

(1) 任一整数必包含在某个 C_r 中，$0 \leqslant r < m$.

(2) $C_a = C_b$当且仅当$a \equiv b \pmod m$.

(3) C_a与C_b不相交(即没有公共元素)当且仅当 $a \not\equiv b \pmod m$.

定义 0.13 称集合 C_a为模 m 的 a 的**剩余类**或**同余类**. 一个剩余类中的任意一个数称为该类的**剩余**或**代表**. 若 $r_0, r_1, \cdots, r_{m-1}$是 m 个整数，且其中任意两个都不在同一个剩余类中，则称$\{r_0, r_1, \cdots, r_{m-1}\}$为模 m 的**完全剩余系**或**完全同余系**. 称$\{0, 1, \cdots, m-1\}$为模 m 的**最小非负剩余系**或**最小非负同余系**.

由定义易知，任意 m 个连续整数构成模 m 的一个完全剩余系.

【例 0.20】 证明$\{-10, -6, -1, 2, 10, 12, 14\}$是模 7 的一个完全剩余系.

证明：由于$-10 \equiv 4 \pmod 7$，$-6 \equiv 1 \pmod 7$，$-1 \equiv 6 \pmod 7$，$2 \equiv 2 \pmod 7$，$10 \equiv 3 \pmod 7$，$12 \equiv 5 \pmod 7$，$14 \equiv 0 \pmod 7$，即这 7 个整数模 7 互不同余，因此$\{-10, -6, -1, 2, 10, 12, 14\}$构成模 7 的一个完全剩余系.

定理 0.26 设整数 m 大于 1，若$\{a_1, a_2, \cdots, a_m\}$是模 m 的一个完全剩余系，且正整数 b 与 m 互素，则对任意的整数 c，$\{ba_1 + c, ba_2 + c, \cdots, ba_m + c\}$也构成模 m 的一个完全剩余系.

证明 只需证明 $ba_1 + c, ba_2 + c, \cdots, ba_m + c$ 中没有两个整数模 m 同余即可.

假设存在整数 $k, l \in \{1, 2, \cdots, m\}$，且 $k \neq l$，使得 $ba_k + c \equiv ba_l + c \pmod m$，则 $ba_k \equiv ba_l \pmod m$. 又$(b, m) = 1$，故由消去律可得 $a_k \equiv a_l \pmod m$，此与$\{a_1, a_2, \cdots, a_m\}$构成模 m 的一个完全剩余系矛盾，因而 $ba_1 + c, ba_2 + c, \cdots, ba_m + c$ 中没有两个整数模 m 同余. ■

0.3.2 线性同余方程

定义 0.14 设 a, b 都是整数，m 是正整数，若 $a \not\equiv 0 \pmod m$，则称

$$ax \equiv b \pmod m \tag{0.12}$$

为模 m 的**线性同余方程**或**一次同余方程**. 若整数 x_0使得 $ax_0 \equiv b \pmod m$成立，则称 x_0为方程(0.12)的**解**.

定理 0.27 若 $x = x_0$是方程(0.12)的解，且 $x_1 \equiv x_0 \pmod m$，则 x_1也是方程(0.12)的解，即 $ax_1 \equiv b \pmod m$.

证明 若 $x = x_0$是方程(0.12)的解，则 $ax_0 \equiv b \pmod m$，因此存在整数 c 使得 $ax_0 = cm + b$.

若 $x_1 \equiv x_0 \pmod m$，则存在整数 d 使得 $x_1 = dm + x_0$. 于是

$$ax_1 = adm + ax_0 = adm + cm + b = (ad + c)m + b \equiv b \pmod m$$

因此 x_1也是它的解. ■

定理表明，若模 m 的一个同余类中某个元素是方程(0.12)的解，则此同余类中的所有元素都是它的解. 那么，方程(0.12)有多少个模 m 不同余的解?

定理 0.28 设 a, b是整数，m 是正整数，且$(a, m) = d$，则方程(0.12)有解的充要条件是 $d \mid b$. 若有解，则恰有 d 个模 m 不同余的解.

证明 因为 $ax \equiv b \pmod m$当且仅当 $m \mid (ax - b)$，即存在整数 y 使得 $ax - b = my$，所以

整数 x_0 是方程(0.12)的解当且仅当存在整数 y_0 使得 $ax_0-my_0=b$.

(1) 当 $d\nmid b$ 时,若方程(0.12)有解,则由 $(a,m)=d$ 可得 $d\mid a$ 及 $d\mid m$,因而 $d\mid(ax-my)$,即 $d\mid b$,矛盾. 因此当 $d\nmid b$ 时,方程无解.

当 $d\mid b$ 时,存在整数 e 使得 $de=b$. 又 $(a,m)=d$,故存在整数 s 和 t 使得 $d=as-mt$. 因此

$$b=de=(as-mt)e=a(se)-m(te)$$

所以 $x_0=se,y_0=te$ 是方程 $ax-my=b$ 的一个特解.

综上所述,方程(0.12)有解的充要条件是 $d\mid b$.

易证,当 $d\mid b$ 时,方程(0.12)的每一个解都具有形式

$$x=x_0+(m/d)n,\quad n\text{ 为整数}$$

由于 n 为任意整数,因而方程(0.12)有无穷多个解 x.

(2) 当方程(0.12)有解时,确定其模 m 不同余的解的个数.

设 $x_1=x_0+(m/d)n_1$ 与 $x_2=x_0+(m/d)n_2$ 是方程(0.12)的两个解,显然

$$x_1\equiv x_2(\bmod m)\quad\text{当且仅当}\quad(m/d)n_1\equiv(m/d)n_2(\bmod m)$$

由于 $(m/d)\mid m$,故有 $(m,m/d)=m/d$,因此

$$(m/d)n_1\equiv(m/d)n_2(\bmod m)\quad\text{当且仅当}\quad n_1\equiv n_2(\bmod d)$$

于是

$$x_1\equiv x_2(\bmod m)\quad\text{当且仅当}\quad n_1\equiv n_2(\bmod d)$$

若取 $x=x_0+(m/d)n$,并让 n 取遍模 d 的一个完全剩余系,则得到方程(0.12)的模 m 不同余的一个解集. 其中

$$x=x_0+(m/d)n,\quad n=0,1,2,\cdots,d-1$$

就是方程(0.12)的模 m 不同余的一个解集. ■

推论 0.8 若整数 a 与正整数 m 互素,则方程(0.12)有模 m 唯一解.

证明 由 $(m,a)=1$,得到 $(m,a)\mid b$,进而方程(0.12)的模 m 不同余的解恰有 $(m,a)=1$ 个. ■

【例 0.21】 求线性同余方程 $56x\equiv165(\bmod 420)$ 的整数解.

【解】 因为 $(56,420)=28,28\nmid165$,所以 $56x\equiv165(\bmod 420)$ 没有整数解.

【例 0.22】 求线性同余方程 $22x\equiv55(\bmod 143)$ 的整数解.

【解】 因为 $(22,143)=11$,且 $11\mid55$,所以方程模 143 不同余的解恰有 11 个.

由欧几里得算法得 $143=22\times6+11,22=11\times2$,故 $11=143-22\times6$.

两边同时乘以 5 得 $55=143\times5-22\times30$,即 $22\times(-30)-143\times(-5)=55$.

于是 $x_0=-30$ 是方程 $22x\equiv55(\bmod 143)$ 的一个特解.

由定理 0.28,此方程的 11 个不同余的解为

$$x=x_0\equiv-30(\bmod 143),\quad x=x_0+13\times1\equiv-17(\bmod 143),$$
$$x=x_0+13\times2\equiv-4(\bmod 143),\quad x=x_0+13\times3\equiv9(\bmod 143),$$
$$x=x_0+13\times4\equiv22(\bmod 143),\quad x=x_0+13\times5\equiv35(\bmod 143),$$
$$x=x_0+13\times6\equiv48(\bmod 143),\quad x=x_0+13\times7\equiv61(\bmod 143),$$
$$x=x_0+13\times8\equiv74(\bmod 143),\quad x=x_0+13\times9\equiv87(\bmod 143),$$

$$x = x_0 + 13 \times 10 \equiv 100 (\mathrm{mod}\ 143).$$

总结：求解方程 $ax \equiv b(\mathrm{mod}\ m)$ 的步骤为

(1) 用欧几里得算法求出 $d=(a,m)$. 如果 $d \nmid b$，则方程无解，退出.

(2) 找出 $d=sa+tm$ 的表达式.

(3) 通过对上式变形得到类似 $ax_0-my_0=b$ 的形式，从而得到 x_0 和 y_0.

(4) 求出所有不同余的解：$x=x_0+(m/d)n, n=0,1,2,\cdots,d-1$.

【思考 0.7】 为什么求解方程 $ax \equiv b(\mathrm{mod}\ m)$ 的步骤中第 3 步可行?

定义 0.15 若整数 a 与 m 互素，则线性同余方程 $ax \equiv 1(\mathrm{mod}\ m)$ 的解称为 a 模 m 的逆元，记为 a^{-1}.

显然，a 与 a^{-1} 互为逆元.

例如，由于线性同余方程 $13x \equiv 1(\mathrm{mod}\ 58)$ 的解为 $x \equiv 9(\mathrm{mod}\ 58)$，所以 9 是 13 模 58 的逆元. 所有模 58 同余于 9 的整数都是 13 模 58 的逆元. 因此逆元不唯一.

【例 0.23】 求 233 模 1211 的逆元.

【解】 由 $1211=233\times5+46, 233=46\times5+3, 46=3\times15+1$，得

$$\begin{aligned}1 &= 46 - 3 \times 15 = 46 - (233 - 46 \times 5) \times 15 = 46 \times 76 - 233 \times 15 \\ &= (1211 - 233 \times 5) \times 76 - 233 \times 15 = 1211 \times 76 - 233 \times 395.\end{aligned}$$

所以 -395 及所有模 1211 同余于 -395 的整数为所求.

设 a^{-1} 为 a 模 m 的一个逆元，即 $aa^{-1} \equiv 1(\mathrm{mod}\ m)$，若 $ax \equiv b(\mathrm{mod}\ m)$，则两边同时乘以 a^{-1} 得到

$$a^{-1}(ax) \equiv a^{-1}b(\mathrm{mod}\ m), \quad 即\ x \equiv a^{-1}b(\mathrm{mod}\ m)$$

因此，若已知 a 模 m 的一个逆元时，可以用其求解任意形如 $ax \equiv b(\mathrm{mod}\ m)$ 的线性同余方程，但要注意前提条件是 $(a,m)=1$.

【例 0.24】 求线性同余方程 $13x \equiv 17(\mathrm{mod}\ 58)$ 的解.

【解】 显然 $(13,58)=1$. 因为 $9\times13\equiv1(\mathrm{mod}\ 58)$，所以 9 是 13 模 58 的一个逆元，即 $13^{-1}=9$. 因此，在 $13x \equiv 17(\mathrm{mod}\ 58)$ 的两边同时乘以 9，得到

$$x \equiv 9 \times 17 (\mathrm{mod}\ 58)$$

因而，方程 $13x \equiv 17(\mathrm{mod}\ 58)$ 的解为

$$x \equiv 153(\mathrm{mod}\ 58) = 37(\mathrm{mod}\ 58)$$

【例 0.25】 求线性同余方程 $17x \equiv 4(\mathrm{mod}\ 19)$ 的解.

【解】 显然 $(17,19)=1$. 由 $19=17+2, 17=8\times2+1$，得 $17\times9-19\times8=1$，因此 $17\times9\equiv1(\mathrm{mod}\ 19)$，所以 $17^{-1}=9$. 从而 $x\equiv17^{-1}\times4(\mathrm{mod}\ 19)=9\times4(\mathrm{mod}\ 19)=36(\mathrm{mod}\ 19)=17(\mathrm{mod}\ 19)$.

定理 0.29 正整数 a 模素数 p 的逆元是其自身的充要条件为 $a\equiv1(\mathrm{mod}\ p)$ 或 $a\equiv-1(\mathrm{mod}\ p)$.

证明 若 $a\equiv1(\mathrm{mod}\ p)$ 或 $a\equiv-1(\mathrm{mod}\ p)$，则 $a^2\equiv1(\mathrm{mod}\ p)$. 因而，$a$ 模素数 p 的逆元是其自身.

反之，若 a 模素数 p 的逆元是其自身，则 $a^2=a\times a\equiv1(\mathrm{mod}\ p)$，即 $p\mid(a^2-1)$. 又 $a^2-1=(a-1)(a+1)$，因而 $p\mid(a-1)$ 或 $p\mid(a+1)$，所以 $a\equiv1(\mathrm{mod}\ p)$ 或 $a\equiv-1(\mathrm{mod}\ p)$. ■

0.3.3 中国剩余定理

在公元3世纪前,《孙子算经》里所提出的问题之一(物不知数问题)如下:"今有物不知其数,三三数之剩二,五五数之剩三,七七数之剩二,问物几何?""答曰二十三."

该问题等同于这样一个问题:已知

$$x \equiv 2 (\bmod 3),\ x \equiv 3 (\bmod 5),\ x \equiv 2 (\bmod 7)$$

求整数 x. 答案是 $x=23$.

显然,x 所满足的条件是三个线性同余方程组成的方程组.

我国古代数学家孙子发明了下面驰名中外的定理,在国外被誉为中国剩余定理,在国内被称为孙子定理. 中国剩余定理用于求解以下线性同余方程组

$$x \equiv b_1 (\bmod m_1),\ x \equiv b_2 (\bmod m_2),\ \cdots,\ x \equiv b_k (\bmod m_k) \tag{0.13}$$

定理 0.30(中国剩余定理) 设 $m_1, m_2, \cdots, m_k$ 是两两互素的正整数,$k>1$,并且

$$m = m_1 m_2 \cdots m_k = m_1 M_1 = m_2 M_2 = \cdots = m_k M_k$$

则线性同余方程组(0.13)有模 m 同余的唯一的正整数解

$$x \equiv b_1 M_1 y_1 + b_2 M_2 y_2 + \cdots + b_k M_k y_k (\bmod m) \tag{0.14}$$

其中 y_j 是线性同余方程 $M_j y \equiv 1 (\bmod m_j)$ 的正整数解,即 M_j 的模 m 的逆元,$j=1,2,\cdots,k$.

证明 由于 $m_1, m_2, \cdots, m_k$ 两两互素,故 $(m_i, m_j)=1, i \neq j$. 又 $M_i = m/m_i$,因此 $(M_i, m_i)=1$,即有

$$(M_1, m_1) = (M_2, m_2) = \cdots = (M_k, m_k) = 1$$

同时,可以找到 M_i 模 m_i 的一个逆元 y_i,使得 $M_i y_i \equiv 1 (\bmod m_i)$.

另一方面,当 $i \neq j$ 时,由 $(m_i, m_j)=1$ 和 $M_j = m/m_j$ 可得 $m_i \mid M_j$,故 $M_j \equiv 0 (\bmod m_i)$,于是 $b_j M_j y_j \equiv 0 (\bmod m_i)$,从而

$$b_1 M_1 y_1 + b_2 M_2 y_2 + \cdots + b_k M_k y_k \equiv b_i M_i y_i (\bmod m_i)$$

由于 $M_i y_i \equiv 1 (\bmod m_i)$,故

$$b_1 M_1 y_1 + b_2 M_2 y_2 + \cdots + b_k M_k y_k \equiv b_i (\bmod m_i)$$

因此,x 是方程组(0.13)的解.

设 x_0 与 x_1 都是同余方程组(0.13)的解,则对每个 i 有

$$x_0 \equiv b_i (\bmod m_i),\quad x_1 \equiv b_i (\bmod m_i)$$

因此有 $m_i \mid (x_0 - x_1)$,从而有 $m \mid (x_0 - x_1)$,于是 $x_0 \equiv x_1 (\bmod m)$,即方程组(0.13)的解是模 m 同余的唯一解. ■

【例 0.26】 求解物不知数问题.

【解】 物不知数问题等同于下面的线性同余方程组

$$x \equiv 2 (\bmod 3), x \equiv 3 (\bmod 5), x \equiv 2 (\bmod 7)$$

在中国剩余定理中取 $m_1=3, m_2=5, m_3=7, b_1=2, b_2=3, b_3=2$,则 $m=3\times 5\times 7=105$,$M_1=105/3=35, M_2=105/5=21, M_3=105/7=15$.

求解 $35y \equiv 1 (\bmod 3)$ 或 $2y \equiv 1 (\bmod 3)$,得到 $y_1 \equiv 2 (\bmod 3)$.

求解 $21y \equiv 1 (\bmod 5)$,得到 $y_2 \equiv 1 (\bmod 5)$.

求解 $15y \equiv 1 (\bmod 7)$,得到 $y_3 \equiv 1 (\bmod 7)$.

因此

$$x = 2\times 35\times 2 + 3\times 21\times 1 + 2\times 15\times 1 = 233 \equiv 23 \pmod{105}$$

由于

$$23\equiv 2 \pmod 3,\ 23\equiv 3 \pmod 5,\ 23\equiv 2 \pmod 7$$

因而 $x\equiv 23 \pmod{105}$ 是物不知数问题的解.

*0.3.4 威尔逊定理、欧拉定理与费马小定理

定理 0.31(威尔逊定理) 设 p 是素数,则 $(p-1)!\equiv -1 \pmod p$.

证明 当 $p=2$ 时,结论显然成立.

假设素数 $p>2$,则对任一整数 a,$1\leqslant a\leqslant p-1$,存在唯一的整数 a^{-1},$1\leqslant a^{-1}\leqslant p-1$,使得 $a^{-1}a\equiv 1 \pmod p$.

由于 $a^{-1}=a$ 当且仅当 $a^2\equiv 1 \pmod p$,故 $a=1$ 或 $a=p-1$,即小于 p 且逆元为自身的正整数只有 1 和 $p-1$. 将 2 到 $p-2$ 的 a 与 a^{-1} 配对,得到

$$2\times 3\times\cdots\times(p-3)\times(p-2)\equiv 1 \pmod p$$

方程两边乘以整数 1 和 $p-1$,得到

$$(p-1)! = 1\times 2\times 3\times\cdots\times(p-3)\times(p-2)\times(p-1)$$
$$\equiv 1\times(p-1) \pmod p = -1 \pmod p \ ■$$

威尔逊(John Wilson,1741—1793,英国数学家)定理的意义在于,它在理论上完全解决了判断给定的正整数是否为素数的问题.

例如:因为 $(8-1)!=7!=5040\equiv 0 \pmod 8$,所以由威尔逊定理知,8 不是素数.

遗憾的是这个方法不实用,因为当这个整数很大时,计算量也是相当大的.

推论 0.9(威尔逊定理的逆定理) 若正整数 $n\geqslant 2$ 使得线性同余方程

$$(n-1)!\equiv -1 \pmod n$$

成立,则 n 是素数.

证明 假设 $n\geqslant 2$ 是合数,则存在整数 a,b,$1<a<n$,$1<b<n$,使得 $n=ab$,因此由题设知 $(ab-1)!\equiv -1 \pmod{ab}$.

因为 $a\mid ab$,故 $(ab-1)!\equiv -1 \pmod a$.

又因为 $a<ab$,所以 $a\mid(ab-1)!$,因而 $(ab-1)!\equiv 0 \pmod a$,矛盾. 从而 n 是素数. ■

定义 0.16 不大于正整数 m 且与之互素的正整数的个数称为**欧拉函数**,记为 $\varphi(m)$.

因为无论 m 是什么正整数,都有 $(m,1)=1$,所以 1 要算作一个与 m 互素的数. 已知,$\varphi(1)=1$(1 与 1 互素),$\varphi(2)=1$(2 与 1 互素),$\varphi(3)=2$(3 与 1、2 互素),$\varphi(4)=2$(4 与 1、3 互素),$\varphi(5)=4$(5 与 1、2、3、4 互素),$\varphi(6)=2$(6 与 1、5 互素)……

显然,对于素数 p,$\varphi(p)=p-1$.

定理 0.32 若整数 $n=p^aq^b$,其中 p、q 为不同的素数,则

$$\varphi(n) = n\left(1-\frac{1}{p}\right)\left(1-\frac{1}{q}\right) \tag{0.15}$$

证明 在 $1\sim n$ 中与 n 不互素的数必为 sp 或 tq 的数,即能被 p 或 q 整除的数,这些数分别为

$$p, 2p, 3p, \cdots, (p^{a-1}q^b - 1)p, p^a q^b = p^{a-1}q^b p = n(\text{共 } n/p = p^{a-1}q^b \text{ 个})$$

和

$$q, 2q, 3q, \cdots, (p^a q^{b-1} - 1)q, p^a q^b = p^a q^{b-1} q = n(\text{共 } n/q = p^a q^{b-1} \text{ 个})$$

其中能同时被 p 和 q 整除的数有

$$pq, 2pq, 3pq, \cdots, p^a q^b = (p^{a-1}q^{b-1})pq = n(\text{共 } n/pq = p^{a-1}q^{b-1} \text{ 个})$$

故

$$\begin{aligned}\varphi(n) &= n - p^{a-1}q^b - p^a q^{b-1} + p^{a-1}q^{b-1} = p^a q^b - p^{a-1}q^b - p^a q^{b-1} + p^{a-1}q^{b-1} \\ &= (p^a - p^{a-1})(q^b - q^{b-1}) \\ &= p^a q^b\left(1-\frac{1}{p}\right)\left(1-\frac{1}{q}\right) = n\left(1-\frac{1}{p}\right)\left(1-\frac{1}{q}\right)\end{aligned}$$

因此结论成立. ■

推论 0.10　若整数 n 有标准分解式 $n = p_1^{a_1} p_2^{a_2} \cdots p_k^{a_k}$，则

$$\varphi(n) = n\left(1-\frac{1}{p_1}\right)\left(1-\frac{1}{p_2}\right)\cdots\left(1-\frac{1}{p_k}\right) \tag{0.16}$$

推论 0.11　若正整数 m, n 互素，则 $\varphi(mn) = \varphi(m)\varphi(n)$.

证明　设 m, n 的标准分解式分别为

$$m = p_1^{a_1} p_2^{a_2} \cdots p_k^{a_k}, \quad n = q_1^{b_1} q_2^{b_2} \cdots q_l^{b_l}$$

由 m, n 的互素性，有

$$\begin{aligned}\varphi(mn) &= \varphi(p_1^{a_1} p_2^{a_2} \cdots p_k^{a_k} q_1^{b_1} q_2^{b_2} \cdots q_l^{b_l}) \\ &= mn\left(1-\frac{1}{p_1}\right)\left(1-\frac{1}{p_2}\right)\cdots\left(1-\frac{1}{p_k}\right)\left(1-\frac{1}{q_1}\right)\left(1-\frac{1}{q_2}\right)\cdots\left(1-\frac{1}{q_l}\right) \\ &= m\left(1-\frac{1}{p_1}\right)\left(1-\frac{1}{p_2}\right)\cdots\left(1-\frac{1}{p_k}\right)\cdot n\left(1-\frac{1}{q_1}\right)\left(1-\frac{1}{q_2}\right)\cdots\left(1-\frac{1}{q_l}\right) \\ &= \varphi(m)\varphi(n).\end{aligned}$$

【例 0.27】　计算 $\varphi(143)$ 和 $\varphi(4200)$.

【解】　(1) $\varphi(143) = \varphi(11\times 13) = \varphi(11)\varphi(13) = 10\times 12 = 120$.

(2) 因为 $4200 = 2^3\times 3\times 5^2\times 7$，所以

$$\varphi(4200) = 4200\times(1-1/2)\times(1-1/3)\times(1-1/5)\times(1-1/7) = 960.$$

定义 0.17　设 m 为正整数，如果模 m 的一个剩余类中的数都与 m 互素，则称该剩余类为模 m 的一个**简化剩余类**. 从模 m 的所有不同简化剩余类中各取一个整数构成的集合，称为模 m 的一个**简化剩余系**.

例如：集合$\{1,3,5,7,9,11,13,15\}$是模 16 的简化剩余系. 集合$\{1,3,5,7\}$，$\{9,-5,-3,-1\}$都是模 8 的简化剩余系.

根据定义，显然有以下两个定理成立.

定理 0.33　模 m 的简化剩余系含有 $\varphi(m)$ 个数.

定理 0.34　设 $a_1, a_2, \cdots, a_{\varphi(m)}$ 是 $\varphi(m)$ 个与 m 互素的整数，则$\{a_1, a_2, \cdots, a_{\varphi(m)}\}$是模 m 的一个简化剩余系当且仅当 $a_1, a_2, \cdots, a_{\varphi(m)}$ 两两模 m 不同余.

定理 0.35　若整数 a 与 m 互素，且$\{b_1, b_2, \cdots, b_{\varphi(m)}\}$是模 m 的一个简化剩余系，则$\{ab_1, ab_2, \cdots, ab_{\varphi(m)}\}$也是模 m 的一个简化剩余系.

证明 首先用反证法证明整数$ab_1,ab_2,\cdots,ab_{\varphi(m)}$都与$m$互素.

假设$(ab_k,m)>1,1\leqslant k\leqslant\varphi(m)$,则$(ab_k,m)$必定有一个素因子$p$,使得$p|a$或$p|b_k$,且$p|m$.

(1) 若$p|b_k$且$p|m$,则b_k与m不互素,这与假设b_k是模m的简化剩余系中的元素相矛盾.

(2) 若$p|a$且$p|m$,则a与m不互素,矛盾.

因此,每个整数$ab_k,1\leqslant k\leqslant\varphi(m)$,都与$m$互素.

再用反证法证明$\{ab_1,ab_2,\cdots,ab_{\varphi(m)}\}$中任意两个整数都是模$m$不同余的.

假设存在$1\leqslant k<l\leqslant\varphi(m)$,使得$ab_k\equiv ab_l(\text{mod } m)$,则由$(a,m)=1$得到$b_k\equiv b_l(\text{mod } m)$,这与假设$b_k,b_l$是模$m$的简化剩余系$\{b_1,b_2,\cdots,b_{\varphi(m)}\}$中的整数相矛盾. ■

【例 0.28】 由于集合$\{1,3,5,7,9,11,13,15\}$是模16的简化剩余系,因而由$(5,16)=1$,知集合

$$\{5\times1,5\times3,5\times5,5\times7,5\times9,5\times11,5\times13,5\times15\}$$

即$\{5,15,25,35,45,55,65,75\}$也是模16的一个简化剩余系.

定理 0.36(欧拉定理) 设$m>1$且与整数a互素,则$a^{\varphi(m)}\equiv1(\text{mod } m)$.

特别,若$m=p$为素数且$(a,p)=1$,则$a^{p-1}\equiv1(\text{mod } p)$.

证明 设$\{b_1,b_2,\cdots,b_{\varphi(m)}\}$是模$m$的一个简化剩余系,则$\{ab_1,ab_2,\cdots,ab_{\varphi(m)}\}$也是模$m$的一个简化剩余系,因此$\{ab_1,ab_2,\cdots,ab_{\varphi(m)}\}$的模$m$的最小正剩余必定是整数$b_1,b_2,\cdots,b_{\varphi(m)}$的按照某种顺序的一个重新排列,所以

$$(ab_1)(ab_2)\cdots(ab_{\varphi(m)})\equiv b_1b_2\cdots b_{\varphi(m)}(\text{mod } m)$$

即

$$(a^{\varphi(m)}-1)b_1b_2\cdots b_{\varphi(m)}\equiv0(\text{mod } m)$$

由于$b_1,b_2,\cdots,b_{\varphi(m)}$都是和$m$互素的,故有$(b_1b_2\cdots b_{\varphi(m)},m)=1$. 因此有$a^{\varphi(m)}\equiv1(\text{mod } m)$. ■

注意:

(1) 欧拉(Leonhard Euler,1707—1783,瑞士数学家)定理可以用来寻找整数模m的逆元.

若m与a互素,则$aa^{\varphi(m)-1}=a^{\varphi(m)}\equiv1(\text{mod } m)$,因此$a^{\varphi(m)-1}$是$a$模$m$的逆元.

(2) 欧拉定理也可以用来求解线性同余方程.

若已知线性同余方程$ax\equiv b(\text{mod } m)$,其中$(a,m)=1$,则在线性同余方程的两边同时乘以$a^{\varphi(m)-1}$后得到$a^{\varphi(m)-1}ax\equiv a^{\varphi(m)-1}b(\text{mod } m)$,因此该线性同余方程的解就是使得$x\equiv a^{\varphi(m)-1}b(\text{mod } m)$成立的整数$x$.

【例 0.29】 $13^{\varphi(8)-1}=13^{4-1}=13^3\equiv5^3(\text{mod } 8)=5(\text{mod } 8)$,故5是13模8的逆元.

【例 0.30】 线性同余方程$105x\equiv7(\text{mod } 8)$的解为

$$x\equiv105^{\varphi(8)-1}\times7(\text{mod } 8)=105^3\times7(\text{mod } 8)=7(\text{mod } 8)$$

定理 0.37(费马小定理) 设p是素数,则对任意的整数a,有$a^p\equiv a(\text{mod } p)$.

证明 分$p|a$与$p\nmid a$两种情况讨论.

若$p|a$,则有$a\equiv0(\text{mod } p)$,$a^p\equiv0(\text{mod } p)$,因此$a^p\equiv a(\text{mod } p)$.

若 $p\nmid a$，则 $(a,p)=1$，由欧拉定理有 $a^{p-1}\equiv 1(\bmod\ p)$.

方程两边同时乘以 a，得到 $a^p\equiv a(\bmod\ p)$.

从而结论成立. ■

欧拉定理是费马(Pierre de Fermat，1607—1665，法国数学家)小定理的推广和一般形式.

【例 0.31】 设 $p=5,a=43$，则 $1\times 43\equiv 3(\bmod\ 5)$，$2\times 43\equiv 1(\bmod\ 5)$，$3\times 43\equiv 4(\bmod\ 5)$，$4\times 43\equiv 2(\bmod\ 5)$，因而

$$(1\times 43)\times(2\times 43)\times(3\times 43)\times(4\times 43)\equiv 3\times 1\times 4\times 2(\bmod\ 5)$$

故

$$43^4\times 4!\equiv 4!(\bmod\ 5)$$

即

$$43^4\equiv 1(\bmod\ 5)$$

【例 0.32】 计算 43^{1082} 模 37 的最小正剩余.

【解】 由费马小定理，有 $43^{36}\equiv 1(\bmod\ 37)$，因此

$$43^{1082}=(43^{36})^{30}\times 43^2\equiv 43^2(\bmod\ 37)=36(\bmod\ 37)$$

推论 0.12 若 p 是素数，a 是整数，且 $p\nmid a$，则 a^{p-2} 是 a 模 p 的逆元.

推论 0.13 若 p 是素数，a,b 是整数，且 $p\nmid a$，则线性同余方程 $ax\equiv b(\bmod\ p)$ 的解是整数 $x\equiv a^{p-2}b(\bmod\ p)$.

证明 假设 $ax\equiv b(\bmod\ p)$，因为 $p\nmid a$，所以 a^{p-2} 是 a 模 p 的逆元.

在线性同余方程 $ax\equiv b(\bmod\ p)$ 的两边同乘以 a^{p-2}，得到 $a^{p-2}ax\equiv a^{p-2}b(\bmod\ p)$，即 $x\equiv a^{p-2}b(\bmod\ p)$. ■

中国剩余定理、威尔逊定理、欧拉定理、费马小定理并称数论四大定理.

习题

1. A 类题

A0.1 证明：$3\mid n(n+1)(2n+1)$.

A0.2 证明：如果整数 a 和 b 满足 $a\mid b$，那么对任意的正整数 n，有 $a^n\mid b^n$.

A0.3 试构造不超过 100 的素数表.

A0.4 证明：若 2^n-1 是素数($n>1$)，则 n 是素数.

A0.5 证明：如果 k 是正整数，则 $3k+2$ 和 $5k+3$ 互素.

A0.6 证明：对任意给定的正整数 n，必存在连续的 n 个正整数，使得它们都是合数.

A0.7 证明：对任意给定的正整数 n，n 个连续整数之积一定能被 $n!$ 整除.

A0.8 求下列最大公因子，并用线性组合表示：

(1) (51,87)；(2) (105,300)；(3) (981,1234).

A0.9 求 82798848 及 81057226635000 的标准分解式.

A0.10 设 a,b,c 为非零整数，证明：

(1) $[a,b]=[b,a]$.

(2) 若 $a|b$,则$[a,b]=|b|$.

(3) 若 $c>0$,则$[ca,cb]=c[a,b]$.

(4) 若 $a|c,b|c$,则$[a,b]|c$.

A0.11 设正整数 $a=a_n10^n+a_{n-1}10^{n-1}+\cdots+a_0,0\leqslant a_i<10$,试证：11 整除 a 当且仅当 11 整除 $\sum_{i=0}^{n}(-1)^i a_i$.

A0.12 证明：$641|2^{32}+1$.

A0.13 如果今天是星期一,问从今天起再过$10^{10^{10}}$天是星期几?

A0.14 证明：若 a_1和 a_2是模 m 的同一个剩余类中的任意两个整数,则有$(a_1,m)=(a_2,m)$.

A0.15 求下列各线性同余方程的解：

(1) $256x\equiv179 \pmod{337}$.

(2) $1215x\equiv560 \pmod{2755}$.

(3) $1296x\equiv1125 \pmod{1935}$.

A0.16 试解下列各题：

(1) 十一数余三,七二数余二,十三数余一,问本数.

(2) 二数余一,五数余二,七数余三,九数余四,问本数.

2. B 类题

B0.1 证明：若 2^n+1 是素数($n>1$),则 n 是 2 的方幂. 反之是否成立?

B0.2 设 $f(x)=a_nx^n+a_{n-1}x^{n-1}+\cdots+a_1x+a_0$是整系数多项式,若 $b=qd+c$,则 $d|f(b)$当且仅当 $d|f(c)$.

B0.3 设 $f(x)=3x^5+x+6$,试判断 7 能否整除 $f(10^{100})$.

B0.4 设 a,b 为整数,$m_1,m_2,\cdots,m_k$为正整数,若 $a\equiv b(\bmod m_i),i=1,2,\cdots,k$,则 $a\equiv b(\bmod [m_1,m_2,\cdots,m_k])$.

B0.5 设 n 为正整数,证明：330 能整除 $6^{2n}-5^{2n}-11$.

B0.6 设 a_1,a_2,b_1,b_2为整数,m 为正整数,若 $a_1a_2\equiv b_1b_2 \pmod m$,且 $a_2\equiv b_2 \pmod m$,$(a_2,m)=1$,则 $a_1\equiv b_1 \pmod m$.

B0.7 韩信点兵：有兵 1 队,若列成 5 行,末行 1 人;若列成 6 行,末行 5 人;列成 7 行,末行 4 人;列成 11 行,末行 10 人,求兵数.

B0.8 证明：若整数 n 有标准分解式 $n=p_1^{a_1}p_2^{a_2}\cdots p_k^{a_k}$,则

$$\varphi(n)=n\left(1-\frac{1}{p_1}\right)\left(1-\frac{1}{p_2}\right)\cdots\left(1-\frac{1}{p_k}\right)$$

B0.9 设 p 是素数,$0<a<p$,证明

$$x\equiv b(-1)^{a-1}\frac{(p-1)(p-2)\cdots(p-a+1)}{a!} \pmod p$$

是线性同余方程 $ax\equiv b \pmod p$的解.

B0.10 两个容器,一个容器为 27L,另一个容器为 15L,如何利用它们从一桶油中倒出 6L 油来?

第1篇 集合论

集合论最初是一门研究数学基础的学科，其起源可以追溯到16世纪末期. 为了追寻微积分的坚实基础，它从一个比"数"更简单的概念——集合出发，定义数及其运算，进而发展到整个数学领域，取得了极大的成功.

1874年，29岁的康托(Georg Ferdinand Ludwig Philipp Cantor，1845—1918，德国数学家)在"数学杂志"上发表了关于无穷集合论的第一篇革命性文章. 数学史上一般认为这篇文章的发表标志着集合论的诞生. 从1874—1884年，康托有关集合的系列文章奠定了集合论的基础.

康托开创的集合论被称为朴素集合论，因为他没有对集合论做完整形式的刻画，从而导致了理论的不一致，产生了悖论. 但康托的工作为数学开辟了广泛的研究领域. 他所提出的问题及其解决过程至少影响了半个世纪的数学发展，如连续统假设.

集合论的若干悖论，特别是罗素(Bertrand Arthur William Russell，1872—1970，英国数学家)悖论，在当时的数学界与逻辑界内引起了极大震动，触发了第三次数学危机. 罗素悖论的通俗形式是理发师悖论：**一个乡村理发师，自夸本村无人可与其相比，宣称他当然给本村不给自己理发的人理发，也只给这些人理发. 一天他产生了疑问，他是否应当给自己理发**?

如果理发师给自己理发，由于理发师只给"不给自己理发的人"理发，所以他不给自己理发，矛盾；如果理发师不给自己理发，由于理发师给"不给自己理发的人"理发，所以他必须为自己理发，矛盾.

换用集合语言，可以把集合分为两类，凡不以自身为元素的集合称为第一类集合；凡以自身作为元素的集合称为第二类集合. 显然每个集合或为第一类集合或为第二类集合. 设A为第一类集合的全体组成的集合，那么A是第一类集合还是第二类集合呢?

如果$A\in A$，即A以自身为元素，则由集合A的定义知，$A\notin A$；如果$A\notin A$，即A不以自身为元素，则由集合A的定义知，$A\in A$. 二者皆导出矛盾，而整个讨论逻辑上是没有问题的. 问题只能出现在集合的定义上.

1930年，哥德尔(Kurt Godel，1906—1978，美国数学家，逻辑学家和哲学家)给出了连续统假设与选择公理是相容的，从而证明了连续统假设不会错.

1963年，寇恩(Paul Joseph Cohen，1934—2007，美国数学家)证明了选择公理与连续统假设是相互独立的，从而给出了：证明连续统假设成立是不可能的. 由此得到，在使用的公理系统中，连续统假设是不能判定的.

19世纪末到20世纪初，数学的各个分支的一个普遍的思潮就是建立公理化系统. 为了弥补康托集合论的不足，策梅洛(Ernst Friedrich Ferdinand Zermelo，1871—1953，德国数学家)承担了集合论的公理化任务，建立了形式集合论.

策梅洛相信悖论起因于康托对集合的概念未加以限制，所以他所建立的公理系统只包含公理本身叙述所定义的基本概念和关系，并把选择公理作为其中的一条公理. 然而此公理化集合论的相容性当时并没有证明. 关于这一相容性问题，庞加莱(Jules Henri Poincaré，1854—1912，法国数学家)评论说：为了防备狼，羊群已经用篱笆圈起来了，但却不知道羊圈内有没有狼.

集合论既然有这么多的不足，为什么还仍然把它作为数学的基础呢?

首先，整个分析数学是建立在集合论的基础上的，集合论的概念已深入到现代科学的各个方面，成为表达各种严谨科学概念必不可少的数学语言.

其次，计算机科学及其应用的研究也和集合论有着极其密切的关系. 集合不仅可以用来表示数及其运算，更可以用于非数值信息的表示和处理. 如数据的增加、删除、修改、排序以及数据间关系的描述，有些很难用传统的数值计算来处理，但可以用集合运算来处理. 因此，集合论在程序语言、数据结构、编译原理、数据库与知识库、形式语言和人工智能等领域中都得到了广泛的应用，并且还得到了发展，如扎德(Lotfi Aliasker Zadeh，1921年出生于阿塞拜疆巴库，数学家)的模糊集理论和帕夫拉克(Zdzislaw Pawlak，1926—2006，波兰数学家)的粗糙集理论等.

本篇对集合论本身及其公理化系统不做深入探讨，主要介绍有关集合论的基础知识，包括集合及其运算、关系、函数等.

第1章 集合及其运算

本章采用朴素集合论的方法，介绍有关集合的一些基本知识，内容显得较为直观，学起来易于理解. 但集合及其相关的概念是本门课程后面各章内容的基础，读者务必熟练掌握.

1.1 集合的基本概念

1.1.1 集合和元素

1. 定义

集合是一种无法由其他概念给出定义的原始概念，无法给出精确的定义，只能给出说明性的描述.

把一些确定的、彼此不同的事物作为一个整体来看待时，这个整体便称为一个**集合**. 组成集合的那些个体称为集合的**元素**.

例如：

(1) 全体实数可组成一个集合，每一个实数均是该集合的元素.

(2) 所有C语言中的标识符也可组成一个集合，每一个标识符均是该集合的元素.

(3) "我们班高个子的同学"则不能组成一个集合，因为个子高不高是一个不确定的概念.

通常用带或不带标号的大写字母来标记集合，用带或不带标号的小写字母标记元素. 为了表示一个集合由哪些元素构成，一般将集合的元素全部列出(元素间用逗号隔开)并用花括号括起来.

若个体 a 是集合 A 的元素，则记作 $a\in A$，读作"a 属于 A"；若个体 a 不是集合 A 的元素，则记作 $a\notin A$，读作"a 不属于 A".

2. 特征

根据集合和元素的定义，集合中的元素具有以下特征：

(1) 确定性.

集合中的元素是确定的. 一旦给定了集合 A，对于任何个体 a，$a\in A$ 与 $a\notin A$ 有且仅有一个成立.

(2) 互异性.

集合中的元素是彼此不同的. 如集合 $\{a,b\}$ 中 a 与 b 是有区别的.

(3) 不重复性.

集合中的元素是不重复的. 如 $\{a,b,b,c\}$ 与集合 $\{a,b,c\}$ 是一样的.

(4) 无序性.

集合中的元素没有先后次序. 如集合 $\{a,b,c\}$ 与 $\{c,b,a\}$ 是一样的.

(5) 抽象性.

集合中的元素是抽象的,甚至可以是集合. 如集合{1,2,{1,2}}的元素{1,2}本身也是一个集合.

3. 常用集合的表示符号

下面是几个常用集合的表示符号.

Z 或 **I**: 所有整数的集合.

$\mathbf{Z}^*$ 或 **N**: 所有自然数(包括 0)即非负整数的集合.

$\mathbf{Z}^+$: 所有正整数的集合.

$\mathbf{Z}^-$: 所有负整数的集合.

$\mathrm{N}_{\mathrm{even}}$: 非负偶数的集合.

$\mathrm{N}_{\mathrm{odd}}$: 非负奇数的集合.

Q: 所有有理数的集合.

$\mathbf{Q}^*$: 所有非负有理数的集合.

$\mathbf{Q}^+$: 所有正有理数的集合.

$\mathbf{Q}^-$: 所有负有理数的集合.

R: 所有实数的集合.

$\mathbf{R}^*$: 所有非负实数的集合.

$\mathbf{R}^+$: 所有正实数的集合.

$\mathbf{R}^-$: 所有负实数的集合.

C: 所有复数的集合.

此外,还会经常用到以下两个集合.

定义 1.1 不含任何元素的集合称为**空集**,记为$\varnothing$.

一个包含了研究问题中涉及的所有对象的集合称为该问题的**全域集合**,简称**全集**,记作 U 或 E.

全集的概念是相对的,要看具体研究的问题. 一般在问题讨论之初即取定.

约定: 本书所讨论的集合一般不是空集.

1.1.2 集合的表示方法

集合由它所包含的元素完全确定,表示一个集合有许多方法.

1. 列举法

通过将集合中全部元素或部分元素置于花括号内而元素之间用逗号隔开来表示集合的方法. 又称为**枚举法**.

当一个集合仅含有有限个元素或元素之间有明显关系时,常常采用列举法表示该集合.

列举法必须将元素的全体都列出来,而不能遗漏任何一个. 在能清楚表示集合成员之间关系的情况下可使用省略号,省略掉的元素能由列举出的元素以及它们前后的关系确定.

例如,集合 $A_1=\{2,a,b,9\}$, $A_2=\{0,1,4,9,16,\cdots,n^2,\cdots\}$.

列举法是显式法,其优点在于表示集合简明,一目了然,具有透明性.

2. 描述法

通过集合中元素所具有的共同性质来表示该集合的方法. 一般形式为 $A=\{a\mid \mathrm{P}(a)\}$.

其中,符号 P(x)表示不同对象 x 共同具有性质 P.

例如,$A_3=\{2^i \mid i\in \mathbf{N}\}$,即 $A_3=\{2^0,2^1,2^2,2^3,\cdots\}$.

又如,$A_4=\{2x \mid x\in \mathbf{N}, x\leqslant 50\}$,即 $A_4=\{0,2,4,6,\cdots,98,100\}$.

用描述法表示一个集合的方式一般不唯一. 例如:$A_5=\{1,2,3,4\}$可描述为$\{a \mid a\in \mathbf{Z}^+, a\leqslant 4\}$或$\{a \mid a\in \mathbf{Z}^+, a<6, a$ 能整除 $12\}$.

描述法是隐式法,其突出优点是原则上不要求列出集合中的全部元素.

3. 递归定义法

通过计算规则定义集合中元素的方法.

例如,设 $a_0=1, a_1=1, a_{i+1}=a_i+a_{i-1}, i\in \mathbf{Z}^+$,集合 $A_6=\{a_0,a_1,a_2,\cdots\}=\{a_k \mid k\in \mathbf{N}\}$.

还有一种常用的表示集合的方法是维恩图法,详见 1.2.3 节.

1.1.3 集合的基数

对于集合,可以给出它的一个度量.

定义 1.2 集合 A 所含不同元素的个数称为 A 的**基数**或**势**,记作 $\#A$ 或 $|A|$.

若 $\#A$ 是有限数,则称集合 A 为**有限集**,否则称 A 为**无限集**.

显然,空集 $\varnothing$ 为有限集且基数为 0,任何非空集合的基数大于 0.

例如,$\#A_1=4$, $\#A_4=51$, $\#A_5=4$,集合 A_2,A_3,A_6 有无穷多个元素,因此 A_2,A_3,A_6 的基数是无穷大. A_1,A_4,A_5 均为有限集,A_2,A_3,A_6 都是无限集.

1.2 集合间的关系

本节首先讨论集合的包含和相等这两种基本关系,然后讨论集合的幂集.

1.2.1 集合的包含

定义 1.3 设有集合 A,B,如果 A 的每一个元素都是 B 的元素,即对任意的 $x\in A$ 都有 $x\in B$,则称 A 是 B 的**子集**或 B 是 A 的**包含集**,记作 $A\subseteq B$ 或 $B\supseteq A$,读作"A 包含于 B"或"B 包含 A". 如果 A 不是 B 的子集,即 A 中至少有一个元素不属于 B,则记作 $A\nsubseteq B$ 或 $B\nsupseteq A$,读作"A 不包含于 B"或"B 不包含 A".

若 $A\subseteq B$,且 B 中至少有一个元素不属于 A,则称 A 是 B 的**真子集**,记作 $A\subset B$ 或 $B\supset A$. 若 A 不是 B 的真子集,则记作 $A\not\subset B$ 或 $B\not\supset A$.

称$\subseteq$(或$\supseteq$)为**包含关系**,称$\subset$(或$\supset$)为**真包含关系**.

例如,设集合 $A=\{a,b,c,d\}$, $B=\{a,b,c\}$, $C=\{b,c,d\}$,则

$$A\subseteq A, B\subseteq A, C\subseteq A, A\not\subset A, B\subset A, C\subset A, B\nsubseteq C, C\nsubseteq B$$

注意:

(1) 属于关系(个体与集合的关系)和包含关系(集合与集合的关系)是两种不同的关系,不能混淆.

(2) 对集合 A,B,可能有 $A\in B$ 与 $A\subseteq B$ 同时成立. 如设集合 $A=\{1,2\}$, $B=\{\{1,2\},1,2\}$,则有 $A\in B$ 且 $A\subseteq B$.

定理 1.1 集合的包含关系具有如下性质：

(1) 对任意的集合 A，有 $\varnothing \subseteq A$.

(2) 对任意的集合 A，有 $A \subseteq A$.

(3) 对任意的集合 A,B,C，若 $A \subseteq B$，$B \subseteq C$，则 $A \subseteq C$.

证明 依照定义易证性质(2)和(3)，下面用反证法证明性质(1).

假设 $\varnothing \nsubseteq A$，则必存在一个元素 $x \in \varnothing$，而 $x \notin A$，但 $x \in \varnothing$ 与 $\varnothing$ 的定义相矛盾. 因此性质(1)成立. ■

1.2.2 集合的相等

定义 1.4 设有集合 A,B，若 $A \subseteq B$ 且 $B \subseteq A$，则称集合 A 与 B **相等**，记作 $A=B$. 否则称集合 A 与 B **不相等**，记作 $A \neq B$.

由定义可知：

(1) 两个集合相等的充分必要条件是它们具有完全相同的元素.

(2) $A \neq B$ 的充分必要条件是 $A \nsubseteq B$ 或 $B \nsubseteq A$.

(3) $A \subset B$ 的充分必要条件是 $A \subseteq B$ 且 $A \neq B$.

例如，设 $A=\{x \mid x \in \mathbf{Z}^+$ 且 x 能整除 $24\}$，$B=\{1,2,3,4,6,8,12,24\}$，则 $A=B$.

又如：

(1) $\{a,b,c\}=\{b,c,a\}$.

(2) $\{a,b,c,d\} \neq \{a,b,c\}$.

(3) $\{a,\{b,c\}\} \neq \{\{a,b\},c\}$.

(4) $\{\varnothing\} \neq \varnothing$.

利用两个集合的相等关系，可以证明下面的结论.

定理 1.2 空集是唯一的.

证明 假设有两个空集 $\varnothing_1$ 和 $\varnothing_2$，因为空集被包含于每一个集合中，所以有 $\varnothing_1 \subseteq \varnothing_2$，$\varnothing_1 \supseteq \varnothing_2$. 因此 $\varnothing_1=\varnothing_2$，故空集是唯一的. ■

1.2.3 维恩图

维恩(John Venn，1834—1923，英国的哲学家和数学家)在 1881 年发明了维恩图(Venn diagram，又称为韦恩图、文氏图)，是集合论(或类的理论)中在不太严格的意义下用以表示集合(或类)的一种草图，适合于表示集合之间的“大致关系”，也常常被用来帮助推导关于集合运算的一些规律(或理解推导过程).

在维恩图中，以一个矩形(的内部区域)表示全集 U，U 的各个子集以位于 U 内的封闭曲线如圆/椭圆等(的内部区域)来表示.

(1) 两个圆/椭圆相交，其相交部分表示两个集合的公共元素.

(2) 两个圆/椭圆不相交(相离)，则说明这两个集合没有公共元素(在维恩图中图形相切没有意义，因为维恩图是以图形的内部区域来表示集合的).

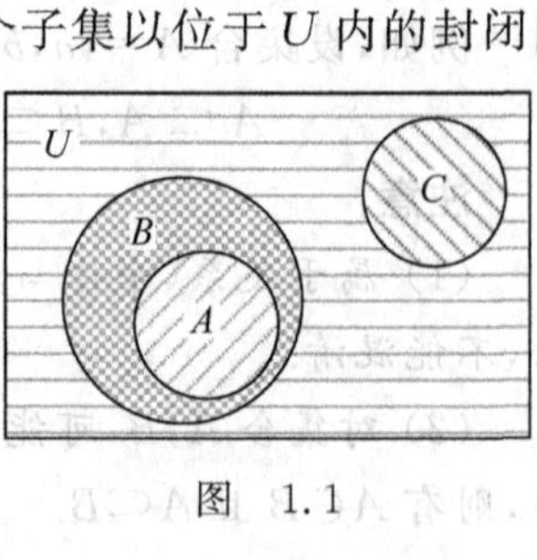

U
B
A
C

图 1.1

例如，在图 1.1 所示维恩图中，集合 U 是全集，集合 A,B，

C 均为 U 的子集，其中 A 与 B 相交且 A 是 B 的子集，A 和 B 都与 C 不相交.

维恩图的优点是直观、易于理解，但只能用于说明，不能用于证明.

1.2.4 幂集

定义 1.5 由集合 A 的所有子集组成的集合称为 A 的**幂集**，记作 2^A 或 $\mathrm{P}(A)$，即 $2^A=\{S|S\subseteq A\}$.

定义 1.6 常称所有元素都是集合的集合为**集合族**.

显然，集合 A 的幂集是一个集合族.

【例 1.1】 求下列集合的幂集：(1) $\{a\}$；(2) $\{a,b\}$；(3) $\{a,b,c\}$.

【解】 (1) 设 $A=\{a\}$，则 A 的

含 0 个元素的子集为 $\varnothing$，

含 1 个元素的子集为 $\{a\}$，

因此 $2^A=\{\varnothing,\{a\}\}$.

(2) 设 $B=\{a,b\}$，则 B 的

含 0 个元素的子集为 $\varnothing$，

含 1 个元素的子集为 $\{a\}$，$\{b\}$，

含 2 个元素的子集为 $\{a,b\}$，

因此 $2^B=\{\varnothing,\{a\},\{b\},\{a,b\}\}$.

(3) 设 $C=\{a,b,c\}$，则 C 的

含 0 个元素的子集为 $\varnothing$，

含 1 个元素的子集为 $\{a\}$，$\{b\}$，$\{c\}$，

含 2 个元素的子集为 $\{a,b\}$，$\{a,c\}$，$\{b,c\}$，

含 3 个元素的子集为 $\{a,b,c\}$，

因此 $2^C=\{\varnothing,\{a\},\{b\},\{c\},\{a,b\},\{a,c\},\{b,c\},\{a,b,c\}\}$.

定理 1.3 设 A 是有限集，则 $\#(2^A)=2^{\#A}$.

证明 设 $A=\{a_1,a_2,\cdots,a_n\}$，则 A 的

含 0 个元素的子集(共 C_n^0 个)为 $\varnothing$，

含 1 个元素的子集(共 C_n^1 个)为 $\{a_1\}$，$\{a_2\}$，$\cdots$，$\{a_n\}$，

含 2 个元素的子集(共 C_n^2 个)为 $\{a_1,a_2\}$，$\cdots$，$\{a_1,a_n\}$，$\{a_2,a_3\}$，$\cdots$，$\{a_{n-1},a_n\}$，

$\cdots$，

含 n 个元素的子集(共 C_n^n 个)为 $\{a_1,a_2,\cdots,a_n\}$，

所以 A 的子集个数为 $\#(2^A)=C_n^0+C_n^1+C_n^2+\cdots+C_n^n=2^n$，即 $\#(2^A)=2^{\#A}$. ■

【例 1.2】 对任意的集合 A，B，试证：$A\subseteq B$ 当且仅当 $2^A\subseteq 2^B$.

证明 若 $A\subseteq B$，则对任意的 $C\in 2^A$，有 $C\subseteq A$. 由假设 $A\subseteq B$，故有 $C\subseteq B$，从而 $C\in 2^B$. 此即证得 $2^A\subseteq 2^B$.

反之，若有 $2^A\subseteq 2^B$，则对任意的 $c\in A$，有 $\{c\}\subseteq A$，故 $\{c\}\in 2^A$. 由假设 $2^A\subseteq 2^B$，故有 $\{c\}\in 2^B$，即 $\{c\}\subseteq B$，从而 $c\in B$. 此即证得 $A\subseteq B$.

【例 1.3】 设 $A=\varnothing$，$B=\{\varnothing,a,\{a\}\}$，求 2^A 和 2^B.

【解】 对于集合 A，它只有一个子集 $\varnothing$，即 $2^A=\{\varnothing\}$.

对于集合 B，

含 0 个元素的子集为 $\varnothing$，

含 1 个元素的子集为 $\{\varnothing\},\{a\},\{\{a\}\}$，

含 2 个元素的子集为 $\{\varnothing,a\},\{\varnothing,\{a\}\},\{a,\{a\}\}$，

含 3 个元素的子集为 $\{\varnothing,a,\{a\}\}$，

因此

$$2^B=\{\varnothing,\{\varnothing\},\{a\},\{\{a\}\},\{\varnothing,a\},\{\varnothing,\{a\}\},\{a,\{a\}\},\{\varnothing,a,\{a\}\}\}$$

1.2.5 有限集合幂集元素的编码表示

为便于在计算机中表示有限集合，可对集合中的元素规定一种次序，使在该集合的子集和二进制数之间建立起一一对应的关系.

设规定次序后的有限集 $A=\{a_1,a_2,\cdots,a_n\}$，其中元素的下标代表着该元素在集合 A 中的次序.

(1) 对 A 的任意子集 B，使之对应一个 n 位二进制数 $b_1b_2\cdots b_n$，其中

$$b_i=\begin{cases}1, & a_i\in B\\ 0, & a_i\notin B\end{cases} \tag{1.1}$$

(2) 对任意的 n 位二进制数 $b_1b_2\cdots b_n$，使之对应 A 的一个子集 $B=\{a_i\mid b_i=1\}$.

于是，可以将 A 的幂集的元素编码表示为

$$2^A=\{B_i\mid i\in J\} \tag{1.2}$$

其中 $J=\{j\mid j$ 是二进制数且 $\underbrace{000\cdots0}_{n个0}\leqslant j\leqslant\underbrace{111\cdots1}_{n个1}\}$.

例如，设集合 $A=\{a,b,c\}$，则 $2^A=\{B_{000},B_{001},B_{010},B_{011},B_{100},B_{101},B_{110},B_{111}\}$. 如 $B_{000}=\varnothing$，$B_{011}=\{b,c\}$ 等.

这种编码表示的二进制数也可以转换成十进制数，如 $B_{011}=B_3=\{b,c\}$ 等.

1.3 集合的运算和运算定律

1.3.1 集合的运算

给定若干个集合，可以通过集合的运算得到一些新的集合.

定义 1.7 设 A,B 是全集 U 的任意两个子集合，

(1) 由属于 A 或 B 的所有元素组成的集合称为 A 与 B 的**并集**，记作 $A\cup B$，即 $A\cup B=\{x\mid x\in A$ 或 $x\in B\}$，其中 $\cup$ 称为**并运算**.

(2) 由既属于 A 又属于 B 的所有元素组成的集合称为 A 与 B 的**交集**，记作 $A\cap B$，即 $A\cap B=\{x\mid x\in A$ 且 $x\in B\}$，其中 $\cap$ 称为**交运算**.

若 $A\cap B=\varnothing$，则称 A 与 B **不相交**.

(3) 由属于 A 而不属于 B 的所有元素组成的集合称为 B 对于 A 的**相对补集**，也称为 A 与 B 的**差集**，记作 $A-B$，即 $A-B=\{x\mid x\in A$ 且 $x\notin B\}$，其中“$-$”称为**差运算**.

集合 A 对于全集 U 的相对补集称为 A 的**绝对补集**，简称为 A 的**补集**，记作 A' 或 $\overline{A}$，即 $A'=U-A=\{x|x\in U \text{ 且 } x\notin A\}=\{x|x\notin A\}$，其中“$'$”称为**补运算**.

(4) 由属于 A 而不属于 B 以及属于 B 而不属于 A 的所有元素组成的集合，即 A 与 B 的所有非公共元素组成的集合称为 A 与 B 的**对称差**或**环和**，记作 $A\oplus B$，即 $A\oplus B=(A-B)\cup(B-A)$，其中 $\oplus$ 称为**对称差运算**或**环和运算**.

称 $(A\oplus B)'$ 为 A 与 B 的**环积**，记为 $A\otimes B$，即 $A\otimes B=(A\oplus B)'$，其中 $\otimes$ 称为**环积运算**.

以上集合运算的维恩图如图 1.2 阴影部分所示.

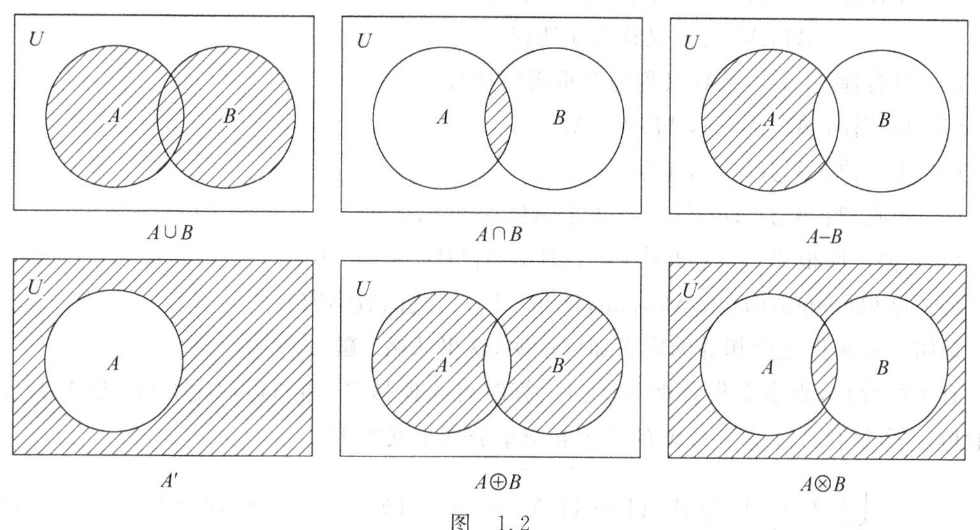

图 1.2

由定义 1.7 容易证明如下定理成立.

定理 1.4 对于全集 U 的任意子集 A,B,C，有

(1) $A\subseteq A\cup B$，$B\subseteq A\cup B$.

(2) $A\cap B\subseteq A$，$A\cap B\subseteq B$.

(3) $A-B\subseteq A$.

(4) $A-A=\varnothing$，$A-\varnothing=A$，$A-U=\varnothing$.

(5) $A-B=A\cap B'$，$A-B=A-A\cap B$.

(6) $(A')'=A$，$U'=\varnothing$，$\varnothing'=U$.

(7) 若 $A\subseteq C$，$B\subseteq C$，则 $A\cup B\subseteq C$.

(8) 若 $A\subseteq B$，$A\subseteq C$，则 $A\subseteq B\cap C$.

(9) 若 $A\subseteq B$，则 $B'\subseteq A'$.

(10) $A\subseteq B$，$A\cup B=B$，$A\cap B=A$，$A-B=\varnothing$ 之间相互等价.

【思考 1.1】 对有限集 U，如何利用计算机计算其子集合的并、交、差、补、环和、环积？

1.3.2 集合运算的定律

1. 集合并、交、补运算的定律

定理 1.5 对于全集 U 的任意子集 A,B,C，有

(1) 交换律：$A\cup B=B\cup A, A\cap B=B\cap A$.

(2) 结合律：$A\cup(B\cup C)=(A\cup B)\cup C$,

$A\cap(B\cap C)=(A\cap B)\cap C$.

(3) 分配律：$A\cap(B\cup C)=(A\cap B)\cup(A\cap C)$,

$A\cup(B\cap C)=(A\cup B)\cap(A\cup C)$.

(4) 同一律：$A\cup\varnothing=A, A\cap U=A$.

(5) 互补律：$A\cup A'=U$(又称为排中律),

$A\cap A'=\varnothing$(又称为矛盾律).

(6) 对合律：$(A')'=A$(又称为双重否定律).

(7) 幂等律：$A\cup A=A, A\cap A=A$.

(8) 零一律：$A\cup U=U, A\cap\varnothing=\varnothing$.

(9) 吸收律：$A\cup(A\cap B)=A, A\cap(A\cup B)=A$.

(10) 德·摩根律：$(A\cup B)'=A'\cap B', (A\cap B)'=A'\cup B'$.

德·摩根(Augustus de Morgan,1806—1871,英国数学家).

证明 可根据集合相等的定义加以证明,这里从略. ■

有了结合律,则多个集合做并(交)运算时可去掉括号,如 $A\cup(B\cup C)$ 记为 $A\cup B\cup C$. 一般地,n 个集合 $A_1, A_2, \cdots, A_n$ 的并集和交集分别定义如下:

$$\bigcup_{i=1}^{n} A_i = A_1 \cup A_2 \cup \cdots \cup A_n = \{x \mid \exists k, k=1,2,\cdots,n, x\in A_k\} \tag{1.3}$$

$$\bigcap_{i=1}^{n} A_i = A_1 \cap A_2 \cap \cdots \cap A_n = \{x \mid \forall k, k=1,2,\cdots,n, x\in A_k\} \tag{1.4}$$

类似地,分配律也可以推广到一般情形,即

$$B\cap\left(\bigcup_{i=1}^{n} A_i\right)=\bigcup_{i=1}^{n}(B\cap A_i) \tag{1.5}$$

$$B\cup\left(\bigcap_{i=1}^{n} A_i\right)=\bigcap_{i=1}^{n}(B\cup A_i) \tag{1.6}$$

2. 与环和、环积运算有关的性质

定理 1.6 对于全集 U 的任意子集 A,B,C,有

(1) 交换律：$A\oplus B=B\oplus A, A\otimes B=B\otimes A$.

(2) 结合律：$(A\oplus B)\oplus C=A\oplus(B\oplus C), (A\otimes B)\otimes C=A\otimes(B\otimes C)$.

(3) 同一律：$A\oplus\varnothing=A, A\oplus U=A'$,

$A\otimes U=A, A\otimes\varnothing=A'$.

(4) 零一律：$A\oplus A=\varnothing, A\oplus A'=U$,

$A\otimes A=U, A\otimes A'=\varnothing$.

(5) 其他律：$A\oplus B=A'\oplus B', A\otimes B=A'\otimes B'$,

$A'\oplus B=A\oplus B'=A\otimes B$.

1.3.3 集合恒等式的证明方法

1. 根据定义证明

要证明集合 $A=B$,根据定义,需证明 $A\subseteq B$ 且 $B\subseteq A$.

【例 1.4】 证明:(1) $A-B=A\cap B'$;(2) $A-B=A-(A\cap B)$.

证明 (1) 任取 $u\in A-B$,则 $u\in A$ 且 $u\notin B$,即 $u\in A$ 且 $u\in B'$,于是 $u\in A\cap B'$,故 $A-B\subseteq A\cap B'$.

反之,任取 $u\in A\cap B'$,则 $u\in A$ 且 $u\in B'$,即 $u\in A$ 且 $u\notin B$,于是 $u\in A-B$,故 $A\cap B'\subseteq A-B$.

所以 $A-B=A\cap B'$.

(2) 任取 $u\in A-B$,则 $u\in A$ 且 $u\notin B$,因而 $u\in A$ 且 $u\notin A\cap B$,于是 $u\in A-(A\cap B)$,故 $A-B\subseteq A-(A\cap B)$.

反之,任取 $u\in A-(A\cap B)$,则 $u\in A$ 且 $u\notin A\cap B$,因而 $u\in A$ 且 $u\notin B$,于是 $u\in A-B$,故 $A-(A\cap B)\subseteq A-B$.

所以 $A-B=A-(A\cap B)$.

等式 $A-B=A\cap B'$ 常被用于将集合的差运算转化为交运算与补运算.

【例 1.5】 证明:(1) $A-(B\cup C)=(A-B)\cap(A-C)$;

(2) $A-(B\cap C)=(A-B)\cup(A-C)$.

证明 (1) 任取 $u\in A-(B\cup C)$,则 $u\in A$ 而 $u\notin B\cup C$,因此($u\in A$ 而 $u\notin B$)且($u\in A$ 而 $u\notin C$),于是 $u\in A-B$ 且 $u\in A-C$,因而 $u\in(A-B)\cap(A-C)$,故有 $A-(B\cup C)\subseteq(A-B)\cap(A-C)$.

反之,任取 $u\in(A-B)\cap(A-C)$,则 $u\in A-B$ 且 $u\in A-C$. 因此 $u\in A$ 而($u\notin B$ 且 $u\notin C$),从而 $u\in A-(B\cup C)$,故有 $(A-B)\cap(A-C)\subseteq A-(B\cup C)$.

所以 $A-(B\cup C)=(A-B)\cap(A-C)$.

(2) 证略.

2. 利用已有的集合恒等式证明

例如,假设交换律、分配律、同一律和零一律都成立,则可以证明吸收律 $A\cap(A\cup B)=A$ 也成立.

证明 $A\cap(A\cup B)$

$=(A\cup\varnothing)\cap(A\cup B)$ (同一律)

$=A\cup(\varnothing\cap B)$ (分配律)

$=A\cup(B\cap\varnothing)$ (交换律)

$=A\cup\varnothing$ (零一律)

$=A.$ (同一律)

又如,利用吸收律证明幂等律 $A\cup A=A$.

证明 $A\cup A=A\cup(A\cap(A\cup A))=A$.

【例 1.6】 设 A,B 为任意集合,证明

$$(A\cup B)-(B\cap A)=(A-B)\cup(B-A)$$

证明 左边$=(A\cup B)\cap(B\cap A)'$

$=(A\cup B)\cap(A'\cup B')$

$=((A\cup B)\cap A')\cup((A\cup B)\cap B')$

$=((A\cap A')\cup(B\cap A'))\cup((A\cap B')\cup(B\cap B'))$

$=(\varnothing\cup(B\cap A'))\cup((A\cap B')\cup\varnothing)$

$=(B\cap A')\cup(A\cap B')$

$=(B-A)\cup(A-B)=$右边.

例 1.6 表明,集合 A,B 的对称差运算也可以如下定义

$$A\oplus B=(A\cup B)-(B\cap A)$$

【例 1.7】 设 A,B,C 为任意集合,证明:

$$A\cap(B\oplus C)=(A\cap B)\oplus(A\cap C)$$

证明 右边$=((A\cap B)-(A\cap C))\cup((A\cap C)-(A\cap B))$

$=((A\cap B)\cap(A\cap C)')\cup((A\cap C)\cap(A\cap B)')$

$=((A\cap B)\cap(A'\cup C'))\cup((A\cap C)\cap(A'\cup B'))$

$=(A\cap B\cap A')\cup(A\cap B\cap C')\cup(A\cap C\cap A')\cup(A\cap C\cap B')$

$=(A\cap B\cap C')\cup(A\cap C\cap B')$

$=A\cap((B\cap C')\cup(C\cap B'))$

$=A\cap((B-C)\cup(C-B))=$左边.

一般地,$A\cup(B\oplus C)\neq(A\cup B)\oplus(A\cup C)$. 例如,设 $A=\{a,b,c\}$,$B=\{b,c,d\}$,$C=\{c,d,e\}$为集合$U=\{a,b,c,d,e,f\}$的子集,则

$$A\cup(B\oplus C)=\{a,b,c\}\cup\{b,e\}=\{a,b,c,e\}$$

$$(A\cup B)\oplus(A\cup C)=\{a,b,c,d\}\oplus\{a,b,c,d,e\}=\{e\}$$

因此 $A\cup(B\oplus C)\neq(A\cup B)\oplus(A\cup C)$.

【例 1.8】 设 A,B 为任意集合,证明 $A\oplus(A\oplus B)=B$.

证明 $A\oplus B=(A-B)\cup(B-A)=(A\cap B')\cup(B\cap A')$.

左边$=[A\cap(A\oplus B)']\cup[(A\oplus B)\cap A']$

$=\{A\cap[(A\cap B')\cup(B\cap A')]'\}\cup\{[(A\cap B')\cup(B\cap A')]\cap A'\}$

$=\{A\cap[(A\cap B')'\cap(B\cap A')']\}\cup[(A\cap B'\cap A')\cup(B\cap A'\cap A')]$

$=\{A\cap[(A'\cup B)\cap(B'\cup A)]\}\cup(A'\cap B)$

$=\{[A\cap(B'\cup A)]\cap(A'\cup B)\}\cup(A'\cap B)$

$=[A\cap(A'\cup B)]\cup(A'\cap B)$

$=(A\cap A')\cup(A\cap B)\cup(A'\cap B)$

$=(A\cup A')\cap B=$ 右边.

另证:$A\oplus(A\oplus B)=(A\oplus A)\oplus B=\varnothing\oplus B=B$.

3. 利用集合成员表证明

详见 1.4.3 节.

1.3.4 包含排斥原理

根据集合运算的定义，对于有限集合 U 的任意子集 A,B，显然以下各式成立：

(1) 若 A,B 不相交，则 $\#(A\cup B)=\#A+\#B$.

(2) $\max(\#A,\#B)\leqslant\#(A\cup B)\leqslant\#A+\#B$.

(3) $\#(A\cap B)\leqslant\min(\#A,\#B)$.

(4) $\#A-\#B\leqslant\#(A-B)\leqslant\#A$.

(5) 若 $A\subseteq B$，则 $\#A\leqslant\#B$；$\#(B-A)=\#B-\#A$.

(6) $\#A'=\#U-\#A$.

定理 1.7 设 A,B 为有限集合 U 的任意子集，则

$$\#(A\cup B)=\#A+\#B-\#(A\cap B) \tag{1.7}$$

证明 因 $A=A\cap U=A\cap(B\cup B')=(A\cap B)\cup(A\cap B')$ 而 $(A\cap B)\cap(A\cap B')=\varnothing$，故 $\#A=\#(A\cap B)+\#(A\cap B')$，即

$$\#(A\cap B')=\#A-\#(A\cap B) \tag{1.8}$$

又因 $A\cup B=(A-B)\cup B=(A\cap B')\cup B$ 而 $(A\cap B')\cap B=\varnothing$，故

$$\#(A\cup B)=\#(A\cap B')+\#B \tag{1.9}$$

将式(1.8)代入式(1.9)得 $\#(A\cup B)=\#A+\#B-\#(A\cap B)$. ■

此定理常称为**包含排斥原理**，它是组合学基本的计数定理之一.

推论 1.1 设 A,B 为有限集合 U 的任意子集，则 $\#(A\oplus B)=\#A+\#B-2\#(A\cap B)$.

推论 1.2 设 $A_1,A_2,\cdots,A_n$ 为有限集合 U 的任意子集，则

$$\begin{aligned}\#(A_1\cup A_2\cup\cdots\cup A_n)=&\sum_{i=1}^{n}\#A_i-\sum_{1\leqslant i<j\leqslant n}\#(A_i\cap A_j)\\&+\sum_{1\leqslant i<j<k\leqslant n}\#(A_i\cap A_j\cap A_k)\\&+\cdots+(-1)^{n-1}\#(A_1\cap A_2\cap\cdots\cap A_n)\end{aligned} \tag{1.10}$$

推论 1.2 可用数学归纳法加以证明.

【例 1.9】 在 20 名青年中有 10 名是公司职员，12 名是学生，其中 5 名既是职员又是学生，问有几名既不是职员又不是学生？

【解】 设青年中职员和学生的集合分别是 A 和 B，则青年中既不是职员又不是学生的集合为 $A'\cap B'$，即 $(A\cup B)'$.

由题设知 $\#U=20$，$\#A=10$，$\#B=12$，$\#(A\cap B)=5$，故

$$\#(A\cup B)=\#A+\#B-\#(A\cap B)=10+12-5=17$$

因此

$$\#(A'\cap B')=\#((A\cup B)')=\#U-\#(A\cup B)=20-17=3$$

所以有三名既不是职员又不是学生.

【例 1.10】 求 1～500 之间能被 2,3,7 任一数整除的整数个数.

【解】 设 1～500 之间分别能被 2,3,7 整除的整数集合为 A,B,C，则

$\#A=[500/2]=250$（$[x]$表示不超过 x 的最大整数），

$\#B=[500/3]=166$，$\#C=[500/7]=71$，

$\#(A\cap B)=[500/(2\times 3)]=83$，

$\#(A\cap C)=[500/(2\times 7)]=35$，$\#(B\cap C)=[500/(3\times 7)]=23$，

$\#(A\cap B\cap C)=[500/(2\times 3\times 7)]=11$，

故 $\#(A\cup B\cup C)=\#A+\#B+\#C-\#(A\cap B)-\#(A\cap C)$

$-\#(B\cap C)+\#(A\cap B\cap C)$

$=250+166+71-83-35-23+11=357$

所以 1～500 之间能被 2,3,7 任一数整除的整数有 357 个.

1.4 集合成员表

1.4.1 并、交和补集的成员表

设 A,B 是全集 U 的子集，根据 $A\cup B$ 和 $A\cap B$ 的定义以及全集 U 中元素 u 与 A 和 B 的属于关系的 4 种情形，可得

(1) 若 $u\notin A,u\notin B$，则有 $u\notin A\cup B,u\notin A\cap B$.

(2) 若 $u\notin A,u\in B$，则有 $u\in A\cup B,u\notin A\cap B$.

(3) 若 $u\in A,u\notin B$，则有 $u\in A\cup B,u\notin A\cap B$.

(4) 若 $u\in A,u\in B$，则有 $u\in A\cup B,u\in A\cap B$.

借助于数字 0 和 1 分别表示元素 $u\notin A$ 和 $u\in A$，得到集合 A 和 B 的并、交运算后的集合 $A\cup B$ 与 $A\cap B$ 的成员表如表 1.1 所示.

表 1.1　$A\cup B$ 与 $A\cap B$ 的成员表

A	B	$A\cup B$	$A\cap B$
0	0	0	0
0	1	1	0
1	0	1	0
1	1	1	1

设 A 是全集 U 的子集，根据 A' 的定义以及全集 U 中元素 u 与 A 的属于关系的两种情形，可得

(1) 若 $u\in A$，则 $u\notin A'$.

(2) 若 $u\notin A$，则 $u\in A'$.

由此得到集合 A' 的成员表如表 1.2 所示.

表 1.2　A' 的成员表

A	A'
0	1
1	0

1.4.2 有限个集合产生的集合的成员表

定义 1.8　设 $A_1,A_2,\cdots,A_r$ 是全集 U 的子集，对这些集合以及 $\varnothing$ 和 U 有限次地施加补、并、交运算所得集合称为是由 $A_1,A_2,\cdots,A_r$ 所**产生的集合**.

例如，$(A\cup B)\cap B'$ 是由 A,B 所产生的集合，$A\cap((B'\cap C)\cup(B\cap C'))$ 则是由集合 A，

B,C 所产生的集合.

对于由 $A_1,A_2,\cdots,A_r$ 所产生的集合 S 的成员表，其前 r 列标记 $A_1,A_2,\cdots,A_r$，最后一列标记 S. 标记 A_i 的列中数字 0 表示 $u\notin A_i$，数字 1 表示 $u\in A_i$. 若在第 k 行上，前 r 列所指明的条件下有 $u\notin S$，则在 S 列的第 k 行位置上计入 0，否则计入 1.

集合成员表共有 2^r 行，它相当于 u 在 $A_1,A_2,\cdots,A_r$ 中的 2^r 种可能的成员/非成员情况.

【例 1.11】 构造集合 $T=(A\cup B)\cap B'$ 的成员表.

【解】 T 的成员表如表 1.3 所示.

表 1.3

A	B	$A\cup B$	B'	T
0	0	0	1	**0**
0	1	1	0	**0**
1	0	1	1	**1**
1	1	1	0	**0**

从表中可知，$u\in T$ 当且仅当 $u\in A$ 且 $u\notin B$.

【例 1.12】 构造集合 $S=A\cap((B'\cap C)\cup(B\cap C'))$ 的成员表.

【解】 S 的成员表如表 1.4 所示.

表 1.4

A	B	C	B'	$B'\cap C$	C'	$B\cap C'$	$(B'\cap C)\cup(B\cap C')$	S
0	0	0	1	0	1	0	0	**0**
0	0	1	1	1	0	0	1	**0**
0	1	0	0	0	1	1	1	**0**
0	1	1	0	0	0	0	0	**0**
1	0	0	1	0	1	0	0	**0**
1	0	1	1	1	0	0	1	**1**
1	1	0	0	0	1	1	1	**1**
1	1	1	0	0	0	0	0	**0**

【思考 1.2】 如何构造集合 $A-B,A\oplus B$ 与 $A\otimes B$ 的成员表?

1.4.3 利用集合成员表证明集合恒等式

在集合成员表中，若某列的各计入值全为 0，则该列所标记的集合是空集$\varnothing$；若全为 1，则该列所标记的集合是全集 U.

如果集合成员表标有 S 和 T 的两列中 S 的任何一个计入值为 1 的行都有 T 的计入值也为 1(即 $\forall u\in S$ 都有 $u\in T$)，那么 $S\subseteq T$.

如果集合成员表标有 S 和 T 的两列是恒同的(即 S 和 T 的列中任何一行的计入值都相

等),则 $\forall u \in S$ 都有 $u \in T$,同时 $\forall u \in T$ 都有 $u \in S$,所以 $S=T$.

因此,可以由集合成员表来证明两个由全集 U 的子集所产生的集合是否相等.

【例 1.13】 设 A,B,C 是任意集合,试问等式 $S=T$ 是否成立?其中 $S=(A\cup B)\cap(A'\cup C)$, $T=(A\cap C)\cup(A'\cap B)$.

【解】 构造 S 和 T 的集合成员表如表 1.5 所示.

表 1.5

A	B	C	A'	$A\cup B$	$A'\cup C$	$\boldsymbol{S}$	$A'\cap B$	$A\cap C$	$\boldsymbol{T}$
0	0	0	1	0	1	**0**	0	0	**0**
0	0	1	1	0	1	**0**	0	0	**0**
0	1	0	1	1	1	**1**	1	0	**1**
0	1	1	1	1	1	**1**	1	0	**1**
1	0	0	0	1	0	**0**	0	0	**0**
1	0	1	0	1	1	**1**	0	1	**1**
1	1	0	0	1	0	**0**	0	0	**0**
1	1	1	0	1	1	**1**	0	1	**1**

由于 S 和 T 所标记的列完全相同,故有 $S=T$.

1.5 集合的覆盖与分划

在现实世界中,物以类聚,人以群分,对集合也是如此,常常将集合的元素按照一定的条件分成若干组加以研究.

定义 1.9 设 A 是一个非空集合,$H=\{A_1,A_2,\cdots,A_m\}$,其中 $A_i\subseteq A$,且 $A_i\neq\varnothing(i=1,2,\cdots,m)$.

(1) 若 $\bigcup\limits_{i=1}^{m} A_i=A$,则称 H 是 A 的一个**覆盖**.

(2) 若当 $i\neq j$ 时,$A_i\cap A_j=\varnothing$,则称覆盖 H 是集合 A 的一个**分划或划分**,每一个 $A_i(i=1,2,\cdots,m)$ 称为该分划的一个**分划块**.

集合 A 的分划要求 A 的每一个元素在且只在其中的一个分划块中.

显然,集合的一个分划一定是该集合的一个覆盖.

定义 1.10 设 $S=\{A_1,A_2,\cdots,A_m\}$ 和 $T=\{B_1,B_2,\cdots,B_n\}$ 都是非空集合 A 的分划,如果 T 中的每个分划块都含于 S 的某个分划块中,即 $\forall B_i\in T$,都存在 $A_j\in S$,使得 $B_i\subseteq A_j$,则称分划 T 是分划 S 的一个**细分**.

如果 T 是 S 的一个细分,且 T 中至少有一个分划块为 S 中某个分划块的真子集,则称 T 是 S 的**真细分**.

显然,每个分划都是其自身的一个细分,但不是真细分.

集合的分划过程可以理解为将一张纸(集合)撕成若干碎片(不相交的子集,每个元素均出现且只出现一次)，其细分过程是指将已撕成的部分碎片再撕成一些新的碎片，而真细分过程则是指在细分过程中至少有一个已撕成的碎片被撕成了一些新的碎片.

【例 1.14】 设集合 $A=\{2,3,4,8,9,10,15\}$，定义 A 的如下子集：

$$A_2=\{x \mid x\in A \text{ 且 } x \text{ 能被 2 整除}\}$$
$$A_3=\{x \mid x\in A \text{ 且 } x \text{ 能被 3 整除}\}$$
$$A_5=\{x \mid x\in A \text{ 且 } x \text{ 能被 5 整除}\}$$

试判断$\{A_2,A_3,A_5\}$与$\{A_2,A_3\}$是否为 A 的一个覆盖或分划.

【解】 根据题意，$A_2=\{2,4,8,10\}$，$A_3=\{3,9,15\}$，$A_5=\{10,15\}$.

$\{A_2,A_3,A_5\}$是 A 的一个覆盖，但不是 A 的一个分划.

$\{A_2,A_3\}$既是 A 的一个覆盖，也是 A 的一个分划.

【例 1.15】 设集合 $A=\{1,2,3,4\}$，则

$$H_1=\{\{1\},\{2\},\{3,4\}\}$$
$$H_2=\{\{2,3\},\{1,4\}\}$$
$$H_3=\{\{1\},\{2\},\{3\},\{4\}\}$$

都是 A 的分划. 其中 H_3是 H_1和 H_2的细分，且为真细分.

H_1是 H_2的细分吗？

1.6 集合的标准形式

集合的标准形式即集合的范式对研究数理逻辑中命题公式的标准形式的特点具有重要的作用. 集合的标准形式可用于判断任意两个集合是否相等.

1.6.1 最小集标准形式

定义 1.11 设 $A_1,A_2,\cdots,A_r$是全集 U 的子集，形如

$$\bigcap_{i=1}^{r} S_i=S_1\cap S_2\cap\cdots\cap S_r \tag{1.11}$$

的集合称为由 $A_1,A_2,\cdots,A_r$所**产生的最小集**，其中每个 S_i为 A_i或 A_i'.

注意：

(1) 最小集是包含所有 r 个子集(A_i或 A_i'，$i=1,2,\cdots,r$)的交集.

(2) 由 $A_1,A_2,\cdots,A_r$所产生的最小集共有 2^r个. 最小集可能为空集.

(3) 任意两个不同的最小集不相交.

【思考 1.3】 "由 $A_1,A_2,\cdots,A_r$所产生的集合"与"由 $A_1,A_2,\cdots,A_r$所产生的最小集"之间的区别和联系.

例如，设 A,B,C 是全集 U 的子集，其产生的全部最小集为

$$A\cap B\cap C, A\cap B\cap C', A\cap B'\cap C, A\cap B'\cap C'$$
$$A'\cap B\cap C, A'\cap B\cap C', A'\cap B'\cap C, A'\cap B'\cap C'$$

如图 1.3 所示.

图 1.3 中由 A,B,C 所产生的 8 个最小集都不是空集.

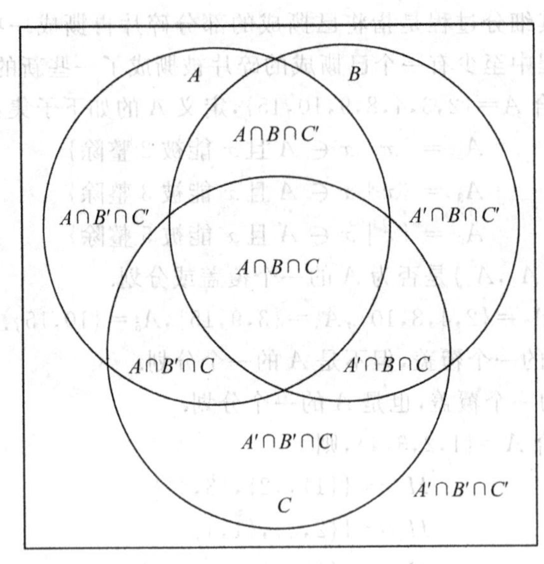

图　1.3

定理 1.8　由 $A_1, A_2, \cdots, A_r$ 所产生的所有非空最小集的集合构成 U 的一个分划.

证明　按照集合的分划所满足的条件逐一验证即可. ■

下面考察由 $A_1, A_2, \cdots, A_r$ 所产生的最小集 $S_1 \cap S_2 \cap \cdots \cap S_r$ 的编码表示及其集合成员表.

显然, $x \in S_1 \cap S_2 \cap \cdots \cap S_r$ 当且仅当 $x \in S_1, x \in S_2, \cdots, x \in S_r$.

若 $S_i = A_i$, 则 $x \in S_i$ 当且仅当 $x \in A_i$; 若 $S_i = A_i'$, 则 $x \in S_i$ 当且仅当 $x \notin A_i$.

因此, 若定义

$$\delta_i = \begin{cases} 1, & S_i = A_i \\ 0, & S_i = A_i' \end{cases} \tag{1.12}$$

则最小集 $S_1 \cap S_2 \cap \cdots \cap S_r$ 可编码表示为 $m_{\delta_1 \delta_2 \cdots \delta_r}$. 这样, m 的下标便唯一地描述了所要表示的最小集.

例如, 由 A_1, A_2, A_3, A_4 所产生的最小集 $A_1' \cap A_2 \cap A_3' \cap A_4$ 可编码表示为 m_{0101}.

在 $m_{\delta_1 \delta_2 \cdots \delta_r}$ 的集合成员表所标记的列中, 有且仅有一个 1. 该 1 出现的行就是 $S_1, S_2, \cdots, S_r$ 所标记的各列处均为 1 的行, 也就是 $A_1, A_2, \cdots, A_r$ 所标记的各列处分别为 $\delta_1, \delta_2, \cdots, \delta_r$ 的行. 即 $m_{\delta_1 \delta_2 \cdots \delta_r}$ 标记的列仅在 $A_1, A_2, \cdots, A_r$ 所标记的各列处分别为 $\delta_1, \delta_2, \cdots, \delta_r$ 行处为 1, 而在其他各行处均为 0.

再考察由 $A_1, A_2, \cdots, A_r$ 产生的任意 k $(1 \leqslant k \leqslant 2^r)$ 个不同最小集的并集 $m_{\delta_{11} \delta_{12} \cdots \delta_{1r}} \cup m_{\delta_{21} \delta_{22} \cdots \delta_{2r}} \cup \cdots \cup m_{\delta_{k1} \delta_{k2} \cdots \delta_{kr}}$ 和它的成员表.

作出其列为 $A_1, A_2, \cdots, A_r, m_{\delta_{11} \delta_{12} \cdots \delta_{1r}}, m_{\delta_{21} \delta_{22} \cdots \delta_{2r}}, \cdots, m_{\delta_{k1} \delta_{k2} \cdots \delta_{kr}}$ 和 $m_{\delta_{11} \delta_{12} \cdots \delta_{1r}} \cup m_{\delta_{21} \delta_{22} \cdots \delta_{2r}} \cup \cdots \cup m_{\delta_{k1} \delta_{k2} \cdots \delta_{kr}}$ 所标记的成员表.

上述并集所标记的列仅在 $\delta_{11} \delta_{12} \cdots \delta_{1r}, \delta_{21} \delta_{22} \cdots \delta_{2r}, \cdots, \delta_{k1} \delta_{k2} \cdots \delta_{kr}$ 这 k 行处为 1, 在其他各行处为 0.

例如: 集合 $S = (A' \cap B' \cap C') \cup (A' \cap B \cap C) \cup (A \cap B' \cap C') \cup (A \cap B \cap C)$ 的成员表如

表 1.6 所示.

表　1.6

A	B	C	$A'\cap B'\cap C'=m_{000}$	$A'\cap B\cap C=m_{011}$	$A\cap B'\cap C'=m_{100}$	$A\cap B\cap C=m_{111}$	S
0	**0**	**0**	**1**	0	0	0	**1**
0	0	1	0	0	0	0	0
0	1	0	0	0	0	0	0
0	**1**	**1**	0	**1**	0	0	**1**
1	**0**	**0**	0	0	**1**	0	**1**
1	0	1	0	0	0	0	0
1	1	0	0	0	0	0	0
1	**1**	**1**	0	0	0	**1**	**1**

其中 $S=m_{000}\cup m_{011}\cup m_{100}\cup m_{111}$ 为 4 个最小集之并. S 所标记的列中有 4 个 1,这 4 个 1 所处的位置正好是它的 4 个最小集下标的编码所对应的行.

定理 1.9　由 $A_1,A_2,\cdots,A_r$ 产生的集合 S 或为空集或为由 $A_1,A_2,\cdots,A_r$ 产生的不同最小集的并集.

证明　构造集合 S 的成员表. 考虑表中 S 所标记的列中为 1 的行,由这些行构造出不同最小集的并集 T. 由于 S 和 T 的集合成员表所标记的列完全相同,故它们相等. ■

定义 1.12　当一个集合被表示为不同最小集的并集的形式时,此形式称为该集合的**最小集标准形式或最小集范式**.

每一个非空集合必能表示成这种形式.

【例 1.16】　设 A,B 为全集 U 的子集,求下列各集合的最小集范式:

(1) A.

(2) A'.

(3) U.

【解】　(1) $A=A\cap(B\cup B')=(A\cap B)\cup(A\cap B')=m_{11}\cup m_{10}$.

(2) $A'=A'\cap(B\cup B')=(A'\cap B)\cup(A'\cap B')=m_{01}\cup m_{00}$.

(3) $$\begin{aligned}U&=A\cup A'\\&=(A\cap B)\cup(A\cap B')\cup(A'\cap B)\cup(A'\cap B')\\&=m_{11}\cup m_{10}\cup m_{01}\cup m_{00}.\end{aligned}$$

【例 1.17】　设 A,B,C 为全集 U 的子集,求下列各集合的最小集范式:

(1) A.

(2) $B\cap C'$.

(3) $B\cup C'$.

【解】　(1) $$\begin{aligned}A&=A\cap(B\cup B')=(A\cap B)\cup(A\cap B')\\&=(A\cap B\cap(C\cup C'))\cup(A\cap B'\cap(C\cup C'))\\&=(A\cap B\cap C)\cup(A\cap B\cap C')\cup(A\cap B'\cap C)\cup(A\cap B'\cap C')\end{aligned}$$

$=m_{111}\cup m_{110}\cup m_{101}\cup m_{100}$.

(2) $B\cap C'=(A\cup A')\cap(B\cap C')$

$=(A\cap B\cap C')\cup(A'\cap B\cap C')$

$=m_{110}\cup m_{010}$.

(3) $B\cup C'=((A\cup A')\cap B\cap(C\cup C'))\cup((A\cup A')\cap(B\cup B')\cap C')$

$=((A\cap B\cap(C\cup C'))\cup(A'\cap B\cap(C\cup C')))$

$\cup(A\cap(B\cup B')\cap C')\cup(A'\cap(B\cup B')\cap C')$

$=(A\cap B\cap C)\cup(A\cap B\cap C')\cup(A'\cap B\cap C)\cup(A'\cap B\cap C')$

$\cup(A\cap B\cap C')\cup(A\cap B'\cap C')\cup(A'\cap B\cap C')\cup(A'\cap B'\cap C')$

$=m_{111}\cup m_{110}\cup m_{011}\cup m_{010}\cup m_{100}\cup m_{000}$.

1.6.2 最大集标准形式

定义 1.13 设 $A_1,A_2,\cdots,A_r$ 是全集 U 的子集，形如

$$\bigcup_{i=1}^{r} S_i = S_1\cup S_2\cup\cdots\cup S_r \tag{1.13}$$

的集合称为由 $A_1,A_2,\cdots,A_r$ 所**产生的最大集**，其中每个 S_i 为 A_i 或 A_i'.

注意：

(1) 最大集是包含所有 r 个子集(A_i 或 A_i', $i=1,2,\cdots,r$)的并集.

(2) 由 $A_1,A_2,\cdots,A_r$ 所产生的最大集共有 2^r 个. 最大集可能为全集.

(3) 由 $A_1,A_2,\cdots,A_r$ 所产生的最大集的集合不构成 U 的分划. 因为两个不同的最大集可能相交.

例如，当集合 B 非空时，$(A'\cup B)\cap(A\cup B)=(A'\cap A)\cup B=\varnothing\cup B=B$.

下面考察由 $A_1,A_2\cdots,A_r$ 所产生的最大集 $S_1\cup S_2\cup\cdots\cup S_r$ 的编码表示及其集合成员表.

显然，$x\notin S_1\cup S_2\cup\cdots\cup S_r$ 当且仅当 $x\notin S_1,x\notin S_2,\cdots,x\notin S_r$.

若 $S_i=A_i$，则 $x\notin S_i$ 当且仅当 $x\notin A_i$；若 $S_i=A_i'$，则 $x\notin S_i$ 当且仅当 $x\in A_i$.

因此，若定义

$$\delta_i'=\begin{cases}0, & S_i=A_i\\ 1, & S_i=A_i'\end{cases} \tag{1.14}$$

则最大集 $S_1\cup S_2\cup\cdots\cup S_r$ 可编码表示为 $M_{\delta_1'\delta_2'\cdots\delta_r'}$. 这样，$M_{\delta_1'\delta_2'\cdots\delta_r'}$ 的下标便唯一地描述了所要表示的最大集.

例如，由 A_1,A_2,A_3,A_4 所产生的最大集 $A_1\cup A_2'\cup A_3'\cup A_4$ 可编码表示为 M_{0110}.

类似于最小集的讨论，最大集 $M_{\delta_1'\delta_2'\cdots\delta_r'}$ 的集合成员表所标记的列仅在 $A_1,A_2,\cdots,A_r$ 所标记的各列处分别为 $\delta_1',\delta_2',\cdots,\delta_r'$ 行处为 0，而在其他各行处均为 1.

由 $A_1,A_2,\cdots,A_r$ 产生的任意 $k(1\leqslant k\leqslant 2^r)$ 个不同最大集的交集 $M_{\delta_{11}'\delta_{12}'\cdots\delta_{1r}'}\cap M_{\delta_{21}'\delta_{22}'\cdots\delta_{2r}'}\cap\cdots\cap M_{\delta_{k1}'\delta_{k2}'\cdots\delta_{kr}'}$ 所标记的列仅在 $A_1,A_2,\cdots,A_r$ 所标记的各列处分别为 $\delta_{11}'\delta_{12}'\cdots\delta_{1r}',\delta_{21}'\delta_{22}'\cdots\delta_{2r}',\cdots,\delta_{k1}'\delta_{k2}'\cdots\delta_{kr}'$ 这 k 行处为 0，在其他各行处为 1.

例如，集合 $T=(A\cup B\cup C)\cap(A\cup B'\cup C')\cap(A'\cup B\cup C)\cap(A'\cup B'\cup C')$ 的成员表如表 1.7 所示.

表 1.7

A	B	C	$A\cup B\cup C=M_{000}$	$A\cup B'\cup C'=M_{011}$	$A'\cup B\cup C=M_{100}$	$A'\cup B'\cup C'=M_{111}$	T
0	**0**	**0**	**0**	1	1	1	**0**
0	0	1	1	1	1	1	1
0	1	0	1	1	1	1	1
0	**1**	**1**	1	**0**	1	1	**0**
1	**0**	**0**	1	1	**0**	1	**0**
1	0	1	1	1	1	1	1
1	1	0	1	1	1	1	1
1	**1**	**1**	1	1	1	**0**	**0**

其中 $T=M_{000}\cap M_{011}\cap M_{100}\cap M_{111}$ 为 4 个最大集之交. T 所标记的列中有 4 个 0，这 4 个 0 所处的位置正好是它的 4 个最大集下标的编码所对应的行.

定理 1.10 由 $A_1,A_2,\cdots,A_r$ 产生的任一集合或为全集 U 或为由 $A_1,A_2,\cdots,A_r$ 产生的不同最大集的交集.

定理 1.10 的证明过程与定理 1.9 的证明过程类似，只是这里关注的是集合成员表的列中标记为 0 所对应的行.

定义 1.14 当一个集合被表示为不同最大集的交的形式时，此形式称为该集合的**最大集标准形式**或**最大集范式**.

每个非全集的集合必能表示成这种形式.

1.6.3 集合范式的说明

把空集 $\varnothing$ 看作是空集自身的最小集范式，把全集 U 看作是全集自身的最大集范式，则每一个集合都能表示为最小集范式和最大集范式.

一般地，若集合 S 的最小集范式和最大集范式分别为

$$S=m_{\delta_{11}\delta_{12}\cdots\delta_{1r}}\cup m_{\delta_{21}\delta_{22}\cdots\delta_{2r}}\cup\cdots\cup m_{\delta_{h1}\delta_{h2}\cdots\delta_{hr}}$$

$$S=M_{\delta'_{11}\delta'_{12}\cdots\delta'_{1r}}\cap M_{\delta'_{21}\delta'_{22}\cdots\delta'_{2r}}\cap\cdots\cap M_{\delta'_{k1}\delta'_{k2}\cdots\delta'_{kr}}$$

则行集合

$$\{\delta_{11}\delta_{12}\cdots\delta_{1r},\delta_{21}\delta_{22}\cdots\delta_{2r},\cdots,\delta_{h1}\delta_{h2}\cdots\delta_{hr}\}$$

与

$$\{\delta'_{11}\delta'_{12}\cdots\delta'_{1r},\delta'_{21}\delta'_{22}\cdots\delta'_{2r},\cdots,\delta'_{k1}\delta'_{k2}\cdots\delta'_{kr}\}$$

是不相交的，它们的并等于 S 的成员表中所有 2^r 个行的集合.

因此，如果 S 的最小集范式是 h 个最小集的并，则最大集范式就是 $k=2^r-h$ 个最大集的交.

由此，如果 S 的最小集范式与最大集范式中有一种范式已知，则另一种范式便可直接构造出来.

定理 1.11 设 S 是由 $A_1, A_2, \cdots, A_r$ 产生的集合，若不计最小集(最大集)的排列次序，则 S 的最小集(最大集)范式是唯一的.

推论 1.3 由 $A_1, A_2, \cdots, A_r$ 产生的两个集合相等的充分必要条件是它们最小集(或最大集)范式相同.

【例 1.18】 构造集合 $D=(A\cap B')\cup(A'\cap(B\cup C'))$ 的最小集范式.

【解 1】

$$
\begin{aligned}
&(A\cap B')\cup(A'\cap(B\cup C'))\\
&=(A\cap B')\cup(A'\cap B)\cup(A'\cap C')\\
&=(A\cap B'\cap(C\cup C'))\cup(A'\cap B\cap(C\cup C'))\cup(A'\cap(B\cup B')\cap C')\\
&=(A\cap B'\cap C)\cup(A\cap B'\cap C')\cup(A'\cap B\cap C)\\
&\quad\cup\underline{(A'\cap B\cap C')}\cup\underline{(A'\cap B\cap C')}\cup(A'\cap B'\cap C')\\
&=(A\cap B'\cap C)\cup(A\cap B'\cap C')\cup(A'\cap B\cap C)\\
&\quad\cup\underline{(A'\cap B\cap C')}\cup(A'\cap B'\cap C')\\
&=m_{101}\cup m_{100}\cup m_{011}\cup m_{010}\cup m_{000}.
\end{aligned}
$$

【解 2】 集合 D 的成员表如表 1.8 所示.

表 1.8

A	B	C	A'	B'	C'	$A\cap B'$	$B\cup C'$	$A'\cap(B\cup C')$	D
0	**0**	**0**	1	1	1	0	1	1	**1**
0	0	1	1	1	0	0	0	0	0
0	**1**	**0**	1	0	1	0	1	1	**1**
0	**1**	**1**	1	0	0	0	1	1	**1**
1	**0**	**0**	0	1	1	1	1	0	**1**
1	**0**	**1**	0	1	0	1	0	0	**1**
1	1	0	0	0	1	0	1	0	0
1	1	1	0	0	0	0	1	0	0

故最小集范式为 $m_{000}\cup m_{010}\cup m_{011}\cup m_{100}\cup m_{101}$，同前.

【例 1.19】 构造集合 $D=(A\cap B')\cup(A'\cap(B\cup C'))$ 的最大集范式.

【解 1】

$$
\begin{aligned}
D&=(A\cap B')\cup(A'\cap(B\cup C'))\\
&=(A\cup(A'\cap(B\cup C')))\cap(B'\cup(A'\cap(B\cup C')))\\
&=((A\cup A')\cap(A\cup(B\cup C')))\cap((B'\cup A')\cap(B'\cup(B\cup C')))\\
&=(A\cup B\cup C')\cap(A'\cup B')\\
&=(A\cup B\cup C')\cap(A'\cup B'\cup(C\cap C'))\\
&=(A\cup B\cup C')\cap(A'\cup B'\cup C)\cap(A'\cup B'\cup C')\\
&=M_{001}\cap M_{110}\cap M_{111}.
\end{aligned}
$$

比较：最小集范式为 $m_{000}\cup m_{010}\cup m_{011}\cup m_{100}\cup m_{101}$.

【解 2】　由例 1.18，集合 D 的最小集范式为

$$m_{101=5} \cup m_{100=4} \cup m_{011=3} \cup m_{010=2} \cup m_{000=0}$$

根据性质，得 D 的最大集范式为

$$M_{001=1} \cap M_{110=6} \cap M_{111=7} = (A \cup B \cup C') \cap (A' \cup B' \cup C) \cap (A' \cup B' \cup C')$$

【解 3】　构造集合 D 的成员表如例 1.18 所示.

由此得 D 的最大集范式为 $M_{001} \cap M_{110} \cap M_{111}$，同前.

1.7　多重集合

前面谈到的集合是由不同元素组成的，对相同的元素归一为一个元素. 但在实际中，某些元素的重复出现则表达了某种实际意义. 如班级同学的姓名、生日、籍贯等都可能会出现相同的情况. 因此，在一些应用中有必要引入多重集合的概念.

由一些确定但可重复的事物构成的整体称为**多重集合**，简称多**重集**，其中的每一个事物称为该多重集的一个元素. 若元素 x 在多重集合 S 中出现 $k(\geqslant 0)$ 次，则称 x 在 S 中的**重复度**为 k.

【例 1.20】　设全集 $U=\{a,b,c,d,e\}$，则 $S=\{b,c,c,c,e,e\}$ 是多重集合，b 的重复度为 1，c 的重复度为 3，e 的重复度为 2，a 和 d 的重复度为 0.

与集合一样，也可以对给定的多重集经过运算得到新的多重集.

定义 1.15　设有多重集合 A 和 B，

(1) A 和 B 的**并集**记作 $A \cup B$，其中每个元素的重复度为该元素在 A 和 B 中重复度的最大值.

(2) A 和 B 的**交集**记作 $A \cap B$，其中每个元素的重复度为该元素在 A 和 B 中重复度的最小值.

(3) B 对 A 的**补集**记作 $A-B$，其中当某元素在 A 中的重复度减去在 B 中的重复度为正数时，就令该正数为此元素在 $A-B$ 中的重复度，否则为 0.

【例 1.21】　设集合 $A=\{a,b,b,c,c,c\}$，$B=\{a,a,b,c,d\}$，则

$$A \cup B = \{a,a,b,b,c,c,c,d\}$$
$$A \cap B = \{a,b,c\}$$
$$A - B = \{b,c,c\}$$

在图论中要用到多重集合的概念.

若无特别声明，本书讨论的集合都不是多重集合.

习题

1. A 类题

A1.1　用列举法表示下列集合：

(1) $A_1=\{a \mid a \in P$ 且 $a<20\}$，其中 P 为全体素数的集合.

(2) $A_2=\{a \mid |a|<4$ 且 a 为奇数$\}$.

A1.2 用描述法表示下列集合：

(1) $B_1=\{0,2,4,\cdots,200\}$.

(2) $B_2=\{2,4,8,\cdots,1024\}$.

A1.3 对任意的集合 A,B,C,确定下列各命题是否为真,并说明理由：

(1) 如果 $A\in B$ 及 $B\subseteq C$,则 $A\in C$.

(2) 如果 $A\in B$ 及 $B\subseteq C$,则 $A\subseteq C$.

(3) 如果 $A\subseteq B$ 及 $B\in C$,则 $A\in C$.

(4) 如果 $A\subseteq B$ 及 $B\in C$,则 $A\subseteq C$.

(5) 如果 $A\in B$ 及 $B\not\subseteq C$,则 $A\notin C$.

(6) 如果 $A\subseteq B$ 及 $B\in C$,则 $A\notin C$.

A1.4 确定下列各命题是否为真,并说明理由：

(1) $\varnothing\in\varnothing$. (2) $\varnothing\subseteq\varnothing$.

(3) $\varnothing\in\{\varnothing\}$. (4) $\varnothing\subseteq\{\varnothing\}$.

(5) $\{a\}\in\{a\}$. (6) $\{a\}\subseteq\{a\}$.

(7) $\{a\}\in\{\{a\}\}$. (8) $\{a\}\subseteq\{\{a\}\}$.

(9) $\{a,b\}\in\{a,b,c,\{a,b,c\}\}$. (10) $\{a,b\}\subseteq\{a,b,c,\{a,b,c\}\}$.

(11) $\{a,b\}\in\{a,b,\{a,b\}\}$. (12) $\{a,b\}\subseteq\{a,b,\{a,b\}\}$.

A1.5 计算下列各式：

(1) $\varnothing\cap\{\varnothing\}$.

(2) $\{\varnothing\}\cap\{\varnothing\}$.

(3) $\{\varnothing,\{\varnothing\}\}-\varnothing$.

(4) $\{\varnothing,\{\varnothing\}\}-\{\varnothing\}$.

(5) $\{\varnothing,\{\varnothing\}\}-\{\{\varnothing\}\}$.

A1.6 求下列集合的幂集：

(1) $\{a,\{a\}\}$.

(2) $\{\varnothing,a,\{a\}\}$.

(3) $\{\varnothing\}$.

(4) $\{\varnothing,\{\varnothing\}\}$.

A1.7 设全集 $U=\{1,2,3,4,5,6\}$, $A=\{1,4\}$, $B=\{1,2,5\}$, $C=\{2,4\}$,求下列各集合：

(1) $A\cap B'$.

(2) $(A\cap B)\cup C'$.

(3) $(A\cap B)'$.

(4) $A\oplus B$.

(5) $2^A\cap 2^B$.

(6) $2^A\cup 2^B$.

(7) 2^A-2^B.

A1.8 判断下列各命题是否正确,并说明理由：

(1) 若 $a\in A$,则 $a\in A\cup B$.

(2) 若 $a\in A$,则 $a\in A\cap B$.

(3) 若 $a\in A$,则 $a\in A-B$.

(4) 若 $a\in A\cup B$,则 $a\in B$.

(5) 若 $a\in A\cap B$,则 $a\in B$.

(6) 若 $a\in A-B$,则 $a\in B$.

(7) 若 $a\notin A$,则 $a\notin A\cup B$.

(8) 若 $a\notin A$,则 $a\notin A\cap B$.

A1.9 设 $A=\{\varnothing\}$,$B=2^{2^A}$,问是否有:

(1) $\varnothing\in B$ 且 $\varnothing\subseteq B$.

(2) $\{\varnothing\}\in B$ 且 $\{\varnothing\}\subseteq B$.

(3) $\{\{\varnothing\}\}\in B$ 且 $\{\{\varnothing\}\}\subseteq B$.

A1.10 设 A,B,C 是任意集合,判别下列等式是否成立。

(1) $A\cap(B-C)=(A\cap B)-(A\cap C)$.

(2) $A\cup(B-C)=(A\cup B)-(A\cup C)$.

A1.11 设 A,B,C 为任意集合,证明:

(1) $(A-B)-C=A-(B\cup C)$.

(2) $A-(B-C)=(A-B)\cup(A\cap C)$.

(3) $A-(B\cap C)=(A-B)\cup(A-C)$.

A1.12 设 A,B 为任意集合,试证:$A-B=B-A$ 当且仅当 $A=B$.

A1.13 设 A,B 为任意集合,证明:

(1) $2^A\cap 2^B=2^{A\cap B}$.

(2) $2^A\cup 2^B\subseteq 2^{A\cup B}$.

(3) 针对(2)举一反例,说明 $2^A\cup 2^B=2^{A\cup B}$ 对某些集合 A,B 是不成立的.

A1.14 设 A,B,C 是任意集合,证明:

(1) $(A-B)\cup(B-A)=(A\cup B)-(A\cap B)$.

(2) $(A\oplus B)\oplus C=A\oplus(B\oplus C)$.

(3) $A\cap(B\oplus C)=(A\cap B)\oplus(A\cap C)$.

A1.15 化简下列各式:

(1) $((A\cup(B-C))\cap A)\cup(B-(B-A))$.

(2) $(A-B-C)\cup((A-B)\cap C)\cup(A\cap B-C)\cup(A\cap B\cap C)$.

A1.16 设 A,B,C 为集合 U 的任意三个子集,判定下列命题的真假:

(1) 如果 $A\cap B=A\cap C$,则 $B=C$.

(2) 如果 $A\cup B=A\cup C$,则 $B=C$.

(3) 如果 $A\oplus B=A\oplus C$,则 $B=C$.

(4) 如果 $A-B=\varnothing$,则 $A=B$.

(5) 如果 $A'\cup B=U$,则 $A\subseteq B$.

(6) $A\oplus A=A$.

A1.17 求使得下列集合等式成立的 a,b,c 应满足的条件:

(1) $\{a,b\}=\{a,b,c\}$.

(2) $\{a,b,a\}=\{a,b\}$.

(3) $\{\{a,\varnothing\},b,\{c\}\}=\{\{\varnothing\}\}$.

A1.18 设 A,B 为集合,给出下列等式成立的充分必要条件:

(1) $A-B=B$.

(2) $A-B=B-A$.

(3) $A\cap B=A\cup B$.

(4) $A\oplus B=A$.

A1.19 设 A,B,C 为集合,在什么条件下下列等式成立?

(1) $(A-B)\cup(A-C)=A$.

(2) $(A-B)\cup(A-C)=\varnothing$.

(3) $(A-B)\cap(A-C)=\varnothing$.

(4) $(A-B)\oplus(A-C)=\varnothing$.

A1.20 给出集合 A,B 和 C 的例子,使得 $A\in B,B\in C$ 和 $A\notin C$. 又 $A\in B,B\in C$ 和 $A\in C$ 可能吗?

A1.21 $A\subseteq B,A\in B$ 是可能的吗?予以说明.

A1.22 证明:设 A,B 为有限集合,则有

$$\#(A\oplus B)=\#A+\#B-2\#(A\cap B)$$

A1.23 在一个班级的50个学生中,已知第一次考试中得到A的人数等于第二次考试中得到A的人数,仅仅在一次考试中得到A的人数为40,并且有4个学生两次考试都没有得到A,试求以下学生人数:

(1) 仅在第一次考试中得到A.

(2) 仅在第二次考试中得到A.

(3) 在两次考试中都得到A.

A1.24 设集合 $A=\{a,b,c,d,e,f\}$,下列集合是否是 A 的分划和覆盖?

$$H_1=\{\{a,b\},\{c,d\},\{a,e,f\}\}$$
$$H_2=\{\{c,e\},\{c,d,f\},\{b\}\}$$
$$H_3=\{\{a,b,c,d\},\{e,f\}\}$$
$$H_4=\{\{a,c,e\},\{b,c\}\}$$

A1.25 设集合 $A=\{a_1,a_2,\cdots,a_8\}$,$2^A=\{B_i\mid B_i$ 为 A 的子集,$i=0,1,2,\cdots,2^8-1\}$,

(1) B_{18}所表示的子集是什么?

(2) B_{33}所表示的子集是什么?

(3) 子集$\{a_2,a_6,a_7\}$如何编码表示?

(4) 子集$\{a_1,a_8\}$如何编码表示?

A1.26 设集合 $A=\{1,2,3,4,5,6,7,8,9,10\}$,

(1) 用位串(即二进制数)编码表示 A 的子集合:$\{3,4,5\}$,$\{1,3,6,10\}$,$\{2,3,4,7,8,9\}$.

(2) 写出下列位串所代表的子集合:1111001111;0101111000;1000000001.

A1.27 设 A,B,C 为全集 U 的子集,求集合$(A\cap B')\cup(B\cap(A\cup C'))$的最小集范式和

最大集范式，并编码表示.

2. B类题

B1.1 试用集合成员表法证明：

(1) $(A \cup B) \cap (B \cup C)' \subseteq A \cap B'$.

(2) $(A \oplus B) \oplus C = A \oplus (B \oplus C)$.

B1.2 某班有25个学生，其中14人会打篮球，12人会打排球，6人会打篮球和排球，5人会打篮球和网球，还有2人会打这三种球. 已知6个会打网球的人都会打篮球或排球. 求不会打球的人数.

B1.3 在1～300的整数中(包括1和300)分别求满足以下条件的整数个数：

(1) 同时能被3、5和7整除.

(2) 不能被3和5整除，也不能被7整除.

(3) 可以被3整除，但不能被5和7整除.

(4) 可以被3或5整除，但不能被7整除.

(5) 只被3、5和7中的一个数整除.

B1.4 说明怎样用位串的按位运算求下列集合，其中全集U为26个小写英文字母的集合，$A=\{a,b,c,d,e\}$，$B=\{b,c,d,g,p,t,v\}$.

(1) B'.

(2) $A \cup B$.

(3) $A \cap B$.

(4) $A-B$.

(5) $A \oplus B$.

B1.5 设$A_1, A_2, \cdots, A_r$为集合U的子集，$A_1, A_2, \cdots, A_r$至多能产生多少个不同的子集？

B1.6 设π_1和π_2是集合A的划分，说明下列各式哪些是A的划分，哪些可能是A的划分，哪些不是A的划分，并给予证明.

(1) $\pi_1 \cup \pi_2$.

(2) $\pi_1 \cap \pi_2$.

(3) $\pi_1 - \pi_2$.

B1.7 设$\{A_1, A_2, \cdots, A_r\}$是集合$A$的一个划分，试证明$A_1 \cap B, A_2 \cap B, \cdots, A_r \cap B$中所有非空集合构成$A \cap B$的一个划分.

B1.8 设$\pi_1=\{A_1, A_2, \cdots, A_r\}$与$\pi_2=\{B_1, B_2, \cdots, B_s\}$是集合$A$的两种划分，试证其中所有非空的$A_i \cap B_j$组成的集合也是$A$的一个划分(称为原来两种划分的**交叉划分**).

B1.9 设S是一个集合，其最小集标准形式由

$$S = m_{\delta_{11}\delta_{12}\cdots\delta_{1r}} \cup m_{\delta_{21}\delta_{22}\cdots\delta_{2r}} \cup \cdots \cup m_{\delta_{s1}\delta_{s2}\cdots\delta_{sr}}$$

给出，证明S'的最大集标准形式为

$$S' = M_{\delta_{11}\delta_{12}\cdots\delta_{1r}} \cap M_{\delta_{21}\delta_{22}\cdots\delta_{2r}} \cap \cdots \cap M_{\delta_{s1}\delta_{s2}\cdots\delta_{sr}}$$

B1.10 运用最小集和最大集标准形式证明：$(A \cap B') \cup (A' \cap (B \cup C'))$的补集是$(A' \cup B) \cap (A \cup B') \cap (A \cup C)$.

第2章　关系

关系理论最早出现于豪斯多夫(Felix Hausdorff,1868—1942,德国数学家)在1914年编著的《集论基础》的序型理论中,它与集合论、数理逻辑以及组合论、图论、布尔代数学等都有很密切的联系.从20世纪70年代开始,关系理论与拓扑学甚至与线性代数也产生了多方面的联系.

本章讨论的关系(主要是二元关系)仍然是一种集合,但它是比第1章更为复杂的集合.它的元素是有序二元组的形式,这些有序二元组中的两个元素来自于两个不同或者相同的集合.因此,关系是建立在其他集合基础之上的集合.关系中的有序二元组反映了不同集合中元素与元素之间的关系,或者同一集合中元素之间的关系.本章讨论这些关系的表示方法、关系的运算以及关系的性质及其判定方法,最后讨论集合上几类特殊的关系.

2.1　笛卡儿积与关系

2.1.1　笛卡儿积

在日常生活中,有许多事物都是按照一定次序出现的,为此给出有序 n 元组的定义.

1. 序偶

定义 2.1　由两个具有给定次序的个体 a,b 组成的序列称为**序偶**或**有序对**,记作 (a,b),其中 a,b 常称为该序偶的第1个和第2个**分量**或**坐标**.

例如,平面上点的笛卡儿坐标表示就是序偶.

定义 2.2　设 (a,b) 和 (c,d) 是两个序偶,若 $a=c$ 且 $b=d$,则称这两个序偶**相等**,并记作 $(a,b)=(c,d)$.否则,称这两个序偶**不相等**,记为 $(a,b)\neq(c,d)$.

序偶的概念可以推广到有序 n 元组.

定义 2.3　由 n 个具有给定次序的个体 $a_1,a_2,\cdots,a_n$ 组成的序列称为**有序 n 元组**,记作 $(a_1,a_2,\cdots,a_n)$,其中第 i 个元素 a_i 常称为该有序 n 元组的第 i 个**分量**或**坐标**.

定义 2.4　设 $(a_1,a_2,\cdots,a_n)$ 和 $(b_1,b_2,\cdots,b_n)$ 是两个有序 n 元组,若 $a_i=b_i,i=1,2,\cdots,n$,则称这两个有序 n 元组**相等**,并记作 $(a_1,a_2,\cdots,a_n)=(b_1,b_2,\cdots,b_n)$;否则,称这两个有序 n 元组不相等,记为 $(a_1,a_2,\cdots,a_n)\neq(b_1,b_2,\cdots,b_n)$.

显然,有序 n 元组与 n 个元素的集合是不相同的.例如,$\{a,b,c,d\}=\{b,a,d,c\}=\{a,b,d,c\}$,但 $(a,b,c,d)\neq(b,a,d,c)\neq(a,b,d,c)$.

又如,$\{4,4,3,2\}=\{4,3,2\}$,但 $(4,4,3,2)\neq(4,3,2)$.

2. 笛卡儿积

1) 笛卡儿积的定义

定义 2.5　设 A,B 为任意集合,称集合

$$\{(a,b) \mid a \in A, b \in B\}$$

为 A 与 B 的**笛卡儿积**，记作 $A\times B$.

笛卡儿(René Descartes，1596—1650，法国哲学家、物理学家和数学家).

例如，平面上直角坐标中所有点的集合可以表示为

$$\mathbf{R}\times\mathbf{R} = \{(x,y) \mid x \in \mathbf{R}, y \in \mathbf{R}\}$$

类似地，可以定义 n 个集合的笛卡儿积.

定义 2.6 设 $A_1,A_2,\cdots,A_n$ 为任意集合，称集合

$$\{(a_1,a_2,\cdots,a_n) \mid a_i \in A_i, i = 1,2,\cdots,n\}$$

为 $A_1,A_2,\cdots,A_n$ 的 ***n* 阶笛卡儿积**，记作 $A_1\times A_2\times\cdots\times A_n$.

特别地，当所有的 A_i 都相同且为 A 时，可将 $A_1\times A_2\times\cdots\times A_n$ 记作 A^n.

【例 2.1】 设集合 $A=\{0,1\}$，$B=\{a,b,c\}$，则

$$A\times B = \{(0,a),(0,b),(0,c),(1,a),(1,b),(1,c)\}$$

$$B\times A = \{(a,0),(b,0),(c,0),(a,1),(b,1),(c,1)\}$$

$$A^2 = A\times A = \{(0,0),(0,1),(1,0),(1,1)\}$$

【例 2.2】 设集合 $A=\{1,2\}$，则

$$\varnothing\times A = A\times\varnothing = \varnothing$$

$$2^A\times A = \{(\varnothing,1),(\varnothing,2),(\{1\},1),(\{1\},2),(\{2\},1),(\{2\},2),(\{1,2\},1),(\{1,2\},2)\}$$

2) 笛卡儿积的性质

视两个集合的笛卡儿积为一种运算，它有如下的性质：

(1) 不满足交换律，即 $A\times B\neq B\times A$($A\neq B$ 且 A、B 都不是空集).

(2) 不满足结合律，即 $(A\times B)\times C\neq A\times(B\times C)$($A$、$B$、$C$ 都不是空集).

(3) $A\times B=\varnothing$ 当且仅当 $A=\varnothing$ 或者 $B=\varnothing$.

(4) $A\times B\subseteq C\times D$ 当且仅当 $A\subseteq C$ 且 $B\subseteq D$.

(5) $A\times B=C\times D$ 当且仅当 $A=C$ 且 $B=D$.

(6) 若 $C\neq\varnothing$，则 $A\subseteq B$ 当且仅当 $A\times C\subseteq B\times C$ 当且仅当 $C\times A\subseteq C\times B$.

下面以(4)为例，给出其证明.

必要性：$\forall x\in A$ 及 $\forall y\in B$，则 $(x,y)\in A\times B$. 由假设 $A\times B\subseteq C\times D$，有 $(x,y)\in C\times D$. 因此 $x\in C$ 且 $y\in D$. 从而 $A\subseteq C$ 且 $B\subseteq D$.

充分性：$\forall(x,y)\in A\times B$，则 $x\in A$ 且 $y\in B$. 由假设 $A\subseteq C$ 且 $B\subseteq D$，有 $x\in C$ 且 $y\in D$. 因此 $(x,y)\in C\times D$. 从而 $A\times B\subseteq C\times D$.

3) 与笛卡儿积有关的一些恒等式

定理 2.1 设 A,B,C 是任意集合，则有

(1) $A\times(B\cup C)=(A\times B)\cup(A\times C)$.

(2) $(B\cup C)\times A=(B\times A)\cup(C\times A)$.

(3) $A\times(B\cap C)=(A\times B)\cap(A\times C)$.

(4) $(B\cap C)\times A=(B\times A)\cap(C\times A)$.

(5) $A\times(B-C)=(A\times B)-(A\times C)$.

(6) $(B-C)\times A=(B\times A)-(C\times A)$.

证明 下面以(6)为例给出证明,其余证明由读者完成.

$\forall (x,y)\in(B-C)\times A$,则 $x\in(B-C)$且 $y\in A$,故($x\in B$ 但 $x\notin C$)且 $y\in A$,因此$(x,y)\in B\times A$ 但$(x,y)\notin C\times A$,即$(x,y)\in(B\times A)-(C\times A)$. 于是

$$(B-C)\times A\subseteq(B\times A)-(C\times A)$$

反之,$\forall (x,y)\in(B\times A)-(C\times A)$,则$(x,y)\in B\times A$ 但$(x,y)\notin C\times A$,于是($x\in B$ 且 $y\in A$)但 $x\notin C$,即 $x\in(B-C)$且 $y\in A$,因此$(x,y)\in(B-C)\times A$. 故

$$(B\times A)-(C\times A)\subseteq(B-C)\times A$$

综上所述,$(B-C)\times A=(B\times A)-(C\times A)$. ■

4) 笛卡儿积的基数

定理 2.2 当 A,B 均是有限集时,$A\times B$ 必为有限集,且 $\#(A\times B)=\#A\cdot\#B$.

证明 由笛卡儿积的定义和排列组合知识立得. ■

注意:

(1) 当集合 A 和 B 中有一个是无限集时,$A\times B$ 必为无限集.

(2) 定理可推广到有限个有限集合的情形.

2.1.2 关系的基本概念

关系作为日常生活和数学中的一个基本概念已经相当熟悉. 例如,日常生活中的父子关系、师生关系、位置关系等;数学中的大于关系、全等关系、包含关系等. 在某种意义下,关系可以理解为有联系的一些对象相互之间的比较行为. 而根据比较结果来执行不同任务的能力是计算机重要的属性之一,在执行一个典型的程序时要多次用到这种性质. 因此,关系理论不仅在各个数学领域(离散数学和其他数学领域)有很大作用,而且还广泛地应用于计算机科学技术. 例如,计算机程序的输入输出关系、数据库的数据特性关系、计算机语言的字符关系等. 它也是数据结构、情报检索、数据库、算法分析、计算机理论等计算机学科很好的数学工具. 另外,划分等价类的思想也可用于求网络的最小生成树等图的算法中去.

客观事物之间的关系种类繁多,只能研究其抽象的定义.

定义 2.7 设 A,B 为任意集合,集合 $A\times B$ 的任意一个子集称为一个**由 A 到 B 的二元关系**. 特别当 $A=B$ 时称为 **A 上的二元关系**.

两个集合的二元关系可以推广到 n 个集合的 n 元关系.

定义 2.8 设 $A_1,A_2,\cdots,A_n$ 为任意集合,集合 $A_1\times A_2\times\cdots\times A_n$ 的任意一个子集称为一个**由 $A_1,A_2,\cdots,A_{n-1}$ 到 A_n 的 n 元关系**. 特别当 $A_1=A_2=\cdots=A_n=A$ 时称为一个 **A 上的 n 元关系**.

本章以研究二元关系为主,为此简称二元关系为关系.

定义 2.9 设 R 是由集合 A 到 B 的关系,若$(a,b)\in R$,则称 **a 与 b 有关系 R**,又记作 $a\,R\,b$;若$(a,b)\notin R$,则称 **a 与 b 没有关系 R**,又记作 $a\,R'\,b$.

【例 2.3】 设集合 $A=\{a,b\}$,$B=\{2,5,8\}$,则

$R_1=\{(a,2),(a,8),(b,2)\}$,$R_2=\{(a,2)\}$均是由 A 到 B 的关系;

$R_3=\{(2,a),(2,b)\}$,$R_4=\{(5,a),(8,a),(8,b)\}$均是由 B 到 A 的关系;

$R_5=\{(2,2),(5,2),(8,2)\}$，$R_6=\{(8,5),(5,2),(2,8),(2,5)\}$均是 B 上的关系.

显然，由有限集 A 到有限集 B 的二元关系的个数为

$$\#(2^{A\times B})=2^{\#(A\times B)}=2^{\#A\cdot\#B} \tag{2.1}$$

注意：

(1) a 与 b 没有关系 R，不能说明 a 与 b 就没有关系，可能还有其他关系. 如例 2.3 中 a 与 8 没有关系 R_2，但 a 与 8 有关系 R_1.

(2) 数学上抽象定义的关系，有的在直观上已无法再用自然语言来描述了.

对任意的集合 A 与 B，因为 $\varnothing\subseteq A\times B$，$\varnothing\subseteq A\times A$，$A\times B\subseteq A\times B$，$A\times A\subseteq A\times A$，所以可以定义以下关系.

定义 2.10 对任意的集合 A 与 B，称空集 $\varnothing$ 为**空关系**；称 $A\times B$ 为**由 A 到 B 的全关系**或**普遍关系**；称 $A\times A$ 为 **A 上的全关系**或**普遍关系**，常将 $A\times A$ 记作 $U_A=\{(a_i,a_j)\mid a_i,a_j\in A\}$；称集合 $\{(a,a)\mid a\in A\}$ 为 **A 上的恒等关系**，记为 I_A.

【例 2.4】 设集合 $A=\{a,b,c\}$，则

$$\{(a,a),(a,b),(a,c),(b,a),(b,b),(b,c),(c,a),(c,b),(c,c)\}$$

是 A 上的普遍关系，而

$$\{(a,a),(b,b),(c,c)\}$$

则是 A 上的恒等关系.

定义 2.11 设 R 是由集合 A 到 B 的一个关系，

(1) R 中所有序偶的第一个分量构成的集合称为 R 的**定义域**，记作 $\mathrm{dom}R$，即 $\mathrm{dom}R=\{a\mid a\in A$ 且存在 $b\in B$，使得 $a\,R\,b\}$.

(2) R 中所有序偶的第二个分量构成的集合称为 R 的**值域**，记作 $\mathrm{ran}R$，即 $\mathrm{ran}R=\{b\mid b\in B$ 且存在 $a\in A$，使得 $a\,R\,b\}$.

显然，有 $\mathrm{dom}R\subseteq A$，$\mathrm{ran}R\subseteq B$.

【例 2.5】 设集合 $A=\{2,3,5\}$，$B=\{2,6,7,8,9\}$，由 A 到 B 的关系 R 定义为

$$a\,R\,b \text{ 当且仅当 } a \text{ 整除 } b$$

则 $R=\{(2,2),(2,6),(2,8),(3,6),(3,9)\}$.

R 的定义域 $\mathrm{dom}R=\{2,3\}$，值域 $\mathrm{ran}R=\{2,6,8,9\}$.

2.2 关系的表示方法

一个关系可用集合、矩阵和关系图三种方法表示.

2.2.1 集合表示法

因为关系是一个集合，所以可以用表示集合的列举法或描述法来表示关系.

【例 2.6】 设集合 $A=\{2,3,4,8\}$，$B=\{1,5,7\}$，用描述法定义由 A 到 B 的关系 $R=\{(a,b)\mid a\leqslant b\}$，试用列举法将 R 表示出来.

【解】 $R=\{(2,5),(2,7),(3,5),(3,7),(4,5),(4,7)\}$.

【例 2.7】 王、张、李、何是某校的老师，该校有三门课程：语文、数学和英语，已知王可

以教语文和数学,张可以教语文和英语,李可以教数学,何可以教英语. 试将这些老师与课程之间的对应关系表示出来.

【解】 记 $A=\{$王,张,李,何$\}$,$B=\{$语文,数学,英语$\}$. 这些老师与课程之间的对应关系可以用由 A 到 B 的一个关系 R 中的序偶来表示:

$R=\{$(王,语文),(王,数学),(张,语文),(张,英语),(李,数学),(何,英语)$\}$.

用列举法或描述法来表示关系有两个不足:

(1) 不能直观地看出关系的特点和性质.

(2) 不便于计算机处理.

2.2.2 矩阵表示法

定义 2.12 设 A,B 都是有限集,$A=\{a_1,a_2,\cdots,a_m\}$,$B=\{b_1,b_2,\cdots,b_n\}$,由 A 到 B 的关系 R 可以用一个 $m\times n$ 的矩阵 $\boldsymbol{M}_R$ 来表示,$\boldsymbol{M}_R$ 的 (i,j) 项元素即第 i 行第 j 列交叉处的元素 r_{ij} 为

$$r_{ij}=\begin{cases}1, & \text{若 } a_i R\, b_j\\ 0, & \text{若 } a_i R' b_j\end{cases} \tag{2.2}$$

$$i=1,2,\cdots,m;\ j=1,2,\cdots,n$$

矩阵 $\boldsymbol{M}_R$ 称为 R 的**关系矩阵**.

关系矩阵是一个 0-1 矩阵,称为**布尔矩阵**.

例 2.6 中由 A 到 B 的关系 R 可以用一个 4×3 的矩阵来表示.

$$\begin{array}{cc} & \begin{array}{ccc}1 & 5 & 7\end{array}\\ \boldsymbol{M}_R= \begin{array}{c}2\\3\\4\\8\end{array} & \begin{pmatrix}0 & 1 & 1\\0 & 1 & 1\\0 & 1 & 1\\0 & 0 & 0\end{pmatrix}\end{array}$$

其中,左边增加的一列代表集合 A 中的元素,上面增加的一行代表集合 B 中的元素.

显然,关系矩阵与集合中元素的排列次序有关. 但总可以经过适当的行、列交换化为同一个矩阵.

【例 2.8】 设集合 $A=\{1,2,3,4\}$,A 上的关系

$$R=\{(x,y)\mid y\text{ 是 }x\text{ 的整数倍}\}$$

则 $R=\{(1,1),(1,2),(1,3),(1,4),(2,2),(2,4),(3,3),(4,4)\}$,可以用一个 4×4 的矩阵表示为

$$\begin{array}{cc} & \begin{array}{cccc}1 & 2 & 3 & 4\end{array}\\ \boldsymbol{M}_R= \begin{array}{c}1\\2\\3\\4\end{array} & \begin{pmatrix}1 & 1 & 1 & 1\\0 & 1 & 0 & 1\\0 & 0 & 1 & 0\\0 & 0 & 0 & 1\end{pmatrix}\end{array}$$

关系矩阵为用计算机处理有限集合的关系提供了便利.

2.2.3 关系图表示法

关系图由结点和边组成:

(1) 用小圆圈代表元素,在图中称为结点.

(2) 用从结点 a 指向结点 b 的有向单边表示序偶(a,b);用绕结点 a 且指向自身的带箭头的小圆圈表示序偶(a,a),其中方向任意.

【例 2.9】 例 2.6 中由 A 到 B 的关系 R 的关系图如图 2.1 所示.

【例 2.10】 例 2.8 中 A 上的关系 R 的关系图如图 2.2 所示.

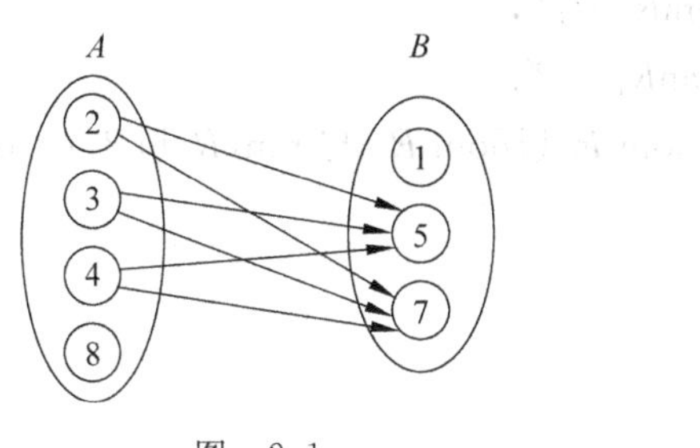

图 2.1

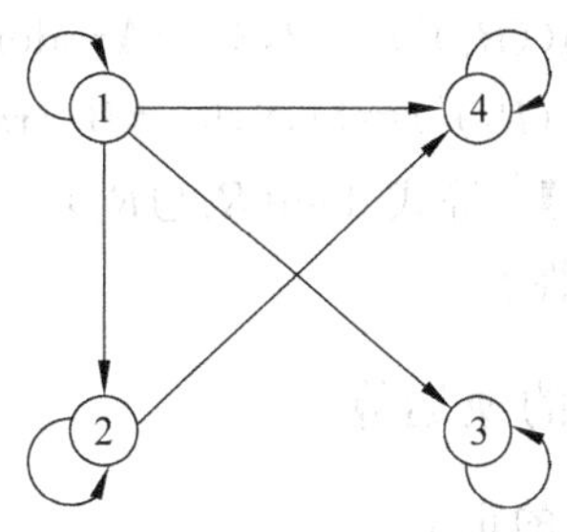

图 2.2

注意:

(1) 用矩阵表示关系,便于关系的计算机处理. 用关系图表示关系,便于关系的直观.

(2) 表示(a,a)的单边,如图 2.2 所示的关系图中(1,1)等,被称为**自环或单边环**.

(3) 在画关系图时:

① 结点位置的排列、边的长短及形状均无关紧要.

② 如果 $A\neq B$,则需要将 A 和 B 中的元素都画出来,关系图如图 2.1 所示;如果 $A=B$,则只需画出 A 中的所有元素即可,关系图如图 2.2 所示.

2.3 关系的运算

2.3.1 关系的并、交、差、补运算

若 R_1和 R_2都是由集合 A 到 B 的关系,则 $R_1\subseteq A\times B$,$R_2\subseteq A\times B$,于是

$$R_1\cup R_2, R_1\cap R_2, R_1-R_2, (R_1)'=A\times B-R_1\subseteq A\times B$$

因此 $R_1\cup R_2$,$R_1\cap R_2$,R_1-R_2和$(R_1)'$也都是由 A 到 B 的关系.

关系是一种特殊的集合,因此可对它进行集合的所有基本运算(并、交、差、补等)而产生新的关系. 以前有关集合运算的一些结论在关系中也同样适用.

【例 2.11】 设集合 $A=\{2,3\}$,$B=\{4,8,9\}$,$R_1=\{(2,4),(2,9),(3,8)\}$与 $R_2=\{(2,8),(3,8),(3,9)\}$均为由 A 到 B 的关系,则

$$R_1\cup R_2=\{(2,4),(2,8),(2,9),(3,8),(3,9)\}, R_1\cap R_2=\{(3,8)\}$$

$$R_1-R_2=\{(2,4),(2,9)\}, (R_1)'=\{(2,8),(3,4),(3,9)\}$$

均是由 A 到 B 的关系. 其中

$$A\times B=\{(2,4),(2,8),(2,9),(3,4),(3,8),(3,9)\}$$

另外,$\mathrm{dom}R_1=\{2,3\}$,$\mathrm{dom}R_2=\{2,3\}$,$\mathrm{ran}R_1=\{4,8,9\}$,$\mathrm{ran}R_2=\{8,9\}$,

$\mathrm{dom}(R_1\cup R_2)=\{2,3\}=\mathrm{dom}R_1\cup\mathrm{dom}R_2$,

$\mathrm{ran}(R_1 \cup R_2) = \{4,8,9\} = \mathrm{ran}R_1 \cup \mathrm{ran}R_2$，

$\mathrm{dom}(R_1 \cap R_2) = \{3\} \neq \mathrm{dom}R_1 \cap \mathrm{dom}R_2 = \{2,3\}$，

$\mathrm{ran}(R_1 \cap R_2) = \{8\} \neq \mathrm{ran}R_1 \cap \mathrm{ran}R_2 = \{8,9\}$，

$\mathrm{dom}(R_1 - R_2) = \{2\} \neq \mathrm{dom}R_1 - \mathrm{dom}R_2 = \varnothing$，

$\mathrm{ran}(R_1 - R_2) = \{4,9\} \neq \mathrm{ran}R_1 - \mathrm{ran}R_2 = \{4\}$，

$\mathrm{dom}((R_1)') = \{2,3\} \neq A - \mathrm{dom}R_1 = \varnothing$，

$\mathrm{ran}((R_1)') = \{4,8,9\} \neq B - \mathrm{ran}R_1 = \varnothing$.

【思考 2.1】 等式 $\mathrm{dom}(R_1 \cup R_2) = \mathrm{dom}\ R_1 \cup \mathrm{dom}\ R_2$ 与 $\mathrm{ran}(R_1 \cup R_2) = \mathrm{ran}\ R_1 \cup \mathrm{ran}\ R_2$ 是否具有一般性?

2.3.2 关系的逆运算

1. 逆关系的定义

定义 2.13 设 A,B 是两个集合，R 是由 A 到 B 的关系，则由 B 到 A 的关系

$$\{(b,a) \mid (a,b) \in R\}$$

称为关系 R 的**逆关系**，记为 R^{-1}. 这种由关系 R 得到逆关系 R^{-1} 的运算称为关系的**逆运算**.

显然，$\mathrm{dom}R^{-1} = \mathrm{ran}R$，$\mathrm{ran}R^{-1} = \mathrm{dom}R$.

【例 2.12】 设集合 $A = \{2,3,5\}$，$B = \{4,6,10\}$，定义由 A 到 B 的关系 R：

$$a\,R\,b \text{ 当且仅当 } a \text{ 整除 } b$$

试求 R 的逆关系.

【解】 由 R 的定义知 $R = \{(2,4),(2,6),(2,10),(3,6),(5,10)\}$.

于是 $R^{-1} = \{(4,2),(6,2),(10,2),(6,3),(10,5)\}$.

2. 关系逆运算的性质

定理 2.3 设 R_1，R_2 都是由集合 A 到 B 的关系，则下列各式成立：

(1) $(R_1 \cup R_2)^{-1} = (R_1)^{-1} \cup (R_2)^{-1}$.

(2) $(R_1 \cap R_2)^{-1} = (R_1)^{-1} \cap (R_2)^{-1}$.

(3) $(R_1 - R_2)^{-1} = (R_1)^{-1} - (R_2)^{-1}$.

(4) $((R_1)')^{-1} = ((R_1)^{-1})'$.

(5) $((R_1)^{-1})^{-1} = R_1$.

(6) 若 $R_1 \subseteq R_2$，则 $(R_1)^{-1} \subseteq (R_2)^{-1}$.

(7) 若 $R_1 = R_2$，则 $(R_1)^{-1} = (R_2)^{-1}$.

证明 以(1)为例进行证明，余者类推.

对任意的 $(x,y) \in (R_1 \cup R_2)^{-1}$，有 $(y,x) \in R_1 \cup R_2$，因此 $(y,x) \in R_1$ 或 $(y,x) \in R_2$，故 $(x,y) \in (R_1)^{-1}$ 或 $(x,y) \in (R_2)^{-1}$，从而 $(x,y) \in (R_1)^{-1} \cup (R_2)^{-1}$. 此即证得 $(R_1 \cup R_2)^{-1} \subseteq (R_1)^{-1} \cup (R_2)^{-1}$.

反之，对任意的 $(x,y) \in (R_1)^{-1} \cup (R_2)^{-1}$，有 $(x,y) \in (R_1)^{-1}$ 或 $(x,y) \in (R_2)^{-1}$，因此 $(y,x) \in R_1$ 或 $(y,x) \in R_2$，故 $(y,x) \in R_1 \cup R_2$，从而 $(x,y) \in (R_1 \cup R_2)^{-1}$. 此即证得 $(R_1)^{-1} \cup (R_2)^{-1} \subseteq (R_1 \cup R_2)^{-1}$.

综上即得$(R_1 \cup R_2)^{-1}=(R_1)^{-1}\cup(R_2)^{-1}$. ■

2.3.3 关系的复合运算

1. 复合关系的定义

定义 2.14 设A,B,C是三个集合,R_1是由A到B的关系,R_2是由B到C的关系,则R_1和R_2的**复合关系**,记为$R_1 \circ R_2$,是一个由A到C的关系,且

$$R_1 \circ R_2=\{(a,c) \mid a\in A, c\in C, \text{且存在 } b\in B, \text{使得 } a\ R_1\ b, b\ R_2\ c\}$$

这种由关系R_1和R_2求复合关系$R_1 \circ R_2$的运算称为关系的**复合运算**.

显然,(1)如果R_1的值域和R_2的定义域的交集为空,则对任意的$x\in A$及$z\in C$,不存在$y\in B$,使得$x\ R_1\ y$与$y\ R_2\ z$同时成立,因而复合关系$R_1 \circ R_2$是空关系.

(2) $R_1 \circ \varnothing=\varnothing \circ R_2=\varnothing$.

(3) $\mathrm{dom}(R_1 \circ R_2)\subseteq \mathrm{dom}R_1$, $\mathrm{ran}(R_1 \circ R_2)\subseteq \mathrm{ran}R_2$.

【例 2.13】 设R_1是由集合$A=\{1,2,3,4\}$到$B=\{2,3,4\}$的关系,R_2是由集合B到$C=\{3,5,6\}$的关系,分别定义为

$$R_1=\{(a,b) \mid a+b=6\}=\{(2,4),(3,3),(4,2)\}$$

$$R_2=\{(b,c) \mid b \text{ 整除 } c\}=\{(2,6),(3,3),(3,6)\}$$

于是复合关系$R_1 \circ R_2=\{(3,3),(3,6),(4,6)\}$.

一般地,关系的复合运算不满足交换律.

【思考 2.2】 "祖孙"关系、"父子"关系、"舅甥"关系、"兄妹"关系等是否是复合关系?

2. 关系复合运算的性质

定理 2.4 设R是由集合A到B的关系,则$I_A \circ R=R\circ I_B=R$.

证明 仅证$I_A \circ R=R$,$R\circ I_B=R$的证明类似.

显然,$I_A \circ R$与R都是由集合A到B的关系.

对任意的$(x,y)\in I_A \circ R$,则存在$z\in A$,使得$(x,z)\in I_A$及$(z,y)\in R$. 由I_A的定义知,$z=x$. 因而$(z,y)=(x,y)\in R$. 此即证得$I_A \circ R\subseteq R$.

反过来,对任意的$(x,y)\in R$,则$x\in A$且$y\in B$. 由于$(x,x)\in I_A$及$(x,y)\in R$,故由复合关系的定义知,$(x,y)\in I_A \circ R$. 此即证得$R\subseteq I_A \circ R$.

综合即得$I_A \circ R=R$. ■

定理表明,恒等关系在关系的复合中不起作用,类似于1在数的乘法中的作用.

定理 2.5 设R_1,R_2是集合A上的任意关系,则$(R_1 \circ R_2)^{-1}=(R_2)^{-1}\circ(R_1)^{-1}$.

证明 显然$(R_1 \circ R_2)^{-1}$与$(R_2)^{-1}\circ(R_1)^{-1}$都是集合$A$上的关系.

任取$(x,y)\in(R_1 \circ R_2)^{-1}$,则$(y,x)\in R_1 \circ R_2$. 由复合关系的定义知,存在$z\in A$,使得$(y,z)\in R_1$且$(z,x)\in R_2$. 故有$(z,y)\in(R_1)^{-1}$且$(x,z)\in(R_2)^{-1}$,于是$(x,y)\in(R_2)^{-1}\circ(R_1)^{-1}$. 此即证得$(R_1 \circ R_2)^{-1}\subseteq(R_2)^{-1}\circ(R_1)^{-1}$.

同理可证$(R_2)^{-1}\circ(R_1)^{-1}\subseteq(R_1 \circ R_2)^{-1}$.

所以$(R_1 \circ R_2)^{-1}=(R_2)^{-1}\circ(R_1)^{-1}$. ■

推论 2.1 设$R_1,R_2,\cdots,R_n$是集合A上的关系,则

$$(R_1 \circ R_2 \circ \cdots \circ R_n)^{-1}=(R_n)^{-1}\circ \cdots \circ (R_2)^{-1}\circ(R_1)^{-1}$$

定理 2.6 设 R_1 是由集合 A 到 B 的关系，R_2 是由集合 B 到 C 的关系，R_3 是由集合 C 到 D 的关系，则有 $(R_1\circ R_2)\circ R_3=R_1\circ(R_2\circ R_3)$.

证明 首先，$(R_1\circ R_2)\circ R_3$ 与 $R_1\circ(R_2\circ R_3)$ 都是由集合 A 到 D 的关系.

其次，对任意的 $(x,y)\in(R_1\circ R_2)\circ R_3$，则存在 $v\in C$，使得 $(x,v)\in(R_1\circ R_2)$ 及 $(v,y)\in R_3$，进而存在 $u\in B$，使得 $(x,u)\in R_1$ 且 $(u,v)\in R_2$ 及 $(v,y)\in R_3$. 由 $(u,v)\in R_2$ 及 $(v,y)\in R_3$ 有 $(u,y)\in(R_2\circ R_3)$，再由 $(x,u)\in R_1$ 及 $(u,y)\in(R_2\circ R_3)$ 有 $(x,y)\in R_1\circ(R_2\circ R_3)$，于是 $(R_1\circ R_2)\circ R_3\subseteq R_1\circ(R_2\circ R_3)$.

同法可证 $R_1\circ(R_2\circ R_3)\subseteq(R_1\circ R_2)\circ R_3$.

从而 $(R_1\circ R_2)\circ R_3=R_1\circ(R_2\circ R_3)$. ■

一般地，若 R_1 是由 A_1 到 A_2 的关系，R_2 是由 A_2 到 A_3 的关系，…，R_n 是由 A_n 到 A_{n+1} 的关系，则不加括号的表达式 $R_1\circ R_2\circ\cdots\circ R_n$ 唯一地表示由 A_1 到 A_{n+1} 的关系. 在计算这一关系时，可以运用结合律将其中任意两个相邻的关系先结合.

特别地，当 $A_1=A_2=\cdots=A_{n+1}=A$，$R_1=R_2=\cdots=R_n=R$ 时，复合关系 $R_1\circ R_2\circ\cdots\circ R_n$ 简记作 R^n，它也是集合 A 上的一个关系.

推论 2.2 设 R 是集合 A 上的关系，则 $(R^n)^{-1}=(R^{-1})^n$，n 为正整数.

定义 2.15 设 R 是集合 A 上的二元关系，则 **R 的 n 次幂**定义如下：

$$R^0=I_A;\quad R^{n+1}=R^n\circ R(n\in\mathbf{N})$$

定理 2.7 设 R 是集合 A 上的二元关系，则对任意的 $m,n\in\mathbf{N}$，

(1) $R^m\circ R^n=R^{m+n}$.

(2) $(R^m)^n=R^{mn}$.

定理中的结论可对任意的 $m\in\mathbf{N}$，对 n 用数学归纳法证明.

定理 2.8 设 R_1 是由集合 A 到 B 的关系，R_2 和 R_3 都是由集合 B 到 C 的关系，R_4 是由集合 C 到 D 的关系，则

(1) $R_1\circ(R_2\cup R_3)=(R_1\circ R_2)\cup(R_1\circ R_3)$.

(2) $(R_2\cup R_3)\circ R_4=(R_2\circ R_4)\cup(R_3\circ R_4)$.

(3) $R_1\circ(R_2\cap R_3)\subseteq(R_1\circ R_2)\cap(R_1\circ R_3)$.

(4) $(R_2\cap R_3)\circ R_4\subseteq(R_2\circ R_4)\cap(R_3\circ R_4)$.

证明 以(3)为例证明，余者类推.

对任意的 $(x,y)\in R_1\circ(R_2\cap R_3)$，则存在 $u\in B$，使得 $(x,u)\in R_1$，$(u,y)\in R_2\cap R_3$，因此 $(x,u)\in R_1$，$(u,y)\in R_2$ 及 $(x,u)\in R_1$，$(u,y)\in R_3$.

于是 $(x,y)\in R_1\circ R_2$，$(x,y)\in R_1\circ R_3$，从而 $(x,y)\in(R_1\circ R_2)\cap(R_1\circ R_3)$.

此即证得(3)成立. ■

定理中(3)和(4)的反包含关系不一定成立. 反例：设集合 $A=\{1,2,3\}$，$B=\{1,2\}$，$C=\{2,3\}$，$D=\{4\}$，关系为 $R_1=\{(2,1),(2,2)\}$，$R_2=\{(1,2),(2,3)\}$，$R_3=\{(1,3),(2,2)\}$，$R_4=\{(2,4),(3,4)\}$.

3. 求复合关系的方法

1) 根据复合关系的定义求复合关系

例 2.13 中求复合关系采用的就是这种方法.

2) 运用关系矩阵的运算求复合关系

(1) 布尔运算.

布尔(George Boole,1815—1864,英国数学家和逻辑学家)运算包含布尔加运算∨和布尔乘运算∧,分别定义如下:

$$0 \vee 0 = 0, 0 \vee 1 = 1 \vee 0 = 1 \vee 1 = 1$$

$$1 \wedge 1 = 1, 0 \wedge 1 = 1 \wedge 0 = 0 \wedge 0 = 0$$

例如,$(1 \wedge 0 \wedge 0) \vee (0 \wedge 1) \vee (1 \wedge 1 \wedge 1) \vee (0 \wedge 0 \wedge 0) \vee (1 \wedge 1) = 1$.

显然,在一个布尔运算表达式中,当且仅当至少有一个乘积项为 $1 \wedge 1 \wedge \cdots \wedge 1$ 时表达式的结果等于1,否则为0.

(2) 关系矩阵的布尔加法.

定义 2.16 设 $\boldsymbol{M}_1$ 和 $\boldsymbol{M}_2$ 是 (i,j) 项元素分别为 $r_{ij}^{(1)}$ 和 $r_{ij}^{(2)}$ 的 $m \times n$ 的关系矩阵,则 $\boldsymbol{M}_1$ 和 $\boldsymbol{M}_2$ 的**布尔加法**,记为 $\boldsymbol{M}_1 \vee \boldsymbol{M}_2$,是一个 $m \times n$ 的矩阵,其 (i,j) 项元素为

$$r_{ij} = r_{ij}^{(1)} \vee r_{ij}^{(2)}$$
$$i = 1,2,\cdots,m;\ j = 1,2,\cdots,n \tag{2.3}$$

关系矩阵的布尔加法的运算法则与一般矩阵的加法是相同的,只是其中数的加法运算为布尔加.

显然,$\boldsymbol{M} \vee \boldsymbol{M} = \boldsymbol{M}$.

(3) 关系矩阵的布尔乘法.

定义 2.17 设 $\boldsymbol{M}_1$ 是一个 (i,j) 项元素为 $r_{ij}^{(1)}$ 的 $l \times m$ 关系矩阵,$\boldsymbol{M}_2$ 是一个 (i,j) 项元素为 $r_{ij}^{(2)}$ 的 $m \times n$ 关系矩阵,则 $\boldsymbol{M}_1$ 和 $\boldsymbol{M}_2$ 的**布尔乘法**,记为 $\boldsymbol{M}_1 \circ \boldsymbol{M}_2$,是一个 $l \times n$ 矩阵,其 (i,j) 项元素为

$$r_{ij} = \bigvee_{k=1}^{m} (r_{ik}^{(1)} \wedge r_{kj}^{(2)})$$
$$i = 1,2,\cdots,l;\ j = 1,2,\cdots,n \tag{2.4}$$

关系矩阵的布尔乘法的运算法则与一般矩阵的乘法是相同的,只是其中数的加法运算和乘法运算改为布尔加和布尔乘.

【例 2.14】 设 $\boldsymbol{M}_1$,$\boldsymbol{M}_2$ 和 $\boldsymbol{M}_3$ 是三个关系矩阵

$$\boldsymbol{M}_1 = \begin{pmatrix} 1 & 0 & 0 \\ 0 & 0 & 1 \\ 0 & 1 & 0 \\ 1 & 0 & 0 \end{pmatrix},\quad \boldsymbol{M}_2 = \begin{pmatrix} 1 & 0 & 0 \\ 0 & 1 & 1 \\ 1 & 1 & 0 \\ 0 & 0 & 1 \end{pmatrix},\quad \boldsymbol{M}_3 = \begin{pmatrix} 1 & 0 & 0 \\ 0 & 1 & 0 \\ 1 & 0 & 1 \end{pmatrix}$$

则

$$\boldsymbol{M}_1 \vee \boldsymbol{M}_2 = \begin{pmatrix} 1 & 0 & 0 \\ 0 & 1 & 1 \\ 1 & 1 & 0 \\ 1 & 0 & 1 \end{pmatrix},\quad \boldsymbol{M}_1 \circ \boldsymbol{M}_3 = \begin{pmatrix} 1 & 0 & 0 \\ 1 & 0 & 1 \\ 0 & 1 & 0 \\ 1 & 0 & 0 \end{pmatrix}.$$

(4) 复合关系的关系矩阵.

下面探讨复合关系的关系矩阵与构成这一复合关系的各关系的关系矩阵之间的联系.

先看例子.

【例 2.15】 设有集合 $A=\{1,2,3,4\}$，$B=\{2,3,4\}$，$C=\{1,2,3\}$，

$$A\text{到}B\text{的关系}R_1=\{(1,2),(2,4),(3,3),(4,2)\}$$

$$B\text{到}C\text{的关系}R_2=\{(2,1),(3,2),(4,1),(4,3)\}$$

则 $R_1\circ R_2=\{(1,1),(2,1),(2,3),(3,2),(4,1)\}$，其关系矩阵分别为

$$\boldsymbol{M}_{R_1}=\begin{pmatrix}1&0&0\\0&0&1\\0&1&0\\1&0&0\end{pmatrix},\quad \boldsymbol{M}_{R_2}=\begin{pmatrix}1&0&0\\0&1&0\\1&0&1\end{pmatrix},\quad \boldsymbol{M}_{R_1\circ R_2}=\begin{pmatrix}1&0&0\\1&0&1\\0&1&0\\1&0&0\end{pmatrix}$$

与例 2.14 比较得 $\boldsymbol{M}_{R_1\circ R_2}=\boldsymbol{M}_{R_1}\circ\boldsymbol{M}_{R_2}$.

这一结果并非偶然. 对于复合关系的关系矩阵有下面的定理.

定理 2.9 设 $A=\{a_1,a_2,\cdots,a_l\}$，$B=\{b_1,b_2,\cdots,b_m\}$，$C=\{c_1,c_2,\cdots,c_n\}$ 均是有限集，R_1 是由 A 到 B 的关系，R_2 是由 B 到 C 的关系，它们的关系矩阵分别为 $\boldsymbol{M}_{R_1}$ 和 $\boldsymbol{M}_{R_2}$，则复合关系 $R_1\circ R_2$ 的关系矩阵 $\boldsymbol{M}_{R_1\circ R_2}=\boldsymbol{M}_{R_1}\circ\boldsymbol{M}_{R_2}$.

证明 设 $\boldsymbol{M}_{R_1}=(r_{ik}^{(1)})_{l\times m}$，$\boldsymbol{M}_{R_2}=(r_{kj}^{(2)})_{m\times n}$，$\boldsymbol{M}_{R_1\circ R_2}=(r_{ij})_{l\times n}$，$\boldsymbol{M}_{R_1}\circ\boldsymbol{M}_{R_2}=(r_{ij}^{(3)})_{l\times n}$，则对 $i=1,2,\cdots,l$；$j=1,2,\cdots,n$，

$r_{ij}^{(3)}=(r_{i1}^{(1)}\wedge r_{1j}^{(2)})\vee(r_{i2}^{(1)}\wedge r_{2j}^{(2)})\vee\cdots\vee(r_{im}^{(1)}\wedge r_{mj}^{(2)})=1$

当且仅当存在 $k\in\{1,2,\cdots,m\}$，使得 $r_{ik}^{(1)}=r_{kj}^{(2)}=1$

当且仅当存在 $b_k\in B$，使得 $(a_i,b_k)\in R_1$ 且 $(b_k,c_j)\in R_2$

当且仅当 $(a_i,c_j)\in R_1\circ R_2$

当且仅当 $r_{ij}=1$.

故 $\boldsymbol{M}_{R_1\circ R_2}=\boldsymbol{M}_{R_1}\circ\boldsymbol{M}_{R_2}$. ■

定理可以推广到有限个关系的情形.

推论 2.3 设 $A_1,A_2,\cdots,A_{n+1}$ 是有限集合，$R_1,R_2,\cdots,R_n$ 分别是由 A_1 到 A_2，由 A_2 到 A_3，$\cdots$，由 A_n 到 A_{n+1} 的关系，它们的关系矩阵分别为 $\boldsymbol{M}_{R_1},\boldsymbol{M}_{R_2},\cdots,\boldsymbol{M}_{R_n}$，则有 $\boldsymbol{M}_{R_1\circ R_2\circ\cdots\circ R_n}=\boldsymbol{M}_{R_1}\circ\boldsymbol{M}_{R_2}\circ\cdots\circ\boldsymbol{M}_{R_n}$.

推论 2.4 设 R 是有限集合 A 上的关系，$\boldsymbol{M}$ 为其关系矩阵，则有 $\boldsymbol{M}_{R^n}=\boldsymbol{M}^n$.

【思考 2.3】 设 A、B 均是有限集，R_1、R_2 都是由 A 到 B 的关系，它们的关系矩阵分别为 $\boldsymbol{M}_{R_1}$ 和 $\boldsymbol{M}_{R_2}$，则关系 $R_1\cup R_2$，$R_1\cap R_2$，$(R_1)'$，R_1-R_2，$(R_1)^{-1}$ 的关系矩阵如何?

【例 2.16】 设集合 $A=\{a,b,c,d\}$，A 上的关系

$$R=\{(a,b),(b,a),(b,c),(c,c),(c,d)\}$$

试求 R^2 和 R^3.

【解】 R 的关系矩阵为 $\boldsymbol{M}_R=\begin{pmatrix}0&1&0&0\\1&0&1&0\\0&0&1&1\\0&0&0&0\end{pmatrix}$.

$$\boldsymbol{M}_{R^2}=\boldsymbol{M}_R\circ\boldsymbol{M}_R=\begin{pmatrix}0&1&0&0\\1&0&1&0\\0&0&1&1\\0&0&0&0\end{pmatrix}\circ\begin{pmatrix}0&1&0&0\\1&0&1&0\\0&0&1&1\\0&0&0&0\end{pmatrix}=\begin{pmatrix}1&0&1&0\\0&1&1&1\\0&0&1&1\\0&0&0&0\end{pmatrix}$$

因此 $R^2=\{(a,a),(a,c),(b,b),(b,c),(b,d),(c,c),(c,d)\}$.

又 $R^3=R^2\circ R$,所以

$$\boldsymbol{M}_{R^3}=\boldsymbol{M}_{R^2}\circ\boldsymbol{M}_R=\begin{pmatrix}1&0&1&0\\0&1&1&1\\0&0&1&1\\0&0&0&0\end{pmatrix}\circ\begin{pmatrix}0&1&0&0\\1&0&1&0\\0&0&1&1\\0&0&0&0\end{pmatrix}=\begin{pmatrix}0&1&1&1\\1&0&1&1\\0&0&1&1\\0&0&0&0\end{pmatrix}$$

因此 $R^3=\{(a,b),(a,c),(a,d),(b,a),(b,c),(b,d),(c,c),(c,d)\}$.

3) 利用关系图求复合关系 R^n

设 R 是有限集 A 上的关系,则复合关系 R^2 也是 A 上的关系. 由复合关系的定义,对任意的 $a_i,a_j\in A$,当且仅当存在 $a_k\in A$,使得 $a_i R a_k$,$a_k R a_j$ 时有 $a_i R^2 a_j$.

反映在关系图上意味着,当且仅当在 R 的关系图中存在有某一结点 a_k,使得有边由 a_i 指向 a_k 且有边由 a_k 指向 a_j 时,在 R^2 的关系图中有边从 a_i 指向 a_j,如图 2.3 所示.

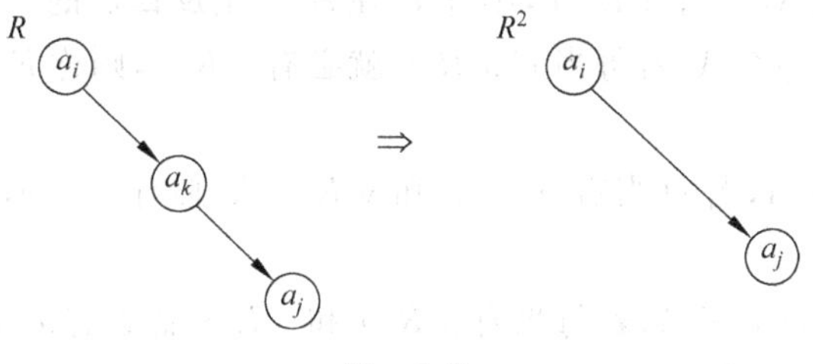

图 2.3

类似地,对任意的正整数 n,当且仅当在 R 的关系图中存在 $n-1$ 个结点 $a_{k_1},a_{k_2},\cdots,a_{k_{n-1}}$,使得有边由 a_i 指向 a_{k_1},由 a_{k_1} 指向 a_{k_2},…,由 $a_{k_{n-1}}$ 指向 a_j 时(称从结点 a_i 到 a_j 有一条**长为 n 的路**,$n\in\mathbf{Z}^+$),在 R^n 的关系图中有边由结点 a_i 指向 a_j.

由此,根据 R 的关系图构造出 R^n 的关系图的方法为:

对于 R 的关系图中的每一结点 a_i,找出从 a_i 经过长为 n 的路能够到达的所有结点,这些结点在 R^n 的关系图中,边必须由 a_i 指向它们.

【例 2.17】 试利用构造 R^2 和 R^3 的关系图的方法求例 2.16 中的 R^2 和 R^3.

【解】 (1) 作出 R 的关系图如图 2.4(a)所示.

(2) 构造 R^2 的关系图如图 2.4(b)所示(在 R 的关系图中寻找长为 2 的路).

(3) 构造 R^3 的关系图如图 2.4(c)所示(在 R 的关系图中寻找长为 3 的路).

(4) 根据 R^2 和 R^3 的关系图直接写出 R^2 和 R^3 中的序偶.

【思考 2.4】 能否利用 R^m 和 R^n 的关系图来构造 R^{m+n} 的关系图,$m,n\in\mathbf{Z}^+$?

【思考 2.5】 设 A,B 均是有限集,R_1,R_2 都是由 A 到 B 的关系,它们的关系图分别为 G_{R_1} 和 G_{R_2},则关系 $R_1\cup R_2,R_1\cap R_2,(R_1)',R_1-R_2,(R_1)^{-1}$ 的关系图如何?

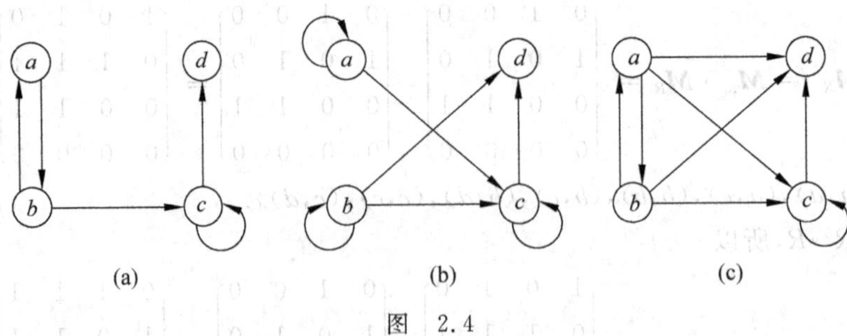

图 2.4

2.4 关系的性质

2.4.1 关系性质的定义

集合上的关系往往具有很多有用的性质，下面将列出一些最基本的性质.

定义 2.18 设 R 是集合 A 上的关系，

(1) 若对于所有的 $x\in A$，均有 $x\,R\,x$，则称 R 在 A 上是**自反的**. 否则 R 是非自反的.

若对于所有的 $x\in A$，均有 $x\,R'\,x$，则称 R 在 A 上是**反自反的**.

(2) 对于所有的 $x,y\in A$，若每当有 $x\,R\,y$ 就必有 $y\,R\,x$，则称 R 在 A 上是**对称的**. 否则 R 是非对称的.

对于所有的 $x,y\in A$，若每当有 $x\,R\,y$ 和 $y\,R\,x$ 就必有 $x=y$，则称 R 在 A 上是**反对称的**.

(3) 对于所有的 $x,y,z\in A$，若每当有 $x\,R\,y$ 和 $y\,R\,z$ 就必有 $x\,R\,z$，则称 R 在 A 上是**可传递的**. 否则 R 是不可传递的.

定义中使用了条件语句，当条件不满足时该语句按为真处理.

【例 2.18】 设集合 $A=\{0,1,2,3\}$，判断下列关系是否为自反关系或反自反关系：

$$R_1=\{(0,0),(1,1),(2,2),(3,3)\}$$
$$R_2=\{(0,0),(1,2),(3,3),(2,2),(1,1),(2,3)\}$$
$$R_3=\{(2,1),(0,0),(3,3)\}$$
$$R_4=\{(0,1),(2,3),(1,2)\}$$

【解】 R_1是自反关系.

R_2是自反关系.

R_3不是自反关系，也不是反自反关系.

R_4是反自反关系.

注意：

(1) 集合 A 上的恒等关系是自反关系，但自反关系却不一定是恒等关系(如 R_2).

(2) 反自反关系是非自反关系的一个特例. 不是自反的关系不一定就是反自反的关系，不是反自反的关系也不一定就是自反的关系.

【例 2.19】 设集合 $A=\{0,1,2,3\}$，判断下列关系是否为对称关系或反对称关系：

$$R_1 = \{(1,1),(1,2),(2,1),(2,3),(3,2)\}$$
$$R_2 = \{(1,2),(1,1),(0,2),(3,1)\}$$
$$R_3 = \{(1,2),(2,2),(2,3),(3,2)\}$$
$$R_4 = \{(0,0),(2,2),(1,1)\}$$

【解】 R_1是对称关系,不是反对称关系.

R_2不是对称关系,是反对称关系.

R_3不是对称关系,也不是反对称关系.

R_4是对称关系,也是反对称关系.

注意:

(1) 若 R 是集合 A 上的反对称关系,则由定义知,在 R 中(a,b)与(b,a)至多有一个出现,其中 $a\neq b$.

(2) 不是对称的关系不一定就是反对称关系,不是反对称的关系也不一定就是对称关系.

(3) 在集合 A 上存在某种关系,既是对称的也是反对称的,如恒等关系 I_A.

【例 2.20】 设集合 $A=\{0,1,2,3\}$,判断下列关系是否为可传递关系:

$$R_1 = \{(0,0),(0,2),(2,3),(0,3)\},$$
$$R_2 = \{(1,1),(1,2),(2,1),(2,3)\},$$
$$R_3 = \{(1,2),(3,0),(3,2)\}.$$

【解】 R_1是可传递关系.

R_2不是可传递关系.

R_3是可传递关系.

注意: 集合 A 上的恒等关系是可传递关系.

【例 2.21】 设集合 $A=\{1,2,3,4,5\}$,A 上的关系

$$R = \{(a,b) \mid a-b\text{是偶数}\}$$

则显然 R 自反;R 对称;R 不是反对称.

又对任意的 $a,b,c\in A$,若 $a-b=2m$,$b-c=2n$,则

$$a-c = (a-b)+(b-c) = 2(m+n)$$

也是偶数,因此 R 是可传递的.

【思考 2.6】 实际生活中的父子关系、兄弟关系、同学关系、邻居关系等,以及数学中数的大于等于关系、数的大于关系、集合的包含关系、三角形的全等/相似关系等具有何性质?

2.4.2 关系性质的判别

1. 集合运算的方法

定理 2.10 设 R 是集合 A 上的关系,则

(1) R 在 A 上自反当且仅当 $I_A\subseteq R$.

(2) R 在 A 上反自反当且仅当 $R\cap I_A=\varnothing$.

(3) R 在 A 上对称当且仅当 $R=R^{-1}$.

(4) R 在 A 上反对称当且仅当 $R\cap R^{-1}\subseteq I_A$.

(5) R 在 A 上可传递当且仅当 $R\circ R\subseteq R$.

证明 (1) 任取 $(x,y)\in I_A$，则 $x,y\in A$ 且 $x=y$. 由于 R 在 A 上自反，所以 $(x,y)\in R$，从而 $I_A\subseteq R$.

反之，任取 $x\in A$，由于 $(x,x)\in I_A$ 且 $I_A\subseteq R$，故 $(x,x)\in R$. 因此 R 在 A 上是自反的.

(2) 假设 $R\cap I_A\neq\varnothing$，则必存在 $(x,y)\in R\cap I_A$，故 $(x,y)\in R$ 且 $(x,y)\in I_A$. 由于 I_A 是 A 上的恒等关系，故 $x,y\in A$ 且 $x=y$，从而 $(x,x)=(x,y)\in R$. 这与 R 在 A 上是反自反的相矛盾.

反之，任取 $x\in A$，由于 $(x,x)\in I_A$，且 $R\cap I_A=\varnothing$，故 $(x,x)\notin R$. 因此 R 在 A 上是反自反的.

(3) 任取 $(x,y)\in R$，由于 R 在 A 上对称，所以 $(y,x)\in R$. 于是 $(x,y)\in R^{-1}$. 此即证得 $R\subseteq R^{-1}$.

同理可证 $R^{-1}\subseteq R$. 从而 $R=R^{-1}$.

反之，任取 $x,y\in A$，若 $(x,y)\in R$，则 $(y,x)\in R^{-1}$. 由于 $R=R^{-1}$，所以 $(y,x)\in R$. 因此 R 在 A 上是对称的.

(4) 任取 $(x,y)\in R\cap R^{-1}$，则 $(x,y)\in R$ 且 $(x,y)\in R^{-1}$，即 $(x,y)\in R$ 且 $(y,x)\in R$. 由于 R 在 A 上反对称，故 $x=y$. 于是 $(x,y)\in I_A$，从而 $R\cap R^{-1}\subseteq I_A$.

反之，任取 $x,y\in A$，若 $(x,y)\in R$ 且 $(y,x)\in R$，则 $(x,y)\in R^{-1}$，因而 $(x,y)\in R\cap R^{-1}$. 由于 $R\cap R^{-1}\subseteq I_A$，所以 $x=y$，从而 R 在 A 上是反对称的.

(5) 任取 $(x,y)\in R\circ R$，则存在 $z\in A$ 使得 $(x,z)\in R$ 且 $(z,y)\in R$. 由于 R 在 A 上可传递，所以 $(x,y)\in R$，从而 $R\circ R\subseteq R$.

反之，任取 $x,y,z\in A$，若 $(x,y),(y,z)\in R$，则 $(x,z)\in R\circ R$. 由于 $R\circ R\subseteq R$，故 $(x,z)\in R$. 因此 R 在 A 上是可传递的. ■

2. 关系矩阵的方法

(1) 若 R 是自反的，则关系矩阵的主对角线上所有元素均为 1.

(2) 若 R 是反自反的，则关系矩阵的主对角线上所有元素均为 0.

(3) 若 R 是对称的，则关系矩阵为对称矩阵.

(4) 若 R 是反对称的，则在关系矩阵中，关于主对角线对称的元素不同时为 1，即 $i\neq j$ 时，r_{ij} 与 r_{ji} 这两个数中至多一个是 1，但允许两个均为 0.

(5) 若 R 是可传递的，$\boldsymbol{M}$ 为 R 的关系矩阵，则在 $\boldsymbol{M}^2$ 中 1 所在的位置，$\boldsymbol{M}$ 中相应的位置上都是 1(因为 $R\circ R\subseteq R$).

3. 关系图的方法

(1) 若 R 是自反的，则关系图中每一结点均有自环.

(2) 若 R 是反自反的，则关系图中每一结点均无自环.

(3) 若 R 是对称的，则在关系图中，若两结点之间存在有边，则必存在两条方向相反的边.

(4) 若 R 是反对称的，则在关系图中，任意两个不同的结点间至多有一条边.

(5) 若 R 是可传递的，则在关系图中，若每当有边由 a_i 指向 a_k，且又有边由 a_k 指向 a_j，则

必有一条边由 a_i 指向 a_j.

【例 2.22】 设集合 $A=\{1,2,3\}$，图 2.5 中分别是 A 上三个关系的关系图，试判断它们的性质.

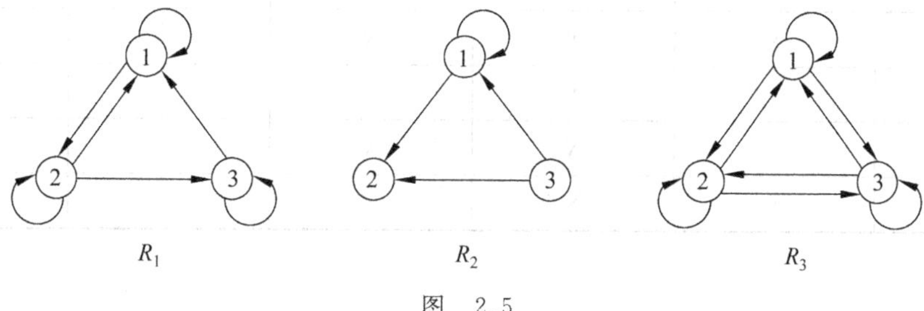

图 2.5

【解】 (1) R_1 自反，非对称，非反对称，不可传递.

(2) R_2 非自反，非反自反，非对称，反对称，可传递.

(3) R_3 自反，对称，非反对称，可传递.

$R_1 \sim R_3$ 特性可如表 2.1 所示，其中"√"表示该关系具有某性质，"×"表示该关系不具有某性质.

表 2.1

	自反性	反自反性	对称性	反对称性	传递性
R_1	√	×	×	×	×
R_2	×	×	×	√	√
R_3	√	×	√	×	√

4. 小结

(1) 关系性质的集合、关系矩阵和关系图判别法如表 2.2 所示.

表 2.2

	自反性	反自反性	对称性	反对称性	传递性
集合表示	$I_A \subseteq R$	$R \cap I_A = \varnothing$	$R=R^{-1}$	$R \cap R^{-1} \subseteq I_A$	$R \circ R \subseteq R$
关系矩阵	主对角线元素全是 1	主对角线上的元素全是 0	矩阵是对称矩阵	当 $i \neq j$ 时，r_{ij} 与 r_{ji} 中至多有一个为 1(可以全为 0)	对 $\boldsymbol{M}^2$ 中 1 所在的位置，$\boldsymbol{M}$ 中相应的位置都是 1
关系图	每个结点都有自环	任何结点都没有自环	如果两个结点之间有边，则一定是一对方向相反的边(无单边)	如果两个结点之间有边，则一定是一条有向边(无双向边)	若有由 a_i 指向 a_k 的边以及由 a_k 指向 a_j 的边，则有一条由 a_i 指向 a_j 的边

(2) 关系的性质与关系运算之间的联系如表 2.3 所示，其中 R_1 和 R_2 是非空集合 A 上具有共同性质的两个关系.

表 2.3

	自反性	反自反性	对称性	反对称性	传递性
$(R_1)^{-1}$	√	√	√	√	√
$R_1 \cap R_2$	√	√	√	√	√
$R_1 \cup R_2$	√	√	√	×	×
$R_1 - R_2$	×	√	√	√	×
$R_1 \circ R_2$	√	×	×	×	×

2.5 关系的闭包

2.5.1 关系闭包的定义

定义 2.19 对集合 A 上给定的关系 R 和一种性质 P,包含 R 且满足性质 P 的最小关系称为 R 对于 P 的**闭包**,记作 $\mathrm{P}(R)$. 构造闭包的运算称为**闭包运算**.

定理 2.11 设 R 是集合 A 上的关系,则 A 上的关系

(1) $\mathrm{r}(R)=R\cup I_A$ 为 R 的**自反闭包**.

(2) $\mathrm{s}(R)=R\cup R^{-1}$ 为 R 的**对称闭包**.

(3) $\mathrm{t}(R)=\bigcup\limits_{i=1}^{\infty}R^i=R\cup R^2\cup R^3\cup\cdots$ 为 R 的**传递闭包**.

证明 (1) 根据 $\mathrm{r}(R)=R\cup I_A$,显然 $R\subseteq\mathrm{r}(R)$.

又 $I_A\subseteq\mathrm{r}(R)$,所以 $\mathrm{r}(R)$ 是自反的.

对于 A 上任何关系 Q,若 Q 是自反的且 $R\subseteq Q$,下证 $\mathrm{r}(R)\subseteq Q$.

由 Q 自反,可知 $I_A\subseteq Q$. 由 $I_A\subseteq Q$ 和 $R\subseteq Q$ 知 $I_A\cup R\subseteq Q$,即 $\mathrm{r}(R)\subseteq Q$.

此即证得 $\mathrm{r}(R)$ 是一种闭包.

(2) 根据 $\mathrm{s}(R)=R\cup R^{-1}$,显然 $R\subseteq\mathrm{s}(R)$.

因为 $(R\cup R^{-1})^{-1}=R\cup R^{-1}$,故 $\mathrm{s}(R)$ 是对称的.

对于 A 上任何关系 Q,若 Q 是对称的且 $R\subseteq Q$,下证 $\mathrm{s}(R)\subseteq Q$.

对任意的 $(x,y)\in R^{-1}$,有 $(y,x)\in R$. 由 $R\subseteq Q$,必有 $(y,x)\in Q$. 又由 Q 的对称性,有 $(x,y)\in Q$,因此 $R^{-1}\subseteq Q$.

由 $R\subseteq Q$ 和 $R^{-1}\subseteq Q$ 知 $R\cup R^{-1}\subseteq Q$,即 $\mathrm{s}(R)\subseteq Q$.

此即证得 $\mathrm{s}(R)$ 是一种闭包.

(3) 根据 $\mathrm{t}(R)=\bigcup\limits_{i=1}^{\infty}R^i$,显然 $R\subseteq\mathrm{t}(R)$.

对任意的 $x,y,z\in A$,若 $(x,y)\in\mathrm{t}(R)$,$(y,z)\in\mathrm{t}(R)$,则必存在正整数 h 和 k,使得 $(x,y)\in R^h$,$(y,z)\in R^k$,即 $x\,R^h\,y$,$y\,R^k\,z$. 于是 $x\,R^{h+k}\,z$,即 $(x,z)\in R^{h+k}$. 因此 $(x,z)\in\mathrm{t}(R)$,故 $\mathrm{t}(R)$ 是可传递的.

对于 A 上任何关系 Q,若 Q 是可传递的且 $R\subseteq Q$,下证 $\mathrm{t}(R)\subseteq Q$.

续表

对任意的$(x,y)\in t(R)$，则存在正整数k，使得$(x,y)\in R^k$，即$x R^k y$，因此必存在元素$z_1,z_2,\cdots,z_{k-1}$，使得$x R z_1, z_1 R z_2, \cdots, z_{k-1} R y$. 因为$R\subseteq Q$，所以$x Q z_1, z_1 Q z_2, \cdots, z_{k-1} Q y$. 而$Q$是可传递的，因此$x Q y$，即$(x,y)\in Q$，故有$t(R)\subseteq Q$.

此即证得$t(R)$是一种闭包. ■

集合A上的传递闭包$t(R)$也记作R^+.

【例 2.23】 设集合$A=\{0,1,2,3\}$，A上的关系$R=\{(0,0),(0,1),(2,3)\}$不是自反的，

$$\begin{aligned}r(R)&=R\cup I_A=\{(0,0),(0,1),(2,3)\}\cup\{(0,0),(1,1),(2,2),(3,3)\}\\&=\{(0,0),(1,1),(2,2),(3,3),(0,1),(2,3)\}\end{aligned}$$

是自反的.

【例 2.24】 例 2.23 中的$R=\{(0,0),(0,1),(2,3)\}$不是对称的，

$$\begin{aligned}s(R)&=R\cup R^{-1}=\{(0,0),(0,1),(2,3)\}\cup\{(0,0),(1,0),(3,2)\}\\&=\{(0,0),(0,1),(1,0),(2,3),(3,2)\}\end{aligned}$$

是对称的.

一般地，计算$t(R)=\bigcup\limits_{i=1}^{\infty}R^i$比较麻烦，理论上涉及"无限次"的并运算和幂运算. 但当A是有限集时，其计算则只需要有限次即可.

定理 2.12 设A为非空有限集合，$\# A=n$，R是集合A上的关系，则存在正整数$k\leqslant n$，使得$t(R)=R\cup R^2\cup R^3\cup\cdots\cup R^k$.

证明 $\forall x,y\in A$，若$x\ t(R)\ y$成立，则存在正整数p使得$x R^p y$. 由关系的复合运算的定义知，存在序列$z_0=x,z_1,z_2,\cdots,z_p=y$，使得对$0\leqslant i\leqslant p-1$，有$z_i R z_{i+1}$.

设满足上述条件的最小p(记为k)大于n，则由假设$\# A=n$知，在上述序列中必有$0\leqslant s<t\leqslant k$，使得$z_s=z_t$，因此序列可简缩为

$$\underbrace{z_0 R z_1, z_1 R z_2, \cdots, z_{s-1} R z_s}_{s}\ \underbrace{z_t R z_{t+1}, \cdots, z_{k-1} R z_k}_{k-t}$$

这表明存在正整数$q=s+k-t$，使得$x R^q y$，但$q=k-(t-s)<k$，此与k(最小的p)的假设矛盾，故$k>n$不成立.

从而命题得证. ■

【例 2.25】 设集合$A=\{a,b,c,d\}$，A上的关系$R=\{(a,b),(b,a),(b,c),(c,d)\}$不是可传递的，计算得

$$\begin{aligned}R^2&=\{(a,a),(a,c),(b,b),(b,d)\},\\R^3&=\{(a,b),(a,d),(b,a),(b,c)\},\\R^4&=\{(a,a),(a,c),(b,b),(b,d)\}.\end{aligned}$$

注意到$R^4=R^2$，则$R^5=R^3$，$R^6=R^4=R^2$，$R^7=R^5=R^3$，…，故

$$\begin{aligned}t(R)&=\bigcup_{i=1}^{\infty}R^i=\bigcup_{i=1}^{3}R^i\\&=\{(a,a),(a,b),(a,c),(a,d),(b,a),(b,b),(b,c),(b,d),(c,d)\}.\end{aligned}$$

验证得知，$t(R)$是可传递的.

2.5.2 关系闭包的性质

关系的闭包具有很多性质,下面仅列出几个最基本的性质.

定理 2.13 设 R 是非空集合 A 上的关系,则

(1) R 是自反的当且仅当 $\mathrm{r}(R)=R$.

(2) R 是对称的当且仅当 $\mathrm{s}(R)=R$.

(3) R 是可传递的当且仅当 $\mathrm{t}(R)=R$.

证明 (1) 显然充分性成立. 下面证明必要性.

显然有 $R\subseteq \mathrm{r}(R)=R\cup I_A$.

又由于 R 是包含了 R 的自反关系,根据自反闭包的性质有 $\mathrm{r}(R)\subseteq R$,从而得到 $\mathrm{r}(R)=R$.

(2) 必要性:设 R 是对称的,下证 $\mathrm{s}(R)=R$.

令 $R'=R$,

① $R'=R$ 是对称的.

② 因为 $R\subseteq R=R'$,所以 $R\subseteq R'$.

③ 有任意对称二元关系 R'' 且 $R\subseteq R''$,下证 $R'\subseteq R''$.

因为 $R'=R\subseteq R''$,所以 $R'\subseteq R''$.

因此,$\mathrm{s}(R)=R'=R$.

另证:若 R 是对称的,则 $R=R^{-1}$,因此 $\mathrm{s}(R)=R\cup R^{-1}=R$.

充分性:设 $\mathrm{s}(R)=R$,下证 R 是对称性.

由对称闭包的定义,显然 R 是对称的.

(3) 必要性:设 R 是传递的,下证 $\mathrm{t}(R)=R$.

令 $R'=R$,

① $R'=R$ 是传递的.

② 因为 $R\subseteq R=R'$,所以 $R\subseteq R'$.

③ 有任意传递二元关系 R'' 且 $R\subseteq R''$,下证 $R'\subseteq R''$.

因为 $R'=R\subseteq R''$,所以 $R'\subseteq R''$.

因此,$\mathrm{t}(R)=R'=R$.

充分性:设 $\mathrm{t}(R)=R$,下证 R 是传递的.

由传递闭包的定义,显然 R 是传递的. ■

定理 2.14 设 R_1 和 R_2 是非空集合 A 上的关系,且 $R_1\subseteq R_2$,则

(1) $\mathrm{r}(R_1)\subseteq \mathrm{r}(R_2)$.

(2) $\mathrm{s}(R_1)\subseteq \mathrm{s}(R_2)$.

(3) $\mathrm{t}(R_1)\subseteq \mathrm{t}(R_2)$.

证明 (1) 由题设 $R_1\subseteq R_2$ 知 $R_1\cup I_A\subseteq R_2\cup I_A$,即 $\mathrm{r}(R_1)\subseteq \mathrm{r}(R_2)$.

(2) 由题设 $R_1\subseteq R_2$,得 $R_1{}^{-1}\subseteq R_2{}^{-1}$.

故有 $R_1\cup R_1{}^{-1}\subseteq R_2\cup R_2{}^{-1}$,即 $\mathrm{s}(R_1)\subseteq \mathrm{s}(R_2)$.

(3) 由题设 $R_1\subseteq R_2$ 及 $R_2\subseteq \mathrm{t}(R_2)$,得 $R_1\subseteq \mathrm{t}(R_2)$.

因为 $\mathrm{t}(R_2)$是可传递的,故 $\mathrm{t}(R_1)\subseteq \mathrm{t}(R_2)$. ■

定理 2.15 设 R_1 和 R_2 是非空集合 A 上的关系,则

(1) $r(R_1 \cup R_2)=r(R_1)\cup r(R_2)$.

(2) $s(R_1 \cup R_2)=s(R_1)\cup s(R_2)$.

(3) $t(R_1 \cup R_2)\supseteq t(R_1)\cup t(R_2)$.

证明 留做习题自证. ■

非空集合 A 上关系 R 具有某种性质的时候,其闭包的性质如何呢?

定理 2.16 设 R 是非空集合 A 上的关系,

(1) 若 R 是自反的,则 $r(R)$,$s(R)$ 和 $t(R)$ 是自反的.

(2) 若 R 是对称的,则 $r(R)$,$s(R)$ 和 $t(R)$ 是对称的.

(3) 若 R 是可传递的,则 $r(R)$ 和 $t(R)$ 是可传递的.

证明 (1) 若 R 是自反的,则 $r(R)=R$ 是自反的.

由于 $R\subseteq s(R)$,$R\subseteq t(R)$,而 R 是自反的充要条件是 $I_A\subseteq R$,所以 $s(R)$ 和 $t(R)$ 是自反的.

(2) 若 R 是对称的,则 $s(R)=R$ 是对称的.

因为 R 和 I_A 都是对称的,所以 $r(R)$ 也是对称的.

通过数学归纳法可证"若 R 是对称的,则对任意的正整数 i,R^i 也是对称的",由此可得 $t(R)$ 也是对称的.

(3) 若 R 是可传递的,则 $t(R)=R$ 是可传递的.

$\forall x,y,z\in A$,若 $(x,y)\in r(R)$ 且 $(y,z)\in r(R)$,则可能 (x,y) 与 (y,z) 至少有一个在 I_A 中,或者 (x,y) 与 (y,z) 均不在 I_A 中.

若 (x,y) 与 (y,z) 至少有一个在 I_A 中,不妨设 $(x,y)\in I_A$,则有 $x=y$,因此 $(x,z)=(y,z)\in r(R)$,故 $r(R)$ 是可传递的.

若 (x,y) 与 (y,z) 均不在 I_A 中,则 (x,y) 与 (y,z) 均在 R 中. 由假设 R 是可传递的,故 $(x,z)\in R$. 又 $R\subseteq r(R)$,故 $(x,z)\in r(R)$,因此 $r(R)$ 是可传递的. ■

【思考 2.7】 如何用集合运算的方法证明"若 R 是可传递的,则 $r(R)$ 是可传递的.",即证明 $r^2(R)\subseteq r(R)$?

定理指出,若 R 是可传递的,则 $s(R)$ 不一定是可传递的. 例如,$R=\{(a,b)\}$ 是集合 $A=\{a,b\}$ 上的可传递关系,但 $s(R)=\{(a,b),(b,a)\}$ 不是 A 上的可传递关系.

非空集合 A 上关系 R 的闭包仍然是 A 上的关系,也可以求这些闭包的闭包. 如 $s(r(R))$,简记为 $sr(R)$,因为该关系既有自反性又有对称性,故称 $sr(R)$ 为 R 的**自反对称闭包**. 类似地,称 $tr(R)$(也记作 R^*)为 R 的**自反传递闭包**,称 $ts(R)$ 为 R 的**对称传递闭包**,称 $tsr(R)$ 为 R 的**自反对称传递闭包**. 那么,在求解这些闭包时与求解的次序有关系吗?

定理 2.17 设 R 是非空集合 A 上的关系,则

(1) $rs(R)=sr(R)$.

(2) $rt(R)=tr(R)$.

(3) $st(R)\subseteq ts(R)$.

证明 显然 $I_A=(I_A)^{-1}$.

(1) $rs(R)=r(R\cup R^{-1})=(R\cup R^{-1})\cup I_A=(R\cup I_A)\cup(R^{-1}\cup I_A)$

$=(R\cup I_A)\cup(R^{-1}\cup(I_A)^{-1})=(R\cup I_A)\cup(R\cup I_A)^{-1}$

$=s(R\cup I_A)=sr(R)$.

(2) 因为 $R\subseteq r(R)$,所以 $t(R)\subseteq tr(R)$,因此 $rt(R)\subseteq rtr(R)$.

因为 r(R)是自反的，从而 tr(R)也是自反的.

再由定理 2.13 知 rtr(R)＝tr(R)，故 rt(R)⊆tr(R).

反过来，因为 R⊆t(R)，所以 r(R)⊆rt(R)，因此 tr(R)⊆trt(R).

因为 t(R)是可传递的，从而 rt(R)也是可传递的.

再由定理 2.13 知 trt(R)＝rt(R)，故 tr(R)⊆rt(R).

于是 rt(R)＝tr(R).

(3) 因为 R⊆s(R)，所以 t(R)⊆ts(R)，因此 st(R)⊆sts(R).

因为 s(R)是对称的，从而 ts(R)也是对称的.

再由定理 2.13 知 sts(R)＝ts(R)，故 st(R)⊆ts(R). ■

一般地，st(R)≠ts(R). 如 R＝{(1,2)}是集合 A＝{1,2}上的关系，则

$$\mathrm{st}(R)=\{(1,2),(2,1)\}\neq \mathrm{ts}(R)=\{(1,2),(2,1),(1,1),(2,2)\}$$

【思考 2.8】 计算关系 R 的自反对称可传递闭包时，是先求对称闭包后求传递闭包还是正好相反？对自反闭包呢？

2.5.3 关系闭包的求法

1. 利用关系矩阵求关系闭包

【例 2.26】 设集合 A＝{a,b,c,d}，A 上的关系

$$R=\{(a,b),(b,a),(b,c),(c,d)\}$$

求 r(R)，s(R)，t(R).

【解】 $\boldsymbol{M}_R=\begin{pmatrix}0&1&0&0\\1&0&1&0\\0&0&0&1\\0&0&0&0\end{pmatrix}$，$\boldsymbol{M}_{I_A}=\begin{pmatrix}1&0&0&0\\0&1&0&0\\0&0&1&0\\0&0&0&1\end{pmatrix}$.

(1) 因为 $\mathrm{r}(R)=R\cup I_A$，所以

$$\boldsymbol{M}_{\mathrm{r}(R)}=\boldsymbol{M}_R\vee\boldsymbol{M}_{I_A}$$

$$=\begin{pmatrix}0&1&0&0\\1&0&1&0\\0&0&0&1\\0&0&0&0\end{pmatrix}\vee\begin{pmatrix}1&0&0&0\\0&1&0&0\\0&0&1&0\\0&0&0&1\end{pmatrix}$$

$$=\begin{pmatrix}1&1&0&0\\1&1&1&0\\0&0&1&1\\0&0&0&1\end{pmatrix}$$

于是

$$\mathrm{r}(R)=\{(a,a),(a,b),(b,a),(b,b),(b,c),(c,c),(c,d),(d,d)\}$$

(2) 根据 $\mathrm{s}(R)=R\cup R^{-1}$，s($R$)的关系矩阵为

$$\boldsymbol{M}_{\mathrm{s}(R)}=\boldsymbol{M}_R\vee\boldsymbol{M}_{R^{-1}}=\boldsymbol{M}_R\vee\boldsymbol{M}_R^{\mathrm{T}}$$

$$=\begin{pmatrix}0&1&0&0\\1&0&1&0\\0&0&0&1\\0&0&0&0\end{pmatrix}\vee\begin{pmatrix}0&1&0&0\\1&0&0&0\\0&1&0&0\\0&0&1&0\end{pmatrix}=\begin{pmatrix}0&1&0&0\\1&0&1&0\\0&1&0&1\\0&0&1&0\end{pmatrix}$$

于是

$$\mathrm{s}(R)=\{(a,b),(b,a),(b,c),(c,b),(c,d),(d,c)\}$$

(3) 因为 $\# A=4$，所以 $\mathrm{t}(R)=\bigcup_{i=1}^{4}R^i=R\cup R^2\cup R^3\cup R^4$，故 $\mathrm{t}(R)$ 的关系矩阵为

$\boldsymbol{M}_{\mathrm{t}(R)}=\boldsymbol{M}_R\vee\boldsymbol{M}_{R^2}\vee\boldsymbol{M}_{R^3}\vee\boldsymbol{M}_{R^4}$.

$$\boldsymbol{M}_{R^2}=\boldsymbol{M}_R\circ\boldsymbol{M}_R=\begin{pmatrix}0&1&0&0\\1&0&1&0\\0&0&0&1\\0&0&0&0\end{pmatrix}\circ\begin{pmatrix}0&1&0&0\\1&0&1&0\\0&0&0&1\\0&0&0&0\end{pmatrix}=\begin{pmatrix}1&0&1&0\\0&1&0&1\\0&0&0&0\\0&0&0&0\end{pmatrix},$$

$$\boldsymbol{M}_{R^3}=\boldsymbol{M}_{R^2}\circ\boldsymbol{M}_R=\begin{pmatrix}1&0&1&0\\0&1&0&1\\0&0&0&0\\0&0&0&0\end{pmatrix}\circ\begin{pmatrix}0&1&0&0\\1&0&1&0\\0&0&0&1\\0&0&0&0\end{pmatrix}=\begin{pmatrix}0&1&0&1\\1&0&1&0\\0&0&0&0\\0&0&0&0\end{pmatrix},$$

$$\boldsymbol{M}_{R^4}=\boldsymbol{M}_{R^3}\circ\boldsymbol{M}_R=\begin{pmatrix}0&1&0&1\\1&0&1&0\\0&0&0&0\\0&0&0&0\end{pmatrix}\circ\begin{pmatrix}0&1&0&0\\1&0&1&0\\0&0&0&1\\0&0&0&0\end{pmatrix}=\begin{pmatrix}1&0&1&0\\0&1&0&1\\0&0&0&0\\0&0&0&0\end{pmatrix}=\boldsymbol{M}_{R^2},$$

$$\boldsymbol{M}_{\mathrm{t}(R)}=\boldsymbol{M}_R\vee\boldsymbol{M}_{R^2}\vee\boldsymbol{M}_{R^3}\vee\boldsymbol{M}_{R^4}=\boldsymbol{M}_R\vee\boldsymbol{M}_{R^2}\vee\boldsymbol{M}_{R^3}$$

$$=\begin{pmatrix}0&1&0&0\\1&0&1&0\\0&0&0&1\\0&0&0&0\end{pmatrix}\vee\begin{pmatrix}1&0&1&0\\0&1&0&1\\0&0&0&0\\0&0&0&0\end{pmatrix}\vee\begin{pmatrix}0&1&0&1\\1&0&1&0\\0&0&0&0\\0&0&0&0\end{pmatrix}$$

$$=\begin{pmatrix}1&1&1&1\\1&1&1&1\\0&0&0&1\\0&0&0&0\end{pmatrix},$$

于是

$$\mathrm{t}(R)=\{(a,a),(a,b),(a,c),(a,d),(b,a),(b,b),(b,c),(b,d),(c,d)\}$$

2. 利用关系图求关系闭包

给定集合 A 上的关系 R，分别记 $R,\mathrm{r}(R),\mathrm{s}(R),\mathrm{t}(R)$ 的关系图为 $G,G_{\mathrm{r}},G_{\mathrm{s}}$ 和 G_{t}，则 G_{r}，$G_{\mathrm{s}},G_{\mathrm{t}}$ 的结点集与 G 的结点集相等. 除了 G 的边以外，以下述方法添加新的边.

(1) 考察 G 的每个结点：如果没有自环就加上一个自环. 最终得到的是 G_{r}.

(2) 考察 G 的每一条边：如果有一条由 a_i 指向 a_j 的单向边，$i\neq j$，则在 G 中添加一条由

a_j 指向 a_i 的反方向边. 最终得到 G_s.

(3) 考察 G 的每个结点 a_i：找出从 a_i 出发的所有 2 步、3 步、…、n 步长的路径($n=\#A$)，设这些路径的所有终点为 $a_{j_1}, a_{j_2}, \cdots, a_{j_k}$. 如果没有从 a_i 到 a_{j_l} $(l=1,2,\cdots,k)$ 的边，就加上这条边. 当检查完所有的结点后就得到图 G_t.

【例 2.27】 对例 2.26 中的关系 R，利用关系图求其闭包如图 2.6 所示.

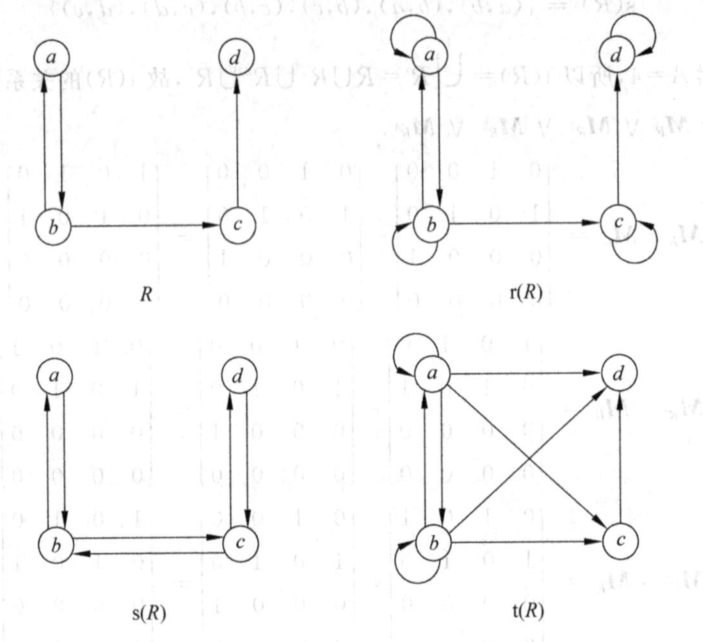

图 2.6

3. 利用 Warshall 算法求关系的传递闭包

尽管集合为有限集合时传递闭包的计算得以简化，但源于关系复合运算的计算比较麻烦，所以用关系矩阵的方法求传递闭包仍然是麻烦的. 下面介绍求传递闭包的一种有效方法：Warshall 算法(Stephen Warshall，1935—2006，从事于操作系统、编译设计、语言设计和运筹学领域的研究与开发)于 1962 年提出，这种算法也便于计算机实现.

设 n 个元素的有限集合上关系 R 的关系矩阵为 $\boldsymbol{M}$，用 $A[i,j]$ 表示矩阵 $\boldsymbol{A}$ 的 (i,j) 项元素.

算法如下：

(1) 置新矩阵 $\boldsymbol{A}=\boldsymbol{M}$.

(2) $j=1$.

(3) 对所有的 i，如果 $A[i,j]=1$，则对 $k=1,2,\cdots,n$，做布尔加 $A[i,k]=A[i,k] \vee A[j,k]$，即将第 j 行加到第 i 行上去.

(4) j 加 1.

(5) 如果 $j \leqslant n$，则转到步骤(3)，否则停止.

所得矩阵即为关系 R 的传递闭包 $t(R)$ 的关系矩阵.

【例 2.28】 已知例 2.26 中关系 R 的关系矩阵为

$$\boldsymbol{M}=\begin{pmatrix}0&1&0&0\\1&0&1&0\\0&0&0&1\\0&0&0&0\end{pmatrix}$$

利用 Warshall 算法求 $t(R)$ 的关系矩阵.

【解】 $\boldsymbol{A}=\begin{pmatrix}0&1&0&0\\1&0&1&0\\0&0&0&1\\0&0&0&0\end{pmatrix}$

$j=1$ 时,第 1 列有 $A[2,1]=1$. 将第 1 行加到第 2 行(对应元素进行布尔加运算)得

$$\boldsymbol{A}=\begin{pmatrix}0&1&0&0\\1&1&1&0\\0&0&0&1\\0&0&0&0\end{pmatrix}$$

$j=2$ 时,第 2 列有 $A[1,2]=A[2,2]=1$. 将第 2 行分别加到第 1、第 2 行得

$$\boldsymbol{A}=\begin{pmatrix}1&1&1&0\\1&1&1&0\\0&0&0&1\\0&0&0&0\end{pmatrix}$$

$j=3$ 时,第 3 列有 $A[1,3]=A[2,3]=1$. 将第 3 行分别加到第 1、第 2 行得

$$\boldsymbol{A}=\begin{pmatrix}1&1&1&1\\1&1&1&1\\0&0&0&1\\0&0&0&0\end{pmatrix}$$

$j=4$ 时,第 4 列有 $A[1,4]=A[2,4]=A[3,4]=1$. 将第 4 行分别加到第 1～第 3 行得

$$\boldsymbol{A}=\begin{pmatrix}1&1&1&1\\1&1&1&1\\0&0&0&1\\0&0&0&0\end{pmatrix}$$

最后得到的 $\boldsymbol{A}$ 即为 $t(R)$ 的关系矩阵.

2.6 等价关系

2.6.1 等价关系的基本概念

定义 2.20 集合 A 上的关系 R,如果它是自反的、对称的、可传递的,则称 R 是 A 上的**等价关系**.

例如,数的相等关系是任何数集上的等价关系;一群人的集合中姓氏相同的关系也是等价关系;平面上直线间的平行关系、三角形的全等/相似关系都是等价关系. 但父子关系、同学关系等不是等价关系,因为它可能不是可传递的.

又如,设 A 是任意集合,则 A 上的恒等关系 I_A 和普遍关系 U_A 均是 A 上的等价关系.

【例 2.29】 设集合 $A=\{a,b,c,d\}$,A 上的关系

$$R=\{(a,a),(a,b),(b,a),(b,b),(c,c),(c,d),(d,c),(d,d)\}$$

是 A 上的等价关系.

【例 2.30】 整数集合 $\mathbf{Z}$ 上的模 m 同余关系 $R=\{(x,y)\mid x\equiv y(\mathrm{mod}\ m)\}$ 是等价关系. 其中,$x\equiv y(\mathrm{mod}\ m)$ 为 x 与 y 模 m 相等,等价于 $x-y$ 可以被 m 整除.

定义 2.21 设 R 是集合 A 上的等价关系,若 $a\,R\,b$ 成立,则称 ***a* 等价于 *b*** .

显然,如果 a 等价于 b,则 b 也等价于 a(因 R 是对称的). 故 a 等价于 b 也简称 ***a* 与 *b* 是等价的**(在 R 下),记作 $a\sim b$.

定义 2.22 设 R 是集合 A 上的等价关系,$a\in A$,则 A 中等价于元素 a 的所有元素组成的集合称为 ***a* 生成的等价类**,记为$[a]_R$,即

$$[a]_R=\{b\mid b\in A\text{ 且 }a\,R\,b\}$$

a 称为$[a]_R$的**代表元**或**生成元**.

例如,对于例 2.29 中的 R,

$$[a]_R=\{a,b\},\ [b]_R=\{a,b\},\ [c]_R=\{c,d\},\ [d]_R=\{c,d\}$$

由此可知,不同的元素可能生成相同的等价类.

当集合 A 上仅定义了等价关系 R 时,常将$[a]_R$简记为$[a]$.

2.6.2 等价类的性质

定理 2.18 等价类具有如下性质:

(1) 对任意的 $a\in A$,$[a]_R\neq\varnothing$.

(2) 对任意的 $a,b\in A$,若 $a\,R\,b$,则$[a]_R=[b]_R$.

(3) 对任意的 $a,b\in A$,若 $a\,R'\,b$,则$[a]_R\cap[b]_R=\varnothing$.

证明 (1) 因为对任意的 $a\in A$ 都有 $a\,R\,a$,所以 $a\in[a]_R$,因此$[a]_R\neq\varnothing$.

(2) $\forall x\in[a]_R$,则 $a\,R\,x$. 由 R 的对称性有 $x\,R\,a$,又由 $a\,R\,b$ 及 R 的传递性有 $x\,R\,b$,因此 $x\in[b]_R$,故$[a]_R\subseteq[b]_R$.

类似地,可以证明$[b]_R\subseteq[a]_R$.

综上所述,$[a]_R=[b]_R$.

(3) 反证. 假设$[a]_R\cap[b]_R\neq\varnothing$,则 A 中至少有一元素 $x\in[a]_R\cap[b]_R$,因此 $x\in[a]_R$ 且 $x\in[b]_R$,即 $x\,R\,a$,且 $x\,R\,b$.

由 R 的对称性以及 $x\,R\,a$ 得 $a\,R\,x$.

于是由 $a\,R\,x$,$x\,R\,b$ 及 R 的传递性得 $a\,R\,b$.

此与 $a\,R'\,b$ 相矛盾,故$[a]_R\cap[b]_R=\varnothing$. ■

定理表明:(1)同一个等价类中的元素均相互等价;(2)不同等价类中的元素互不等价.

2.6.3 等价关系与分划

集合 A 上的等价关系与 A 的分划具有一一对应关系.

定理 2.19 设 R 是集合 A 上的一个等价关系,则集合 A 中所有元素产生的等价类的集合 $\{[a]_R \mid a\in A\}$ 是 A 的一个分划.

证明 (1) 对每一元素 $a\in A$,$[a]_R$ 是 A 的非空子集.

(2) 对任意的 $a,b\in A$,或者 $[a]_R$ 与 $[b]_R$ 是 A 的同一子集,或者 $[a]_R\cap[b]_R=\varnothing$.

(3) 对所有元素的等价类求并集,显然有 $\bigcup\limits_{a\in A}[a]_R\subseteq A$.

另一方面,对任意的 $x\in A$ 有 $x\in[x]_R$,而 $[x]_R\subseteq\bigcup\limits_{a\in A}[a]_R$,所以 $x\in\bigcup\limits_{a\in A}[a]_R$,因此 $A\subseteq\bigcup\limits_{a\in A}[a]_R$.

故 $\bigcup\limits_{a\in A}[a]_R=A$.

从而定理成立. ■

定义 2.23 由等价关系 R 的等价类所形成的 A 的分划(唯一的)称为 **A 上由 R 导出的等价分划**,记作 Π_R^A.

对任意的集合 A,恒等关系 I_A 导出的等价分划是 A 的“最细”的分划,普遍关系 U_A 导出的等价分划是 A 的“最粗”的分划,合称 A 的**平凡分划**.

例如,在集合 $A=\{a,b,c,d\}$ 上,例 2.29 中等价关系 R 的等价类构成 A 的分划为

$$\Pi_R^A=\{\{a,b\},\{c,d\}\}=\{[a]_R,[c]_R\}$$

由非空集合 A 和 A 上的等价关系 R 可以构造一个新的集合.

定义 2.24 设 R 为非空集合 A 上的等价关系,以 R 的所有等价类作为元素的集合称为 **A 关于 R 的商集**,记作 A/R,即 $A/R=\{[x]_R \mid x\in A\}$.

A/R 的基数(A 在 R 下的不同等价类的个数)称为 **R 的秩**. 如 U_A 的秩为 1.

A 关于 R 的商集就是 R 在 A 上所导出的等价分划.

定理 2.20 设 R_1,R_2 是非空集合 A 上的等价关系,则 $R_1=R_2$ 的充分必要条件是 $A/R_1=A/R_2$.

证明 留做习题自证. ■

定理 2.21 设 $\Pi=\{A_1,A_2,\cdots,A_R\}$ 是集合 A 的一个分划,则存在 A 上的一个等价关系 R,使得 Π 是 A 上由 R 导出的等价分划.

证明 在集合 A 上定义一个关系 R:对任意的 $a,b\in A$,

$$a\,R\,b \text{ 当且仅当 } a \text{ 与 } b \text{ 在同一分划块中}$$

对任意的 $a\in A$,因为 a 与 a 在同一分划块中,所以有 $a\,R\,a$,即 R 是自反的.

对任意的 $a,b\in A$,若 a 与 b 在同一分划块中,则 b 与 a 也在同一分划块中. 即,若 $a\,R\,b$,则 $b\,R\,a$,因此 R 是对称的.

对任意的 $a,b,c\in A$,若 a 与 b 在同一分划块中,且 b 与 c 也在同一分划块中,则因为 $A_i\cap A_j=\varnothing(i\neq j)$,所以 a 与 c 也应在同一分划块中. 此即,若 $a\,R\,b$,$b\,R\,c$,则必有 $a\,R\,c$,因此 R 是可传递的.

综上所述，如上定义的集合 A 上的关系 R 是一个等价关系. ■

【例 2.31】 设集合 $A=\{a,b,c,d\}$，A 上的分划

$$\Pi_1=\{\{a\},\{b,c\},\{d\}\},\quad \Pi_2=\{\{a\},\{b\},\{c\},\{d\}\}$$

试求出等价关系 R_1 和 R_2，使得 R_1 和 R_2 的等价类分别是 Π_1 和 Π_2 的分划块.

【解】 定义 A 上等价关系

$$R_1=\{(a,a),(b,b),(b,c),(c,b),(c,c),(d,d)\}$$

则 $\Pi_{R_1}^A=\Pi_1=\{\{a\},\{b,c\},\{d\}\}$.

定义 A 上的等价关系

$$R_2=\{(a,a),(b,b),(c,c),(d,d)\}$$

则 $\Pi_{R_2}^A=\Pi_2=\{\{a\},\{b\},\{c\},\{d\}\}$.

【例 2.32】 设集合 $A=\{a,b,c\}$，求出 A 上所有的等价关系.

【解】 先求出 A 上有多少个不同的分划.

分成一个分划块的分划为

$$\Pi_1=\{\{a,b,c\}\}$$

分成两个分划块的分划为

$$\Pi_2=\{\{a\},\{b,c\}\},\ \Pi_3=\{\{b\},\{a,c\}\},\ \Pi_4=\{\{c\},\{a,b\}\}$$

分成三个分划块的分划为

$$\Pi_5=\{\{a\},\{b\},\{c\}\}$$

因此，A 上有 5 个不同的分划，如图 2.7 所示.

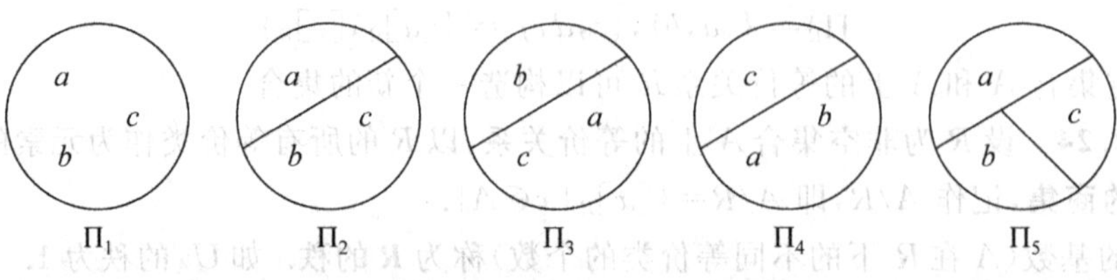

图 2.7

记与分划 Π_i 相对应的等价关系为 R_i，则

$R_1=\{(a,a),(a,b),(a,c),(b,a),(b,b),(b,c),(c,a),(c,b),(c,c)\}=U_A$,

$R_2=\{(a,a),(b,b),(b,c),(c,b),(c,c)\}$,

$R_3=\{(b,b),(a,a),(a,c),(c,a),(c,c)\}$,

$R_4=\{(c,c),(a,a),(a,b),(b,a),(b,b)\}$,

$R_5=\{(a,a),(b,b),(c,c)\}=I_A$.

【思考 2.9】 n 个元素的集合的分划个数如何计算？

2.6.4 等价关系的其他性质

定理 2.22 设 R_1，R_2 是非空集合 A 上的等价关系，则 $R_1\cap R_2$ 也是集合 A 上的等价关系.

证明 对任意的 $a\in A$，因为 R_1，R_2 都是自反的，故 $(a,a)\in R_1$ 且 $(a,a)\in R_2$，因而 $(a,a)\in$

$R_1 \cap R_2$，从而 $R_1 \cap R_2$ 是自反的.

对任意的 $a,b \in A$，若 $(a,b) \in R_1 \cap R_2$，则有 $(a,b) \in R_1$ 且 $(a,b) \in R_2$. 由于 R_1, R_2 都是对称的，故 $(b,a) \in R_1$ 且 $(b,a) \in R_2$，因而 $(b,a) \in R_1 \cap R_2$，从而 $R_1 \cap R_2$ 是对称的.

对任意的 $a,b,c \in A$，若 $(a,b) \in R_1 \cap R_2$，$(b,c) \in R_1 \cap R_2$，则有 $(a,b) \in R_1$，$(b,c) \in R_1$ 且 $(a,b) \in R_2$，$(b,c) \in R_2$. 由 R_1, R_2 都是可传递的，故 $(a,c) \in R_1$ 且 $(a,c) \in R_2$，因而 $(a,c) \in R_1 \cap R_2$. 从而 $R_1 \cap R_2$ 是可传递的.

综上所述，$R_1 \cap R_2$ 也是集合 A 上的等价关系. ■

【思考 2.10】 设 R_1, R_2 是非空集合 A 上的等价关系，那么 $R_1 \cup R_2$，$R_1 - R_2$，$(R_1)'$，$(R_1)^{-1}$ 是否还是集合 A 上的等价关系？

定理 2.23 设 R 是非空集合 A 上的等价关系，则对任意的正整数 n 有

(1) $R^n = R$.

(2) $(R^{-1})^n = R$.

证明 (1) 因为 R 是可传递的，所以 $R^2 \subseteq R$.

反之，对任意的 $(a,b) \in R$，因为 R 是自反的，故 $(a,a) \in R$. 再根据 $(a,a) \in R$，$(a,b) \in R$，故有 $(a,b) \in R^2$. 因此 $R \subseteq R^2$.

此即证得 $R^2 = R$.

从而利用数学归纳法可证，对任意的正整数 n，有 $R^n = R$.

(2) 因为 R 是对称的，所以 $R^{-1} = R$.

从而对任意的正整数 n，有 $(R^{-1})^n = (R^n)^{-1} = (R)^{-1} = R$. ■

2.7 相容关系

2.7.1 相容关系的基本概念

1. 相容关系的定义

定义 2.25 集合 A 上的关系 R，如果它是自反的、对称的，则称 R 是 A 上的**相容关系**.

显然，(1) 相容关系的关系矩阵是对称矩阵，且主对角线上的元素全为 1.

(2) 等价关系是相容关系，但相容关系不一定是等价关系.

【例 2.33】 有学生 6 人组成集合 A={张小平，王平，丁小燕，王芳，王春，李承}. 定义 A 上的关系为

$$R = \{(x,y) \mid x,y \in A, \text{且 } x \text{ 与 } y \text{ 中出现有相同的字}\}$$

令 x_1=张小平，x_2=王平，x_3=丁小燕，x_4=王芳，x_5=王春，x_6=李承，则 R 可表示为

$$\begin{aligned} R = \{&(x_1,x_1),(x_1,x_2),(x_2,x_1),(x_2,x_2),(x_1,x_3),\\ &(x_3,x_1),(x_3,x_3),(x_4,x_4),(x_4,x_5),(x_5,x_4),\\ &(x_5,x_5),(x_2,x_4),(x_4,x_2),(x_5,x_2),(x_2,x_5),(x_6,x_6)\} \end{aligned}$$

R 是 A 上的一个相容关系，但 R 不是等价关系.

【例 2.34】 设 $A=\{T_1,T_2,T_3,T_4,T_5,T_6\}$ 是某台计算机上 6 项任务的集合，有 5 个子程序 S_1,S_2,S_3,S_4 和 S_5 供它们选择调用，表 2.4 列出了它们调用子程序的情况.

表 2.4

任务名称	调用的子程序	任务名称	调用的子程序
T_1	S_1, S_2	T_4	S_5
T_2	S_2, S_3	T_5	S_4
T_3	S_3, S_1	T_6	S_5

定义 A 上的关系为

$$R=\{(x,y) \mid x,y \in A \text{ 且 } x \text{ 与 } y \text{ 调用了相同的子程序}\}$$

则

$$R=\{(T_1,T_1),(T_1,T_2),(T_2,T_1),(T_2,T_2),(T_1,T_3),(T_3,T_1),(T_2,T_3),(T_3,T_2),(T_3,T_3),(T_4,T_4),(T_4,T_6),(T_6,T_4),(T_6,T_6),(T_5,T_5)\}$$

R 是一个相容关系,同时也是一个等价关系.

2. 最大相容类

定义 2.26 设 R 是有限集 A 上的相容关系,$C\subseteq A, C\neq\varnothing$,如果

(1) $\forall a,b\in C$,均有 $a\,R\,b$(称 C 为相容关系 R 的一个**相容类**),

(2) 不存在任何相容类 D,使 $C\subset D$(或 $\forall x\in A-C$,在 C 中至少存在一个元素 c,使得 $x\,R'\,c$),则称 C 是相容关系 R 的**最大相容类**,记为 C_R.

简单来说,不能真包含在任何其他相容类中的相容类称为最大相容类.

注意:若 C_R 为最大相容类,则

(1) 它是 A 的一个非空子集.

(2) 对任意的 $x\in C_R$,x 必与 C_R 中的所有元素有相容关系.

(3) 在 $A-C_R$ 中没有元素与 C_R 中所有元素有相容关系.

这里的最大不是指元素的个数最多.

例如,例 2.33 中相容关系的最大相容类是 $\{x_1,x_2\}$,$\{x_1,x_3\}$,$\{x_2,x_4,x_5\}$,$\{x_6\}$,而 $\{x_1,x_2,x_3\}$,$\{x_5,x_6\}$ 等都不是最大相容类.

又如,例 2.34 中相容关系的最大相容类是 $\{T_1,T_2,T_3\}$,$\{T_4,T_6\}$,$\{T_5\}$.

3. 最大相容类的关系简图求法

由于相容关系的关系图中每个结点都有一个自环,且每两个结点之间若有边,则一定有两条方向相反的边.因此,为了简化图形,约定相容关系的关系图中不画自环,用单线(无向)替代来回线,并称其为相容关系的**关系简图**.

例如,例 2.33 和例 2.34 中相容关系的关系简图分别如图 2.8(a)和图 2.8(b)所示.

在相容关系的关系简图中,定义每个结点都与其他结点有边相连接的多边形为**完全多边形**.

显然,(1) 关系简图中每一个最大完全多边形的结点集合就是一个最大相容类.

(2) 对于关系简图中只有一个孤立结点以及不是完全多边形的边的两个结点的连线的情况,也容易知道它们各自对应一个最大相容类.

特别要强调的是,图中所有结点和边都要被用到.

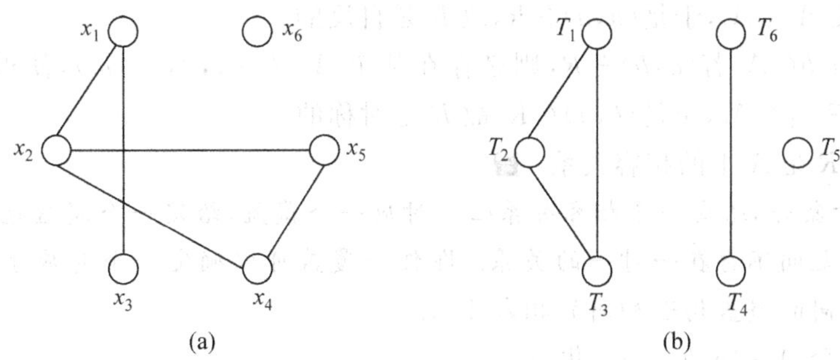

图 2.8

2.7.2 相容关系与覆盖

定理 2.24 设 R 是有限集合 A 上的一个相容关系，$\#A=n$，则对任意的 $a\in A$，必存在一个最大相容类 C，使得 $a\in C$.

证明 设 $a\in A$，若对任意的 $b\in A-\{a\}$ 均有 $a\,R'\,b$，则$\{a\}$就是一个最大相容类.

若存在 $b_1\in A-\{a\}$，使得 $a\,R\,b_1$，则令 $C_1=\{a,b_1\}$.

对于 C_1 来说，若存在元素 $b_2\in A-C_1$，使得 b_2 与 C_1 中所有元素都有相容关系，则又得 $C_2=\{a,b_1,b_2\}$.

⋮

由于 A 中元素个数有限，所以至多经过 $n-1$ 步这个过程就会终止，而最后得到的 C_k 就是最大相容类且 $a\in C_k$. ■

定理提供了求最大相容类的一个方法.

定理 2.25 设 R 是有限集合 A 上的一个相容关系，则 R 的所有最大相容类的集合是 A 的一个覆盖.

证明 设 $S=\{C_1,C_2,\cdots,C_m\}$ 是 R 的所有最大相容类构成的集合，显然 $\bigcup\limits_{i=1}^{m}C_i\subseteq A$.

由定理 2.24，对任意的 $a\in A$ 必存在某个最大相容类 C_k，使得 $a\in C_k$. 因此 $a\in\bigcup\limits_{i=1}^{m}C_i$，于是 $A\subseteq\bigcup\limits_{i=1}^{m}C_i$.

故 $\bigcup\limits_{i=1}^{m}C_i=A$.

因此 S 是 A 的一个覆盖. ■

集合 A 上相容关系 R 的最大相容类所构成的 A 的覆盖常称为 A 的**完全覆盖**，记作 $C_R(A)$.

定理 2.26 设 $S=\{A_1,A_2,\cdots,A_m\}$ 是 A 的一个覆盖，根据 S 定义的关系

$$R=(A_1\times A_1)\cup(A_2\times A_2)\cup\cdots\cup(A_m\times A_m)$$

是 A 上的相容关系.

证明 因为 $A=\bigcup\limits_{i=1}^{m}A_i$，所以对任意的 $a\in A$ 必然存在某个 $A_j(j=1,2,\cdots,m)$，使得 $a\in$

A_j,因此$(a,a)\in A_j\times A_j$,于是$(a,a)\in R$,故R是自反的.

对任意的$a,b\in A$,若$(a,b)\in R$,则必存在某个$A_k(k=1,2,\cdots,m)$,使得$(a,b)\in A_k\times A_k$,因而$(b,a)\in A_k\times A_k$,于是$(b,a)\in R$,故R是对称的.

综上所述,R是A上的相容关系. ■

注意:对于集合,给定一个相容关系必可对应一个覆盖,给定一个覆盖也可确定一个相容关系,但两者之间不存在一对一的关系. 即任一覆盖可以确定一个对应于此覆盖的相容关系,但可以不同的覆盖构造相同的相容关系.

例如,设集合$A=\{a,b,c,d\}$,集合

$$S_1=\{\{a,b\},\{b,c,d\}\},S_2=\{\{a,b\},\{b,c\},\{c,d\},\{b,d\}\}$$

是A的两个不同的覆盖,但根据它们构造出的相容关系均是

$$R=\{(a,a),(a,b),(b,a),(b,b),(b,c),(c,b),(c,d),\\(d,c),(b,d),(d,b),(c,c),(d,d)\}$$

2.8 偏序关系

本节讨论对集合中元素进行比较和排序的一种关系.

2.8.1 偏序关系的基本概念

定义 2.27 集合A上的关系R,如果它是自反的、反对称的、可传递的,则称R是A上的**偏序关系**,简称**偏序**.

集合A与A上的偏序关系R一起构成的有序对称为**偏序集**或**偏序结构**,记为$\langle A;R\rangle$.

显然,偏序关系的关系矩阵是主对角线上的元素全为1的矩阵,且当$i\neq j$时,$r_{ij}r_{ji}=0$.

例如,实数集**R**上的$\leqslant$关系是一个偏序关系. 2^U上的$\subseteq$关系也是一个偏序关系. 实数集**R**上的$<$关系不是偏序关系. 2^U上的真包含关系$\subset$也不是偏序关系.

又如,集合A上的恒等关系I_A是偏序关系. 集合A上的全关系U_A不是偏序关系.

【例 2.35】 设集合$A=\{1,2,3,4,6,8,12\}$,定义A上的关系R为

$$a\,R\,b\text{ 当且仅当 }a\text{ 整除 }b$$

则R是A上的偏序关系.

【思考 2.11】 正整数集合上的整除关系是否是偏序关系? 整数集合呢?

对于一个集合上的偏序关系R,常用记号$\leqslant$来表示. 当$a\leqslant b$时,称a**先于等于**b,或a**小于等于**b. 一个偏序的逆也是一个偏序,常用$\geqslant$来表示.

2.8.2 偏序关系的次序图

在研究有限集A上的偏序关系时,也可根据其特点简化其关系图的表示. 目前习惯用**次序图**或**哈斯图**(Helmut Hasse,1898—1979,德国数学家)表示,其作图规则如下:

(1) 去掉所有结点的自环.

(2) 用无向单边表示两元素之间有关系,若$a\leqslant b$,则结点a位于结点b的下方(一律由下向上,下小上大,因而不应出现水平画置的边).

(3) 删去传递性的第三边.

例如,例 2.35 中关系 R 的关系图及次序图分别如图 2.9(a)和图 2.9(b)所示.

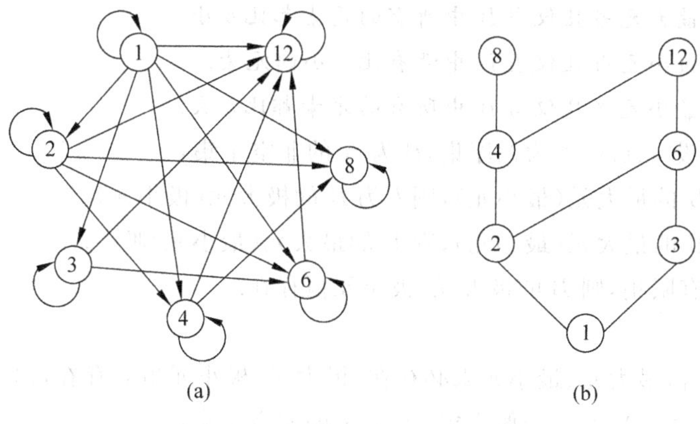

图 2.9

【例 2.36】 设集合 $U=\{a,b,c\}$,则$\subseteq$关系是 2^U 上的偏序关系,

$$2^U=\{\varnothing,\{a\},\{b\},\{c\},\{a,b\},\{a,c\},\{b,c\},\{a,b,c\}\}$$

偏序关系$\subseteq$的次序图如图 2.10 所示.

【例 2.37】 已知偏序集$<A;R>$的哈斯图如图 2.11 所示,求集合 A 和偏序关系 R.

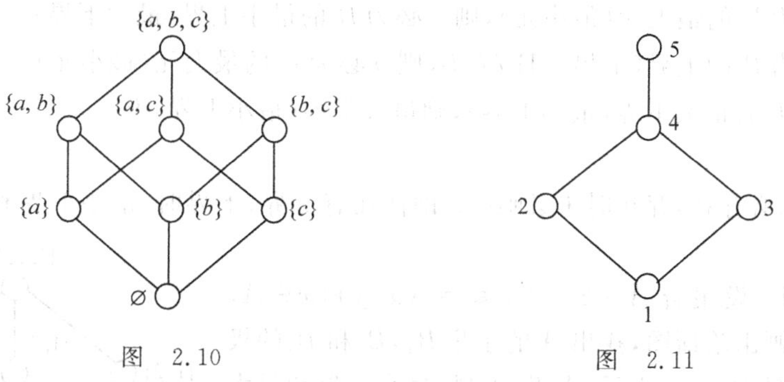

图 2.10

图 2.11

【解】 集合 $A=\{1,2,3,4,5\}$,偏序关系 R 为

$$R=\{(1,2),(1,3),(1,4),(1,5),(2,4),(2,5),(3,4),(3,5),(4,5)\}\cup I_A$$

2.8.3 偏序集的特殊元素

定义 2.28 设$<A;\leqslant>$为偏序集,B 为 A 的非空子集,$b\in B$,

(1) 如果 B 中没有任何元素 x 满足 $x\neq b$ 及 $b\leqslant x$,则称 b 为 B 的**极大元**.

(2) 如果 B 中没有任何元素 x 满足 $x\neq b$ 及 $x\leqslant b$,则称 b 为 B 的**极小元**.

(3) 如果对任意的 $x\in B$ 都有 $x\leqslant b$,则称 b 为 B 的**最大元**.

(4) 如果对任意的 $x\in B$ 都有 $b\leqslant x$,则称 b 为 B 的**最小元**.

注意:

(1) B 的极大元,极小元,最大元,最小元如果存在,一定在 B 中.

(2) 极大元与最大元，极小元与最小元是不一样的.

① b 是 B 的极大元当且仅当 B 中没有比 b 大的元素.

② b 是 B 的最大元当且仅当 B 中所有的元素都比 b 小.

③ b 是 B 的极小元当且仅当 B 中没有比 b 小的元素.

④ b 是 B 的最小元当且仅当 B 中所有的元素都比 b 大.

定理 2.27 设 $<A;\leqslant>$ 为偏序集，B 为 A 的非空子集，

(1) 若 b 为 B 的最大元(最小元)，则 b 为 B 的极大元(极小元).

(2) 若 b 为 B 的最大元(最小元)，则 B 的最大元(最小元)唯一.

(3) 若 B 为有限集，则 B 的极大元、极小元恒存在.

证明略.

对有限集而言，最大元、最小元未必存在，极大元、极小元虽必存在，但未必唯一.

定义 2.29 设 $<A;\leqslant>$ 为偏序集，B 为 A 的非空子集，

(1) 如果 $a\in A$ 且对任意的 $x\in B$ 都有 $x\leqslant a$，则称 a 为 B 的**上界**.

(2) 如果 $a\in A$ 且对任意的 $x\in B$ 都有 $a\leqslant x$，则称 a 为 B 的**下界**.

(3) 如果 a 是 B 的所有上界集合的最小元，则称 a 为 B 的**最小上界或上确界**.

(4) 如果 a 是 B 的所有下界集合的最大元，则称 a 为 B 的**最大下界或下确界**.

定理 2.28 设 $<A;\leqslant>$ 为偏序集，B 为 A 的非空子集，

(1) 若 b 为 B 的最大元(最小元)，则 b 必为 B 的最小上界(最大下界).

(2) 若 b 为 B 的上界(下界)，且 $b\in B$，则 b 必为 B 的最大元(最小元).

(3) 如果 B 有最大下界(最小上界)，则最大下界(最小上界)唯一.

证明略.

上、下界未必存在，存在时未必唯一. 即使在有上界、下界时，最小上界和最大下界也未必存在.

【例 2.38】 设集合 $A=2^{\{1,2,3\}}$，$\leqslant=\{(x,y)\mid x\in A, y\in A, x\subseteq y\}$，画出哈斯图，找出 A 的子集 B_1，B_2 和 B_3 的极大元、极小元、最大元、最小元、上界、下界、最小上界和最大下界. 其中

$$B_1=\{\varnothing,\{1\},\{2\}\}, B_2=\{\{1\},\{3\}\},$$
$$B_3=\{\{1,3\},\{1,2,3\}\}$$

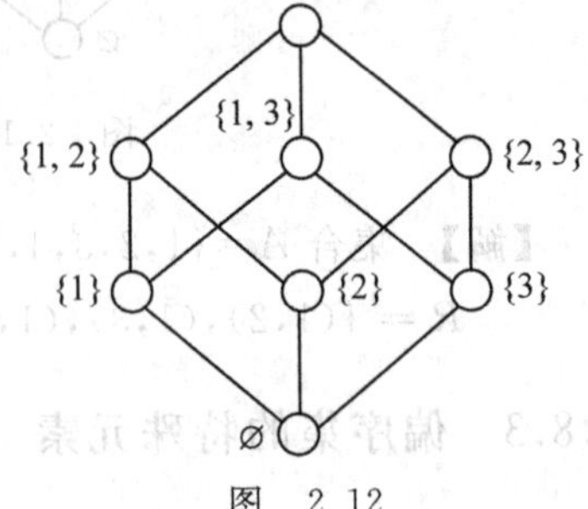

图 2.12

【解】 $A=\{\varnothing,\{1\},\{2\},\{3\},\{1,2\},\{1,3\},\{2,3\},\{1,2,3\}\}$，哈斯图如图 2.12 所示.

A 的子集 B_1，B_2 和 B_3 的极大元、极小元、最大元、最小元、上界、下界、上确界和下确界如表 2.5 所示.

表 2.5

	极大元	极小元	最大元	最小元	上界	下界	最小上界	最大下界
B_1	$\{1\},\{2\}$	$\varnothing$	无	$\varnothing$	$\{1,2,3\},\{1,2\}$	$\varnothing$	$\{1,2\}$	$\varnothing$

续表

	极大元	极小元	最大元	最小元	上界	下界	最小上界	最大下界
B_2	{1},{3}	{1},{3}	无	无	{1,2,3},{1,3}	∅	{1,3}	∅
B_3	{1,2,3}	{1,3}	{1,2,3}	{1,3}	{1,2,3}	{1,3},{1},{3},∅	{1,2,3}	{1,3}

注意：

(1) 偏序集的有限子集一定存在极大元和极小元，不一定存在最大元和最小元.

(2) 极大元和极小元可能存在多个，而最大元和最小元若存在必定是唯一的.

(3) 最大元一定是极大元，最小元一定是极小元，反之不一定.

(4) 孤立元素本身既是极大元，也是极小元.

(5) 上界、下界、最小上界、最大下界可能不存在. 最小上界、最大下界若存在必定唯一.

(6) 最大元一定是最小上界，最小元一定是最大下界，反之不一定.

2.8.4 全序和良序

设$\preccurlyeq$是集合 A 上的一个偏序关系，则对任意的 $a,b\in A$，当 $a\neq b$ 时，$a\preccurlyeq b$ 和 $b\preccurlyeq a$ 至多有一个成立，这意味着可以允许 $a\preccurlyeq b$ 和 $b\preccurlyeq a$ 都不成立.

例如，在例 2.35 的整除关系中，$3\preccurlyeq 4$ 与 $4\preccurlyeq 3$ 均不成立.

在例 2.36 的包含关系中，$\{b\}\not\subseteq\{a,c\}$，$\{a,c\}\not\subseteq\{b\}$.

定义 2.30 设$\preccurlyeq$是集合 A 上的一个偏序关系，$a,b\in A$，若有 $a\preccurlyeq b$ 或 $b\preccurlyeq a$，则称元素 a 和 b 是**可比的或可排序的**，否则是**不可比的或不可排序的**.

若对任意的 $a,b\in A$，a 与 b 都是可比的，则称$\preccurlyeq$为 A 上的一个**全序**.

全序的次序图仅由一条垂直边上结点的序列组成，故又称为**线序**，即任意两个元素均存在大小关系.

注意：在定义 2.28 中，B 中最大(小)元与 B 中其他元素都可比，B 中极大(小)元不一定与 B 中元素都可比.

例如，实数集 **R** 上数之间的小于或等于关系$\leqslant$是 **R** 上的一个全序；非负整数集 **N** 上的小于或等于关系$\leqslant$也是 **N** 上的一个全序. 而 $\mathbf{Z}^+$ 上的整除关系就仅仅是一个偏序而不是全序，因为不是任意两个正整数都是可比的，比如 3 与 4 就不可比.

一个集合 A 上的全序一定是偏序，但偏序却不一定是全序.

【例 2.39】 设集合 $A=\{1,2,8,24,48\}$，则 A 上的整除关系是 A 上的偏序，并且也是一个全序，其次序图如图 2.13 所示.

48
24
8
2
1

图 2.13

【思考 2.12】 词典编辑次序是否是全序？

定义 2.31 设$\preccurlyeq$是集合 A 上的一个偏序，若对于 A 的每一个非空子集 S 都有最小元，则称它为 A 上的一个**良序**.

例如，定义在非负整数集 **N** 上的$\leqslant$关系是 **N** 上的良序；但实数集 **R** 上的$\leqslant$关系却不是 **R** 上的良序，因为 **R** 自身是没有最小元的.

因此，一个集合 A 上的良序一定是偏序，但偏序却不一定是良序.

定理 2.29 一个偏序若是良序，则一定是全序.

证明 设$<A;\leqslant>$为良序集，则对任意的$x,y\in A$，$\{x,y\}$构成A的一个非空子集，因而必有最小元，于是必有$x\leqslant y$或$y\leqslant x$成立，即A中任意两个元都可比，故$<A;\leqslant>$为全序集. ■

定理反过来不成立，即全序不一定是良序.

定理 2.30 有限集上的全序一定是良序.

习题

1. A类题

A2.1 设集合$A=\{a,b\}$，$B=\{1,2,3\}$，试求$A\times B$，$B\times A$，$A\times A$，$B\times B$.

A2.2 设集合$A=\{1,2\}$，$B=\{a,b,c\}$，$C=\{c,d\}$，验证$A\times(B\cap C)=(A\times B)\cap(A\times C)$.

A2.3 对任意的集合，判断下列结论是否为真，并说明理由.

(1) 如果$A\times B=A\times C$，那么$B=C$.

(2) $A-(B\times C)=(A-B)\times(A-C)$.

(3) 如果$A=B$且$C=D$，那么$A\times C=B\times D$.

(4) 存在集合A，使得$A\subseteq A\times A$.

A2.4 对任意的集合，证明下列各题.

(1) 如果$A\times A=B\times B$，那么$A=B$.

(2) 如果$A\times B=A\times C$且$A\neq\varnothing$，那么$B=C$.

(3) $(A\cap B)\times(C\cap D)=(A\times C)\cap(B\times D)$.

A2.5 对任意的集合，判断下列等式是否成立，并说明理由.

(1) $(A\cup B)\times(C\cup D)=(A\times C)\cup(B\times D)$.

(2) $(A-B)\times(C-D)=(A\times C)-(B\times D)$.

(3) $(A\oplus B)\times(C\oplus D)=(A\times C)\oplus(B\times D)$.

(4) $(A-B)\times C=(A\times C)-(B\times C)$.

(5) $(A\oplus B)\times C=(A\times C)\oplus(B\times C)$.

A2.6 给定集合$A=\{1,7\}$，$B=\{0,3,5\}$，$C=\{1,2\}$，

(1) 写出由A到B的关系$<,=,\leqslant$.

(2) 写出由B到C的关系$<,=,\leqslant$.

(3) 写出由A到C的关系$<,=,\leqslant$.

A2.7 设集合$A=\{a,b\}$，列出A上的所有二元关系.

A2.8 设$R_1=\{(1,2),(2,4),(3,3)\}$，$R_2=\{(1,3),(2,4),(4,2)\}$，试求$\mathrm{dom}R_1$，$\mathrm{dom}R_2$，$\mathrm{dom}(R_1\cup R_2)$，$\mathrm{ran}R_1$，$\mathrm{ran}R_2$，$\mathrm{ran}(R_1\cap R_2)$，并证明：对任意集合$A$及其上的关系$R_1$和$R_2$，都有$\mathrm{dom}(R_1\cup R_2)=\mathrm{dom}R_1\cup\mathrm{dom}R_2$，$\mathrm{ran}(R_1\cap R_2)\subseteq\mathrm{ran}R_1\cap\mathrm{ran}R_2$.

A2.9 证明R是二元关系当且仅当$R\subseteq\mathrm{dom}R\times\mathrm{ran}R$.

A2.10 对下列每种情形，列出由A到B的关系R的元素，求R的关系矩阵，并画出R的关系图.

(1) $A=\{0,1,2\}$，$B=\{0,2,4\}$，$R=\{(a,b)\mid a\in A,b\in B,a\cdot b\in A\cap B\}$，其中“$\cdot$”是数的

乘法.

(2) $A=\{1,2,3,4,5\}, B=\{1,2,3\}, R=\{(a,b) \mid a\in A, b\in B, a=b^2\}$.

(3) $A=2^{\{0,1\}}, B=2^{\{0,1,2\}}-2^{\{0\}}, R=\{(a,b) \mid a\in A, b\in B, a-b=\varnothing\}$.

A2.11 写出集合 A 上二元关系 R 的关系矩阵,并画出关系图.

(1) $A=\{0,1,2,3\}, R=\{(0,0),(0,3),(2,0),(2,1),(2,3),(3,2)\}$.

(2) $A=\{1,2,4,6\}, R=\{(a,b) \mid a,b\in A, b$ 为素数$\}$.

(3) $A=\{0,1,2,3,4\}, R=\{(a,b) \mid a,b\in A, a$ 为奇数$, b\leqslant 3\}$.

(4) $A=\{0,1,2,3,4\}, R=\{(a,b) \mid a,b\in A, 0\leqslant a-b<3\}$.

(5) $A=\{2,3,4,5,6\}, R=\{(a,b) \mid a,b\in A, a$ 和 b 互素$\}$.

A2.12 设集合 $A=\{0,1,2,3\}$,A 上二元关系 R 和 S 分别为

$$R=\{(a,b) \mid b=a+1 \text{ 或 } b=a/2\}, S=\{(a,b) \mid a=b+2\}$$

(1) 求 $R\circ S, S\circ R, R\circ S\circ R, R^3, S', R\oplus S$.

(2) 验证 $\boldsymbol{M}_{R\circ S}=\boldsymbol{M}_R\circ\boldsymbol{M}_S$.

(3) 求 $R^{-1}, S^{-1}, R^{-1}\circ S^{-1}, (S\circ R)^{-1}$,验证$(S\circ R)^{-1}=R^{-1}\circ S^{-1}$.

(4) 验证 $\boldsymbol{M}_{R^{-1}}=\boldsymbol{M}_R^{\mathrm{T}}$.

A2.13 设集合 $A=\{1,2,3,4\}$,A 上二元关系 R 为

$$R=\{(1,2),(2,1),(2,3),(3,4)\}$$

求 R^2, R^3, R^4.

A2.14 设 R,S,T 是集合 A 上的二元关系,证明:

(1) $R\circ(S\cup T)=(R\circ S)\cup(R\circ T)$.

(2) $(R\cup S)\circ T=(R\circ T)\cup(S\circ T)$.

A2.15 设 R,S,T 是集合 A 上的二元关系,$R\subseteq S$,证明:

(1) $R\circ T\subseteq S\circ T$.

(2) $T\circ R\subseteq T\circ S$.

(3) $R^{-1}\subseteq S^{-1}$.

(4) $S'\subseteq R'$.

A2.16 给定 $R=\{(0,1),(1,2),(3,4)\}, R\circ S=\{(1,3),(1,4),(3,3)\}$,求一个基数最小的关系,使满足 S 的条件. 一般地,若给定 R 和 $R\circ S$,S 能被唯一确定吗? 基数最小的 S 能被唯一确定吗?

A2.17 设 A 是有限集,$\#A=n$,R 是 A 上的关系,试证明必存在两个正整数 k 和 t,使得 $R^k=R^t$.

A2.18 设集合 $A=\{1,2,3\}$,A 上二元关系定义如下:

$$R_1=\{(1,1),(1,2),(1,3),(3,3)\},$$
$$R_2=\{(1,1),(1,2),(2,1),(2,2),(3,3)\},$$
$$R_3=\{(1,1),(1,2),(2,2),(2,3)\},$$
$$R_4=\varnothing(\text{空关系}),$$
$$R_5=A\times A(\text{全域关系}),$$

判断上述关系具有自反、反自反、对称、反对称和可传递中的哪些性质?

A2.19 下列关系中哪一个是自反的、对称的或者可传递的？

(1) 当且仅当$|i_1-i_2|\leqslant 10(i_1,i_2\in\mathbf{Z})$时，有$i_1\,R\,i_2$.

(2) 当且仅当$n_1n_2<8(n_1,n_2\in\mathbf{N})$时，有$n_1\,R\,n_2$.

(3) 当且仅当$r_1\leqslant|r_2|(r_1,r_2\in\mathbf{R})$时，有$r_1\,R\,r_2$.

A2.20 设集合$A=\{1,2,3\}$，图2.14中给出了A上的16个关系. 对于每一个关系，说明它们具备什么性质.

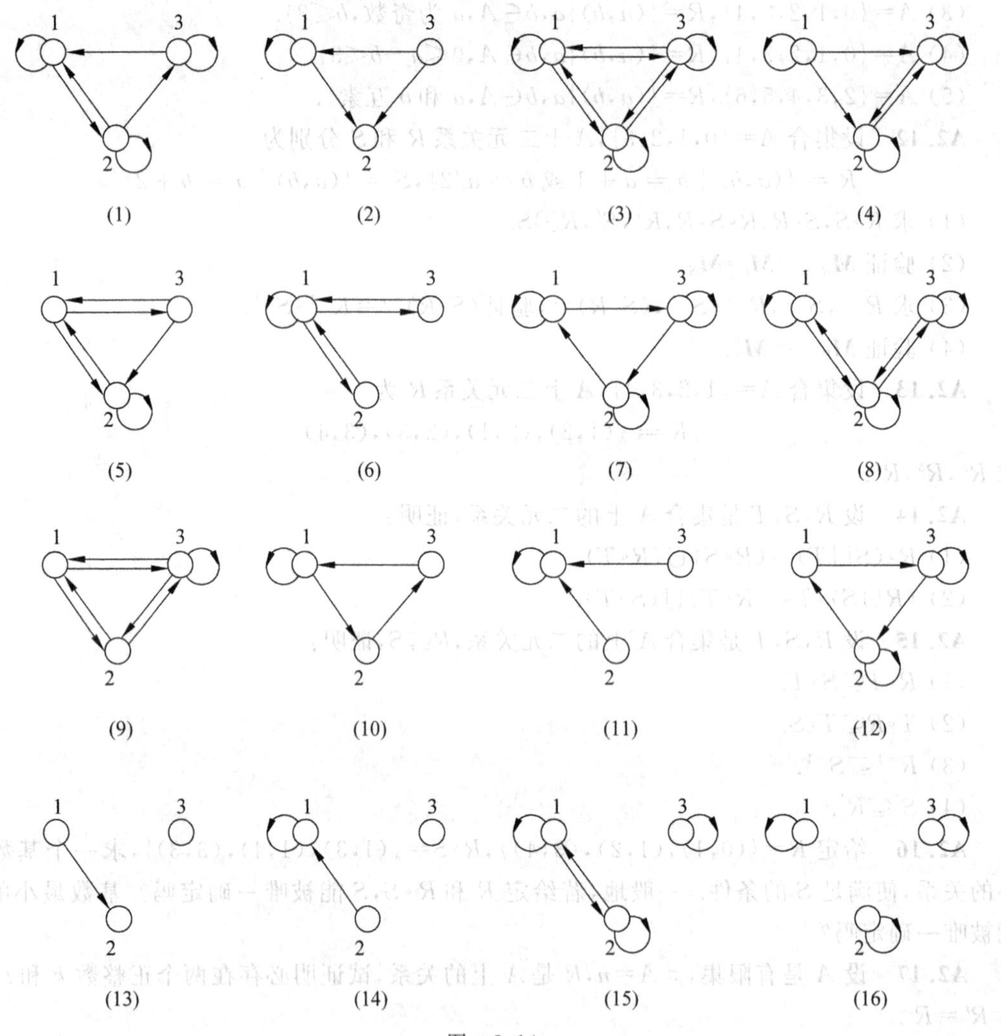

图 2.14

A2.21 设R和S是集合A上的任意关系，判断以下命题的真假，并说明理由.

(1) 若R和S是自反的，则$R\circ S$也是自反的.

(2) 若R和S是反自反的，则$R\circ S$也是反自反的.

(3) 若R和S是对称的，则$R\circ S$也是对称的.

(4) 若R和S是反对称的，则$R\circ S$也是反对称的.

(5) 若R和S是可传递的，则$R\circ S$也是可传递的.

(6) 若 R 是自反的,则 R^{-1} 也是自反的.

(7) 若 R 是反自反的,则 R^{-1} 也是反自反的.

(8) 若 R 是对称的,则 R^{-1} 也是对称的.

(9) 若 R 是反对称的,则 R^{-1} 也是反对称的.

(10) 若 R 是可传递的,则 R^{-1} 也是可传递的.

A2.22 设 R 是集合 A 上的自反关系,证明:R 是对称的和可传递的当且仅当如果 $(a,b)\in R$ 且 $(a,c)\in R$,则有 $(b,c)\in R$.

A2.23 设 R 是集合 A 上的二元关系,证明:若 R 是自反的和可传递的,则 $R\circ R=R$. 其逆命题是否成立?

A2.24 设集合 $A=\{1,2,3,4\}$,A 上二元关系 R 定义为

$$R=\{(1,2),(2,1),(2,3),(3,4)\}$$

(1) 求 $\mathrm{r}(R)$、$\mathrm{s}(R)$ 和 $\mathrm{t}(R)$.

(2) 用 R 的关系矩阵求 $\mathrm{r}(R)$、$\mathrm{s}(R)$ 和 $\mathrm{t}(R)$ 的关系矩阵,再由这些关系矩阵写出对应的集合表达式.

(3) 根据 R 的关系图画出 $\mathrm{r}(R)$、$\mathrm{s}(R)$ 和 $\mathrm{t}(R)$ 的关系图,再由这些关系图写出对应的集合表达式. 总结出用 R 的关系图求 $\mathrm{r}(R)$、$\mathrm{s}(R)$ 和 $\mathrm{t}(R)$ 的一般方法.

A2.25 设 R 和 S 是 A 上的二元关系,$R\subseteq S$,证明:

(1) $\mathrm{r}(R)\subseteq\mathrm{r}(S)$.

(2) $\mathrm{s}(R)\subseteq\mathrm{s}(S)$.

(3) $\mathrm{t}(R)\subseteq\mathrm{t}(S)$.

A2.26 设 R 和 S 是 A 上的二元关系,证明:

(1) $\mathrm{r}(R\cup S)=\mathrm{r}(R)\cup\mathrm{r}(S)$.

(2) $\mathrm{s}(R\cup S)=\mathrm{s}(R)\cup\mathrm{s}(S)$.

(3) $\mathrm{t}(R)\cup\mathrm{t}(S)\subseteq\mathrm{t}(R\cup S)$.

A2.27 设 R 是 A 上的二元关系,记 $\mathrm{t}(R)=R^+$,$\mathrm{rt}(R)=R^*$,证明:

(1) $(R^+)^+=R^+$.

(2) $(R^*)^*=R^*$.

(3) $R^*\circ R=R\circ R^*=R^+$.

A2.28 设集合 $A=\{1,2,3,4\}$,A 上等价关系有哪几个?

A2.29 设 R 是 A 上的二元关系,判断 R 是否为 A 上的等价关系.

(1) $A=\mathbf{R}$,$R=\{(x,y)\mid x,y\in A$ 且 $x-y=2\}$.

(2) $A=\{1,2,3\}$,$R=\{(x,y)\mid x,y\in A$ 且 $x+y\neq 3\}$.

(3) $A=\mathbf{Z}^+$,$R=\{(x,y)\mid x,y\in A$ 且 $x\cdot y$ 是奇数$\}$.

(4) $A=2^X$,$\#X\geqslant 2$,$R=\{(x,y)\mid x,y\in A$ 且$(x\subseteq y$ 或 $y\subseteq x)\}$.

A2.30 设集合 $A=\{1,2,3,4,5\}$,A 上的等价关系 R 定义为

$$R=\{(1,2),(2,1),(3,4),(4,3)\}\cup I_A$$

画出 R 的关系图,找出其所有的等价类.

A2.31 设 R 是集合 A 上的二元关系,

$$S = \{(a,b) \mid a,b \in A \text{ 且存在 } c \in A, \text{使得}(a,c) \in R \text{ 及}(c,b) \in R)\}$$

证明：若 R 是 A 上的等价关系，则 S 也是 A 上的等价关系.

A2.32 设 R 是 $\mathbf{Z}\times\mathbf{Z}$ 上的二元关系，定义为

$$R = \{((x,y),(u,v)) \mid (x,y) \in \mathbf{Z}\times\mathbf{Z}, (u,v) \in \mathbf{Z}\times\mathbf{Z}, x+v = y+u\}$$

证明：R 是 $\mathbf{Z}\times\mathbf{Z}$ 上的等价关系.

A2.33 设 R 是集合 A 上的对称和传递关系，证明：若对任意的 $a\in A$，存在 $b\in A$，使 $(a,b)\in R$，则 R 是 A 上的等价关系.

A2.34 设 R_1，R_2 是集合 A 上的等价关系，则 $\mathrm{t}(R_1\cup R_2)$ 是 A 上的等价关系.

A2.35 设 R 和 S 是集合 A 上的两个等价关系，则 $R\circ S$ 是 A 上的等价关系当且仅当 $R\circ S=S\circ R$.

A2.36 设集合 $A=\{a,b,c,d,e\}$，R 是 A 上的二元关系，定义为

$$R = \{(a,b),(a,c),(a,d),(b,a),(b,c),(c,a),(c,b),(d,a)\} \cup I_A$$

验证 R 是 A 上的相容关系，写出关系矩阵，画出关系图和简化关系图，利用简化关系图找出所有最大相容类，写出完全覆盖 $C_R(A)$.

A2.37 设集合 $A=\{1,2,3,4,5,6\}$，$S=\{\{1,2,3\},\{1,3,6\},\{3,5,6\},\{3,4,5\}\}$ 是 A 的覆盖，求 S 导出的相容关系 R，写出关系矩阵，画出关系图和关系简图，利用关系简图找出所有最大相容类，写出完全覆盖 $C_R(A)$.

A2.38 设 R 是集合 A 上的二元关系，证明 $\mathrm{rs}(R)$ 是 A 上的相容关系.

A2.39 设 R 是集合 A 上的相容关系，证明 $\mathrm{t}(R)$ 是 A 上的等价关系.

A2.40 设 R 和 S 是集合 A 上的相容关系，回答下列问题：

(1) 复合关系 $R\circ S$ 是 A 上的相容关系吗？

(2) $R\cup S$ 是 A 上的相容关系吗？

(3) $R\cap S$ 是 A 上的相容关系吗？

A2.41 设 A 是正整数集合 $\mathbf{Z}^+$ 的子集，A 上的整除关系 R 是偏序关系. 画出 R 的哈斯图，指出该偏序关系是否为全序关系.

(1) $A=\{3,9,27,54\}$.

(2) $A=\{1,2,3,4,6,8,12,24\}$.

(3) $A=\{1,3,5,9,15,18,27,36,45,54\}$.

(4) $A=\{1,2,3,4,5,6,7,8,9,10,11,12\}$.

A2.42 给定下列偏序集 $\langle A;R\rangle$，画出 R 的哈斯图，找出 A 的子集 B_1，B_2 和 B_3 的极大元、极小元、最大元、最小元、上界、下界、最小上界和最大下界.

(1) $A=\{a,b,c,d,e\}$，$R=\{(a,b),(a,c),(a,d),(a,e),(b,e),(c,e),(d,e)\}\cup I_A$，

$B_1=\{b,c,d\}$，$B_2=\{a,b,c,d\}$，$B_3=\{b,c,d,e\}$.

(2) $A=\{a,b,c,d,e\}$，$R=\{(c,d)\}\cup I_A$，

$B_1=\{a,b,c,d,e\}$，$B_2=\{c,d\}$，$B_3=\{c,d,e\}$.

(3) $A=2^{\{a,b,c\}}$，$R=\{(x,y)\mid x\in A, y\in A, x\subseteq y\}$，

$B_1=\{\varnothing,\{a\},\{b\}\}$，$B_2=\{\{a\},\{c\}\}$，$B_3=\{\{a,c\},\{a,b,c\}\}$.

A2.43 对于下列集合，画出“整除”偏序关系的次序图，并指出哪些是全序.

(1) $\{2,6,24\}$.

(2) $\{3,5,15\}$.

(3) $\{1,2,3,6,12\}$.

(4) $\{2,4,8,16\}$.

(5) $\{3,9,27,54\}$.

A2.44 给出一个关系，使它既是某一集合上的偏序关系又是等价关系.

A2.45 图 2.15 表示集合 $A=\{1,2,3,4\}$上的 4 个偏序关系. 画出每一个偏序关系的次序图，并指出其中哪些是全序，哪些是良序.

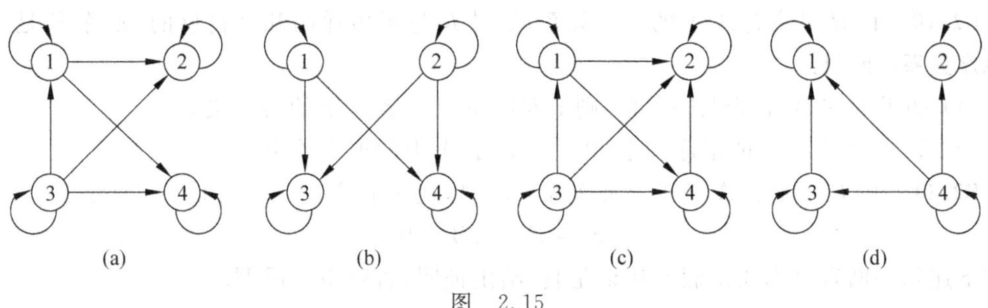

图 2.15

2. B 类题

B2.1 设 S 是集合 X 到 Y 的二元关系，T 是集合 Y 到 Z 的二元关系. 集合 $A\subseteq X$，定义 $S(A)=\{y\mid(x,y)\in S \text{ 且 } x\in A\}$，证明：

(1) $S(A)\subseteq Y$.

(2) $(S\circ T)(A)=T(S(A))$.

(3) $S(A\cup B)=S(A)\cup S(B)$.

(4) $S(A\cap B)\subseteq S(A)\cap S(B)$.

B2.2 设 R 是集合 A 上的二元关系，R 在 A 上是**反传递的**，定义为

$$\forall x,y,z\in A,\text{若}(x,y)\in R\text{ 且}(y,z)\in R,\text{则}(x,z)\notin R$$

证明：R 是反传递的当且仅当$(R\circ R)\cap R=\varnothing$.

B2.3 设 R_1和 R_2是集合 A 上的等价关系，对下列各种情况，指出哪些是 A 上的等价关系；若不是，则举反例说明.

(1) $A\times A-R_1$.

(2) R_1-R_2.

(3) $(R_1)^2$.

(4) $\mathrm{r}(R_1-R_2)$.

(5) $R_1\circ R_2$.

B2.4 设有集合 A 和 A 上的关系 R，对于所有的 $a_i,a_j,a_k\in A$，若由 $a_i\,R\,a_j$和 $a_j\,R\,a_k$可推得 $a_k\,R\,a_i$，则称关系 R 是**循环**的，试证明当且仅当 R 是等价关系时，R 是自反且循环的.

B2.5 设 R_1和 R_2是集合 A 上的等价关系，证明：$R_1=R_2$的充要条件是 $A/R_1=A/R_2$.

B2.6 设 $\mathbf{C}^*$ 是实数部分非零的全体复数组成的集合. R 是 $\mathbf{C}^*$ 上的二元关系，定义为

$$R=\{(a+b\mathrm{j},c+d\mathrm{j})\mid a+b\mathrm{j}\in\mathbf{C}^*,c+d\mathrm{j}\in\mathbf{C}^*,ac>0\},\mathrm{j}^2=-1$$

证明：R 是等价关系. 给出关系 R 的等价类的几何解释.

B2.7 设 Π_1 和 Π_2 是非空集合 A 上的划分，并设 R_1 和 R_2 分别是由 Π_1 和 Π_2 导出的等价关系，证明：Π_1 是 Π_2 的细分的充要条件是 $R_1 \subseteq R_2$.

B2.8 设 R_j 表示整数集合 $\mathbf{Z}$ 上的模 j 等价关系，R_k 表示 $\mathbf{Z}$ 上的模 k 等价关系，证明 $\mathbf{Z}/R_k$ 是 $\mathbf{Z}/R_j$ 的细分的充要条件是 k 是 j 的整数倍.

B2.9 证明：集合 A 上的相容关系 R 与 A 的完全覆盖 $C_R(A)$ 是一一对应的. 即证：设 R 和 S 是集合 A 上的相容关系，集合 $C_R(A)$ 和 $C_S(A)$ 是 A 的两个完全覆盖，则 $R=S$ 的充分必要条件是 $C_R(A)=C_S(A)$.

B2.10 设 R 是集合 A 上的二元关系，如果 R 是可传递的和反自反的，则称 R 是 A 上的**拟序关系**. 证明：

(1) 如果 R 是 A 上的拟序关系，则 $\mathrm{r}(R)=R \cup I_A$ 是 A 上的偏序关系.

(2) 如果 R 是 A 上的偏序关系，则 $R-I_A$ 是 A 上的拟序关系.

B2.11 设 R 是集合 A 上的二元关系，$B \subseteq A$，定义 B 上的二元关系 S 如下：

$$S = R \cap (B \times B)$$

确定下述每一断言是真还是假？如果是真，给出证明，否则举一反例.

(1) 如果 R 在 A 上是自反的，那么 S 在 B 上是自反的.

(2) 如果 R 在 A 上是反自反的，那么 S 在 B 上是反自反的.

(3) 如果 R 在 A 上是对称的，那么 S 在 B 上是对称的.

(4) 如果 R 在 A 上是反对称的，那么 S 在 B 上是反对称的.

(5) 如果 R 在 A 上是可传递的，那么 S 在 B 上是可传递的.

(6) 如果 R 是 A 上的偏序关系，那么 S 是 B 上的偏序关系.

(7) 如果 R 是 A 上的拟序关系，那么 S 是 B 上的拟序关系.

(8) 如果 R 是 A 上的线序关系，那么 S 是 B 上的线序关系.

(9) 如果 R 是 A 上的良序关系，那么 S 是 B 上的良序关系.

B2.12 定义正整数集合 $\mathbf{Z}^+$ 上的关系 R 为

$$n_i \, R \, n_j \text{ 当且仅当 } n_i/n_j \text{ 可以用形式 } 2^m \text{ 表示}$$

这里 m 是任意整数.

(1) 证明 R 是 $\mathbf{Z}^+$ 上的等价关系.

(2) 找出 R 的所有等价类.

B2.13 设 R_1 和 R_2 是集合 A 上的等价关系，试证明：当且仅当 $\Pi_{R_1}^A$ 中的每一等价类都包含于 $\Pi_{R_2}^A$ 的某一等价类中时，有 $R_1 \subseteq R_2$.

第 3 章　函数

本章讨论的函数实际上就是第 2 章的关系，只不过对关系的概念做了一些限制. 由于函数也是关系，因此关系的所有性质和运算对于函数均是成立的. 但反过来，由于函数是一种特殊的关系，因此它又有其自身特殊的一些性质. 例如，逆函数、复合函数既是逆关系和复合关系，但又有其不同于一般关系之处，因此对这些必须有清晰的认识. 对函数的概念再做些限制，得到内射、满射、双射这三类特殊的函数，其中双射函数可用于无限集合的研究.

本章主要介绍函数及性质、复合函数、逆函数以及无限集合的基数等.

3.1　函数及性质

3.1.1　函数的基本概念

定义 3.1　设有集合 A,B,f 是一个由 A 到 B 的关系，如果对于每一个 $x\in A$，均存在唯一的 $y\in B$，使得 $x\ f\ y$（或 $(x,y)\in f$），则称关系 f 是由 A 到 B 的一个**函数**或**映射**. 记作 $f: A\to B$ 或 $A\xrightarrow{f}B$. 当 $A=B$ 时，也称 f 为 A 上的函数.

若 $(x,y)\in f$，则称 y 为 x 在 f 下的**像**，称 x 为 y 的**像源**或**原像**，常记作 $f(x)=y$. 也称 x 为**自变量（元）**，对应的 y 为函数 f 在 x 处的**函数值**.

显然，函数的定义是普通函数定义的推广. 定义中的"存在唯一"对函数提出了两条要求：

(1) 存在性：A 中每个元素均要有像.

(2) 唯一性：A 中每个元素只能有一个像，即 f 的单值性.

对有限集合，如果 f 是由 A 到 B 的函数，则从关系图看，要求 A 的每一结点有且仅有一条有向边指向 B 中的一个结点，不要求 B 的每个结点均有边指向它，也没有要求 B 的结点只有一条边指向它；从关系矩阵看，每一行有且仅有一个是 1，其他均为 0，而列中元素可以全为 0，也可以有不止一个 1.

若 $A=A_1\times A_2\times\cdots\times A_n$，则 A 中元素 $(x_1,x_2,\cdots,x_n)$ 在函数 f 下的像 $f((x_1,x_2,\cdots,x_n))$ 通常简写成 $f(x_1,x_2,\cdots,x_n)$，并称 f 为 ***n* 元函数**.

【例 3.1】　设集合 $A=\{1,2,3,4\}$，$B=\{2,3,4,5,6\}$，由 A 到 B 的关系 R 的关系图如图 3.1 所示.

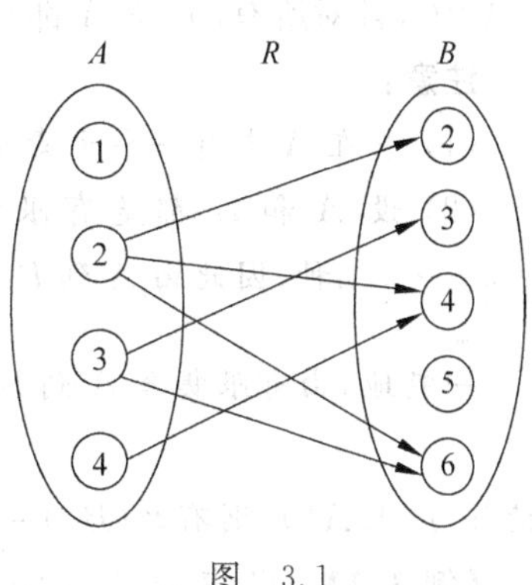

图　3.1

显然 R 不是由 A 到 B 的函数. 对 R 的序偶进行调整或修改，使

$$f=\{(1,2),(2,6),(3,6),(4,4)\}$$
$$g=\{(1,3),(2,2),(3,6),(4,5)\}$$

则 f 和 g 都是由 A 到 B 的函数，其关系图如图 3.2 所示.

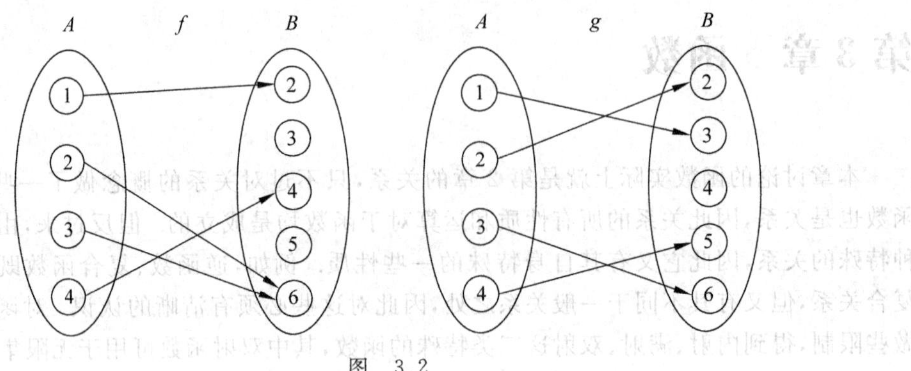

图 3.2

由于函数是二元关系，因此函数的定义域就是关系的定义域，函数的值域也是关系的值域，只不过函数的定义域是集合 A 而不能是 A 的真子集，即 $\mathrm{dom}f=A$，而值域依然满足 $\mathrm{ran}f\subseteq B$.

对于函数 $f: A\to B$，常将 $\mathrm{ran}f$ 记作 $f(A)$，并称为函数的**像集**，即

$$f(A)=\mathrm{ran}f=\{y \mid y\in B\text{ 且存在 }x\in A\text{ 使 }f(x)=y\} \tag{3.1}$$

若 $S\subseteq A$，则 S 中所有元素的像的集合常记为 $f(S)$，即

$$f(S)=\{y \mid y\in B\text{ 且存在 }x\in S\text{ 使 }f(x)=y\} \tag{3.2}$$

例 3.1 中 $\mathrm{dom}f=\mathrm{dom}g=A$，$f(A)=\mathrm{ran}f=\{2,4,6\}$，$g(A)=\mathrm{ran}g=\{2,3,5,6\}$.

【思考 3.1】 设 f 和 g 都是由集合 A 到 B 的函数，则关系 $f\cup g$，$f\cap g$，$f-g$，f' 是否仍是由 A 到 B 的函数？

【思考 3.2】 对有限集合，从函数的关系矩阵的特点考虑如何简化其矩阵的表示？

定义 3.2 (1) 对于函数 $f: A\to B$，若 $A=\varnothing$，B 为任意集合，则称 f 为**空函数**；若存在 $b\in B$，使 $\forall x\in A$ 均有 $f(x)=b$，则称 f 为**常函数**.

(2) 对于 A 上的函数 f，若 $\forall x\in A$ 均有 $f(x)=x$，则称 f 为 A 上的**恒等函数**.

显然，(1)当 $A\neq\varnothing$ 且 $B=\varnothing$ 时，不存在由 A 到 B 的函数；(2)A 上的恒等函数即是 A 上的恒等关系 I_A.

定义 3.3 设有函数 $f: A\to B$ 和 $g: C\to D$，如果 f 和 g 具有相同的定义域和对应法则，即 $A=C$，且对所有的 $x\in A$ 都有 $f(x)=g(x)$，则称函数 f 和 g **相等**，记作 $f=g$.

注意：

(1) 若在 A 中有一个元素 a，使得 $f(a)\neq g(a)$，则 $f\neq g$.

(2) 设 A 和 B 都是有限集，$\#A=m$，$\#B=n$，则 A 中 m 个元素的取值方式有 $\underbrace{n\times n\times\cdots\times n}_{m个}$种，因此由 A 到 B 的函数有 n^m 个.

一般地，由有限集合 A 到 B 所有函数的集合为

$$B^A=\{f \mid f: A\to B\}$$

(读作“B 上 A”)，则有 $\#(B^A)=(\#B)^{\#A}$.

【例 3.2】 设集合 $A=\{a,b,c\}$，$B=\{0,1\}$，构造出所有由 A 到 B 的函数，并验证

$\#(B^A)=(\#B)^{\#A}$.

【解】 由 A 到 B 的函数如下：

$$f_0=\{(a,0),(b,0),(c,0)\},f_1=\{(a,0),(b,0),(c,1)\},$$
$$f_2=\{(a,0),(b,1),(c,0)\},f_3=\{(a,0),(b,1),(c,1)\},$$
$$f_4=\{(a,1),(b,0),(c,0)\},f_5=\{(a,1),(b,0),(c,1)\},$$
$$f_6=\{(a,1),(b,1),(c,0)\},f_7=\{(a,1),(b,1),(c,1)\},$$

所以 $\#(B^A)=8$，因此 $\#(B^A)=(\#B)^{\#A}$.

定义 3.4 设有函数 $f: A\to B$ 和 $g: C\to B$，如果 $C\subseteq A, C\neq\varnothing$ 且对于所有的 $a\in C$，有 $f(a)=g(a)$，则称函数 g 是 f 在 C 上的**限制**，函数 f 是 g 在 A 上的**扩充**.

定理 3.1 若函数 g 是 f 在 C 上的限制，则 $g=f\cap(C\times B)$.

证明 对任意的 $(x,y)\in g$，有 $x\in C$ 且 $y=g(x)\in B$. 显然 $(x,y)\in C\times B$.

由 $x\in C$ 及假设得 $f(x)=g(x)=y$，所以 $(x,y)\in f$.

因此 $g\subseteq f\cap(C\times B)$.

反过来，对任意的 $(x,y)\in f\cap(C\times B)$，有 $(x,y)\in f$ 且 $(x,y)\in C\times B$. 于是 $x\in C$ 且 $y=f(x)\in B$.

由 $x\in C$ 及假设得 $f(x)=g(x)=y$，所以 $(x,y)\in g$.

因此 $f\cap(C\times B)\subseteq g$.

综合即得 $g=f\cap(C\times B)$. ■

定理 3.2 函数 f 是 g 在 A 上的扩充当且仅当 $g\subseteq f$.

证明 对任意的 $(x,y)\in g$，有 $x\in C$ 且 $y=g(x)\in B$.

因 f 是 g 在 A 上的扩充，故对 $x\in C$，有 $f(x)=g(x)=y$，从而 $(x,y)\in f$. 因此 $g\subseteq f$.

反过来，对任意的 $x\in C$，有 $(x,g(x))\in g$. 因 $g\subseteq f$，故 $(x,g(x))\in f$，于是 $f(x)=g(x)$. 因此 f 是 g 在 A 上的扩充. ■

3.1.2 函数的性质

定义 3.5 设 f 是一个由 A 到 B 的函数，

(1) 若对任意的 $x,y\in A$，当 $x\neq y$ 时都有 $f(x)\neq f(y)$（或当 $f(x)=f(y)$ 时有 $x=y$），则称 f 是由 A 到 B 的**内射**或**单射**，也称为**一对一**的函数.

(2) 若 $f(A)=B$，则称 f 是由 A 到 B 的**满射**，也称为**映上**的函数.

(3) 若 f 既是内射又是满射，则称 f 是由 A 到 B 的**双射**，也称为**一一对应**.

从定义易知，内射使得 A 中的元不同，其像也不同；满射使得 B 中每个元至少有一个原像；双射使得 A 中的元有唯一的像而 B 中的元有唯一的原像.

注意：

(1) 由集合 A 到 B 的内射 f 也是由 A 到 $f(A)$ 的双射.

(2) 如果 A 和 B 都是有限集，那么函数 $f: A\to B$ 是

① 内射的必要条件是 $\#A\leqslant\#B$.

② 满射的必要条件是 $\#A\geqslant\#B$.

③ 双射的必要条件是 $\#A=\#B$.

【思考 3.3】 设 f 是一个由有限集 A 到有限集 B 的函数,如何从关系图和关系矩阵来判断函数 f 的性质?

【思考 3.4】 设 A 和 B 都是有限集,则由 A 到 B 的函数中有多少不同的内射函数?又有多少不同的双射函数?

【例 3.3】 判断图 3.3 中各关系图所给函数的性质.

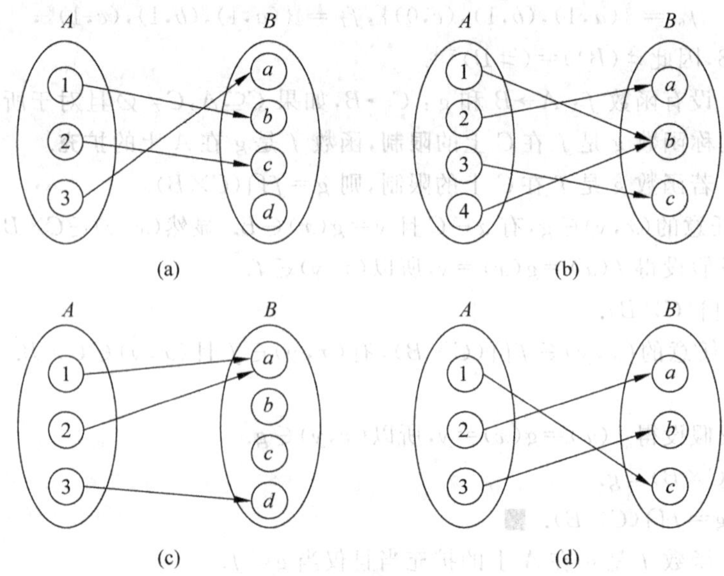

图 3.3

【解】 (a) 是内射,但不是满射.

(b) 是满射,但不是内射.

(c) 既不是内射,也不是满射.

(d) 既是内射又是满射,因此是双射.

【例 3.4】 设 R 是集合 A 上的等价关系,$f: A \to A/R$,使得 $f(a)=[a]_R$,它把元素 a 映射到 a 生成的等价类,称 f 为 A 到商集 A/R 的**典型(自然)映射**. 证明,典型映射是一个满射.

证明 对任意的 $a \in A$,$[a]_R$ 必存在且唯一,使得 $f(a)=[a]_R$,所以 f 是一个函数.

对任意的 $Z \in A/R$,根据商集的定义,Z 为一个等价类,所以必存在 $a \in Z$,而 $Z \subseteq A$,故 $a \in A$.

又因 $a \in Z$,所以 $Z=[a]_R$,即 $f(a)=[a]_R=Z$,故 f 为一个满射.

当等价关系不是恒等关系时,典型映射都不是内射.

【例 3.5】 设 $U=\{a_1, a_2, \cdots, a_n\}$ 和 $B=\{0,1\}$ 均为有限集,则 $f: 2^U \to B^n$,$f(A)=(b_1, b_2, \cdots, b_n)$ 是双射,其中

$$b_i = \begin{cases} 1, & a_i \in A \\ 0, & a_i \notin A \end{cases} \quad i=1,2,\cdots,n$$

证明 对任意的 $A_1, A_2 \in 2^U$,$f(A_1)=(b_1, b_2, \cdots, b_n)$,$f(A_2)=(c_1, c_2, \cdots, c_n)$,若 $A_1 \neq A_2$,则存在 U 中的某个元在 A_1 与 A_2 其中之一中而不在另一个中. 不妨设存在某个 $i \in \{1,2,$

$\cdots,n\}$，使得 $a_i\in A_1$ 但 $a_i\notin A_2$，因此 $b_i=1,c_i=0$，故 $b_i\neq c_i$，从而 $(b_1,b_2,\cdots,b_n)\neq(c_1,c_2,\cdots,c_n)$，即 $f(A_1)\neq f(A_2)$. 因此 $f: 2^U\to B^n$ 是内射.

对任意的 $(b_1,b_2,\cdots,b_n)\in B^n$，令 $A=\{a_i\mid a_i\in U,b_i=1\}$，则 $A\in 2^U$ 且 $f(A)=(b_1,b_2,\cdots,b_n)$. 因此 $f: 2^U\to B^n$ 是满射.

综合即得 $f: 2^U\to B^n$ 是双射. 因此，U 的任何一个子集可用一个 n 位二进制数进行编码表示.

【例 3.6】 设集合 $A=\{0,1,2,3,4\}$，则 $f: \mathbf{N}\to A, f(n)=\text{res}_5(n)$（$n$ 被 5 除所得非负余数）是满射，不是单射.

【解】 显然，对任意的非负整数 k，有

$$f(5k+0)=\text{res}_5(0)=0$$
$$f(5k+1)=\text{res}_5(1)=1$$
$$f(5k+2)=\text{res}_5(2)=2$$
$$f(5k+3)=\text{res}_5(3)=3$$
$$f(5k+4)=\text{res}_5(4)=4$$

所以 $f: \mathbf{N}\to A$ 是满射，不是单射.

【例 3.7】 设 A 和 B 均为有限集，且 $\#A=\#B$，则 $f: A\to B$ 是内射的充分必要条件是它是一个满射.

证明 若 f 是内射，则 f 是 A 到 $f(A)$ 的双射，因此 $\#A=\#f(A)$. 由题设 $\#A=\#B$ 知，$\#f(A)=\#B$. 再由 $f(A)\subseteq B$ 及 B 为有限集，故 $f(A)=B$. 因此 f 是满射.

反之，若 f 是满射，则 $f(A)=B$，因此 $\#f(A)=\#B$. 由题设 $\#A=\#B$ 知，$\#f(A)=\#A$. 再由 A 为有限集，故 f 是一个内射.

3.2 复合函数

由 A 到 B 的函数实际上也是一个由 A 到 B 的关系，因此对函数可以进行关系的复合运算，而且所得的复合关系也仍然是一个函数，因此引进复合函数的概念.

3.2.1 复合函数的定义

定义 3.6 设有函数 $f: A\to B$ 和 $g: B\to C$，则 f 和 g 的**复合函数**是一个由 A 到 C 的函数，记为 $g\circ f$，定义为 $\forall x\in A$，都有 $(g\circ f)(x)=g(f(x))$. 即如果集合 B 中的元素 y 是 x 在 f 作用下的像，且集合 C 中的元素 z 是 y 在 g 作用下的像，那么 z 就是 x 在函数 $g\circ f$ 作用下的像.

由 f 和 g 求得 $g\circ f$ 的运算"$\circ$"称为**复合运算**.

注意：复合函数 $g\circ f$ 是复合关系 $f\circ g$. 这样记是为了和数学中复合函数的习惯写法相一致.

【例 3.8】 设集合 $A=\{a_1,a_2,a_3,a_4\}$，$B=\{b_1,b_2,b_3,b_4,b_5\}$，$C=\{c_1,c_2,c_3,c_4\}$，函数 $f: A\to B$ 和 $g: B\to C$ 分别定义为

$$f=\{(a_1,b_2),(a_2,b_2),(a_3,b_3),(a_4,b_4)\}$$

$$g=\{(b_1,c_1),(b_2,c_2),(b_3,c_1),(b_4,c_3),(b_5,c_3)\}$$

它们的关系图如图 3.4(a)所示.

因此,复合函数 $g\circ f=\{(a_1,c_2),(a_2,c_2),(a_3,c_1),(a_4,c_3)\}$,其关系图如图 3.4(b)所示.

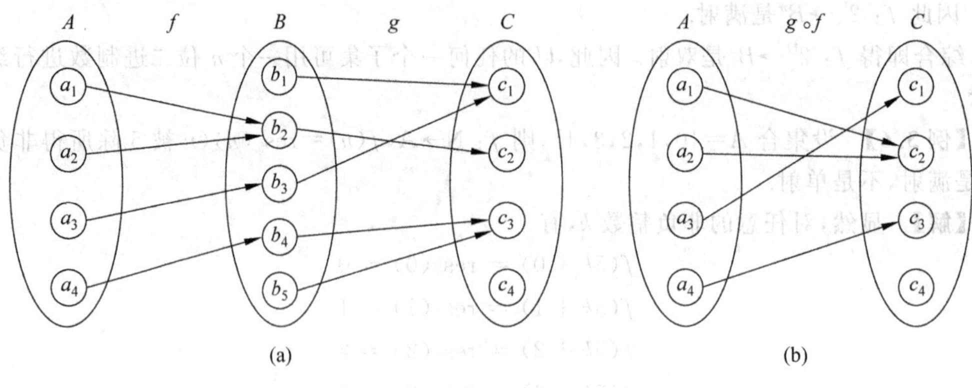

图 3.4

3.2.2 函数复合运算的性质

定理 3.3 设 f 是由集合 A 到 B 的任一函数,I_A 和 I_B 分别是 A 和 B 上的恒等函数,则有 $f\circ I_A=I_B\circ f=f$.

定理说明了恒等函数在函数复合中的特殊性质.

特别地,对于 A 上的函数 f,有 $f\circ I_A=I_A\circ f=f$.

【例 3.9】 设集合 $A=\{a,b,c,d\}$,$B=\{1,2,3\}$,函数 $f: A\to B$ 定义为

$$f=\{(a,1),(b,3),(c,2),(d,2)\}$$

则有 $f\circ I_A=I_B\circ f=f$.

定理 3.4 设有函数 $f: A\to B$,$g: B\to C$ 和 $h: C\to D$,则有

$$h\circ(g\circ f)=(h\circ g)\circ f$$

即函数的复合满足结合律.其中 $h\circ(g\circ f)$ 和 $(h\circ g)\circ f$ 都是 $A\to D$ 的函数.

一般地,设有函数 $f_1: A_1\to A_2$,$f_2: A_2\to A_3$,…,$f_n: A_n\to A_{n+1}$,则不加括号的表达式 $f_n\circ f_{n-1}\circ\cdots\circ f_1$ 唯一地表示一个由 A_1 到 A_{n+1} 的函数.

特别地,若有函数 $f: A\to A$,则对任意的正整数 n,$f\circ f\circ\cdots\circ f$($n$ 个 f)唯一地表示一个 A 上的函数,并将其简记为 f^n.

定义 3.7 若函数 $f: A\to A$,则对任意的非负整数 n,定义 f 的 ***n* 次幂**为

$$f^0=I_A,\quad f^n=f^{n-1}\circ f(n\in\mathbf{Z}^+)\tag{3.3}$$

易证,对任意的非负整数 m 和 n,有

$$f^m\circ f^n=f^{m+n},(f^m)^n=f^{mn}\tag{3.4}$$

定义 3.8 若函数 $f: A\to A$ 满足 $f^2=f$,则称 f 是**幂等函数**.

显然,若 f 是幂等函数,则对任意的正整数 n,有 $f^n=f$.

【例 3.10】 设函数 f,g,h 均是实数集 $\mathbf{R}$ 上的函数,且 $f(x)=x+3$,$g(x)=2x+1$,$h(x)=x/2$,求复合函数 $h\circ(g\circ f)$,$(h\circ g)\circ f$.

【解】 所求的复合函数都是 **R** 上的函数.

$$g\circ f(x)=g(f(x))=g(x+3)=2(x+3)+1=2x+7$$

$$h\circ(g\circ f)(x)=h\circ(g\circ f(x))=h(2x+7)=(2x+7)/2=x+7/2$$

又

$$(h\circ g)(x)=h(g(x))=h(2x+1)=(2x+1)/2=x+1/2$$

$$(h\circ g)\circ f(x)=(h\circ g)(f(x))=h\circ g(x+3)=x+3+1/2=x+7/2$$

因此 $h\circ(g\circ f)=(h\circ g)\circ f$.

【例 3.11】 设集合 $A=\{1,2,3,4\}$,定义函数 f: $A\to A$ 为 $f=\{(1,2),(2,3),(3,4),(4,1)\}$,试求 f^n.

【解】 对任意的正整数 n,f^n 都是 A 上的函数,

$f(1)=2,f(2)=3,f(3)=4,f(4)=1$.

$f^2(1)=(f\circ f)(1)=f(f(1))=f(2)=3$,类似地,$f^2(2)=4,f^2(3)=1,f^2(4)=2$.

$f^3(1)=(f\circ f^2)(1)=f(f^2(1))=f(3)=4$,类似地,$f^3(2)=1,f^3(3)=2,f^3(4)=3$.

$f^4(1)=(f\circ f^3)(1)=f(f^3(1))=f(4)=1$,类似地,$f^4(2)=2,f^4(3)=3,f^4(4)=4$.

因此 $f^4=I_A,f^5=I_A\circ f=f,f^6=f^2,f^7=f^3$,类似地,$f^8=I_A,f^9=I_A\circ f=f,f^{10}=f^2,f^{11}=f^3,\cdots$,

故 $f^{4n}=I_A,f^{4n+1}=f,f^{4n+2}=f^2,f^{4n+3}=f^3$.

即对任意的正整数 n,$f^{4n+i}=f^i(i=1,2,3,4)$.

3.2.3 复合函数的性质

定理 3.5 设有函数 f: $A\to B$ 和 g: $B\to C$,

(1) 如果 f 和 g 都是内射,则 $g\circ f$ 也是内射.

(2) 如果 f 和 g 都是满射,则 $g\circ f$ 也是满射.

(3) 如果 f 和 g 都是双射,则 $g\circ f$ 也是双射.

证明 (1) $\forall x_i,x_j\in A$,且 $x_i\neq x_j$,因 f 是内射,故 $f(x_i)\neq f(x_j)$.

又因 g 是内射,故 $g(f(x_i))\neq g(f(x_j))$.

此即 $g\circ f(x_i)\neq g\circ f(x_j)$,故 $g\circ f$ 是内射.

(2) 对于集合 C 中任一元素 z,因 g 为满射,故存在 $y\in B$,使得 $g(y)=z$.

对于 y,因 f 为满射,故又必存在 $x\in A$,使得 $f(x)=y$.

于是有 $g\circ f(x)=g(f(x))=g(y)=z$.

由 z 的任意性得 $g\circ f$ 是满射.

(3) 由(1)和(2)知 $g\circ f$ 必是双射. ■

定理说明,函数的复合运算能够保持函数的内射、满射、双射性. 但定理的逆命题不为真,即如果 $g\circ f$: $A\to C$ 是内射(或满射、双射),不一定有 f: $A\to B$ 和 g: $B\to C$ 都是内射(或满射、双射).

【例 3.12】 设集合 $A=\{a_1,a_2,a_3\},B=\{b_1,b_2,b_3,b_4\},C=\{c_1,c_2,c_3\}$. 令

$$f=\{(a_1,b_1),(a_2,b_2),(a_3,b_3)\}$$

$$g=\{(b_1,c_1),(b_2,c_2),(b_3,c_3),(b_4,c_3)\}$$

则有

$$g \circ f = \{(a_1, c_1), (a_2, c_2), (a_3, c_3)\}$$

关系图如图 3.5 所示.

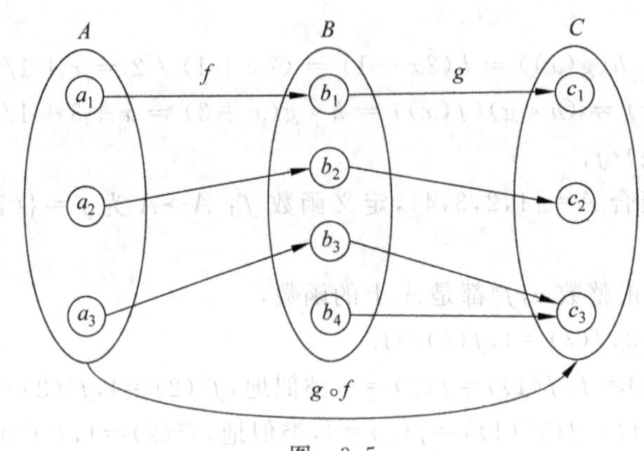

图 3.5

(1) $f: A \to B$ 和 $g \circ f: A \to C$ 都是内射,但 $g: B \to C$ 不是内射.

(2) $g: B \to C$ 和 $g \circ f: A \to C$ 都是满射,但 $f: A \to B$ 不是满射.

(3) $g \circ f: A \to C$ 是双射,但 $f: A \to B$ 和 $g: B \to C$ 都不是双射.

定理 3.6 设有函数 $f: A \to B$ 和 $g: B \to C$,

(1) 如果 $g \circ f$ 是内射,则 f 是内射.

(2) 如果 $g \circ f$ 是满射,则 g 是满射.

(3) 如果 $g \circ f$ 是双射,则 f 是内射而 g 是满射.

证明 (1) $\forall x_i, x_j \in A$,且 $x_i \neq x_j$,由假设 $g \circ f$ 是内射,有 $g \circ f(x_i) \neq g \circ f(x_j)$,即 $g(f(x_i)) \neq g(f(x_j))$. 再由函数定义中像的唯一性有 $f(x_i) \neq f(x_j)$. 故 f 是内射.

也可用反证法证明如下:

假设 f 不是内射,则存在元素 $a_i, a_j \in A, a_i \neq a_j$,但 $f(a_i) = f(a_j)$.

令 $f(a_i) = f(a_j) = b$,且令 $g(b) = c$,则

$$g \circ f(a_i) = g(f(a_i)) = g(b) = c, g \circ f(a_j) = g(f(a_j)) = g(b) = c.$$

故 $g \circ f(a_i) = g \circ f(a_j)$. 这与 $g \circ f$ 是内射矛盾.

(2) $\forall z \in C$,因为 $g \circ f$ 是满射,所以必存在元素 $x \in A$,使得 $g \circ f(x) = z$,而 $g \circ f(x) = g(f(x)) = z$,令 $y = f(x)$,则 $g(y) = z$.

由 z 的任意性知 g 是满射.

(3) 由结论(1)和(2)直接推得. ■

注意:

(1) 当 $g \circ f$ 是内射时,g 可能不是内射. 反例如图 3.5 所示.

(2) 当 $g \circ f$ 是满射,f 可能不是满射. 反例见图 3.5.

(3) 当 $g \circ f$ 是双射时,f 可能不是满射,g 可能不是内射. 反例见图 3.5.

【例 3.13】 设有函数 $f: \mathbf{R} \to \mathbf{R}$ 和 $g: \mathbf{R} \to \mathbf{R}$,定义为

$$f(x) = x^2 - 2, \ g(x) = x + 4$$

试判断 f 是否为内射？$g\circ f$ 是否为内射？

【解】 (1) f 不是内射. 因为 $3\neq -3$,但 $f(3)=f(-3)=7$.

(2) 由(1)知,$g\circ f$ 不是内射. 事实上,$g\circ f(x)=g(f(x))=g(x^2-2)=x^2-2+4=x^2+2$,显然有 $g\circ f(3)=g\circ f(-3)=11$.

3.3 逆函数

二元关系可以求其逆关系,作为关系的函数,其逆关系是否可以构成函数呢？

【例 3.14】 设有函数 $f: A\to B$,如图 3.6 所示,试判断 f 的逆关系是否构成函数.

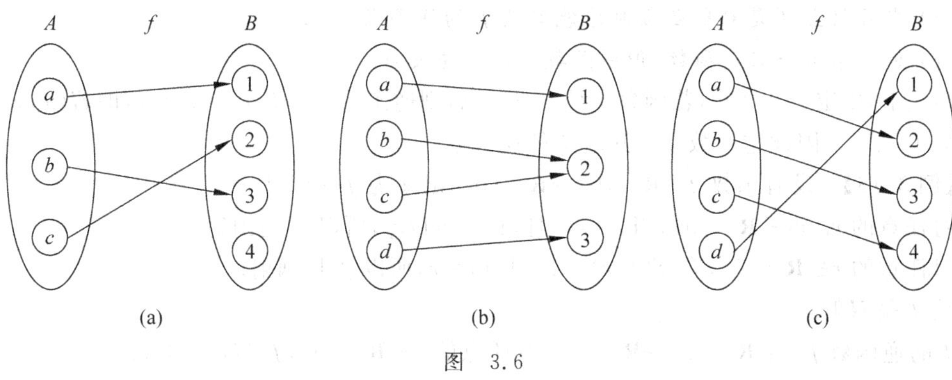

图 3.6

【解】 (a) f 的逆关系 $f^{-1}=\{(1,a),(3,b),(2,c)\}$不是函数. 这里 f 是内射,但不是满射.

(b) f 的逆关系 $f^{-1}=\{(1,a),(2,b),(2,c),(3,d)\}$不是函数. 这里 f 是满射,但不是内射.

(c) f 的逆关系 $f^{-1}=\{(2,a),(3,b),(4,c),(1,d)\}$是函数. 这里 f 是双射.

因此,并非函数的逆关系都可以构成函数.

3.3.1 逆函数的定义

定理 3.7 设 $f: A\to B$ 是双射,则逆关系 f^{-1}是 B 到 A 的函数且为双射.

证明 (1) 证明 f^{-1}是 B 到 A 的函数.

对任意的 $y\in B$,由于 f 是满射,所以存在 $x\in A$,使得$(x,y)\in f$,于是$(y,x)\in f^{-1}$,故 $\mathrm{dom}(f^{-1})=B$,即对 B 的任意元,通过逆关系 f^{-1}存在 A 中的元与之对应.

对任意的 $y\in B$,若存在 $x_1,x_2\in A$,使得$(y,x_1),(y,x_2)\in f^{-1}$,则$(x_1,y),(x_2,y)\in f$. 由于 f 是单射,故 $x_1=x_2$,因此对于 B 的任意元,通过逆关系 f^{-1}存在 A 中唯一的元与之对应.

所以 f^{-1}是 B 到 A 的函数.

(2) 证明 f^{-1}是内射.

$\forall y_1,y_2\in B$ 且 $y_1\neq y_2$,因为 f 是满射,所以在 A 中必有元素 x_1,x_2,使得 $f(x_1)=y_1$,$f(x_2)=y_2$. 由函数定义中像的唯一性有 $x_1\neq x_2$.

又由逆函数定义，$f^{-1}(y_1)=x_1$，$f^{-1}(y_2)=x_2$，因此 $f^{-1}(y_1)\neq f^{-1}(y_2)$.

这说明 f^{-1}是内射.

(3) 证明 f^{-1}是满射.

$\forall x\in A$，由 f 的定义，必有 $y\in B$，使 $f(x)=y$. 于是有 $f^{-1}(y)=x$.

由 x 的任意性，f^{-1}是满射. ■

定义 3.9 设函数 f: $A\to B$ 是一个双射，定义函数 g: $B\to A$，使得对于每一个元素 $y\in B$，$g(y)=x$，其中 x 是使得 $f(x)=y$ 的 A 中的元素，称 g 为 f 的**逆函数**，记作 f^{-1}，并称 f 是**可逆的**.

注意:

(1) 当且仅当 f 是双射函数时才能定义 f 的逆函数 f^{-1}.

(2) 逆关系不一定是函数，但逆函数一定是逆关系.

事实上，由定义 3.9 知，若函数 f 使 $f(x)=y$，则逆函数 f^{-1}使 $f^{-1}(y)=x$，即若$(x,y)\in f$，则$(y,x)\in f^{-1}$. 因此逆函数 f^{-1}就是 f 的逆关系.

【例 3.15】 设有函数 f: $\mathbf{R}-\{0\}\to\mathbf{R}-\{0\}$，定义为 $f(r)=1/r$.

对任意的 $r_1,r_2\in\mathbf{R}-\{0\}$，当 $r_1\neq r_2$时，$1/r_1\neq 1/r_2$，所以 f 是内射.

对任意的 $r\in\mathbf{R}-\{0\}$，有 $f(1/r)=1/(1/r)=r$，所以 f 是满射.

故 f 是双射.

f 的逆函数 f^{-1}: $\mathbf{R}-\{0\}\to\mathbf{R}-\{0\}$，对任意的 $r\in\mathbf{R}-\{0\}$，$f^{-1}(r)=1/r$.

3.3.2 逆函数的性质

定理 3.8 设函数 f: $A\to B$ 是双射，则$(f^{-1})^{-1}=f$.

证明 由定理 3.7 知，f^{-1}是一个由 B 到 A 的双射，因此 f^{-1}存在逆函数$(f^{-1})^{-1}$: $A\to B$.

对任一 $x\in A$，设 $f(x)=y$，则 $f^{-1}(y)=x$，因此$(f^{-1})^{-1}(x)=y$，于是 $f(x)=(f^{-1})^{-1}(x)$.

由 x 的任意性知 $f=(f^{-1})^{-1}$. ■

定理 3.9 如果函数 f: $A\to B$ 是可逆的，则有

$$f^{-1}\circ f=I_A, f\circ f^{-1}=I_B$$

证明 显然，$f^{-1}\circ f$ 是 A 上的函数.

$\forall x\in A$，设 $f(x)=y$，则 $f^{-1}(y)=x$. 于是

$$f^{-1}\circ f(x)=f^{-1}(f(x))=f^{-1}(y)=x$$

由 x 的任意性可知 $f^{-1}\circ f=I_A$.

同理可证 $f\circ f^{-1}=I_B$. ■

定理 3.10 设有函数 f: $A\to B$，若有函数 g: $B\to A$，使得 $g\circ f=I_A$，$f\circ g=I_B$，则 $g=f^{-1}$.

证明 因为 $g\circ f=I_A$，所以 $g\circ f$ 是内射，于是 f 是内射.

因为 $f\circ g=I_B$，所以 $f\circ g$ 是满射，于是 f 是满射.

因此 f 是双射，存在逆函数 f^{-1}: $B\to A$. 又

$$f^{-1}\circ(f\circ g)=(f^{-1}\circ f)\circ g=I_A\circ g=g$$

$$f^{-1}\circ(f\circ g)=f^{-1}\circ I_B=f^{-1}$$

故 $g=f^{-1}$. ■

定理 3.11 设有函数 $f: A\to B$ 和 $g: B\to C$,且 f,g 都是可逆的,则$(g\circ f)^{-1}=f^{-1}\circ g^{-1}$.

证明 (1) $(g\circ f)^{-1}$与 $f^{-1}\circ g^{-1}$都是由 C 到 A 的函数.

因为 f 和 g 都可逆,所以存在逆函数 $f^{-1}: B\to A$ 和 $g^{-1}: C\to B$,因而有复合函数 $f^{-1}\circ g^{-1}: C\to A$.

又因为 f 和 g 可逆,故 f 和 g 都是双射,于是 $g\circ f$ 也是双射,从而存在逆函数$(g\circ f)^{-1}: C\to A$.

此即证得$(g\circ f)^{-1}$与 $f^{-1}\circ g^{-1}$都是由 C 到 A 的函数.

(2) 因为$(f^{-1}\circ g^{-1})\circ(g\circ f)=I_A$,$(g\circ f)\circ(f^{-1}\circ g^{-1})=I_C$,所以

$$(g\circ f)^{-1}=f^{-1}\circ g^{-1}$$

另证: $\forall z\in C$,设 $g^{-1}(z)=y$,$f^{-1}(y)=x$,则

$$(f^{-1}\circ g^{-1})(z)=f^{-1}(y)=x$$

而$(g\circ f)(x)=g(f(x))=g(y)=z$,所以$(g\circ f)^{-1}(z)=x$. 因此$(f^{-1}\circ g^{-1})(z)=(g\circ f)^{-1}(z)$.

由 z 的任意性,故有$(g\circ f)^{-1}=f^{-1}\circ g^{-1}$. ■

【思考 3.5】 证明函数 f 和 g 相等有哪些常用方法?

* 3.3.3 左、右逆函数

定义 3.10 设有函数 $f: A\to B$ 和 $g: B\to A$,若 $g\circ f=I_A$,则称 f 是**左可逆的**,g 是 f 的**左逆函数**,g 是**右可逆的**,f 是 g 的**右逆函数**.

【例 3.16】 设函数 $h: \mathbf{N}\to\mathbf{N}$,$h(n)=2n$,试问 h 是否左、右可逆?若左、右可逆,求其左、右逆函数.

【解】 问 h 是否左可逆,即问是否存在函数 $g: \mathbf{N}\to\mathbf{N}$,使得 $g\circ h=I_{\mathbf{N}}$?

可以如下定义函数 $g: \mathbf{N}\to\mathbf{N}$,

$$g(n)=\begin{cases}n/2, & n\text{ 为偶数}\\ 3, & n\text{ 为奇数}\end{cases}$$

关系图如图 3.7 所示. 因此 $g\circ h(n)=n$,$g\circ h=I_{\mathbf{N}}$.

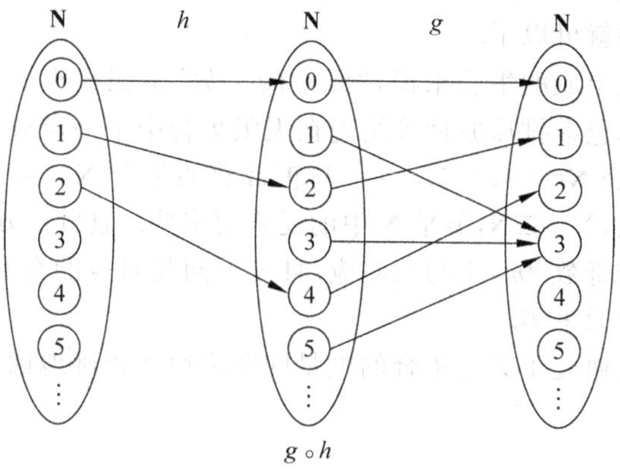

图 3.7

由于 n 为奇数时 $g(n)$ 可以 $\mathbf{N}$ 中任何元素为像，故满足条件的 g 有无穷多个，即 h 有无穷多个左逆函数.

但 h 不是右可逆的，不存在右逆函数. 因为 h 不是 $\mathbf{N}$ 上的满射，故无论如何定义函数 g: $\mathbf{N}\to\mathbf{N}$，均无法使得 $h\circ g$ 是满射.

定理 3.12 设有函数 $f: A\to B$，则

(1) 当且仅当 f 是内射时，f 有左逆函数.

(2) 当且仅当 f 是满射时，f 有右逆函数.

证明 (1) 必要性. 设 f 是内射，构造由 B 到 A 的函数 g 如下：对任意的 $y\in B$，

$$g(y)=\begin{cases}x, & \text{有 } x\in A \text{ 使得 } f(x)=y\\ a(\text{任意 } a\in A), & \text{无 } x\in A \text{ 使得 } f(x)=y\end{cases}$$

由于 f 为内射，故 g 的定义是合适的. 对任意的 $x\in A$，设 $f(x)=y$，由 g 的定义，$g(y)=x$，从而 $(g\circ f)(x)=g(f(x))=g(y)=x$，故 $g\circ f=I_A$，g 为 f 的左逆函数.

充分性. 设 f 有左逆函数 g，使得 $g\circ f=I_A$，因 I_A 为内射，故 f 是内射.

(2) 必要性. 设 f 是满射，构造由 B 到 A 的函数 g 如下：对任意的 $y\in B$，

$$g(y)=\begin{cases}x, & \text{有唯一 } x\in A \text{ 使得 } f(x)=y\\ x_0(\text{任一满足 } f(x)=y \text{ 的根}), & \text{否则}\end{cases}$$

由于 f 是满射，故总有 $x\in A$，使得 $f(x)=y$，从而总有上面两种 x 之一，例如 x_0，使 $g(y)=x_0$，于是 $(f\circ g)(y)=f(g(y))=f(x_0)=y$，故 $f\circ g=I_B$，g 为 f 的右逆函数. ■

左逆函数、右逆函数、逆函数之间的关系如下.

定理 3.13 设有函数 $f: A\to B$，则 f 可逆的充分必要条件是 f 既左可逆又右可逆，即存在函数 $g: B\to A$，g 既为 f 的左逆函数，又为 f 的右逆函数.

证明 必要性：取 $g=f^{-1}$ 即可.

充分性：若函数 f 既左可逆又右可逆，则由定理 3.12 知，f 既是内射又是满射，因而是双射，从而 f 可逆. ■

3.4 无限集的基数

所谓集合的基数（也称为集合的势），对于有限集合而言，是指集合中元素的个数，计算元素个数只要一一枚举就可以了.

对于由无限个元素组成的集合来说，“元素的个数”是完全没有意义的. 因此有限集合中关于集合基数的诸如包含排斥原理等结论在无限集合中不一定成立.

例如，非负整数集合 $\mathbf{N}=\{0,1,2,3,\cdots\}$ 与正奇数的集合 $\mathrm{N_{odd}}=\{1,3,5,7,\cdots\}$ 中哪个集合的元素更多些？显然，$\mathrm{N_{odd}}\subseteq\mathbf{N}$，似乎 $\mathbf{N}$ 中的元素要多些. 但另一方面，由于 $\mathbf{N}$ 中每个非负整数 n 都有 $\mathrm{N_{odd}}$ 中一个奇数 $2n+1$ 与其对应，且 n 不同其对应的奇数 $2n+1$ 也不同，因此 $\mathbf{N}$ 中的元素又不比 $\mathrm{N_{odd}}$ 中元素多.

直到 19 世纪，康托研究了无穷集合的度量问题之后才正确地回答了上述问题.

3.4.1 抽屉原理

集合基数的讨论是以抽屉原理（又称为鸽笼原理）为根据的. 抽屉原理由狄利克雷

(Peter Gustav Lejeune Dirichlet,1805—1859,德国数学家)首先明确提出并用以证明一些数论中的问题,因此也称为狄利克雷原则. 它是组合数学中一个重要的原理,易用反证法加以证明.

抽屉原理在证明某些存在性或唯一性问题时非常有用,它通常表述为如下三种形式:

(1) 把多于 n 个的物体放到 n 个抽屉里,则至少有一个抽屉里的物体不少于两件.

(2) 把多于 mn 个的物体放到 n 个抽屉里,则至少有一个抽屉里有不少于 $m+1$ 个的物体.

(3) 把无穷多个物体放入 n 个抽屉里,则至少有一个抽屉里有无穷多个物体.

这里 m,n 为正整数.

【例 3.17】 回答下列问题:

(1) 饲养员给 10 只猴子分苹果,其中至少要有一只猴子得到 7 个苹果,饲养员至少要拿来多少个苹果?

(2) 13 个人中一定可以找到两个人,他们在同一个月出生. 一般地,设 n 为正整数,则在任意 $n+1$ 个正整数中至少存在两个数,它们的差为 n 的倍数.

(3) 一个班有 40 名同学,现在有课外书 125 本. 把这些书分给同学,是否有人会得到 4 本或 4 本以上课外书?

(4) 42 只鸽子飞进 5 个笼子里,可以保证至少有一个笼子中有不少于几只的鸽子?

【解】 (1) 61.

(2) 设这 $n+1$ 个正整数分别为 $a(1),a(2),a(3),\cdots,a(n+1)$,利用带余除法得

$$a(1)=k(1)n+r(1)$$
$$a(2)=k(2)n+r(2)$$
$$\vdots$$
$$a(n+1)=k(n+1)n+r(n+1)$$

其中,商 $k(i)\geqslant 0$,余数 $0\leqslant r(i)<n,i=1,2,\cdots,n+1$.

因此,存在 $p\neq q(p,q=1,2,\cdots,n+1)$,使得 $r(p)=r(q)$,于是

$$a(p)-a(q)=(k(p)-k(q))n+(r(p)-r(q))=(k(p)-k(q))n$$

从而命题得证.

(3) 是.

(4) 9.

3.4.2 集合的等势

定义 3.11 设有集合 A,B,如果存在一个双射函数 $f: A\to B$,则称 A 与 B **等势或有相同的基数**,简称**同基**,记作 $A\sim B$.

注意:

(1) 当 $A\sim B$ 时,双射 $f: A\to B$ 可能不止一个,但只需有一个存在就足以证明 A 和 B 等势.

(2) 对于有限集,$A\sim B$ 当且仅当 $\#A=\#B$.

(3) 如果 $A=B$,则 $A\sim B$. 反之,则不一定.

【例 3.18】 集合 $\mathbf{N} \sim \mathrm{N}_{odd}$. 因为函数 $f(n)=2n+1(n\in\mathbf{N})$ 是由集合 $\mathbf{N}$ 到 N_{odd} 的双射.

【例 3.19】 集合 $(-1,1)\sim(-\infty,+\infty)$. 因为函数 $f(x)=\dfrac{x}{1-x^2}(|x|<1)$ 为由集合 $(-1,1)$ 到 $(-\infty,+\infty)$ 的双射.

【思考 3.6】 设线段 AB 上有线段 CD,那么线段 AB 与 CD 上点的个数是否一样多?

定理 3.14 集合族 S 上的等势关系"$\sim$"是一个等价关系.

证明 (1) $\forall A\in S$,因为恒等函数 I_A 是一个 $A\to A$ 的双射,故有 $A\sim A$,即"$\sim$"是自反的.

(2) $\forall A,B\in S$,若 $A\sim B$,则存在一个双射 $f: A\to B$. 因 f^{-1} 是一个 $B\to A$ 的双射,故有 $B\sim A$,即"$\sim$"是对称的.

(3) $\forall A,B,C\in S$,若 $A\sim B$ 且 $B\sim C$,则存在双射 $f: A\to B$ 和双射 $g: B\to C$. 因为 $g\circ f$ 是一个 $A\to C$ 的双射,故有 $A\sim C$,即"$\sim$"是可传递的.

综上所述,等势关系"$\sim$"是集合族 S 上的一个等价关系. ■

等势关系"$\sim$"导致 S 的一个等价分划,其中的每一个等价类称作一个**基数类**. 凡属于同一基数类的集合必有相同的基数.

定义 3.12 如果集合 A 与集合 $\{0,1,2,\cdots,m-1\}$(m 为某一正整数)属于同一基数类,则称 A 为**有限集**,且 $\#A=m$. $\varnothing$ 是有限集(基数为 0). 不是有限集的集合称为**无限集**.

定义中的集合 $\{0,1,2,\cdots,m-1\}$ 也可换成 $\{1,2,\cdots,m\}$. 为方便起见,引入记号 N_m 表示前 m 个非负整数集合,即 $\mathrm{N}_m=\{0,1,2,\cdots,m-1\}$.

下面先讨论一些与非负整数集合 $\mathbf{N}$ 属于同一基数类的集合.

3.4.3 可数集的基数

1. 可数集的概念

定义 3.13 如果集合 A 与 $\mathbf{N}$ 属于同一基数类,则称 A 是**可数集**或**可列集**. 如果 A 是无限集但不是可数集,则称 A 是**不可数集**. 有限集和可数集统称为**可计数集**.

可数集的基数记作 $\aleph_0$(Aleph),读作"阿列夫零".

【例 3.20】 设 $\mathrm{N}_{even}=\{0,2,4,6,8,10,\cdots\}$,对任意的 $n\in\mathbf{N}$,设 $f(n)=2n$,则 f 为 $\mathbf{N}\to\mathrm{N}_{even}$ 的函数. 因为 f 是一双射,所以 $\mathrm{N}_{even}\sim\mathbf{N}$,即 N_{even} 是可数集.

【例 3.21】 整数集 $\mathbf{Z}$ 是可数集.

证明 设

$$f(i)=\begin{cases}2i-1, & i>0\\ -2i, & i\leqslant 0\end{cases}$$

则 f 为 $\mathbf{Z}\to\mathbf{N}$ 的函数. 因为 f 是一双射,所以 $\mathbf{Z}\sim\mathbf{N}$,即 $\mathbf{Z}$ 是可数集.

同样,所有正有理数的集合 $\mathbf{Q}^+$,所有负有理数的集合 $\mathbf{Q}^-$ 和所有有理数的集合 $\mathbf{Q}$ 都是可数集(证明见后).

因此 $\#\mathbf{N}=\#\mathrm{N}_{odd}=\#\mathrm{N}_{even}=\#\mathbf{Z}=\#\mathbf{Q}^+=\#\mathbf{Q}^-=\#\mathbf{Q}=\aleph_0$.

【思考 3.7】 举例说明有限集合的基数中哪些结论在无限集合中不成立?

2. 可数集的性质

定理 3.15 集合 A 为可数集的充分必要条件是它的元素可排成无重复的枚举: $A=$

$\{a_0,a_1,a_2,\cdots,a_n,\cdots\}$.

证明 设集合 A 的元素可排成无重复的枚举：$A=\{a_0,a_1,a_2,\cdots,a_n,\cdots\}$. 令

$$f: A\to \mathbf{N},\ f(a_n)=n$$

显然 f 是从 A 到 $\mathbf{N}$ 的双射. 故 A 是可数集.

反之,设集合 A 为可数集,则存在双射 $f: A\to\mathbf{N}$,于是 f^{-1} 是 $\mathbf{N}\to A$ 的双射. 从而 A 的元素按照与 $\mathbf{N}$ 中对应元素为脚标可排成一个无重复的枚举：$A=\{a_0,a_1,a_2,\cdots,a_n,\cdots\}$. ■

定理提供了一个判别无限集为可数集的简便方法(不需要构造双射函数).

定理 3.16 任一无限集 A 必包含有可数子集.

证明 从无限集合 A 中任取一个元素,记作 a_0. 因为 A 是无限集,所以 $A-\{a_0\}\neq\varnothing$ 且为无限集合.

从无限集合 $A-\{a_0\}$ 中又可任取一元素,记作 a_1. 同理,$A-\{a_0,a_1\}\neq\varnothing$ 且为无限集合.

一般地,若已从 A 中取出互不相同的元素 $a_0,a_1,a_2,\cdots,a_n$,那么由于 $A-\{a_0,a_1,a_2,\cdots,a_n\}\neq\varnothing$ 且为无限集合,所以从无限集合 $A-\{a_0,a_1,a_2,\cdots,a_n\}$ 中又可任取一元素,记作 a_{n+1}.

如此继续下去,便得到一个可数子集 $S=\{a_0,a_1,a_2,\cdots,a_n,\cdots\}$. ■

定理表明,可数集是"最小的"无限集.

定理 3.17 可数集 A 的任一无限子集仍是可数集.

证明 因为 A 是可数集,故 A 的元素可排成无重复的枚举：$a_0,a_1,a_2,\cdots,a_n,\cdots$.

设 B 是 A 的任一无限子集(次序可能有变),从 A 中删去不在 B 中出现的那些元素,剩下的元素即为 B 的元素.

按照这些元素在枚举中出现的先后次序,依次令其一一对应于 $\mathbf{N}$ 中的元素 $0,1,2,\cdots$,则 B 是一个可数集. ■

推论 3.1 从可数集 A 中除去有限子集 B 后(即 $A-B$)仍是一个可数集.

定理 3.18 若 A 是可数集,B 是有限集,则 $A\cup B$ 是可数集.

证明 设 $A=\{a_0,a_1,a_2,\cdots,a_n,\cdots\}$,$C=A\cap B\subseteq B$,则 C 是一个有限集,且 A 与有限集 $B-C$ 不相交. 因此 $A\cup B=A\cup(B-C)$.

设 $B-C=\{b_0,b_1,b_2,\cdots,b_m\}$,则

$$A\cup B=\{b_0,b_1,b_2,\cdots,b_m,a_0,a_1,a_2,\cdots,a_n,\cdots\}$$

因此 $A\cup B$ 是可数集. ■

定理 3.19 有限个可数集的并集仍是可数集.

证明 设 $A_i(i=0,1,2,\cdots,m)$ 是可数集. 不失一般性,设它们两两不相交(否则在后面的集合中去掉与其前面的集合相同的元素)且

$$\begin{aligned}A_0&=\{a_{00},a_{01},a_{02},\cdots,a_{0n},\cdots\}\\A_1&=\{a_{10},a_{11},a_{12},\cdots,a_{1n},\cdots\}\\A_2&=\{a_{20},a_{21},a_{22},\cdots,a_{2n},\cdots\}\\&\vdots\\A_m&=\{a_{m0},a_{m1},a_{m2},\cdots,a_{mn},\cdots\}\end{aligned}$$

则 $A_0\cup A_1\cup A_2\cup\cdots\cup A_m$ 的全部元素可排成

$$a_{00},a_{10},\cdots,a_{m0},a_{01},a_{11},\cdots,a_{m1},\cdots,a_{0n},a_{1n},\cdots,a_{mn},\cdots$$

因此 $A_0\cup A_1\cup A_2\cup\cdots\cup A_n$ 是可数集. ■

定理 3.20 可数个互不相交的可数集的并集仍是可数集.

证明 设 $A_i(i=0,1,2,\cdots)$ 是可数集,且 $A_i\cap A_j=\varnothing(i\neq j)$. 令

$$A_0=\{a_{00},a_{01},a_{02},a_{03},\cdots\}$$
$$A_1=\{a_{10},a_{11},a_{12},a_{13},\cdots\}$$
$$A_2=\{a_{20},a_{21},a_{22},a_{23},\cdots\}$$
$$A_3=\{a_{30},a_{31},a_{32},a_{33},\cdots\}$$
$$\cdots$$

a_{00} a_{01} a_{02} a_{03} …

a_{10} a_{11} a_{12} a_{13} …

a_{20} a_{21} a_{22} a_{23} …

a_{30} a_{31} a_{32} a_{33} …

… … … … …

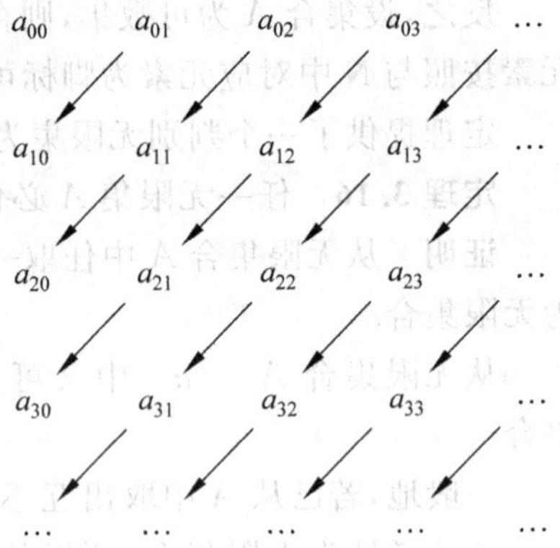

图 3.8

及 $A=\bigcup_{i=1}^{\infty}A_i$,对 A 的元素做如图 3.8 所示的排列.

在上述元素的排列中,从左上端开始,其每条斜线上任意元素的两下标之和都相同,依次为 0,1,2,3,…,各斜线上元素的个数依次为 1,2,3,4,…,于是有

$$A=\{a_{00},a_{01},a_{10},a_{02},a_{11},a_{20},a_{03},a_{12},a_{21},a_{30},\cdots\}$$

所以 $A=\bigcup_{i=1}^{\infty}A_i$ 是可数集. ■

定理 3.21 可数个可数集的并集仍是可数集.

证明 设 $A_i(i=0,1,2,\cdots)$ 是可数集,令

$$A_0^*=A_0,\quad A_i^*=A_i-(A_i\cap\bigcup_{j=0}^{i-1}A_j)\quad(i\geqslant 1)$$

则 A_i^* 是有限集或可数集,且 $A_i^*\cap A_j^*=\varnothing(i\neq j)$,而 $\bigcup_{i=0}^{\infty}A_i=\bigcup_{i=0}^{\infty}A_i^*$,所以 $\bigcup_{i=0}^{\infty}A_i$ 是可数集. ■

定理 3.22 有理数集 $\mathbf{Q}$ 是可数集.

证明 设正有理数集为 $\mathbf{Q}^+$,负有理数集为 $\mathbf{Q}^-$,则

$$\mathbf{Q}=\mathbf{Q}^+\cup\mathbf{Q}^-\cup\{0\}$$

显然 $\mathbf{Q}^+\sim\mathbf{Q}^-$,只需证 $\mathbf{Q}^+$ 是可数集. 令

$$A_q=\{p/q\mid p\in\mathbf{Z}^+\},\quad q=1,2,3,\cdots$$

则 A_q 是可数集且 $\mathbf{Q}^+=\bigcup_{q=1}^{\infty}A_q$,由定理 3.21 知,$\mathbf{Q}^+$ 可数.

因此 $\mathbf{Q}$ 是可数集. ■

定理 3.23 如果 A 和 B 都是可数集,则 $A\times B$ 也是可数集.

证明 假设 $A=\{a_0,a_1,a_2,\cdots\}$,$B=\{b_0,b_1,b_2,\cdots\}$,则

$$\begin{aligned}A\times B=&\{(a_0,b_0),(a_0,b_1),(a_0,b_2),\cdots\}\\&\cup\{(a_1,b_0),(a_1,b_1),(a_1,b_2),\cdots\}\\&\cup\{(a_2,b_0),(a_2,b_1),(a_2,b_2),\cdots\}\end{aligned}$$

$$\cup \cdots$$

即 $A\times B$ 为可数个可数集的并集. 因此 $A\times B$ 是可数集. ■

定理 3.24 设 $A_0,A_1,A_2,\cdots,A_n(n\in\mathbf{N})$ 均为可数集,则 $A_0\times A_1\times A_2\times\cdots\times A_n$ 也是可数集.

证明 当 $n=0$ 时显然成立.

假设当 $n=k-1$ 时定理成立,即集合 $S=A_0\times A_1\times A_2\times\cdots\times A_{k-1}$ 是可数集.

当 $n=k$ 时,因为

$$A_0\times A_1\times A_2\times\cdots\times A_k\sim S\times A_k$$

而 $S\times A_k$ 是可数的,故 $A_0\times A_1\times A_2\times\cdots\times A_k$ 也是可数的.

由归纳原理知,$A_0\times A_1\times A_2\times\cdots\times A_n(n\in\mathbf{N})$ 是可数集. ■

3.4.4 不可数集的基数

下面讨论除可数集外的其他无限集的基数问题.

定理 3.25 任一无限集必与它的一个真子集等势.

证明 设 A 是任一无限集,则 A 必含可数子集 $S=\{a_0,a_1,a_2,\cdots,a_n,\cdots\}$,令 $B=A-S$ 即得 $A=S\cup B=\{a_0,a_1,a_2,\cdots,a_n,\cdots\}\cup B$.

构造另一集合 $A_2=\{a_0,a_2,a_4,\cdots,a_{2n},\cdots\}\cup B$.

显然 $A_2\subset A$,且从 A 到 A_2 建立双射 f 使得

$$f(a_i)=a_{2i},\ i=0,1,2,3,\cdots$$
$$f(x)=x,x\in B$$

所以 $A\sim A_2$. ■

推论 3.2 一个集合是无限集当且仅当它必与它的一个真子集等势.

证明 必要性已由定理 3.25 证明了. 下面用反证法证明充分性.

假设集合 A 与它的一个真子集 S 等势,$A\sim S$.

若 A 是有限集,其元素个数为 n,则其子集 S 也必为有限集,设其元素个数为 m. 因为 $S\subset A$,故有 $m<n$.

因为 A 与 S 的基数不同无法建立双射,故与假设 $A\sim S$ 矛盾. ■

通过以上定理可知,有限集不能与其真子集等势,但在无限的世界中,全体与部分可能等势. 由此可见,从有限集到无限集存在质的飞跃.

无限集的这个特性可以作为区别无限集与有限集的一个标志. 可以对有限集和无限集重新给予定义.

定义 3.14 一个集合 A,若存在与它等势的真子集,则称 A 为**无限集**;否则称为**有限集**.

可数集的标准集是 $\mathbf{N}$,基数是 $\aleph_0$. 对于某些不可数无限集,下面给出其标准集和新的基数.

定理 3.26 集合 $R_1=\{x|x\in\mathbf{R},0<x<1\}$ 是不可数集.

证明 反证法. 设 R_1 是可数集 $\{x_0,x_1,x_2,\cdots,x_n,\cdots\}$,并且 R_1 中每个实数都可表示成无限的十进制小数的形式,并且限定不能从某位数字以后都是 0(规定: 所有的有限小数

均写成以 9 为循环节的无限循环小数,例如 0.418 要写成 0.417999…),这种表示法是唯一的.

于是 R_1 中的所有元素可表示如下:

$$\begin{aligned} x_0 &= 0.\,a_{00}a_{01}a_{02}\cdots \\ x_1 &= 0.\,a_{10}a_{11}a_{12}\cdots \\ x_2 &= 0.\,a_{20}a_{21}a_{22}\cdots \\ &\vdots \\ x_n &= 0.\,a_{n0}a_{n1}a_{n2}\cdots \\ &\vdots \end{aligned}$$

其中 a_{ij} 为数字 0,1,2,…,9 中的某个数.

现构造新小数 $y=0.\,b_0b_1b_2\cdots b_n\cdots$,其中

$$b_i=\begin{cases}1, & a_{ii}\neq 1\\ 2, & a_{ii}=1\end{cases}\quad i=0,1,2,\cdots \tag{3.5}$$

显然,y 不同于任意一个 x_i,即 $y\notin R_1$,这就产生了矛盾.

因此 R_1 是不可数集. ■

R_1 是不可数集,其基数是多少呢?

定义 3.15 若集合 A 与(0,1)属于同一个基数类,则 A 的基数 $\#A=\aleph$,并称 $\aleph$ 为**连续基数**或**连续统的势**,并称集合 A 为**连续统**.

例如,$R_1=(0,1)$ 的基数是连续基数.

定理 3.27 实数集 **R** 是不可数集,其基数为连续基数.

证明 定义函数 $f\colon(0,1)\to\mathbf{R}$ 为

$$f(x)=\begin{cases}\dfrac{1}{2x}-1, & 0<x\leqslant\dfrac{1}{2}\\[2ex] \dfrac{1}{2(x-1)}+1, & \dfrac{1}{2}<x<1\end{cases}$$

f 是 $(0,1)\to\mathbf{R}$ 的双射.

因此 **R** 也是不可数集,具有连续基数 $\aleph$. ■

3.4.5 集合基数的比较

定义 3.16 若存在一个从集合 A 到 B 的内射函数,则称 **A 的基数不大于 B 的基数**,记为 $\#A\leqslant\#B$.

若存在一个从集合 A 到 B 的内射函数,但不存在双射函数,则称 **A 的基数小于 B 的基数**,记为 $\#A<\#B$.

定理 3.28 设 A,B 是集合,则 $\#A\leqslant\#B$ 的充要条件是存在 $C\subseteq B$,使得 $A\sim C$.

证明 若 $\#A\leqslant\#B$,则存在内射函数 $f\colon A\to B$. 因为 f 是由 A 到 $f(A)$ 的双射函数,所以 $A\sim f(A)$. 于是取 $C=f(A)\subseteq B$,则 $A\sim C$.

反之,若 $C\subseteq B$ 且 $A\sim C$,则存在双射函数 $h\colon A\to C$.

取 $k\colon A\to B$, $\forall x\in A, h(x)=k(x)$,则 k 是内射函数,所以 $\#A\leqslant\#B$. ■

推论 3.3 设 A,B 是集合，若 $A\subseteq B$，则 $\# A\leqslant \# B$.

定理 3.29 设 A,B 是集合，若 $\# A\leqslant \# B$ 且 $\# B\leqslant \# A$，则 $\# A=\# B$.

此定理称为**伯恩斯坦定理**(Felix Bernstein，1878—1956，德国犹太裔数学家). 本定理提供了证明两集合等势的有效方法：将双射函数的构造转化为两个内射函数的构造.

【思考 3.8】 设 A,B 是集合，证明 $\# A\leqslant \# B$ 有哪些方法？证明 $\# A=\# B$ 又有哪些方法？

【例 3.22】 证明 $\#(\mathbf{R}-\mathbf{Q})=\aleph$.

证明 构造函数 $f:\mathbf{R}-\mathbf{Q}\to\mathbf{R}$，$f(x)=x$，因为 f 为内射，故 $\#(\mathbf{R}-\mathbf{Q})\leqslant \#\mathbf{R}=\aleph$.

或：因为 $\mathbf{R}-\mathbf{Q}\subseteq\mathbf{R}$，故 $\#(\mathbf{R}-\mathbf{Q})\leqslant \#\mathbf{R}=\aleph$.

构造函数 $g:(0,1)\to\mathbf{R}-\mathbf{Q}$ 为

$$g(x)=\begin{cases}x, & x\in(0,1)\text{ 且为无理数}\\ x+\sqrt{2}, & x\in(0,1)\text{ 且为有理数}\end{cases}$$

其中 g 为内射，$\aleph=\#((0,1))\leqslant\#(\mathbf{R}-\mathbf{Q})$.

所以 $\#(\mathbf{R}-\mathbf{Q})=\aleph$.

注意：$g(x)$的定义中$\sqrt{2}$不是本质的，可以取为其他无理数，如$\sqrt{3}$，$\sqrt{5}$等.

下面定理确定了有限基数、$\aleph_0$和$\aleph$的关系.

定理 3.30 若 A 为有限集，则 $\# A<\aleph_0<\aleph$.

证明 设 $\# A=m$，取标准集合 $\mathrm{N}_m=\{0,1,2,\cdots,m-1\}$.

构造函数 $f:\mathrm{N}_m\to\mathbf{N}$，$f(i)=i$. 显然 f 是内射函数.

由于不存在从有限集 N_m 到可数集 $\mathbf{N}$ 的双射，故 $\# A<\#\mathbf{N}$.

再构造函数 $g:\mathbf{N}\to(0,1)$，$g(j)=1/(1+j)$. 显然 g 是内射函数.

由于不存在从集合 $\mathbf{N}$ 到$(0,1)$的双射(否则，由 $\mathbf{N}$ 是可数集，$(0,1)$也为可数集，矛盾)，故 $\#\mathbf{N}<\#(0,1)=\aleph$.

综上所述，$\# A<\#\mathbf{N}<\aleph$，即 $\# A<\aleph_0<\aleph$. ■

尽管已经证明了$\aleph_0<\aleph$，但到目前为止还不知道是否存在一个无限集，其基数严格介于两者之间. 这就是著名的康托连续统假设. 希尔伯特(David Hibert，1862—1943，德国数学家)在 1900 年第二届国际数学家大会上将它列为二十三个难题之首.

另外，有没有一个无限集合，其基数比可数集的基数小呢？

定理 3.31 若 A 是无限集，则$\aleph_0\leqslant \# A$.

证明 由定理 3.16 知，任一无限集 A 必包含可数子集 S. 构造 $f:S\to A$，$f(x)=x$，则 f 是内射. 因此 $\# S\leqslant \# A$，即$\aleph_0\leqslant \# A$.

或：因为 $S\subseteq A$，故$\aleph_0\leqslant \# A$. ■

定理说明，不存在无限集合，其基数介于有限基数和$\aleph_0$之间，即$\aleph_0$是最小的无限基数.

定理 3.32(康托定理) 对任意的集合 A，则 $\# A<\# 2^A$.

证明 (1) 先证 $\# A\leqslant \# 2^A$.

构造函数 $f:A\to 2^A$，$f(a)=\{a\}$.

对 $\forall a_i,a_j\in A$ 且 $a_i\neq a_j$，必有 $f(a_i)\neq f(a_j)$，故 f 是由 A 到 2^A 的一个内射，因此 $\# A\leqslant \# 2^A$.

(2) 再证 $\# A \neq \# 2^A$.

对 $A \to 2^A$ 的任意函数 g(它把 A 的每一个元素映射到 A 的一个子集),只要证明 g 绝不是满射函数即可.

$\forall x \in A$,$g(x)$既是 x 的像又是 A 的子集,于是 x 可以在 $g(x)$中,也可以不在 $g(x)$中.取 A 的一个子集合 $S=\{x \mid x \notin g(x), x \in A\} \in 2^A$,可以通过反证法证明,对任意的 $a \in A$,都有 $g(a) \neq S$,所以 g 不是满射.

事实上,若存在 $a \in A$,使得 $g(a)=S$,则

$$a \in S \text{ 当且仅当 } a \in \{x \mid x \notin g(x)\} \text{ 当且仅当 } a \notin g(a) \text{ 即 } a \notin S$$

矛盾.

因此 $\# A \neq \# 2^A$.

综合(1)、(2)即得 $\# A < \# 2^A$. ■

定理说明,无论一个集合的基数多大,一定存在更大基数的集合. 因此可构造可数无限多个无限基数:

$$\# A < \# 2^A < \# 2^{2^A} < \cdots$$

因此不存在最大的集合.

同时由于每个无限基数都比后面的基数小,所以不存在最大的基数.

习题

1. A 类题

A3.1 设集合 $A=\{a,b,c\}$,$B=\{1,2,3\}$,下列由 A 到 B 的二元关系中哪些能构成函数?

(1) $f_1=\{(a,1),(a,2),(b,1),(c,3)\}$.

(2) $f_2=\{(a,1),(b,1),(c,1)\}$.

(3) $f_3=\{(a,2),(c,3)\}$.

(4) $f_4=\{(a,3),(b,2),(c,3),(b,3)\}$.

(5) $f_5=\{(a,2),(b,1),(b,2)\}$.

A3.2 下列集合 A 上的二元关系中哪些能构成函数?

(1) $A=\mathbf{N}$,$f_1=\{(a,b) \mid a,b \in A, a+b<10\}$.

(2) $A=\mathbf{R}$,$f_2=\{(a,b) \mid a,b \in A, b=a^2\}$.

(3) $A=\mathbf{R}$,$f_3=\{(a,b) \mid a,b \in A, b^2=a\}$.

(4) $A=\mathbf{N}$,$f_4=\{(a,b) \mid a,b \in A$,$b$ 为小于 a 的素数的个数$\}$.

(5) $A=\mathbf{Z}$,$f_5=\{(a,b) \mid a,b \in A, b=2|a|+1\}$.

A3.3 设集合 $A=2^U \times 2^U$,$B=2^U$,给定由 A 到 B 的关系:

$$f=\{((S_1,S_2),S_1 \cap S_2) \mid S_1,S_2 \subseteq U\}$$

f 是函数吗?若是的话,f 的值域 $\operatorname{ran} f=B$ 吗?为什么?

A3.4 下列集合能够定义函数吗?如果能,试求出它们的定义域和值域?

(1) $\{(1,(2,3)),(2,(3,4)),(3,(1,4)),(4,(1,4))\}$.

(2) $\{(1,(2,3)),(2,(3,4)),(3,(3,2))\}$.

(3) $\{(1,(2,3)),(2,(3,4)),(1,(2,4))\}$.

(4) $\{(1,(2,3)),(2,(2,3)),(3,(2,3))\}$.

A3.5 (1) 设集合 $A=\{a,b\}$,$B=\{1,2,3\}$,求 B^A,验证 $\#(B^A)=(\#B)^{\#A}$.

(2) 设集合 $A=\{a,b\}$,$B=\{1,2\}$,求 $B^{A\times A}$,验证 $\#(B^{A\times A})=(\#B)^{\#A\cdot\#A}$.

A3.6 设集合 $A=\{1,2,3,4\}$,A 上的等价关系 R 为

$$R=\{(1,4),(4,1),(2,3),(3,2)\}\cup I_A$$

求自然映射 $f\colon A\to A/R$.

A3.7 设 f 和 g 是函数,且有 $f\subseteq g$ 和 $\mathrm{dom}g\subseteq\mathrm{dom}f$,证明 $f=g$.

A3.8 设 f 和 g 都是由集合 A 到 B 的函数,且 $f\cap g\neq\varnothing$,问 $f\cup g$,$f\cap g$ 是否仍是由 A 到 B 的函数? $f\cap g$ 能否构成函数(定义域不一定是 A)?

A3.9 下列函数中,哪些是内射,满射,双射?

(1) $f_1\colon\mathbf{N}\to\mathbf{N}$,$f_1(n)=$小于 n 的完全平方数的个数.

(2) $f_2\colon\mathbf{R}\to\mathbf{R}$,$f_2(r)=2r-15$.

(3) $f_3\colon\mathbf{R}\to\mathbf{R}$,$f_3(r)=r^2+2r-15$.

(4) $f_4\colon\mathbf{N}^2\to\mathbf{N}$,$f_4(n_1,n_2)={n_1}^{n_2}$.

(5) $f_5\colon\mathbf{Z}^+\to\mathbf{R}$,$f_5(n)=\lg n$.

(6) $f_6\colon\mathbf{Z}^+\to\mathbf{N}$,$f_6(n)=$不小于 $\lg n$ 的最小整数.

(7) $f_7\colon(2^U)^2\to(2^U)^2$,$f_7(S_1,S_2)=(S_1\cup S_2,S_1\cap S_2)$.

A3.10 下列函数中,哪些是内射,满射,双射?为什么?

(1) $f_1\colon\mathbf{N}\to\mathbf{N}$,$f_1(x)=x^2+1$.

(2) $f_2\colon\mathbf{N}\to\mathbf{N}$,$f_2(x)=\mathrm{res}_3(x)$.

(3) $f_3\colon\mathbf{N}\to\mathbf{N}$,$f_3(x)=\begin{cases}1, & \text{若 } x \text{ 为奇数}\\ 0, & \text{若 } x \text{ 为偶数}\end{cases}$.

(4) $f_4\colon\mathbf{N}\to\{0,1\}$,$f_4(x)=\begin{cases}1, & \text{若 } x \text{ 为奇数}\\ 0, & \text{若 } x \text{ 为偶数}\end{cases}$.

(5) $f_5\colon\mathbf{N}\to\mathbf{R}$,$f_5(x)=3^x$.

(6) $f_6\colon\mathbf{R}\to\mathbf{R}$,$f_6(x)=x^3$.

(7) $f_7\colon\mathbf{Z}\to\mathbf{Z}$,$f_7(i)=\begin{cases}i/2, & i \text{ 是偶数}\\ (i-1)/2, & i \text{ 是奇数}\end{cases}$.

(8) $f_8\colon\mathrm{N}_7\to\mathrm{N}_7$,$f_8(x)=\mathrm{res}_7(3x)$,其中 $\mathrm{N}_7=\{0,1,2,\cdots,6\}$.

(9) $f_9\colon\mathrm{N}_6\to\mathrm{N}_6$,$f_9(x)=\mathrm{res}_6(3x)$,其中 $\mathrm{N}_6=\{0,1,2,\cdots,5\}$.

A3.11 设 A 和 B 是有限集合,$\#A=n$,$\#B=m$,求解下列问题:

(1) 有多少个不同的内射函数 $f\colon A\to B$?

(2) 有多少个不同的双射函数 $f\colon A\to B$?

A3.12 设集合 $A=\{a_1,a_2,\cdots,a_n\}$,试证明 A 上的任何函数,如果它是内射,则它必是满射,反之亦真.

A3.13 设 $f\colon\mathbf{N}\times\mathbf{N}\to\mathbf{N}$,$f(x,y)=x+y$,$g\colon\mathbf{N}\times\mathbf{N}\to\mathbf{N}$,$g(x,y)=x\cdot y$. 试证明 f 和 g

是满射函数,但不是内射函数.

A3.14 设有函数 $f: A\to B$ 和 $g: B\to C$,使得 $g\circ f$ 是一个内射,且 f 是满射. 证明 g 是一个内射. 举例说明,若 f 不是满射,则 g 不一定是内射.

A3.15 设 $f,g,h\in \mathbf{R}^{\mathbf{R}}$,且 $f(x)=x^2-2, g(x)=x+4, h(x)=x^3-1$,

(1) 试求 $g\circ f$ 和 $f\circ g$.

(2) $g\circ f$ 和 $f\circ g$ 是内射? 满射? 双射?

(3) f,g,h 中哪些有逆函数? 若有,求出逆函数.

A3.16 设集合 $A=\{1,2,3,4\}$,定义一个函数 $f: A\to A$,使得 f 是双射且 $f\neq I_A$,求 f^2, f^3, f^{-1},以及 $f\circ f^{-1}$. 能否找到一个双射 $g: A\to A$,使得 $g\neq I_A$,但是 $g^2=I_A$?

A3.17 已知函数 f 是集合 A 上的满射,且 $f\circ f=f$,证明 $f=I_A$.

A3.18 利用鸽笼原理解下列各题:

(1) 任意 $n+1$ 个正整数,其中必有两个数之差能被 n 整除.

(2) 在边长为 1 的正三角形内任取 7 个点,证明其中必有三个点联成的小三角形的面积不超过$\sqrt{3}/12$.

A3.19 设 A 是无限集合,B 是有限集合,回答下列问题并阐明理由.

(1) $A\cap B$ 是无限集合吗?

(2) $A\cup B$ 是无限集合吗?

(3) $A-B$ 是无限集合吗?

A3.20 设集合 $A=\{x\mid x=n^5, n\in \mathbf{N}\}$,证明 A 是可数集.

A3.21 设 $\mathbf{Q}$ 是有理数集合,证明 $\mathbf{Q}\times\mathbf{Q}$ 是可数集.

A3.22 计算下列集合的基数:

(1) $\{(a,b,c)\mid a,b,c\in \mathbf{Z}\}$.

(2) 所有整系数的一次多项式集合.

(3) $\{(a,b)\mid a,b\in \mathbf{R}, a^2+b^2=1\}$.

(4) 实数轴上所有两不相交的有限开区间组成的集合.

A3.23 证明:$(0,1)\times(0,1)\sim(0,1)$.

A3.24 证明:区间$(0,1)$,$(0,1]$,$[0,1)$,$[0,1]$均等势.

2. B 类题

B3.1 设函数 $f: A\cup B\to C$,试证明:$f(A\cup B)=f(A)\cup f(B)$. $f(A\cap B)=f(A)\cap f(B)$成立吗? 为什么?

B3.2 设函数 $f: A\to B$, $C\subseteq A$,证明:$f(A)-f(C)\subseteq f(A-C)$. 举例说明 $f(A)-f(C)=f(A-C)$不一定成立.

B3.3 设函数 $f: A\to B$, $C\subseteq A$, $D\subseteq B$,记 $f^{-1}(D)=\{x\mid f(x)\in D\}$,试证明:

(1) $f(f^{-1}(D))\subseteq D$.

(2) 如果 f 是满射,则 $f(f^{-1}(D))=D$.

(3) $C\subseteq f^{-1}(f(C))$.

(4) 如果 f 是内射,则 $C=f^{-1}(f(C))$.

B3.4 设有函数 $f: A\to B$,定义函数 $g: B\to 2^A$,使得

$$g(y) = \{x \mid x \in A, f(x) = y\}$$

试证明：如果 f 是满射，则 g 是内射. 反之是否成立？

B3.5 设函数 $f: A \to B$，函数 $g: B \to A$，证明：$g \circ f = I_A$ 且 $f \circ g = I_B$ 当且仅当 $g = f^{-1}$ 且 $f = g^{-1}$.

B3.6 设 $\langle A; \leqslant \rangle$ 是偏序集，$\forall x \in A$，令 $f(a) = \{x \mid x \in A, x \leqslant a\}$，证明：

(1) $f: A \to 2^A$ 是内射.

(2) 当 $a \leqslant b$ 时，$f(a) \subseteq f(b)$.

B3.7 设 A, B, C, D 是任意集合，$A \sim B$，$C \sim D$，证明：$A \times C \sim B \times D$.

B3.8 证明 $\# 2^{\mathbf{N}} = \aleph$.

B3.9 证明：(1)设 A 为有限集，B 为可数集，则 $A \times B$ 为可数集.

(2) 设 A, B 为可数集，则 $A \times B$ 是可数集.

(3) 设 A 是不可数无限集合，B 是 A 的可数子集，则 $A - B \sim A$.

(4) 设 A 是无限集合，B 是可数集，则 $A \cup B \sim A$.

B3.10 设集合 $A = \mathbf{N}$，$B = (0,1)$，求 $\#(A \times B)$.

B3.11 设 A, B, D 是任意集合，$A \cap B = \varnothing$，$A \cap D = B \cap D = \varnothing$，$\# A = a$，$\# B = b$，$\# D = d$. 定义：$a + b = \#(A \cup B)$，$a \cdot b = \#(A \times B)$. 证明：

(1) $\aleph + \aleph_0 = \aleph$.

(2) 如果 $a \leqslant b$，则 $a + d \leqslant b + d$.

(3) 如果 $a \leqslant b$，则 $a \cdot d \leqslant b \cdot d$.

B3.12 对下列每组集合 A 和 B，构造一个从 A 到 B 的双射函数，说明 A 和 B 等势.

(1) $A = (0,1)$，$B = (0,2)$.

(2) $A = \mathbf{N}$，$B = \mathbf{N} \times \mathbf{N}$.

(3) $A = \mathbf{Z} \times \mathbf{Z}$，$B = \mathbf{N}$.

(4) $A = \mathbf{R}$，$B = (0, +\infty)$.

(5) $A = [0,1)$，$B = (1/4, 1/2]$.

B3.13 设 A 是非空集合，B 是 A 到集合 $\{0,1\}$ 的一切映射组成的集合，证明：A 与 B 不等势.

第2篇 抽象代数

在一般意义下，代数被认为是对符号的操作．在人类历史上，代数的发展分为两个历史阶段：19世纪以前的代数称为古典代数，19世纪至今的代数称为近世代数．实际上，近世代数是相对于古典代数而言的．代数的这两个历史阶段是以它们的内容和研究问题方法的不同来划分的．

远在古希腊时代，人们就知道可以用符号代表所解题目中的未知数，并且这些符号可以像数一样进行运算，直到获得问题的解．所以，古典代数也可以用"每个符号总是代表一个数"这样一句话来刻画，这个数可以是整数，也可以是实数．19世纪初，人们逐渐认识到，符号不仅可以代表数，而且还可以代表任何东西．在这种思想的支配下，代数有了一个全新的改造，这就是把代数变成集合论的、公理化的科学．把在任意性质的元素上所进行的代数运算作为研究的基本对象，一般称之为近世代数．

代数系统是近世代数或抽象代数学研究的中心问题，是数学中最重要、最基础的分支，是在初等代数学的基础上产生和发展起来的，起始于19世纪初，形成于20世纪30年代．阿贝尔（Niels Henrik Abel，1802—1829，挪威数学家）、伽罗瓦（Évariste Galois，1811—1832，法国数学家）、德·摩根和布尔等人对近世代数的发展都做出了杰出的贡献．

近世代数不仅在数学上是微分几何、拓扑、数论和调和分析等领域的基础，而且在通信理论、系统工程等领域有较广泛的应用，特别是在计算机科学领域，诸如程序设计、数据结构、形式语言、编码理论等的研究和逻辑电路设计中是必不可少的理论基础．

抽象代数也叫做代数结构，其主要研究对象是各种典型的抽象代数系统．抽象的代数系统也是一种数学模型，可以用它表示现实世界中的离散结构．抽象代数在计算机中有着广泛的应用，例如自动机理论、编码理论、形式语义学、代数规范、密码学等都要用到抽象代数的知识．

构成一个抽象代数系统有三方面的要素：

(1) 集合．

(2) 集合上的运算．

(3) 说明运算性质或运算之间关系的公理．

例如，整数集合 $\mathbf{Z}$ 和数的加法＋构成代数系统 $<\mathbf{Z};+>$；n 阶实矩阵的集合 $M_n(\mathbf{R})$ 与矩阵加法＋构成代数系统 $<M_n(\mathbf{R});+>$；幂集 2^A 与集合的对称差运算 $\oplus$ 也构成代数系统 $<2^A;\oplus>$．

类似这样的代数系统可以列举出很多，它们都是具体的代数系统．考察它们的共性，不难发现它们都含有一个集合，一个二元运算，并且这些运算都具有交换性和结合性等性质．为了概括这类代数系统的共性，可以定义一个抽象的代数系统 $<A;\circ>$，其中 A 是一个集合，$\circ$ 是 A 上可交换、可结合的二元运算，这类代数系统实际上就是交换半群．

抽象代数系统有三个显著的特点：

(1) 采用集合论的符号．

(2) 重视运算及其运算规律．

(3) 使用抽象化和公理化的方法．

抽象化表现在：运算对象是抽象的，代数运算也是抽象的，而且是用公理规定的．

为了研究抽象的代数系统，需要先定义一元和二元代数运算以及二元运算的性质，并通过选择不同的运算性质来规定各种抽象代数系统的定义．在此基础上再深入研究这些抽象代数系统的内在特性和应用．

本篇的主要内容包括代数系统，群、环和域，格和布尔代数三章．

第 4 章 代数系统

本章在集合、关系和函数等概念基础上研究更为复杂的对象——代数系统,研究代数系统的性质和特殊的元素,代数系统与代数系统之间的关系(如同态、满同态和同构等)以及利用给定代数系统产生新的代数系统等. 它们将集合、集合上的运算以及集合间的函数关系结合在一起进行研究.

前三章内容是本章的基础,熟练地掌握集合、关系、函数等概念和性质是理解本章内容的关键.

4.1 代数运算

4.1.1 代数运算的概念

集合 U 的幂集 2^U 上的任意两个集合经过并、交、差、环和、环积等运算后,得到仍在 2^U 上的唯一运算结果,其实质是从 $(2^U)^2$ 到 2^U 的二元函数. 同样,2^U 上的任意一个集合经过补运算后,得到仍在 2^U 上的唯一运算结果,其实质是从 2^U 到 2^U 的一元函数.

由此可以利用函数来定义集合上的运算.

定义 4.1 设 S 为非空集合,函数 $f: S^n \to S$ 称为 S 上的一个 n 元**代数运算**,简称 n 元**运算**,正整数 n 称为这个**运算的元数**或**阶**,f 称为**运算符**.

当 $n=2$ 时,称 f 为 S 上的**二元运算**;当 $n=1$ 时,称 f 为 S 上的**一元运算**.

本章主要讨论一元运算和二元运算.

例如,通常数的加法运算和乘法运算是 $\mathbf{N}$ 上的二元运算;数的减法运算是 $\mathbf{Z}$ 上的二元运算;而求倒数运算则是非零实数集合 $\mathbf{R}-\{0\}$上的一元运算. 但减法运算不是 $\mathbf{N}$ 上的二元运算,求倒数的运算不是 $\mathbf{R}$ 上的一元运算.

又如,在所有 n 阶实可逆矩阵构成的集合上,矩阵的乘法运算是该集合上的二元运算,矩阵的转置运算和求逆运算是该集合上的一元运算,但矩阵的加法和减法运算则不是该集合上的二元运算.

由此可以看出,这里定义的运算与通常数的运算相比有如下特点:

(1) 运算必须与某个集合联系在一起. 所谓集合 S 上的 n 元运算,要求 n 个运算对象是 S 的元素,其运算结果也必须在 S 中,即运算在集合 S 上具有**封闭性**.

(2) 运算的概念已被推广. 运算的对象和运算的结果都可以不是数而是任何个体.

(3) 运算的含义更为抽象、广泛. 只要能从集合 S^n 到集合 S 之间建立一个函数,那么 S^n 的元素与 S 的元素之间的对应关系就是一个运算.

集合 S 上的二元和一元运算常用 $*$ 、$\circ$、$\cup$、$\cap$、$\vee$、$\wedge$、$'$、$-$、$\sim$等符号表示.

(1) 对于一元运算,通常将运算符放在元素 a 的前面或上面,如用$\sim(a)$,$\bar{a}$ 或 a'等表示 a 的一元运算结果.

(2) 对于二元运算，通常将运算符放在两个元素之间，如 $*(a_i,a_j)=a$ 表示成 $a_i * a_j=a$.

当 S 是有限集时，S 上的一元运算～有时采用运算表的方式来定义，如表 4.1 所示.

当 S 是有限集时，S 上的二元运算 $*$ 也可采用运算表的方式来定义，如表 4.2 所示.

表 4.1

a_i	$\sim(a_i)$
a_1	$\sim(a_1)$
a_2	$\sim(a_2)$
⋮	⋮
a_n	$\sim(a_n)$

表 4.2

$*$	a_1	a_2	…	a_n
a_1	$a_1 * a_1$	$a_1 * a_2$	…	$a_1 * a_n$
a_2	$a_2 * a_1$	$a_2 * a_2$	…	$a_2 * a_n$
⋮	⋮	⋮	⋱	⋮
a_n	$a_n * a_1$	$a_n * a_2$	…	$a_n * a_n$

例如，设集合 $S=\{1,3,5,7\}$，S 上的一元运算～和二元运算 $*$ 用运算表定义分别如表 4.3和表 4.4 所示.

表 4.3

a_i	$\sim(a_i)$
1	7
3	5
5	3
7	1

表 4.4

$*$	1	3	5	7
1	1	3	5	7
3	3	3	5	7
5	5	3	5	7
7	7	3	5	7

定义在集合 S 上的运算在 S 上一定是封闭的，即运算结果仍在 S 中. 定义在集合 S 上的运算在 S 的子集上是否封闭呢？

【例 4.1】 已知函数 $*:\mathbf{N}^2\to\mathbf{N}$，$*(n_1,n_2)=n_1\cdot n_2$，即数的乘法运算.

令 $S_1=\{2^k\mid k\in\mathbf{N}\}=\{2^0,2^1,2^2,2^3,2^4,2^5,\cdots\}$，显然 $S_1\subseteq\mathbf{N}$，于是 $S_1{}^2\subseteq\mathbf{N}^2$.

若 $(n_1,n_2)\in S_1{}^2$，则 $(n_1,n_2)\in\mathbf{N}^2$，$*(n_1,n_2)=n_1\cdot n_2\in\mathbf{N}$. 但 $*(n_1,n_2)$ 是否属于 S_1 呢？

对任意的 $(2^i,2^j)\in S_1{}^2$，因为 $i,j\in\mathbf{N}$，故 $i+j\in\mathbf{N}$，因而有 $2^i\cdot 2^j=2^{i+j}\in S_1$.

这意味着非负整数集 $\mathbf{N}$ 上的运算 $*$ 在 $\mathbf{N}$ 的子集 S_1 上是封闭的.

令 $S_2=\{1,2,3,\cdots,10\}$，显然 $S_2\subseteq\mathbf{N}$，$S_2{}^2\subseteq\mathbf{N}^2$.

任取 $(i,j)\in S_2{}^2$，由于 $*$ 是 $\mathbf{N}$ 上的二元运算，因此 $*(i,j)=i\cdot j\in\mathbf{N}$. 但 $*(i,j)$ 是否属于 S_2 呢？

取 $(4,5)\in S_2{}^2$，则 $(4,5)\in\mathbf{N}^2$，$*(4,5)=4\cdot 5=20\in\mathbf{N}$，但 $20\notin S_2$，因此 $*$ 运算在 $\mathbf{N}$ 的子集 S_2 上不封闭.

定义 4.2 设 $\circ$ 是集合 S 上的 n 元运算，H 是 S 的非空子集，若对于每一个 $(a_1,a_2,\cdots,a_n)\in H^n$，都有 $\circ(a_1,a_2,\cdots,a_n)\in H$，则称运算 $\circ$ **在 H 上是封闭的.**

定理 4.1 设 $\circ$ 是集合 S 上的 n 元运算，且在 S 的两个子集 S_1 和 S_2 上均封闭，则 $\circ$ 在 $S_1\cap S_2$ 上也是封闭的.

证明 对任意的$(a_1,a_2,\cdots,a_n)\in(S_1\cap S_2)^n$，则$a_i\in S_1\cap S_2$，因此$a_i\in S_1$且$a_i\in S_2$，$i=1,2,\cdots,n$，从而$(a_1,a_2,\cdots,a_n)\in(S_1)^n$且$(a_1,a_2,\cdots,a_n)\in(S_2)^n$.

由于运算$\circ$在S_1和S_2上均封闭，故有$\circ(a_1,a_2,\cdots,a_n)\in S_1$，且$\circ(a_1,a_2,\cdots,a_n)\in S_2$，因此$\circ(a_1,a_2,\cdots,a_n)\in S_1\cap S_2$.

所以运算$\circ$在$S_1\cap S_2$上也是封闭的. ■

【思考 4.1】 在定理 4.1 中给定的条件下，运算$\circ$在$S_1\cup S_2$上是封闭的吗？

4.1.2 二元运算的性质

定义 4.3 设S是非空集合，$*$和$\circ$是S上的二元运算.

(1) 若对任意的$x,y\in S$，有$x*y=y*x$，则称运算$*$在S上是**可交换的**，或称运算$*$在S上满足**交换律**.

(2) 若对任意的$x,y,z\in S$，有$(x*y)*z=x*(y*z)$，则称运算$*$在S上是**可结合的**，或称运算$*$在S上满足**结合律**，常记作没有括号的$x*y*z$.

(3) 若对任意的$x,y,z\in S$，有$x*(y\circ z)=(x*y)\circ(x*z)$，则称运算$*$对运算$\circ$是**左可分配的**，或称运算$*$对运算$\circ$在$S$上满足**左分配律**；若对任意的$x,y,z\in S$，有$(y\circ z)*x=(y*x)\circ(z*x)$，则称运算$*$对运算$\circ$是**右可分配的**，或称运算$*$对运算$\circ$在$S$上满足**右分配律**；如果运算$*$对运算$\circ$既是左可分配的又是右可分配的，则称运算$*$对运算$\circ$是**可分配的**，或称运算$*$对运算$\circ$在$S$上满足**分配律**.

例如，(1) 设$S=\{R|R$是非空集合A上的关系$\}$，关系的复合运算$\circ$是S上的二元运算，该运算满足结合律，但不满足交换律.

(2) 集合U的幂集2^U上的$\cup$和$\cap$运算都是可交换、可结合的运算，且$\cup$对$\cap$、$\cap$对$\cup$均是可分配的.

(3) 在所有n阶实矩阵构成的集合$M_n(\mathbf{R})$上，矩阵的加法运算满足交换律，矩阵的加法和乘法运算满足结合律，且乘法对加法满足分配律.

若运算$*$在集合S上是可结合的，则对于集合S中的任意n个元素$x_1,x_2,\cdots,x_n$，只要不改变元素的顺序，可以用任意加括号的方式进行计算，其结果都相同.

当$x_1=x_2=\cdots=x_n=x$时，记$x*x*\cdots*x$(n个x)为x^n.

定义 4.4 若运算$*$在集合S上是可结合的二元运算，则对任意的$x\in S$和任意正整数n，定义x的$\boldsymbol{n}$**次幂**为

$$x^1=x,x^{n+1}=x^n*x(n\in\mathbf{Z}^+) \tag{4.1}$$

并称n为x的**指数**.

如果运算$*$在集合S上是可结合的，则对任意的正整数m,n和任意的$x\in S$，有

$$x^m*x^n=x^{m+n},(x^m)^n=x^{mn} \tag{4.2}$$

【例 4.2】 实数集$\mathbf{R}$上的二元运算$*$定义为$r_1*r_2=r_1+r_2-r_1r_2$，判断该运算具有何性质？

【解】 对任意的实数r_1,r_2,r_3，因为

$$r_1*r_2=r_1+r_2-r_1r_2=r_2+r_1-r_2r_1=r_2*r_1$$

所以$*$满足交换律. 又

$$\begin{aligned}(r_1 * r_2) * r_3 &= (r_1 + r_2 - r_1 r_2) * r_3 \\ &= (r_1 + r_2 - r_1 r_2) + r_3 - (r_1 + r_2 - r_1 r_2) r_3 \\ &= r_1 + r_2 + r_3 - r_1 r_2 - r_1 r_3 - r_2 r_3 + r_1 r_2 r_3, \\ r_1 * (r_2 * r_3) &= r_1 * (r_2 + r_3 - r_2 r_3) \\ &= r_1 + (r_2 + r_3 - r_2 r_3) - r_1 (r_2 + r_3 - r_2 r_3) \\ &= r_1 + r_2 + r_3 - r_2 r_3 - r_1 r_2 - r_1 r_3 + r_1 r_2 r_3,\end{aligned}$$

因此 $r_1 * (r_2 * r_3) = (r_1 * r_2) * r_3$，故 $*$ 满足结合律.

【例 4.3】 集合 $S=\{0,1\}$ 上的二元运算 $*$ 和 $\circ$ 的运算表分别如表 4.5 和表 4.6 所示，判断运算 $*$ 对运算 $\circ$ 是否满足分配律？运算 $\circ$ 对运算 $*$ 呢？

表 4.5

$*$	0	1
0	0	0
1	0	1

表 4.6

$\circ$	0	1
0	0	1
1	1	0

【解】 从运算表可知，由于运算表都是关于主对角线对称的，所以运算 $*$ 和 $\circ$ 都是可交换的. 根据运算表得到如下运算结果：

$$\begin{aligned}
&0 * (0 \circ 0) = 0 * 0 = 0, \quad (0 * 0) \circ (0 * 0) = 0 \circ 0 = 0 \\
&0 * (0 \circ 1) = 0 * 1 = 0, \quad (0 * 0) \circ (0 * 1) = 0 \circ 0 = 0 \\
&0 * (1 \circ 0) = 0 * 1 = 0, \quad (0 * 1) \circ (0 * 0) = 0 \circ 0 = 0 \\
&0 * (1 \circ 1) = 0 * 0 = 0, \quad (0 * 1) \circ (0 * 1) = 0 \circ 0 = 0 \\
&1 * (0 \circ 0) = 1 * 0 = 0, \quad (1 * 0) \circ (1 * 0) = 0 \circ 0 = 0 \\
&1 * (0 \circ 1) = 1 * 1 = 1, \quad (1 * 0) \circ (1 * 1) = 0 \circ 1 = 1 \\
&1 * (1 \circ 0) = 1 * 1 = 1, \quad (1 * 1) \circ (1 * 0) = 1 \circ 0 = 1 \\
&1 * (1 \circ 1) = 1 * 0 = 0, \quad (1 * 1) \circ (1 * 1) = 1 \circ 1 = 0
\end{aligned}$$

可见，运算 $*$ 对 $\circ$ 满足左分配律. 又由于运算 $*$ 满足交换律，因此运算 $*$ 对 $\circ$ 满足右分配律. 从而运算 $*$ 对 $\circ$ 满足分配律.

由于

$$1 \circ (0 * 1) = 1 \circ 0 = 1, \quad (1 \circ 0) * (1 \circ 1) = 1 * 0 = 0$$

所以运算 $\circ$ 对 $*$ 不满足分配律.

【思考 4.2】 给定有限集合上二元运算的运算表，如何判断该运算是否具有结合律？

【思考 4.3】 给定有限集合上两个二元运算的运算表，如何判断一个运算对另一个运算是否具有分配律？

4.1.3 特殊元素

集合中的某些元素在运算的作用下会显示出与其他元素不同的特殊性质，这些特殊性质的元素称为运算的特殊元素，简称特殊元. 这里重点讨论二元运算的特殊元.

1. 单位元

定义 4.5 设 $*$ 是集合 S 上的二元运算，若存在元素 $e_l \in S$，使得对任意的 $x \in S$ 有 $e_l * x = x$，则称 e_l 是 S 中运算 $*$ 的一个**左单位元**；若存在元素 $e_r \in S$，使得对任意的 $x \in S$ 有 $x *$

$e_r = x$,则称 e_r 是 S 中运算 $*$ 的一个**右单位元**;若存在元素 $e \in S$,使得对任意的 $x \in S$ 有 $e * x = x * e = x$,则称 e 是 S 中运算 $*$ 的**单位元**,又称为**幺元**.

例如,(1) 在实数集合 **R** 上,数的加法运算有单位元 0,数的乘法运算有单位元 1.

(2) 在所有 n 阶实矩阵的集合 $M_n(\mathbf{R})$上,零矩阵是矩阵加法的单位元,单位矩阵是矩阵乘法的单位元.

(3) 在非空集合 A 上所有关系构成的集合 S 上,恒等关系 I_A 是关系复合运算的单位元,因为对任意的关系 $R \in S$,有 $I_A \circ R = R \circ I_A = R$.

单位元是集合中的"中性"元素,它与别的元素进行运算所产生的作用为 0.

【例 4.4】 设集合 $S = \{a, b, c, d\}$,$*$ 和$\circ$是 S 上的两个二元运算,分别如表 4.7 和表 4.8 所示.

表 4.7

$*$	a	b	c	d
a	d	a	b	c
b	a	b	c	d
c	a	b	c	c
d	a	b	c	d

表 4.8

$\circ$	a	b	c	d
a	a	b	d	c
b	b	a	c	d
c	c	d	a	b
d	d	d	b	c

b 和 d 都是运算 $*$ 的左单位元,$*$ 无右单位元.

a 是运算$\circ$的右单位元,$\circ$无左单位元.

本例说明,二元运算的左(右)单位元若存在可以不是唯一的.

定理 4.2 设 $*$ 是集合 S 上的二元运算,e_l 和 e_r 分别是 $*$ 的左单位元和右单位元,则 $e_l = e_r = e$,且 e 是 $*$ 的唯一单位元.

证明 因为 e_l 和 e_r 分别是 $*$ 的左、右单位元,所以

$$e_l * e_r = e_r = e_l$$

令 $e = e_l = e_r$,则 e 是 $*$ 的单位元.

设 e' 也是 $*$ 的单位元,则 $e * e' = e' = e$.

因此 e 是 $*$ 的唯一单位元. ■

定理说明,二元运算若同时存在左、右单位元,则它们必相等且唯一.

2. 零元

定义 4.6 设 $*$ 是集合 S 上的二元运算,若存在元素 $\theta_l \in S$,使得对任意的 $x \in S$ 有 $\theta_l * x = \theta_l$,则称 θ_l 是 S 中运算 $*$ 的**左零元**;若存在元素 $\theta_r \in S$,使得对任意的 $x \in S$ 有 $x * \theta_r = \theta_r$,则称 θ_r 是 S 中运算 $*$ 的**右零元**;若存在元素 $\theta \in S$,使得对任意的 $x \in S$ 有 $\theta * x = x * \theta = \theta$,则称 θ 是 S 中运算 $*$ 的**零元**.

例如,(1) 在实数集合 **R** 上,数的加法运算没有零元,数的乘法运算有零元 0.

(2) 在所有 n 阶实矩阵的集合 $M_n(\mathbf{R})$上,矩阵加法运算没有零元,零矩阵是矩阵乘法运算的零元.

(3) 在非空集合 A 上所有关系构成的集合 S 上,空关系 O_A 是关系复合运算的零元,因

为对任意的关系 $R\in S$ 有 $O_A\circ R=R\circ O_A=O_A$.

【例 4.5】 设集合 $A=\{a,b,c\}$，$*$ 和$\circ$是 A 上的两个二元运算，分别如表 4.9 和表 4.10 所示.

表 4.9

$*$	a	b	c
a	a	b	c
b	b	b	a
c	c	b	a

表 4.10

$\circ$	a	b	c
a	a	b	c
b	a	c	c
c	c	c	c

b 是运算 $*$ 的右零元，$*$ 无左零元.

c 是运算$\circ$的左零元，右零元和零元.

【例 4.6】 设集合 $B=\{3,4,6,9,17,22\}$，定义 B 上的二元运算 min 为 $\min(a,b)=a$ 与 b 中之小者.

对任意的 $x\in B$，$\min(3,x)=\min(x,3)=3$，故 3 是运算 min 的零元.

对任意的 $x\in B$，$\min(22,x)=\min(x,22)=x$，故 22 是运算 min 的单位元.

【例 4.7】 对于集合 U 的幂集 2^U 上的$\cup$运算和$\cap$运算，因为对任意的 $A\in 2^U$，有

$$\varnothing\cup A=A\cup\varnothing=A,\quad \varnothing\cap A=A\cap\varnothing=\varnothing$$

$$U\cup A=A\cup U=U,\quad U\cap A=A\cap U=A$$

故$\varnothing$和 U 分别是$\cup$运算的单位元和零元，$\varnothing$和 U 分别是$\cap$运算的零元和单位元.

定理 4.3 设 $*$ 是集合 S 上的二元运算，θ_l 和 θ_r 分别是运算 $*$ 的左零元和右零元，则 $\theta_l=\theta_r=\theta$，且 θ 是运算 $*$ 唯一的零元.

证明 因为 θ_l 和 θ_r 分别是运算 $*$ 的左零元和右零元，所以

$$\theta_l*\theta_r=\theta_r=\theta_l$$

令 $\theta=\theta_l=\theta_r$，则 θ 是 $*$ 的零元.

设 θ' 也是 $*$ 的零元，则 $\theta*\theta'=\theta'=\theta$.

因此 θ 是 $*$ 的唯一零元. ■

定理说明，二元运算若同时存在左、右零元，则它们必相等且唯一.

定理 4.4 设 $*$ 是集合 S 上的二元运算，且 $\#S>1$. 若运算 $*$ 有单位元 e 和零元 θ，则 $e\neq\theta$.

证明 假设 $e=\theta$，则对任意的 $x\in S$ 有 $x=e*x=\theta*x=\theta$，此与题设 $\#S>1$ 矛盾，故必有 $e\neq\theta$. ■

3. 幂等元

定义 4.7 设 $*$ 是集合 S 中的二元运算，若 $a\in S$ 且 $a*a=a$，则称 a 是 S 中关于运算 $*$ 的**幂等元**. 如果 S 中所有元素都是幂等元，则称运算 $*$ 在 S 上满足**幂等律**.

例如，(1) 在实数集合 **R** 上，对数的加法运算而言，0 是幂等元；对数的乘法运算而言，0 和 1 都是幂等元.

(2) 在所有 n 阶实矩阵的集合 $M_n(\mathbf{R})$ 上，对矩阵加法而言，零矩阵是幂等元；对矩阵乘法而言，零矩阵和单位矩阵都是幂等元.

(3) 在非空集合 A 上所有关系构成的集合 S 上，对关系复合运算而言，空关系和恒等关系是幂等元.

一般地，对于任何二元运算，单位元和零元(若存在)是该运算的幂等元.

【例 4.8】 对于集合 U 的幂集 2^U 上的并运算和交运算，2^U 中的每一个元素都是幂等元，因为对任意的 $S\in 2^U$ 均有 $S\cup S=S, S\cap S=S$. 因此并运算和交运算在 2^U 上满足幂等律.

例子说明，一个集合关于运算的幂等元(若存在)不一定唯一.

4. 元素的逆元

定义 4.8 设 $*$ 是集合 S 上具有单位元 e 的二元运算，对于元素 $a\in S$，若存在 $a_l^{-1}\in S$，使得 $a_l^{-1}*a=e$，则称 a 关于运算 $*$ 是**左可逆的**，称 a_l^{-1} 是 a 的**左逆元**；若存在 $a_r^{-1}\in S$，使得 $a*a_r^{-1}=e$，则称 a 关于运算 $*$ 是**右可逆的**，称 a_r^{-1} 是 a 的**右逆元**；若存在 $a^{-1}\in S$，使得 $a^{-1}*a=a*a^{-1}=e$，则称 a 关于运算 $*$ 是**可逆的**，称 a^{-1} 是 a 的**逆元**.

例如，(1) 在实数集合 $\mathbf{R}$ 上，对数的加法运算而言，每一个实数都可逆，其逆为其相反数；对数的乘法运算而言，每一个非零实数都可逆，其逆为其倒数.

(2) 在所有 n 阶实矩阵的集合 $M_n(\mathbf{R})$ 上，对矩阵加法而言，每一个矩阵都可逆，其逆为其负矩阵；对矩阵乘法而言，并非每一个矩阵都可逆，但单位矩阵是可逆的，其逆为其自身.

(3) 在非空集合 A 上所有关系构成的集合 S 上，对关系复合运算而言，每一个为双射函数的关系都可逆，其逆为其逆关系.

显然，对于任何二元运算，单位元(若存在)是可逆的，其逆元就是其自身.

【例 4.9】 在例 4.2 中曾定义实数集 $\mathbf{R}$ 上的二元运算 $*$ 为

$$r_1 * r_2 = r_1 + r_2 - r_1 r_2$$

问：(1) 它是否存在单位元？(2) $\mathbf{R}$ 中的元素是否有逆元？

【解】 (1) 若 r_l 是左单位元，则 $\forall r\in\mathbf{R}$，应有 $r_l*r=r_l+r-r_lr=r$，于是 $r_l-r_lr=0$，即 $r_l(1-r)=0$.

由于 r 是任意的，故只有 $r_l=0$.

由于运算可交换，因此 0 是运算 $*$ 的单位元.

(2) 设 s 是 r 的左逆元，则应有 $s*r=s+r-sr=0$，于是 $sr-s=r$，即 $s(r-1)=r$.

由于运算可交换，因此只要 $r\neq 1$，$\mathbf{R}$ 中任意元素 r 均有逆元，且 $r/(r-1)$ 是其逆元. 例如，5 的逆元是 5/4，因为 $5/4*5=5/4+5-(5/4)\cdot 5=0$.

【例 4.10】 设集合 $A=\{e,a,b,c,d\}$，运算 $*$ 的定义如表 4.11 所示，e 为单位元. 试考虑每个元的可逆情况.

表　4.11

*	e	a	b	c	d
e	e	a	b	c	d
a	a	b	e	c	a
b	b	a	c	c	b
c	c	e	a	b	c
d	d	a	b	b	b

【解】 因为 $e*e=e$,所以 e 以自身为逆元.

因为 $c*a=e$,$a*b=e$,所以 a 有左逆元 c,也有右逆元 b,但 a 的左、右逆元不相同.

因为 $a*b=e$,所以 b 有左逆元 a,但 b 没有右逆元.

因为 $c*a=e$,所以 c 有右逆元 a,但 c 没有左逆元.

d 既没有左逆元,又没有右逆元.

例子表明,若元素既有左逆元又有右逆元,则其左右逆元不一定相等,那么在什么条件下一定相等呢?

定理 4.5 设 $*$ 是集合 S 上具有单位元 e 且可结合的二元运算,若元素 $a\in S$ 有左逆元 a_l^{-1} 和右逆元 a_r^{-1},则 $a_l^{-1}=a_r^{-1}=a^{-1}$,且 a^{-1} 是 a 唯一的逆元.

证明 因为 a_l^{-1} 和 a_r^{-1} 分别是 a 的左逆元和右逆元,所以 $a_l^{-1}*a=a*a_r^{-1}=e$,因此

$$\begin{aligned} a_l^{-1}*a*a_r^{-1} &= (a_l^{-1}*a)*a_r^{-1} = e*a_r^{-1} = a_r^{-1} \\ &= a_l^{-1}*(a*a_r^{-1}) = a_l^{-1}*e = a_l^{-1} \end{aligned}$$

于是 $a_l^{-1}=a_r^{-1}$. 令 $a_l^{-1}=a_r^{-1}=a^{-1}$,则 a^{-1} 是 a 的逆元.

设 a 还有逆元 b,则 $b*a=a*b=e$,于是

$$b=b*e=b*(a*a^{-1})=(b*a)*a^{-1}=e*a^{-1}=a^{-1}.$$

因此 a^{-1} 是 a 唯一的逆元. ■

5. 小结

(1) 对于集合 S 上的二元运算 $*$,单位元 e 和零元 θ 是全局的概念,它们是对 S 上的所有元素而言的;幂等元和逆元是局部的概念,它们只对 S 中的某些元素而言.

(2) 有限集合 S 上二元运算 $*$ 的部分性质和特殊元素可以直接从运算表中看出:

① 运算 $*$ 是封闭的当且仅当运算表中每个元素都属于 S.

② 运算 $*$ 是可交换的当且仅当运算表关于主对角线对称.

③ S 关于 $*$ 有零元当且仅当该零元所对应的行和列中的每个元素都和该零元相同.

④ S 关于 $*$ 有单位元当且仅当该单位元所对应的行和列中的元素分别与行表头元素和列表头元素对应相同.

⑤ 设 S 中有单位元,a 和 b 互逆当且仅当位于 a 所在行、b 所在列的元素以及 b 所在行、a 所在列的元素都是单位元.

⑥ 运算 $*$ 有幂等元当且仅当运算表的主对角线上的该元素与它所在行和列的表头元素相同.

4.2 代数系统与子代数

4.2.1 代数系统的概念

定义 4.9 一个非空集合 S 和定义在该集合上的一个或多个运算 $o_1,o_2,\cdots,o_n$ 所组成的系统称为一个**代数系统**,记为 $<S;o_1,o_2,\cdots,o_n>$,其中 S 称为该代数系统的**域**. 当 S 为有限集时,称 $<S;o_1,o_2,\cdots,o_n>$ 为**有限代数系统**.

【例 4.11】 通常数的加法运算和乘法运算是实数集 **R** 上的二元运算，可以构成代数系统 $<\mathbf{R};+>$，$<\mathbf{R};\times>$，$<\mathbf{R};+,\times>$.

【例 4.12】 在所有 n 阶实矩阵的集合 $M_n(\mathbf{R})$ 上，对矩阵加法和矩阵乘法可以构成代数系统 $<M_n(\mathbf{R});+>$，$<M_n(\mathbf{R});\cdot>$，$<M_n(\mathbf{R});+,\cdot>$.

【例 4.13】 集合 U 的幂集 2^U 和集合的并、交、补运算构成代数系统 $<2^U;\cup,\cap,'>$，称之为**集合代数**.

【例 4.14】 设集合 $B=\{0,1\}$，若在 B 中规定二元运算 $\vee$ 为布尔加，$\wedge$ 为布尔乘，则 $<B;\vee,\wedge>$ 构成代数系统.

【例 4.15】 设 $A^A=\{f|f$ 是集合 A 上的函数$\}$，$\circ$ 是函数的复合运算，它们构成代数系统 $<A^A;\circ>$.

注意：

(1) 代数系统中，运算 $o_1,o_2,\cdots,o_n$ 可以是任意有限阶的运算，运算的个数也可以是任意有限个.

(2) 不同的代数系统可能具有某些共同的性质. 可以把这组性质看作公理，研究满足这些公理的抽象的代数系统，所推导出的结论对于满足这组公理的任何代数系统都成立.

为此，不考虑任何特定的集合，也不给具有这些公理的运算赋予任何特定的含义，研究用抽象的符号所表示的集合和运算这种代数系统.

为简单起见，本章后面只讨论具有两个二元运算和一个一元运算的代数系统 $<S;o_1,o_2,\sim>$，其中 o_1 和 o_2 是二元运算，$\sim$ 是一元运算.

4.2.2 子代数的概念

定义 4.10 设 $<S;o_1,o_2,\sim>$ 是一个代数系统，H 是 S 的一个非空子集，如果 S 上的每一个运算在 H 上都是封闭的，则称代数系统 $<H;o_1,o_2,\sim>$ 是 $<S;o_1,o_2,\sim>$ 的**子代数**或**子系统**.

若 H 是 S 的真子集，则称代数系统 $<H;o_1,o_2,\sim>$ 是 $<S;o_1,o_2,\sim>$ 的**真子代数**或**真子系统**.

例如，(1) $<\{\varnothing\};\cup,\cap>$ 和 $<2^U;\cup,\cap>$ 都是 $<2^U;\cup,\cap>$ 的子代数.

(2) $<\mathbf{N};+>$ 是 $<\mathbf{Z};+>$ 的真子代数，$<\mathbf{Z};+>$ 又是 $<\mathbf{R};+>$ 的真子代数.

注意：子代数是一个代数系统；代数系统是自身的一个子代数.

【例 4.16】 设有代数系统 $<\mathbf{N};+,\cdot>$，其中 $+$ 和 $\cdot$ 是通常数的加法和乘法运算. 集合 $A=\{6n|n\in\mathbf{N}\}=\{0,6,12,\cdots\}$，$B=\{n^2|n\in\mathbf{N}\}=\{0^2,1^2,2^2,\cdots\}$ 是 **N** 的两个非空子集.

对任意的 $6n_1,6n_2\in A$，因

$$6n_1+6n_2=6(n_1+n_2)\in A, 6n_1\cdot 6n_2=6\cdot(6n_1\cdot n_2)\in A$$

故 $<A;+,\cdot>$ 是代数系统 $<\mathbf{N};+,\cdot>$ 的子代数.

对任意的 $n_1^2,n_2^2\in B$，虽然 $n_1^2\cdot n_2^2=(n_1\cdot n_2)^2\in B$，但 $n_1^2+n_2^2$ 不一定在 B 中，如 $2^2+3^2=13\notin B$，故只能得出 $<B;\cdot>$ 是 $<\mathbf{N};\cdot>$ 的子代数，而 B 与 $+$、$\cdot$ 不能构成 $<\mathbf{N};+,\cdot>$ 的子代数.

4.3 代数系统的同态与同构

通过两个代数系统域间的函数可以建立起这两个系统间的某种关系.

4.3.1 代数系统的同态

1. 同态的概念

定义 4.11 设有两个代数系统 $V_1=<S_1;o_{11},o_{12},\cdots,o_{1n}>$ 和 $V_2=<S_2;o_{21},o_{22},\cdots,o_{2n}>$，如果运算 o_{1i} 和 $o_{2i}(i=1,2,\cdots,n)$ 具有相同的阶，则称代数系统 V_1 和 V_2 是**同类型的**.

例如，代数系统 $<\mathbf{Z};+>$ 与 $<\mathbf{N};+>$ 是同类型的，而 $<\mathbf{Z};+,\cdot>$ 与 $<\mathbf{N};+>$ 不是同类型的.

定义 4.12 设 $V_1=<S_1;*_1,\circ_1,\sim_1>$ 和 $V_2=<S_2;*_2,\circ_2,\sim_2>$ 是两个同类型的代数系统，h 是一个从 S_1 到 S_2 的函数，若对任意的 $x,y\in S_1$，有

$$h(x *_1 y)=h(x) *_2 h(y),h(x\circ_1 y)=h(x)\circ_2 h(y) \tag{4.3}$$

$$h(\sim_1(x))=\sim_2(h(x)) \tag{4.4}$$

则称 h 是从代数系统 V_1 到 V_2 的一个**同态**，如图 4.1 所示.

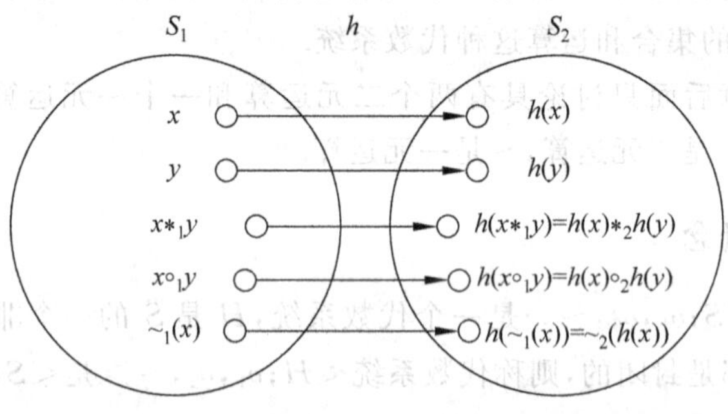

图 4.1

有时也称 h 将运算 $*_1$ 传送到 $*_2$，将运算 $\circ_1$ 传送到 $\circ_2$，将运算 $\sim_1$ 传送到 $\sim_2$. 因此，同态是一种保持运算的映射.

同态映射所满足的条件可以归结为一句话：两集合中“对应元素的运算结果仍然对应”，或“先运算后取像等同于先取像后运算”.

定义 4.13 设 f 是代数系统 $V_1=<S_1;*_1,\circ_1,\sim_1>$ 到 $V_2=<S_2;*_2,\circ_2,\sim_2>$ 的同态，则 $<f(S_1);*_2,\circ_2,\sim_2>$ 是 V_2 的子代数，称 $<f(S_1);*_2,\circ_2,\sim_2>$ 是 V_1 在 f 下的**同态像**.

【例 4.17】 $<\mathbf{R}^+;\times>$ 和 $<\mathbf{R};+>$ 是两个代数系统，定义函数 $f:\mathbf{R}^+\to\mathbf{R}$ 为 $f(x)=\ln x$，证明 f 是 $<\mathbf{R}^+;\times>$ 到 $<\mathbf{R};+>$ 的同态映射.

证明 对任意的 $x,y\in\mathbf{R}^+$，有

$$f(x\times y)=\ln(x\times y)=\ln x+\ln y=f(x)+f(y)$$

所以 f 是 $<\mathbf{R}^+;\times>$ 到 $<\mathbf{R};+>$ 的同态映射.

【例 4.18】 设有代数系统 $V_1=<\mathbf{N};+,\cdot>$ 和 $V_2=<\mathrm{N}_6;\oplus_6,\otimes_6>$，其中 $\mathrm{N}_6=\{0,1,$

2,3,4,5},$\oplus_6$ 和$\otimes_6$ 分别表示模 6 的加法和模 6 的乘法.

定义函数 h: $\mathbf{N}\to\mathrm{N}_6$,对任意的 $i\in\mathbf{N}$,$h(i)=\mathrm{res}_6(i)$. 证明:h 是从 V_1 到 V_2 的一个同态.

证明 对任意的 $i_1,i_2\in\mathbf{N}$,待证

$$h(i_1+i_2)=h(i_1)\oplus_6 h(i_2),h(i_1\cdot i_2)=h(i_1)\otimes_6 h(i_2)$$

即对任意的 $i_1,i_2\in\mathbf{N}$,有

$$\mathrm{res}_6(i_1+i_2)=\mathrm{res}_6(i_1)\oplus_6\mathrm{res}_6(i_2),\mathrm{res}_6(i_1\cdot i_2)=\mathrm{res}_6(i_1)\otimes_6\mathrm{res}_6(i_2)$$

设 $i_1=6q_1+r_1(0\leqslant r_1<6)$,$i_2=6q_2+r_2(0\leqslant r_2<6)$.

(1) 由于 $i_1+i_2=6(q_1+q_2)+(r_1+r_2)$,所以

$$\mathrm{res}_6(i_1+i_2)=\mathrm{res}_6(r_1+r_2)$$

另一方面

$$\mathrm{res}_6(i_1)\oplus_6\mathrm{res}_6(i_2)=r_1\oplus_6 r_2=\mathrm{res}_6(r_1+r_2)$$

因此 $\mathrm{res}_6(i_1+i_2)=\mathrm{res}_6(i_1)\oplus_6\mathrm{res}_6(i_2)$.

(2) 因为

$$i_1\cdot i_2=(6q_1+r_1)\cdot(6q_2+r_2)=36q_1q_2+6q_1r_2+6q_2r_1+r_1r_2$$

所以 $\mathrm{res}_6(i_1\cdot i_2)=\mathrm{res}_6(r_1\cdot r_2)$.

另一方面

$$\mathrm{res}_6(i_1)\otimes_6\mathrm{res}_6(i_2)=r_1\otimes_6 r_2=\mathrm{res}_6(r_1\cdot r_2)$$

因此 $\mathrm{res}_6(i_1\cdot i_2)=\mathrm{res}_6(i_1)\otimes_6\mathrm{res}_6(i_2)$.

由此可知,h 是从 V_1 到 V_2 的一个同态.

2. 特殊的同态

定义 4.14 设 h: $S_1\to S_2$ 是从代数系统 $V_1=<S_1;*_1,\circ_1,\sim_1>$到 $V_2=<S_2;*_2,\circ_2,\sim_2>$的同态.

(1) 如果 h 是内射,则称 h 是从 V_1 到 V_2 的**单同态**.

(2) 如果 h 是满射,则称 h 是从 V_1 到 V_2 的**满同态**.

(3) 如果 h 是双射,则称 h 是从 V_1 到 V_2 的**同构**.

特别地,若 V_1 和 V_2 是同一代数系统 V,则从 V_1 到 V_2 的同态称为 V 的**自同态**;从 V_1 到 V_2 的同构称为 V 的**自同构**.

显然,V_1 到 V_2 的同态是 V_1 到 V_1 的同态像的满同态,V_1 到 V_2 的单同态是 V_1 到 V_1 的同态像的同构.

【例 4.19】 对于代数系统 $V=<\mathbf{Z};+>$,定义函数 h: $\mathbf{Z}\to\mathbf{Z}$, $\forall i\in\mathbf{Z}$,$h(i)=3i$.

因为对任意的 $i_1,i_2\in\mathbf{Z}$,有

$$h(i_1+i_2)=3(i_1+i_2)=3i_1+3i_2=h(i_1)+h(i_2)$$

因此 h 是从 V 到 V 的同态,即 V 的自同态.

因为 h 是单射而不是满射,故 h 是单同态,但不是满同态.

【例 4.20】 对于代数系统 $V_1=<\mathbf{N};\cdot>$,$V_2=<\mathbf{Z};\cdot>$和 $V_3=<A;\cdot>$,其中 $A=\{x^2\mid x\in\mathbf{N}\}$,即 $A=\{0^2,1^2,2^2,\cdots\}=\{0,1,4,\cdots\}$,

定义函数 f: $\mathbf{N}\to A$,对任意的 $n\in\mathbf{N}$,$f(n)=n^2$,

定义函数 g: $\mathbf{Z}\to A$,对任意的 $i\in\mathbf{Z}$,$g(i)=i^2$.

因为对任意的 $n_1, n_2 \in \mathbf{N}$，有

$$f(n_1 \cdot n_2) = (n_1 \cdot n_2)^2 = {n_1}^2 \cdot {n_2}^2 = f(n_1) \cdot f(n_2)$$

以及对任意的 $i_1, i_2 \in \mathbf{Z}$，有

$$g(i_1 \cdot i_2) = (i_1 \cdot i_2)^2 = {i_1}^2 \cdot {i_2}^2 = g(i_1) \cdot g(i_2)$$

所以 f 是由 V_1 到 V_3 的同态，g 是由 V_2 到 V_3 的同态.

因为 f 既是单射又是满射，故 f 是双射. g 尽管是满射，但不是单射，故不是双射. 所以 f 是从 V_1 到 V_3 的同构，g 不是从 V_2 到 V_3 的同构.

4.3.2 满同态的性质

定理 4.6 设 h 是从代数系统 $V_1 = <S_1; *_1, \circ_1, \sim_1>$ 到 $V_2 = <S_2; *_2, \circ_2, \sim_2>$ 的一个满同态，则

(1) 若 $*_1(\circ_1)$ 是可交换的，则 $*_2(\circ_2)$ 也是可交换的.

(2) 若 $*_1(\circ_1)$ 是可结合的，则 $*_2(\circ_2)$ 也是可结合的.

(3) 若 $*_1$ 对 $\circ_1$ 是可分配的，则 $*_2$ 对 $\circ_2$ 也是可分配的.

(4) 若 V_1 中 $*_1(\circ_1)$ 有单位元 e，则 V_2 中 $*_2(\circ_2)$ 也有单位元 $h(e)$.

(5) 若 V_1 中 $*_1(\circ_1)$ 有零元 θ，则 V_2 中 $*_2(\circ_2)$ 也有零元 $h(\theta)$.

(6) 若对于 $*_1(\circ_1)$，S_1 的元素 x 有逆元 x^{-1}，则对于 $*_2(\circ_2)$，x 的像 $h(x)$ 也具有逆元 $h(x^{-1})$.

证明 只证(1)，(4)和(6)，余者类推.

(1) 对任意的 $y_1, y_2 \in S_2$，因为 h 是满射，所以必存在 $x_1, x_2 \in S_1$，使得 $h(x_1) = y_1$，$h(x_2) = y_2$.

因为 $*_1$ 可交换，所以 $x_1 *_1 x_2 = x_2 *_1 x_1$，于是 $h(x_1 *_1 x_2) = h(x_2 *_1 x_1)$.

因为 h 是同态，所以 $h(x_1) *_2 h(x_2) = h(x_2) *_2 h(x_1)$，即 $y_1 *_2 y_2 = y_2 *_2 y_1$. 所以 $*_2$ 可交换.

(4) 对任意的 $y \in S_2$，因为 h 是满射，所以必存在 $x \in S_1$，使得 $h(x) = y$.

因为 $e *_1 x = x *_1 e = x$，所以 $h(e *_1 x) = h(x *_1 e) = h(x)$.

由于 h 是同态，于是有 $h(e) *_2 h(x) = h(x) *_2 h(e) = h(x)$，即 $h(e) *_2 y = y *_2 h(e) = y$. 所以 $*_2$ 有单位元 $h(e)$.

(6) 因为 $x *_1 x^{-1} = x^{-1} *_1 x = e$，所以 $h(x *_1 x^{-1}) = h(x^{-1} *_1 x) = h(e)$.

由同态的定义有 $h(x) *_2 h(x^{-1}) = h(x^{-1}) *_2 h(x) = h(e)$. 所以 $h(x)$ 有逆元 $h(x^{-1})$. ■

注意：

(1) 因为代数系统 V_1 到 V_2 的同态是 V_1 到 V_1 的同态像的满同态，所以与代数系统 V_1 相联系的一些重要公理，如交换律、结合律、分配律在 V_1 的同态像中能够被保持下来.

(2) 若 $h: S_1 \to S_2$ 不是满同态，则定理 4.6 所列出的性质不一定成立. 因为这时在 S_2 中存在某些元素，它们不是 S_1 中任何元素的像.

4.3.3 同构的性质

设 h 是从代数系统 $V_1 = <S_1; *_1, \circ_1, \sim_1>$ 到 $V_2 = <S_2; *_2, \circ_2, \sim_2>$ 的同构，那么 h 是从 S_1 到 S_2 的双射，此时 h 存在有逆函数 $h^{-1}: S_2 \to S_1$ 且为双射. 易证 h^{-1} 是从 V_2 到 V_1

的同态，于是代数系统 V_1 和 V_2 彼此同构.

下面证明 h^{-1} 是从 V_2 到 V_1 的同态，即证

(1) 对任意的 $(y_1, y_2) \in S_2^2$，

$$h^{-1}(y_1 *_2 y_2) = h^{-1}(y_1) *_1 h^{-1}(y_2), h^{-1}(y_1 \circ_2 y_2) = h^{-1}(y_1) \circ_1 h^{-1}(y_2) \quad (4.5)$$

(2) 对任意的 $y \in S_2$，

$$h^{-1}(\sim_2(y)) = \sim_1(h^{-1}(y)) \quad (4.6)$$

对任意的 $(y_1, y_2) \in S_2^2$，因为 h 是从 S_1 到 S_2 的满射，故必存在 $x_1, x_2 \in S_1$，使得 $h(x_1) = y_1, h(x_2) = y_2$，即 $x_1 = h^{-1}(y_1), x_2 = h^{-1}(y_2)$.

因为 h 是同态，故有

$$h(x_1 *_1 x_2) = h(x_1) *_2 h(x_2) = y_1 *_2 y_2$$

即 $x_1 *_1 x_2 = h^{-1}(y_1 *_2 y_2)$，也即 $h^{-1}(y_1 *_2 y_2) = h^{-1}(y_1) *_1 h^{-1}(y_2)$.

同法可证其他二式.

若代数系统 $V_1 = <S_1; *_1, \circ_1, \sim_1>$ 与 $V_2 = <S_2; *_2, \circ_2, \sim_2>$ 彼此同构，则

(1) 集合 S_1 中所有元素与集合 S_2 中所有元素一一对应.

(2) V_1 中的各个运算与 V_2 中的各个运算一一对应.

(3) 若 S_1 中元素之间有由某运算所构成的关系时，则 S_2 中对应元素之间也相应有由与上述运算相对应的运算构成的类似关系.

反之亦然.

两个同构的代数系统，除了集合中元素的名字和运算符号不同外，在本质上没有什么区别，可以看作同一个代数系统加以研究.

注意：

(1) 在由代数系统所组成的集合上，同构关系是一个等价关系.

① 每个代数系统和其自身是同构的.

② 如果 V_1 和 V_2 是同构的，则 V_2 和 V_1 也是同构的.

③ 如果 V_1 和 V_2 是同构的，V_2 和 V_3 是同构的，则 V_1 和 V_3 也是同构的.

(2) 由该等价关系将集合分划成一些等价类，其中每个等价类是由具有相同"结构"的同构代数系统所组成.

【例 4.21】 设代数系统 $V_1 = <\mathbf{R}; \cdot>, V_2 = <\mathbf{R}^*; \cdot>$，定义函数

(1) $f_1: \mathbf{R} \to \mathbf{R}^*$，$f_1(x) = |x|$.

(2) $f_2: \mathbf{R}^* \to \mathbf{R}^*$，$f_2(x) = |x|$.

(3) $f_3: \mathbf{R}^* \to \mathbf{R}^*$，$f_3(x) = 2x$.

$\mathbf{R}^*$ 表示非负实数的集合. 试问以上这些函数是否是由 V_1 到 V_2 的同构或 V_2 的自同构？

【解】 (1) 对任意的 $x, y \in \mathbf{R}$，因为

$$f_1(x \cdot y) = |x \cdot y| = |x| \cdot |y| = f_1(x) \cdot f_1(y)$$

所以 f_1 是由 V_1 到 V_2 的同态.

但 f_1 不是内射（因为 $f_1(x) = f_1(-x) = |x|$，例如 $f_1(2.5) = f_1(-2.5) = 2.5$），故 f_1

不是由 V_1 到 V_2 的同构.

(2) 由(1) 的证明过程知,f_2 是 V_2 的自同态.

对任意的 $x\in\mathbf{R}^*$,$f_2(x)=|x|=x$,所以 f_2 是双射,因此 f_2 是 V_2 的自同构.

(3) 对任意的 $x,y\in\mathbf{R}^*$,因为

$$f_3(x\cdot y)=2xy,f_3(x)\cdot f_3(y)=2x\cdot 2y=4xy$$

因此 $f_3(x\cdot y)\neq f_3(x)\cdot f_3(y)$,故 f_3 不是 V_2 的自同态,也不是 V_2 的自同构.

【例 4.22】 代数系统$<\mathbf{R};\cdot>$与$<\mathbf{R};+>$是否同构?

【解】 如果$<\mathbf{R};\cdot>$与$<\mathbf{R};+>$同构,则这两个代数系统应具有完全相同的性质,但事实上,$<\mathbf{R};\cdot>$中运算·有零元 0,而$<\mathbf{R};+>$中运算+没有零元. 因此$<\mathbf{R};\cdot>$与$<\mathbf{R};+>$不同构.

此外,$<\mathbf{R};+>$中任意元都有逆元,而$<\mathbf{R};\cdot>$则不是.

4.4 代数系统的积代数

通过有限个给定的同类型的代数系统可以构造新的代数系统,下面介绍其中的一种方法.

定义 4.15 设有代数系统 $V_i=<S_i;*_i,\circ_i,\sim_i>$,其中 $*_i,\circ_i$ 是二元运算,$\sim_i$ 是一元运算,$i=1,2,\cdots,n$. $V_1,V_2,\cdots,V_n$ 的**积代数**或**直积**是一个代数系统 $V=<S;*,\circ,\sim>$,其中

$$S=S_1\times S_2\times\cdots\times S_n=\{(x_1,x_2,\cdots,x_n)\mid x_i\in S_i,i=1,2,\cdots,n\} \tag{4.7}$$

对任意的$(x_1,x_2,\cdots,x_n),(y_1,y_2,\cdots,y_n)\in S$,

$$(x_1,x_2,\cdots,x_n)*(y_1,y_2,\cdots,y_n)=(x_1*_1y_1,x_2*_2y_2,\cdots,x_n*_ny_n) \tag{4.8}$$

$$(x_1,x_2,\cdots,x_n)\circ(y_1,y_2,\cdots,y_n)=(x_1\circ_1y_1,x_2\circ_2y_2,\cdots,x_n\circ_ny_n) \tag{4.9}$$

$$\sim(x_1,x_2,\cdots,x_n)=(\sim_1(x_1),\sim_2(x_2),\cdots,\sim_n(x_n)) \tag{4.10}$$

V 一般表示为 $V=V_1\times V_2\times\cdots\times V_n$.

【例 4.23】 设有代数系统 $V_1=<A_1;\oplus_2>$,$V_2=<A_2;\oplus_3>$,其中 $A_1=\{0,1\}$,$A_2=\{0,1,2\}$,$\oplus_2$ 和$\oplus_3$ 分别是模 2 和模 3 的加法,运算表分别如表 4.12 和表 4.13 所示.

表 4.12

$\oplus_2$	0	1
0	0	1
1	1	0

表 4.13

$\oplus_3$	0	1	2
0	0	1	2
1	1	2	0
2	2	0	1

根据定义 4.15,积代数 $V_1\times V_2=<A_1\times A_2;\oplus>$,其中

$$A_1\times A_2=\{(0,0),(0,1),(0,2),(1,0),(1,1),(1,2)\}$$

对任意的$(x_1,x_2),(y_1,y_2)\in A_1\times A_2$,

$$(x_1,x_2)\oplus(y_1,y_2)=(x_1\oplus_2y_1,x_2\oplus_3y_2)$$

运算$\oplus$的运算表如表 4.14 所示.

表 4.14

$\oplus$	(0,0)	(0,1)	(0,2)	(1,0)	(1,1)	(1,2)
(0,0)	(0,0)	(0,1)	(0,2)	(1,0)	(1,1)	(1,2)
(0,1)	(0,1)	(0,2)	(0,0)	(1,1)	(1,2)	(1,0)
(0,2)	(0,2)	(0,0)	(0,1)	(1,2)	(1,0)	(1,1)
(1,0)	(1,0)	(1,1)	(1,2)	(0,0)	(0,1)	(0,2)
(1,1)	(1,1)	(1,2)	(1,0)	(0,1)	(0,2)	(0,0)
(1,2)	(1,2)	(1,0)	(1,1)	(0,2)	(0,0)	(0,1)

定理 4.7 设有代数系统 $V_i=\langle S_i;*_i,\circ_i,\sim_i\rangle$,其中 $*_i,\circ_i$ 是二元运算,$\sim_i$ 是一元运算,$i=1,2,\cdots,n$,$V=V_1\times V_2\times\cdots\times V_n=\langle S;*,\circ,\sim\rangle$,其中 $*$ 和$\circ$是二元运算,$\sim$是一元运算,

(1) 若 $*_i$ 是可交换的运算,$i=1,2,\cdots,n$,则 $*$ 也是可交换的运算.

(2) 若 $*_i$ 是可结合的运算,$i=1,2,\cdots,n$,则 $*$ 也是可结合的运算.

(3) 若 $*_i$ 对$\circ_i$ 是可分配的,$i=1,2,\cdots,n$,则 $*$ 对$\circ$也是可分配的.

(4) 若 $*_i$ 有单位元 e_i,$i=1,2,\cdots,n$,则 $*$ 也有单位元$(e_1,e_2,\cdots,e_n)$.

(5) 若 $*_i$ 有零元 θ_i,$i=1,2,\cdots,n$,则 $*$ 也有零元$(\theta_1,\theta_2,\cdots,\theta_n)$.

(6) 若元素 $x_i\in S_i$ 对 $*_i$ 有逆元 x_i^{-1},$i=1,2,\cdots,n$,则元素$(x_1,x_2,\cdots,x_n)\in S$ 对 $*$ 也有逆元$(x_1^{-1},x_2^{-1},\cdots,x_n^{-1})$.

证明 以(6)为例证明如下. 因为

$$\begin{aligned}&(x_1,x_2,\cdots,x_n)*(x_1^{-1},x_2^{-1},\cdots,x_n^{-1})\\=&(x_1*_1x_1^{-1},x_2*_2x_2^{-1},\cdots,x_n*_nx_n^{-1})\\=&(x_1^{-1}*_1x_1,x_2^{-1}*_2x_2,\cdots,x_n^{-1}*_nx_n)\\=&(x_1^{-1},x_2^{-1},\cdots,x_n^{-1})*(x_1,x_2,\cdots,x_n)\\=&(e_1,e_2,\cdots,e_n),\end{aligned}$$

所以$(x_1,x_2,\cdots,x_n)\in S$ 对 $*$ 可逆,且$(x_1,x_2,\cdots,x_n)^{-1}=(x_1^{-1},x_2^{-1},\cdots,x_n^{-1})$. ■

定理表明,与代数系统相联系的某些重要公理(如交换律、结合律、分配律等)在这些系统的积代数中被保留.

习题

1. A 类题

A4.1 通常数的乘法运算是否是下列集合上的二元运算,说明理由.

(1) $A=\{1,2\}$.

(2) $B=\{b|b$ 是素数$\}$.

(3) $C=\{c|c$ 是偶数$\}$.

(4) $D=\{2^n|n\in\mathbf{N}\}$.

A4.2 设集合 $A=\{1,2,3,4\}$,运算 $*$ 定义为 $a*b=ab-b$,运算$\circ$定义为 $a\circ b=\max(a,b)$,试写出 $*$ 和$\circ$的运算表.

A4.3 设 $N_7=\{0,1,2,3,4,5,6\}$,运算$\oplus_7$ 是模 7 加法,运算$\otimes_7$ 是模 7 乘法. 试写出$\oplus_7$ 和$\otimes_7$ 的运算表.

A4.4 设集合 $A=\{a,b,c\}$,$*$ 是 A 上的二元运算,分别由表 4.15~表 4.18 给出. 试分别讨论运算 $*$ 的交换性、幂等性、单位元和逆元.

表 4.15

$*$	a	b	c
a	a	b	c
b	b	c	a
c	c	a	b

表 4.16

$*$	a	b	c
a	a	b	c
b	b	a	c
c	c	c	c

表 4.17

$*$	a	b	c
a	a	b	c
b	a	b	c
c	a	b	c

表 4.18

$*$	a	b	c
a	a	b	c
b	a	b	c
c	c	c	b

A4.5 设集合 A 上的二元运算 $*$ 满足结合律,证明:对任意的正整数 m,n 和任意的 $x\in A$,有(1) $x^m*x^n=x^{m+n}$;(2) $(x^m)^n=x^{mn}$.

A4.6 设 $*$ 是集合 A 上的二元运算,a 为运算 $*$ 的幂等元,则对任意的正整数 n,有 $a^n=a$.

A4.7 写出代数系统 $<N_7;\oplus_7>$ 的单位元,零元和各元素的逆元.

A4.8 写出代数系统 $<N_7;\otimes_7>$ 的单位元,零元和各元素的逆元.

A4.9 设 $<A;*>$ 是有限代数系统,$*$ 是二元运算,那么

(1) 当运算 $*$ 在 A 上是封闭的时,其运算表有何特征?

(2) 当运算 $*$ 是可交换运算时,其运算表有何特征?

A4.10 写出代数系统 $<N_{10};\otimes_{10}>$ 的所有幂等元.

A4.11 设 $<S;*>$ 是一代数系统,$*$ 是可结合的二元运算,且对所有的 $x,y\in S$,若 $x*y=y*x$,则 $x=y$. 试证明 S 中每一个元素均是幂等元.

A4.12 设集合 $A=\{1,2,3,4\}$,A 上的二元运算 $*$ 定义为取最大值运算,证明 $*$ 是可结合的运算,并求出代数系统 $<A;*>$ 的单位元、零元和各元素的逆元.

A4.13 设运算 $*$ 的定义分别为:

(1) $a*b=|a+b|$.

(2) $a*b=a^b$.

(3) $a*b=a+b-1$.

(4) $a*b=a+2b$.

(5) $a*b=2ab$.

问:哪些运算在 $\mathbf{Z}$ 上是封闭的?哪些运算是可交换的?哪些运算是可结合的?

A4.14 设运算 $*$ 定义为 $a*b=a+b+ab$,证明:运算 $*$ 在 $\mathbf{Z}$ 上是封闭的,可交换的和可结合的,并指出其单位元.

A4.15 设 $<A;*>$ 是代数系统,其中集合 $A=\{a,b,c,d\}$,且有 $b=a^2,c=a^3,d=a^4$,

证明运算 $*$ 是可交换运算.

A4.16 构造一个含单位元的代数系统,且除单位元外,其他元素不可逆.

A4.17 设 $<\mathrm{N}_k;\oplus_k,\otimes_k>$ 是代数系统,证明 $\otimes_k$ 对 $\oplus_k$ 是可分配的.

A4.18 正整数集合 $\mathbf{Z}^+$ 上的两个二元运算 $*$ 和 $\circ$ 定义为

$$\forall x,y\in\mathbf{Z}^+,\quad x*y=xy,x\circ y=x^y$$

证明: $*$ 对 $\circ$ 不是可分配的, $\circ$ 对 $*$ 也不是可分配的.

A4.19 设集合 $S=\{a,b,c,d\}$, S 上的二元运算 $*$ 和 $\circ$ 分别如表 4.19 和表 4.20 所示, $S_1=\{b,d\}$, $S_2=\{b,c\}$, $S_3=\{a,c,d\}$, 试问 $<S_1;*,\circ>$, $<S_2;*,\circ>$, $<S_3;*,\circ>$ 是否为代数系统 $<S;*,\circ>$ 的子代数? 并指出 $<S;*,\circ>$ 的所有子代数.

表 4.19

$*$	a	b	c	d
a	a	b	c	d
b	b	b	d	d
c	c	d	c	d
d	d	d	d	d

表 4.20

$\circ$	a	b	c	d
a	a	a	b	a
b	a	b	a	b
c	a	a	c	c
d	a	b	d	d

A4.20 设集合 $S=\{a,b,c\}$, $X=<\{\varnothing,S\};\cap,\cup,'>$, $Y=<\{\{a,b\},S\};\cap,\cup,'>$. 问 X 和 Y 是否同构? 为什么?

A4.21 在代数系统 $<\mathbf{R};+>$ 与 $<\mathbf{C};\times>$ 中, $+$ 与 $\times$ 分别表示数的加法与乘法运算,定义映射 f: $\mathbf{R}\to\mathbf{C}$ 为 $f(x)=\cos 3x+\mathrm{j}\sin 3x$, 证明 f 是同态映射.

A4.22 设 f: $A\to B$ 是从 $V_1=<A;\cdot>$ 到 $V_2=<B;*>$ 的同态, g: $B\to C$ 是从 V_2 到 $V_3=<C;\times>$ 的同态,这里运算 $\cdot$, $*$ 和 $\times$ 均是二元运算. 试证明: 复合函数 $g\circ f$: $A\to C$ 是从 V_1 到 V_3 的同态.

A4.23 设 f_1 和 f_2 都是从代数系统 $<S_1;*>$ 到 $<S_2;\circ>$ 的同态,这里 $*$ 和 $\circ$ 都是二元运算,且 $\circ$ 是可交换和可结合的. 定义函数 h: $S_1\to S_2$, 使得对任意的 $x\in S_1$, $h(x)=f_1(x)\circ f_2(x)$, 试证明 h 也是从 $<S_1;*>$ 到 $<S_2;\circ>$ 的同态.

A4.24 设 $<A;*>$ 和 $<B;\circ>$ 是两个代数系统, $*$ 和 $\circ$ 运算分别是 A 和 B 上的二元运算, A 中有单位元 e, B 中无单位元,证明: $<A;*>$ 与 $<B;\circ>$ 不同构.

A4.25 给定 $<Z_2;\oplus_2>$ 和 $<Z_3;\oplus_3>$, 其中 $Z_2=\{[0],[1]\}$, $Z_3=\{[0],[1],[2]\}$. 试求 $<Z_2\times Z_3;*>$.

2. B 类题

B4.1 设 $<A;*>$ 是代数系统,对任意的 $x,y\in A$, 都有 $(x*y)*x=x$ 和 $(x*y)*y=(y*x)*x$, 试证明:

(1) 对任意的 $x,y\in A$, 都有 $x*(x*y)=x*y$.

(2) 对任意的 $x,y\in A$, 都有 $x*x=(x*y)*(x*y)$.

(3) 对任意的 $x\in A$, 若 $x*x=e$, 则必有 $e*x=x$, $x*e=e$.

(4) $x*y=y*x$ 当且仅当 $x=y$.

(5) 若还满足 $x*y=(x*y)*y$,则 $*$ 满足幂等律和交换律.

B4.2 设 V_1 是全体复数集合 $\mathbf{C}$ 关于数的加法和乘法构成的代数系统,即 $V_1=<\mathbf{C};+,\times>$. 另有 $V_2=<M;*,\cdot>$,其中

$$M=\left\{\begin{pmatrix} a & b \\ -b & a \end{pmatrix} \middle| a,b\in\mathbf{R}\right\}$$

$*$ 和 $\cdot$ 分别为矩阵的加法和乘法,证明 V_1 与 V_2 同构.

B4.3 设函数 $h: S_1\to S_2$ 是从代数系统 $V_1=<S_1;*_1,\sim_1>$ 到 $V_2=<S_2;*_2,\sim_2>$ 的同态,其中运算 $*_i$ 和 $\sim_i(i=1,2)$ 分别是二元运算和一元运算. 试证明 $h(S_1)$ 对于运算 $*_2$ 和 $\sim_2$ 构成 V_2 的子代数.

B4.4 设函数 $h: A\to B$ 是从代数系统 $<A;*>$ 到 $<B;\circ>$ 的同态,$<S;\circ>$ 是 $<B;\circ>$ 的子代数,且 $h^{-1}(S)\neq\varnothing$. 证明 $<h^{-1}(S);*>$ 是 $<A;*>$ 的子代数. 这里 $h^{-1}(S)$ 表示集合 S 中所有元素的原像的集合.

B4.5 设 $<S;*>$ 是代数系统,$*$ 是 S 上的二元运算,R 是 S 上的等价关系. 若对任意的 $a,b,c,d\in S$,当 $(a,b)\in R$ 且 $(c,d)\in R$ 时有 $(a*c,b*d)\in R$,则称 R 是 S 上关于 $*$ 的**同余关系**,称 R 产生的等价类是关于 $*$ 的**同余类**.

考察代数系统 $<\mathbf{Z};+>$,$+$ 是整数加法. 下面的二元关系是 $\mathbf{Z}$ 上的关于 $+$ 的同余关系吗?

(1) $R=\{(x,y)\mid x,y\in\mathbf{Z}$ 且 $((x<0$ 且 $y<0)$ 或 $(x\geqslant 0$ 且 $y\geqslant 0))\}$.

(2) $R=\{(x,y)\mid x,y\in\mathbf{Z}$ 且 $(x<0$ 且 $|x-y|<10)\}$.

(3) $R=\{(x,y)\mid x,y\in\mathbf{Z}$ 且 $((x=0$ 且 $y=0)$ 或 $(x\neq 0$ 且 $y\neq 0))\}$.

(4) $R=\{(x,y)\mid x,y\in\mathbf{Z}$ 且 $x\geqslant 0\}$.

B4.6 设 $+$ 和 $\times$ 是实数的加法和乘法,$X=<\mathbf{R};+>$,$Y=<\mathbf{R};\times>$,问 Y 是否是 X 的同态像?

B4.7 设 $\times$ 是数的乘法,$X=<\mathbf{N};\times>$,$Y=<\{0,1\};\times>$,证明 Y 是 X 的同态像.

B4.8 证明代数系统 $<\mathbf{N};+>$ 和 $<E;\times>$ 不同构,其中 E 是 $\mathbf{N}$ 中偶数的集合,$+$ 和 $\times$ 是数的加法和乘法.

B4.9 设集合 $A=\{a,b\}$,试问代数系统 $<\{\varnothing,A\};\cap,\cup>$ 和 $<\{\{a\},A\};\cap,\cup>$ 是否同构?

B4.10 代数系统 $<\mathbf{Z};+>$ 和 $<\mathbf{N};\times>$ 是否同构? 为什么? 其中,$+$ 和 $\times$ 是数的加法和乘法.

第 5 章 群、环和域

接下来的两章将介绍常见的几种代数结构，它们是用代数方法建立的数学模型. 本章着重讨论具有一个二元运算的代数系统，包括半群、独异点和群以及具有两个二元运算的代数系统，包括环和域. 群、环和域在组合计数、编码理论、形式语言与自动机理论等学科中都发挥了重要作用，而群是抽象代数中最古老且发展得最完善的代数系统. 在计算机科学中，对于代码的查错和纠错、自动机理论等各个方面的应用的研究，群是其基础.

本章的主要内容为半群、独异点和群的定义和基本性质，子群及其陪集，环和域的定义和基本性质等.

5.1 半群和独异点

5.1.1 半群和独异点的基本概念

定义 5.1 设 S 是一个非空集合，$*$ 是 S 上的一个二元运算，如果运算 $*$ 是可结合的，则称代数系统 $<S;*>$ 是**半群**.

若在半群 $<S;*>$ 中，运算 $*$ 满足交换律，则称 $<S;*>$ 为**交换半群**.

例如，(1) 代数系统 $<\mathbf{N};+>$ 和 $<\mathbf{N};\cdot>$、$<\mathbf{Z};+>$ 和 $<\mathbf{Z};\cdot>$、$<\mathbf{R};+>$ 和 $<\mathbf{R};\cdot>$ 都是半群，且都是交换半群. 但 $<\mathbf{Z};->$ 和 $<\mathbf{R}-\{0\};/>$ 不是半群，因为运算不满足结合律.

(2) 代数系统 $<M_n(\mathbf{R});+>$，$<M_n(\mathbf{R});\cdot>$ 都是半群，$<M_n(\mathbf{R});+>$ 是交换半群，$<M_n(\mathbf{R});\cdot>$ 不是交换半群.

(3) 代数系统 $<2^U;\cup>$ 和 $<2^U;\cap>$ 都是半群，且都是交换半群.

(4) 设 $S=\{R|R$ 是集合 A 上的关系$\}$，则对于关系的复合运算$\circ$，代数系统 $<S;\circ>$ 是半群，但不是交换半群.

若 $F=\{f|f$ 是 A 上的函数$\}$，则对于函数的复合运算$\circ$，代数系统 $<F;\circ>$ 也是半群，但不是交换半群.

【例 5.1】 设 S 是非空集合，对任意的 $x,y\in S$，定义 $x*y=y$，则代数系统 $<S;*>$ 是半群，但不是交换半群.

【例 5.2】 设代数系统 $<S;*>$ 是半群，$a\in S$，如果对任意的 $x,y\in S$，每当 $a*x=a*y$ 都有 $x=y$，则称元素 a 是**左可约的**. 试证明，如果 a,b 是左可约的，则 $a*b$ 也是左可约的.

证明 对任意的 $x,y\in S$，假设有 $(a*b)*x=(a*b)*y$.

因为 $<S;*>$ 是半群，所以 $*$ 是可结合的，有

$$(a*b)*x=a*(b*x),\quad (a*b)*y=a*(b*y)$$

则由假设有

$$a*(b*x)=a*(b*y)$$

因为 a 是左可约的，所以 $b * x = b * y$.

又因为 b 是左可约的，所以 $x = y$.

即对任意的 $x, y \in S$，如果 $(a * b) * x = (a * b) * y$，则有 $x = y$. 所以由左可约的定义可知，$a * b$ 也是左可约的.

因为半群 $<S; *>$ 中运算 $*$ 是可结合的，所以可以定义元素的幂.

定义 5.2 设 $<S; *>$ 是一个半群，则对任意的 $x \in S$ 和任意正整数 n，定义 x 的 **n 次幂**为

$$x^1 = x, x^{n+1} = x^n * x (n \in \mathbf{Z}^+) \tag{5.1}$$

并称 n 为 x 的**指数**.

对任意的正整数 m, n 和任意的 $x \in S$，有

$$x^m * x^n = x^{m+n}, \quad (x^m)^n = x^{mn} \tag{5.2}$$

定理 5.1 设 $<S; *>$ 是一个有限的半群，则必有 $a \in S$，使得 a 是一个幂等元.

证明 对任意的 $x \in S$，因为 $<S; *>$ 是半群，故由运算 $*$ 的封闭性和结合律知，

$$x^2 = x * x \in S, \quad x^3 = x^2 * x = x * x^2 \in S, \cdots$$

因为 S 是有限集，所以根据鸽笼原理知，必存在正整数 $j > i$，使得 $x^i = x^j$.

令 $p = j - i$，便有 $x^i (= x^j = x^{p+i}) = x^p * x^i$.

由此可得 $x^q = x^p * x^q$（正整数 $q \geqslant i$）.

因为 $p \geqslant 1$，所以总可以找到正整数 $k \geqslant 1$，使得 $kp \geqslant i$.

对于 S 中的元素 x^{kp}，就有

$$\begin{aligned} x^{kp} &= x^p * x^{kp} \\ &= x^p * (x^p * x^{kp}) \\ &= x^{2p} * x^{kp} \\ &= \cdots \\ &= x^{kp} * x^{kp}. \end{aligned}$$

此即证得，在 S 中存在元素 $a = x^{kp}$，使得 $a * a = a$. ■

定义 5.3 若半群 $<S; *>$ 中的运算 $*$ 有单位元，则称该半群为**含幺半群**，常称为**独异点**.

若独异点 $<S; *>$ 中的运算 $*$ 满足交换律，则称该独异点为**交换独异点**.

例如，(1) 代数系统 $<\mathbf{N}; +>$ 和 $<\mathbf{N}; \cdot>$、$<\mathbf{Z}; +>$ 和 $<\mathbf{Z}; \cdot>$、$<\mathbf{R}; +>$ 和 $<\mathbf{R}; \cdot>$ 都是独异点，且都是交换独异点. 但 $<\mathbf{Z}; ->$ 和 $<\mathbf{R}-\{0\}; />$ 不是独异点.

(2) 代数系统 $<M_n(\mathbf{R}); +>$，$<M_n(\mathbf{R}); \cdot>$ 都是独异点，$<M_n(\mathbf{R}); +>$ 是交换独异点，$<M_n(\mathbf{R}); \cdot>$ 不是交换独异点.

(3) 代数系统 $<2^U; \cup>$ 和 $<2^U; \cap>$ 都是独异点，且都是交换独异点.

(4) 设 $S = \{R \mid R$ 是集合 A 上的关系$\}$，则对于关系的复合运算 $\circ$，代数系统 $<S; \circ>$ 是独异点，但不是交换独异点.

若 $F = \{f \mid f$ 是 A 上的函数$\}$，则对于函数的复合运算 $\circ$，代数系统 $<F; \circ>$ 也是独异点，但不是交换独异点.

注意：

(1) 独异点中唯一的单位元常记为 e.

(2) 设<S; $*$>为独异点,则关于运算 $*$ 的运算表中没有两行或两列是相同的.

事实上,对任意的 $x,y\in S$,当 $x\neq y$ 时,总有 $x*e=x\neq y=y*e$ 和 $e*x=x\neq y=e*y$,所以在 $*$ 的运算表中不可能有两行或两列是相同的.

在独异点<S; $*$>中也可定义元素的幂.

定义 5.4 设<S; $*$>是一个独异点,则对任意的 $x\in S$ 和任意非负整数 n,定义 x 的 **n 次幂**为

$$x^0=e, x^{n+1}=x^n*x(n\in\mathbf{N}) \tag{5.3}$$

并称 n 为 x 的**指数**.

对任意的非负整数 m,n 和任意的 $x\in S$,有

$$x^m*x^n=x^{m+n}, (x^m)^n=x^{mn} \tag{5.4}$$

定义 5.5 在独异点<S; $*$>中,如果存在元素 $g\in S$,使得 S 中的每一元素 a 都能写成 $g^i(i\in\mathbf{N})$的形式,则称独异点<S; $*$>为**循环独异点**,元素 g 称为该循环独异点的**生成元**.

【例 5.3】 试证<$\mathbf{N}$; $+$>是循环独异点,并求其生成元.

证明 <$\mathbf{N}$; $+$>是独异点,且 0 是加法运算的单位元.

对任意的 $i\in\mathbf{N}$,若 $i\neq 0$,则 $i=1+1+\cdots+1$(i 个 1 相加)$=1^i$;若 $i=0$,则有 $0=1^0$.

故<$\mathbf{N}$; $+$>为循环独异点,其生成元为 1.

【例 5.4】 <S; $*$>是一个独异点,其中 $S=\{1,a,b,c,d\}$,$*$ 是 S 上的二元运算,其运算表如表 5.1 所示.

表 5.1

$*$	1	a	b	c	d
1	1	a	b	c	d
a	a	a	b	d	d
b	b	b	d	a	a
c	c	d	a	b	b
d	d	d	a	b	b

因为 1 是单位元,a 是幂等元,$b^3=d^3=a$,因此 $1,a,b,d$ 的任意非负整数次幂最多只能表示 S 中 4 个不同元. 而

$$c^0=1, c^1=c, c^2=b, c^3=a, c^4=d$$

所以独异点<S; $*$>是一个循环独异点,其中 c 是生成元.

定理 5.2 每一个循环独异点都是交换独异点.

证明 设<S; $*$>为循环独异点且 g 为其生成元,则对任意的 $x,y\in S$,存在 $m,n\in\mathbf{N}$,使得 $x=g^m,y=g^n$. 于是

$$x*y=g^m*g^n=g^{m+n}=g^{n+m}=g^n*g^m=y*x$$

所以<S; $*$>是交换独异点. ■

定理 5.3 设<S; $*$>是一个有限的独异点,则对每一个 $x\in S$ 存在正整数 j,使得 x^j

是一个幂等元.

证明 见定理5.1的证明. ■

例如,例5.4中$1,a,b^3(=a),d^3(=a),c^3(=a)$是幂等元.

定理5.4 设$<S;*>$是独异点,$a,b\in S$且可逆,则

(1) $(a^{-1})^{-1}=a$.

(2) $(a*b)^{-1}=b^{-1}*a^{-1}$.

证明 (1) 设a^{-1}是a的逆元,则有$a*a^{-1}=a^{-1}*a=e$,因此a^{-1}可逆,且$(a^{-1})^{-1}=a$.

(2) 设a^{-1}是a的逆元,b^{-1}是b的逆元,因为

$$(a*b)*(b^{-1}*a^{-1})=a*(b*b^{-1})*a^{-1}=a*e*a^{-1}=a*a^{-1}=e,$$

$$(b^{-1}*a^{-1})*(a*b)=b^{-1}*(a^{-1}*a)*b=b^{-1}*e*b=b^{-1}*b=e,$$

所以$a*b$可逆,且$(a*b)^{-1}=b^{-1}*a^{-1}$. ■

5.1.2 子半群和子独异点

定义5.6 设$<S;*>$是一个半群,若$<H;*>$是$<S;*>$的子代数,则称$<H;*>$为$<S;*>$的**子半群**.

设$<S;*>$是一个独异点,若$<H;*>$是$<S;*>$的子代数,且单位元$e\in H$,则称$<H;*>$为$<S;*>$的**子独异点**.

由定义知,子半群(子独异点)是一个半群(独异点);半群(独异点)是自身的一个子半群(子独异点). 此外,$<\{e\};*>$也是独异点$<S;*>$的子独异点.

【例5.5】 对于半群$<S;*>$的任一元素$x\in S$,令集合$H=\{x,x^2,x^3,\cdots\}$,则$<H;*>$是$<S;*>$的子半群.

【例5.6】 对于半群$<\mathbf{Z}^+;+>$,$\mathbf{Z}^+$的子集

$$A_2=\{2n\mid n\in\mathbf{Z}^+\},\quad A_3=\{3n\mid n\in\mathbf{Z}^+\},\quad A_4=\{4n\mid n\in\mathbf{Z}^+\},\quad\cdots$$

都是$<\mathbf{Z}^+;+>$的子半群.

【例5.7】 对于独异点$<\mathbf{N};+>$,子集$A_2,A_3,A_4,\cdots$(同例5.6)均不能形成$<\mathbf{N};+>$的子独异点;而

$$B_2=\{2n\mid n\in\mathbf{N}\},B_3=\{3n\mid n\in\mathbf{N}\},B_4=\{4n\mid n\in\mathbf{N}\},\cdots$$

都能形成$<\mathbf{N};+>$的子独异点.

定理5.5 设$<S;*>$是一个交换独异点,则S的所有幂等元的集合H形成$<S;*>$的一个子独异点.

证明 由于S中单位元e适合$e^2=e$,所以$e\in H$,于是H是S的非空子集且包含S中的单位元e.

对任意的$x,y\in H$,由$x^2=x,y^2=y$和运算$*$是可交换的得知

$$(x*y)^2=x^2*y^2=x*y$$

因此$x*y\in H$,于是H对于运算$*$是封闭的,从而$<H;*>$是$<S;*>$的一个子独异点. ■

【思考5.1】 设代数系统$<S;*>$和$<H;*>$都是独异点,若$H\subseteq S$,则$<H;*>$是$<S;*>$的子独异点吗?

5.1.3 半群和独异点的同态

代数系统的同态(单同态、满同态)、同构和积代数的概念以及一些有关的结论可以推广到半群和独异点中.

定理 5.6 设 h 是从代数系统 $V_1=\langle S_1;*\rangle$ 到代数系统 $V_2=\langle S_2;\circ\rangle$ 的满同态,其中运算 $*$ 和 $\circ$ 都是二元运算,则

(1) 若 V_1 是(交换)半群,则 V_2 也是(交换)半群.

(2) 若 V_1 是(交换)独异点,则 V_2 也是(交换)独异点.

推论 5.1 (交换)半群的同态像是(交换)半群,(交换)独异点的同态像是(交换)独异点.

定理 5.7 给定代数系统 $V_1=\langle S_1;*\rangle$ 和 $V_2=\langle S_2;\circ\rangle$,其中运算 $*$ 和 $\circ$ 都是二元运算,则

(1) 若 V_1 和 V_2 是(交换)半群,则 $V_1\times V_2$ 也是(交换)半群.

(2) 若 V_1 和 V_2 是(交换)独异点,则 $V_1\times V_2$ 也是(交换)独异点.

5.2 群

5.2.1 群的基本概念

1. 群的定义

定义 5.7 设 $\langle G;*\rangle$ 是一个代数系统,如果 G 上的二元运算 $*$ 满足下列条件,则称 $\langle G;*\rangle$ 是一个**群**,简记成群 G.

(1) 运算 $*$ 是可结合的;

(2) 存在单位元 $e\in G$;

(3) G 中所有元素都可逆.

如果群 $\langle G;*\rangle$ 的运算 $*$ 是可交换的,则称该群为**交换群**或**阿贝尔群**.

例如,代数系统 $\langle \mathbf{Z};+\rangle$、$\langle \mathbf{R};+\rangle$、$\langle \mathbf{R}-\{0\};\cdot\rangle$、$\langle M_n(\mathbf{R});+\rangle$、$\langle 2^U;\cup\rangle$、$\langle 2^U;\cap\rangle$ 都是群,且为交换群. 但 $\langle \mathbf{N};+\rangle$、$\langle \mathbf{Z};\cdot\rangle$、$\langle \mathbf{R};\cdot\rangle$、$\langle M_n(\mathbf{R});\cdot\rangle$ 都不是群,因为不是所有元都可逆.

【例 5.8】 代数系统 $\langle \mathrm{N}_n;\oplus_n\rangle$ 为群,且为交换群.

证明 (1) 先证运算满足结合律.

对任意的 $a,b,c\in \mathrm{N}_n$,令

$$a+b=nm_1+\mathrm{res}_n(a+b),\quad b+c=nm_2+\mathrm{res}_n(b+c)$$

则有

$$\begin{aligned}(a\oplus_n b)\oplus_n c&=\mathrm{res}_n(a+b)\oplus_n c=\mathrm{res}_n(\mathrm{res}_n(a+b)+c)\\&=\mathrm{res}_n((nm_1+\mathrm{res}_n(a+b))+c)=\mathrm{res}_n((a+b)+c),\\a\oplus_n(b\oplus_n c)&=a\oplus_n\mathrm{res}_n(b+c)=\mathrm{res}_n(a+\mathrm{res}_n(b+c))\\&=\mathrm{res}_n(a+(nm_2+\mathrm{res}_n(b+c)))=\mathrm{res}_n(a+(b+c))\\&=\mathrm{res}_n((a+b)+c),\end{aligned}$$

因此$(a\oplus_n b)\oplus_n c=a\oplus_n(b\oplus_n c)$，即$\oplus_n$满足结合律.

(2) 再证单位元的存在性.

0是单位元.

(3) 最后证逆元的存在性.

$x=0$的逆元是0，$x\neq 0$的逆元是$n-x$.

综上所述，$<N_n;\oplus_n>$是一个群.

由于运算可交换，故$<N_n;\oplus_n>$也是一个交换群.

【例 5.9】 设$<G;*>$是群，$g\in G$，定义$a\circ b=a*g*b$，证明$<G;\circ>$是群.

证明 对任意的$x,y\in G$，由$x\circ y=x*g*y$可知，$\circ$在G上是封闭的，因此$<G;\circ>$是一个代数系统.

(1) 对任意的$x,y,z\in G$，有

$$(x\circ y)\circ z=(x*g*y)\circ z=(x*g*y)*g*z$$

$$x\circ(y\circ z)=x\circ(y*g*z)=x*g*(y*g*z)$$

由$<G;*>$是群可知，$*$是可结合的，所以

$$(x*g*y)*g*z=x*g*(y*g*z)$$

于是有$(x\circ y)\circ z=x\circ(y\circ z)$，所以$\circ$是可结合的.

(2) 令$e'=g^{-1}$，则对任意的$x\in G$，有

$$x\circ e'=x*g*e'=x*g*g^{-1}=x$$

同理可证，$e'\circ x=x$.

所以$e'=g^{-1}$是G中关于$\circ$的单位元.

(3) 对任意的$x\in G$，令$y=g^{-1}*x^{-1}*g^{-1}$，有

$$x\circ y=x*g*(g^{-1}*x^{-1}*g^{-1})=g^{-1}$$

同理可证，$y\circ x=g^{-1}$.

所以G的每个元素都有逆元.

综上所述，$<G;\circ>$是群.

定义 5.8 设$<G;*>$是一个代数系统，如果$<G;*>$是独异点，且G中所有元素都可逆，则$<G;*>$是一个群.

注意：

(1) 一个群必是独异点，也必是半群，因此群也可以如下定义.

(2) 若$<G;*>$是群，且$\#G>1$，则$<G;*>$无零元.

设e是群$<G;*>$的单位元. 若$<G;*>$中存在零元，不妨记为θ，则由前面的定理知，$e\neq\theta$.

对任意的$x\in G$有$\theta*x=\theta\neq e$，故θ没有逆元，与$<G;*>$是群矛盾，所以$<G;*>$中没有零元.

(3) 若$<G;*>$是群，则$<G;*>$中唯一的幂等元是单位元e.

设$a\in G$是幂等元，则$a*a=a$，因而

$$e=a^{-1}*a=a^{-1}*(a*a)=(a^{-1}*a)*a=e*a=a$$

所以G中唯一的幂等元是单位元e.

2. 群中元素的幂

设$<G;*>$是群,因$<G;*>$是独异点,故对任意的$x\in G$,有

$$x^0=e,x^{n+1}=x^n*x(n\in \mathbf{N})$$

由于$x^{-1}\in G$,故有

$$(x^{-1})^0=e,(x^{-1})^{n+1}=(x^{-1})^n*x^{-1}(n\in \mathbf{N}) \tag{5.5}$$

引入记号$x^{-n}=(x^{-1})^n=x^{-1}*x^{-1}*\cdots*x^{-1}$($n$个$x^{-1}$),则式(5.5)可表示为

$$(x^{-1})^0=e,x^{-n-1}=x^{-n}*x^{-1}(n\in \mathbf{N})$$

因此群$<G;*>$中任意元素x可定义整数次幂.

定义 5.9　设$<G;*>$是群,则对任意的$x\in G$,定义x的幂为

$$x^0=e,x^{n+1}=x^n*x,\quad x^{-n}=(x^{-1})^n \tag{5.6}$$

其中$n\in \mathbf{N}$.

对任意的整数m,n和任意$x\in G$,下面两式仍然成立:

$$x^m*x^n=x^{m+n},(x^m)^n=x^{mn} \tag{5.7}$$

因此又有

$$x^{-n}=(x^{-1})^n=(x^n)^{-1} \tag{5.8}$$

例如,$x^5*x^{-2}=x^{5-2}=x^3$.

因为
$$\begin{aligned}x^5*x^{-2}&=x^5*(x^{-1})^2\\&=(x*x*x*x*x)*(x^{-1}*x^{-1})\\&=(x*x*x)*(x*x*x^{-1}*x^{-1})\\&=(x*x*x)*(x*(x*x^{-1})*x^{-1})\\&=(x*x*x)*(x*e*x^{-1})\\&=(x*x*x)*(x*x^{-1})\\&=(x*x*x)*e\\&=x*x*x=x^3.\end{aligned}$$

又如,$(x^2)^{-3}=x^{-6}$.

$$(x^2)^{-3}=((x^2)^{-1})^3=(x^2)^{-1}*(x^2)^{-1}*(x^2)^{-1}=(x*x)^{-1}*(x*x)^{-1}*(x*x)^{-1}$$

根据结合律

$$(x*x)*(x^{-1}*x^{-1})=(x^{-1}*x^{-1})*(x*x)=e$$

所以$(x*x)^{-1}=x^{-1}*x^{-1}$.

因此
$$\begin{aligned}(x^2)^{-3}&=(x^{-1}*x^{-1})*(x^{-1}*x^{-1})*(x^{-1}*x^{-1})\\&=x^{-1}*x^{-1}*x^{-1}*x^{-1}*x^{-1}*x^{-1}\\&=(x^{-1})^6=x^{-6}.\end{aligned}$$

3. 群的阶和元素的周期

定义 5.10　设$<G;*>$是群,如果G是有限集,则称$<G;*>$是**有限群**,G中元素的个数称为群$<G;*>$的**阶**;若G是无限集,则称$<G;*>$是**无限群**.

定义 5.11　设$<G;*>$是一个群,$a\in G$,若存在正整数r,使得$a^r=e$,则称元素a具有**有限周期**或**有限阶**. 使$a^r=e$成立的最小正整数r称为a的**周期**或**阶**.

如果对于任何正整数 r 均有 $a^r \neq e$，则称 a 具有**无限周期或无限阶**.

显然，群中单位元具有有限周期，且周期是 1.

【例 5.10】 在群 $\langle \mathbf{R}-\{0\};\cdot\rangle$ 中，因为

$$(-1)^2=(-1)^4=(-1)^6=\cdots=1,(-1)^1=-1\neq 1$$

所以 -1 的周期为 2.

其他元（1 和 -1 除外）的周期为无限.

【例 5.11】 在群 $\langle N_6;\oplus_6\rangle$ 中，单位元 0 的周期是 1；1 和 5 的周期均为 6；2 和 4 的周期为 3；3 的周期为 2，它们都不超过群 $\langle N_6;\oplus_6\rangle$ 的阶 6.

5.2.2 群的基本性质

定理 5.8 设 $\langle G;*\rangle$ 是一个群，则对任意的 $a,b\in G$，

(1) 存在唯一的元素 $x\in G$，使 $a*x=b$.

(2) 存在唯一的元素 $y\in G$，使 $y*a=b$.

证明 (1) 因为 $a,b\in G$，所以 $a^{-1}*b\in G$.

令 $x=a^{-1}*b$，则 $a*(a^{-1}*b)=(a*a^{-1})*b=e*b=b$.

因此，$a^{-1}*b$ 是方程 $a*x=b$ 的解.

假设 $x'\in G$ 也使得 $a*x'=b$ 成立，则

$$x'=e*x'=(a^{-1}*a)*x'=a^{-1}*(a*x')=a^{-1}*b$$

因此 $x=a^{-1}*b$ 是满足 $a*x=b$ 的唯一元素.

(2) 同法可证. ■

注意：定理说明在群中方程 $a*x=b$ 与 $y*a=b$ 有唯一解.

定理 5.9 设 $\langle G;*\rangle$ 是一个群，则运算 $*$ 满足**消去律**，即对任意的 $a,b,c\in G$，

(1) (**左消去律**)若 $a*b=a*c$，则 $b=c$；

(2) (**右消去律**)若 $b*a=c*a$，则 $b=c$.

证明 (1) 令 $a*b=a*c=d$，根据定理 5.8，方程 $a*x=d$ 在 G 中只有唯一的解，故得 $b=c$.

(2) 同法可证. ■

推论 5.2 有限群 $\langle G;*\rangle$ 的运算表中的每一行或每一列都是 G 的元素的一个排列.

【例 5.12】 设 $\langle G;*\rangle$ 是一个群，且对任意的 $a,b\in G$，有 $(a*b)^2=a^2*b^2$，则 $\langle G;*\rangle$ 是阿贝尔群.

证明 对任意的 $x,y\in G$，由已知 $(x*y)^2=x^2*y^2$ 有

$$(x*y)*(x*y)=(x*x)*(y*y)$$

于是

$$x*(y*x)*y=x*(x*y)*y$$

利用定理 5.9 的消去律得 $y*x=x*y$. 故 $\langle G;*\rangle$ 是阿贝尔群.

显然，该命题的逆命成立，且对任意正整数 n 有 $(a*b)^n=a^n*b^n$.

定理 5.10 设 $\langle G;*\rangle$ 是一个群，则对任意的 $x,y\in G$，有

$$(x^{-1})^{-1}=x,(x*y)^{-1}=y^{-1}*x^{-1}$$

证明 因为$x^{-1}*x=x*x^{-1}=e$,故$(x^{-1})^{-1}=x$.

又因为$(x*y)*(x*y)^{-1}=e$,及

$$(x*y)*(y^{-1}*x^{-1})=x*(y*y^{-1})*x^{-1}=x*x^{-1}=e$$

因此

$$(x*y)*(x*y)^{-1}=(x*y)*(y^{-1}*x^{-1})$$

根据定理5.9,有$(x*y)^{-1}=y^{-1}*x^{-1}$. ■

推论5.3 设$<G;*>$是一个群,则对任意的$a_1,a_2,\cdots,a_n\in G$,有

$$(a_1*a_2*\cdots*a_n)^{-1}=a_n^{-1}*a_{n-1}^{-1}*\cdots*a_1^{-1}$$

特别是在交换群中,$(a_1*a_2*\cdots*a_n)^{-1}=a_1^{-1}*a_2^{-1}*\cdots*a_n^{-1}$.

定理5.11 若群$<G;*>$中的元素a具有有限周期r,则$a^k=e$当且仅当$r|k$,即k是r的整数倍.

证明 若$r|k$,则必存在整数m使得$k=mr$,所以有

$$a^k=a^{mr}=(a^r)^m=e^m=e$$

反过来,根据带余除法,存在整数m和i使得

$$k=mr+i,\quad 0\leqslant i<r$$

从而有

$$e=a^k=a^{mr+i}=(a^r)^m*a^i=e*a^i=a^i$$

因为a的周期为r,故必有$i=0$.这就证明了$r|k$. ■

定理5.12 群中任一元素与它的逆元具有相同的周期.

证明 设g为群$<G;*>$中任一元素,则g与g^{-1}的周期中有一个为有限时,另一个一定也是有限的. 假定g有有限周期r,则由$(g^{-1})^r=(g^r)^{-1}=e^{-1}=e$知,$g^{-1}$必有有限周期.

设g^{-1}的周期为t,根据定理5.11有$t|r$.

这说明g的逆元的周期是g的周期的因子.

而g又是g^{-1}的逆元,所以g的周期也是g^{-1}的周期的因子,故有$r|t$.

于是$r=t$. 即g的周期与g^{-1}的周期相同. ■

定理5.13 在有限群$<G;*>$中,每个元素均具有有限周期,且周期不超过群$<G;*>$的阶.

证明 设$<G;*>$是有限群,$\# G=n$,对任意的$a\in G$,构造G中的序列$a,a^2,a^3,\cdots,a^n,a^{n+1}$.

因为$\# G=n$,所以由鸽笼原理知,序列中必存在$a^i=a^j(1\leqslant i<j\leqslant n+1)$,于是有

$$e=a^i*a^{-i}=a^j*a^{-i}$$

即

$$a^{j-i}=e(0<j-i\leqslant n)$$

因此a的周期至多为$j-i$,而$j-i\leqslant\# G$. ■

注意:定理5.13的结论对于无限群不成立. 例如,群$<\mathbf{Z};+>$中,除单位元0外,其他元素的周期都为无限.

【例5.13】 设a,b为群$<G;*>$中的两个元素,它们的周期分别为r,s,又设$a*b=b*a$,并且$(r,s)=1$,则元素$a*b$的周期为rs.

证明 由 $a*b=b*a$ 可得

$$(a*b)^{rs}=a^{rs}*b^{rs}=(a^r)^s*(b^s)^r=e^s*e^r=e$$

因此,$a*b$ 有有限周期,设为 d,则 $d|rs$,即 rs 是 d 的倍数.

另一方面,因为 $(a*b)^d=e$,且 $a*b=b*a$,故有

$$(a*b)^d=a^d*b^d=e$$

因此,$a^d=b^{-d}$,于是有

$$(a^d)^s=(b^{-d})^s=(b^s)^{-d}=e^{-d}=e$$

从而 $r|ds$.

由于$(r,s)=1$,故有 $r|d$,即 d 是 r 的倍数.

同法可证 $s|d$,即 d 是 s 的倍数.

于是 d 是 r,s 的公倍数,即$[r,s]|d$.

又由于 r,s 互素,故$[r,s]=rs$,从而又得到 $rs|d$.

综上所述,$d|rs,rs|d$,故 $d=rs$.

【思考 5.2】 在群$<G;*>$中,元素 a 和 b 有有限周期时,$a*b$ 一定有有限周期吗？元素 a 或 b 有无限周期时,$a*b$ 的周期一定无限吗?

5.2.3 群的同态

代数系统的同态(单同态、满同态)、同构和积代数的概念以及一些有关的结论也可以推广到群中.

定理 5.14 设 h 是从代数系统 $V_1=<G_1;*>$到代数系统 $V_2=<G_2;\circ>$的满同态,其中运算 $*$ 和$\circ$都是二元运算,若 V_1 是(交换)群,则 V_2 也是(交换)群.

推论 5.4 (交换)群的同态像是(交换)群.

定理 5.15 给定代数系统 $V_1=<G_1;*>$和 $V_2=<G_2;\circ>$,其中运算 $*$ 和$\circ$都是二元运算,若 V_1 和 V_2 是(交换)群,则 $V_1\times V_2$ 也是(交换)群.

5.3 置换群与循环群

1. 置换的概念

定义 5.12 设 $A=\{a_1,a_2,\cdots,a_n\}$是一个非空有限集合,A 上的双射函数 f 称为 A 的 n 元置换.

一个 n 元置换 $f:A\to A$ 常表示成如下形式:

$$f=\begin{pmatrix} a_1 & a_2 & \cdots & a_n \\ f(a_1) & f(a_2) & \cdots & f(a_n) \end{pmatrix} \tag{5.9}$$

这里 n 个列的次序是任意的.

【例 5.14】 设集合 $A=\{a,b,c\}$,则 A 上的所有三元置换为

$$1=\begin{pmatrix} a & b & c \\ a & b & c \end{pmatrix},\quad \alpha=\begin{pmatrix} a & b & c \\ a & c & b \end{pmatrix},\quad \beta=\begin{pmatrix} a & b & c \\ b & a & c \end{pmatrix}$$

$$\gamma=\begin{pmatrix} a & b & c \\ b & c & a \end{pmatrix},\quad \delta=\begin{pmatrix} a & b & c \\ c & a & b \end{pmatrix},\quad \varepsilon=\begin{pmatrix} a & b & c \\ c & b & a \end{pmatrix}$$

注意：

(1) 由于 f 是双射，因此 $f(a_1),f(a_2),\cdots,f(a_n)$ 各不相同，但 $f(a_1),f(a_2),\cdots,f(a_n)$ 都是 A 中的元素，因此 $f(a_1),f(a_2),\cdots,f(a_n)$ 必为 $a_1,a_2,\cdots,a_n$ 的一个排列.

(2) 集合 A 上不同的 n 元置换的数目为 $n!$ 个.

(3) 集合 A 上的恒等函数是 A 上的一个置换，称为 A 上的**恒等置换**.

(4) 设 f_1 和 f_2 是 A 的任意两个置换，则置换 f_1 和 f_2 的**复合** $f_1\circ f_2$ 也必定是 A 的一个置换，其中 $f_1\circ f_2$ 表示置换 f_1 后再接着置换 f_2 所产生的一种置换.

(5) 集合 A 的任意置换 f 的逆函数 f^{-1} 也是 A 的置换，称为 f 的**逆置换**.

【例 5.15】 例 5.14 中集合 A 的所有置换的集合 $P=\{1,\alpha,\beta,\gamma,\delta,\varepsilon\}$，运算$\circ$为 A 上置换的复合运算. 证明$<P;\circ>$是一个群.

证明 $<P;\circ>$是一个代数系统. 运算$\circ$的运算表如表 5.2 所示.

表 5.2

$\circ$	1	α	β	γ	δ	ε
1	1	α	β	γ	δ	ε
α	α	1	γ	β	ε	δ
β	β	δ	1	ε	α	γ
γ	γ	ε	α	δ	1	β
δ	δ	β	ε	1	γ	α
ε	ε	γ	δ	α	β	1

例如：

$$\alpha\circ\beta=\begin{pmatrix}a&b&c\\a&c&b\end{pmatrix}\circ\begin{pmatrix}a&b&c\\b&a&c\end{pmatrix}=\begin{pmatrix}a&b&c\\a&c&b\end{pmatrix}\circ\begin{pmatrix}a&c&b\\b&c&a\end{pmatrix}=\begin{pmatrix}a&b&c\\b&c&a\end{pmatrix}=\gamma,$$

$$\beta\circ\alpha=\begin{pmatrix}a&b&c\\b&a&c\end{pmatrix}\circ\begin{pmatrix}a&b&c\\a&c&b\end{pmatrix}=\begin{pmatrix}a&b&c\\b&a&c\end{pmatrix}\circ\begin{pmatrix}b&a&c\\c&a&b\end{pmatrix}=\begin{pmatrix}a&b&c\\c&a&b\end{pmatrix}=\delta$$

$$\neq\alpha\circ\beta.$$

因为运算$\circ$是可结合的，恒等置换为单位元，每个置换都有逆置换（$1,\alpha,\beta,\varepsilon$ 的逆元为其自身，γ 与 δ 互为逆元），故$<P;\circ>$是一个群. 但$<P;\circ>$不是交换群.

2. 置换群的概念

定义 5.13 基数为 n 的集合 A 的所有置换的集合，对于置换的复合运算$\circ$构成一个群，称为 n 次**对称群**.

集合 A 上的若干置换的集合，对于置换的复合运算$\circ$构成的群，称为 n 次**置换群**.

例如，例 5.15 中$<P;\circ>$是一个三次对称群；而

$$<\{1,\gamma,\delta\};\circ>,\ <\{1,\alpha\};\circ>,\ <\{1,\beta\};\circ>,\ <\{1,\varepsilon\};\circ>$$

都是三次置换群.

注意：

(1) n 次对称群是一个 n 次置换群. 对称群与置换群一般不是交换群.

(2) 置换群是最早研究的一类群，而且它是一类重要的非交换群. 更为重要的是，每个

有限群都与一个置换群同构(凯莱定理),从而任何有限的抽象群可以转化为一个置换群进行研究.

(3) 对称群的概念首先是伽罗瓦建立的,他创造这个概念来证明4次以上的一般多项式不能用根号解出. 从历史来讲,研究群首先是研究对称群的.

【思考5.3】 n次对称群的阶是多少? n次置换群呢?

3. 循环群的概念

定义5.14 在群$<G;*>$中,如果存在一个元素$g\in G$,使得每一元素$x\in G$都能表示成$g^i(i\in \mathbf{Z})$的形式,则称群$<G;*>$为**循环群**,称g为该循环群的**生成元**,并称群$<G;*>$由g生成.

注意:

(1) 循环群必是交换群.

(2) 若g是循环群$<G;*>$的生成元,则g^{-1}也是它的生成元.

【例5.16】 群$<\mathbf{Z};+>$是循环群,1是生成元. 因为

$$0=1^0$$

对任意的正整数n,$n=1+1+\cdots+1=1^n$;

对任意的负整数$-n$,$-n=(-1)+(-1)+\cdots+(-1)=(1^{-1})^n=1^{-n}$.

同样,-1也是生成元. 因为

$$0=(-1)^0$$

对任意的正整数n,$n=1^n=(1^{-1})^{-n}=(-1)^{-n}$;

对任意的负整数$-n$,$-n=(-1)^n$.

【例5.17】 群$<N_5;\oplus_5>$是循环群. $\oplus_5$的运算表如表5.3所示.

表 5.3

$\oplus_5$	0	1	2	3	4
0	0	1	2	3	4
1	1	2	3	4	0
2	2	3	4	0	1
3	3	4	0	1	2
4	4	0	1	2	3

因为

$$1^0=0,1^1=1,1^2=1\oplus_5 1=\mathrm{res}_5(2)=2$$

$$1^3=1^2\oplus_5 1=2\oplus_5 1=\mathrm{res}_5(3)=3$$

$$1^4=1^3\oplus_5 1=3\oplus_5 1=\mathrm{res}_5(4)=4$$

所以1是其生成元. 又

$$2^0=0,2^1=2,2^2=4,2^3=1,2^4=3$$

$$3^0=0,3^1=3,3^2=1,3^3=4,3^4=2$$

$$4^0=0,4^1=4,4^2=3,4^3=2,4^4=1$$

所以2,3,4也是其生成元.

例题说明循环群的生成元一般不唯一.

【例 5.18】 设<G; $*$>是一个群,其中集合 $G=\{e,a,b,c\}$,$*$ 是 G 上的二元运算,其运算表如表 5.4 所示.

表 5.4

$*$	e	a	b	c
e	e	a	b	c
a	a	e	c	b
b	b	c	e	a
c	c	b	a	e

因为

$$a*a=b*b=c*c=e*e=e, a*b=b*a=c$$

$$b*c=c*b=a, a*c=c*a=b$$

故<G; $*$>是一个阿贝尔群,但它不是循环群,一般称这个群为**克莱因四元群**(Christian Felix Klein,1849—1925,德国数学家).

因为每个元素都是**自逆元**(以自身为逆元的元素),除了单位元外每个元素都以 2 为周期,所以每个非单位元的幂只能"生成"单位元和自身.

4. 循环群的性质

在循环群中,生成元的周期可决定群的阶.

定理 5.16 设<G; $*$>是一个由元素 g 生成的循环群,

(1) 若 g 的周期为 n,则<G; $*$>是一个 n 阶的有限循环群.

(2) 若 g 的周期为无限,则<G; $*$>是一个无限阶的循环群.

证明 (1) 设 g 的周期为 n,则 $g^n=e$.

对任意的元素 $g^k\in G$,令 $k=nq+r(0\leqslant r<n)$,则

$$g^k=g^{nq+r}=(g^n)^q*g^r=e*g^r=g^r$$

即<G; $*$>中任意元素都可写成 g^r,$0\leqslant r<n$,这说明 G 中至多只有 n 个不同的元素 g,g^2,…,g^{n-1},$g^n(=g^0=e)$.

假定这 n 个元素 $g,g^2,\cdots,g^n$ 中有某两个元素相同,设为 $g^i=g^j(1\leqslant i<j\leqslant n)$,则 $g^{j-i}=e$.

由于 $0<j-i<n$,故与 g 的周期是 n 矛盾.

因此,$g,g^2,\cdots,g^n$ 是 G 中 n 个互不相同的元素.

由上可知,<G; $*$>是一个 n 阶的有限循环群.

(2) 反证. 假设<G; $*$>是一个 n 阶有限循环群(n 为正整数),则由鸽笼原理知,g,g^2,…,g^n,g^{n+1} 中至少有两个元素是相同的,设为 $g^i=g^j(1\leqslant i<j\leqslant n+1)$.

故 $g^{j-i}=e$,而 $0<j-i$. 这说明 g 具有有限周期,与题设矛盾.

因此,<G; $*$>是一个无限阶的循环群. ■

注意:虽然循环群的生成元不一定是唯一的,但生成元的周期与所生成的循环群的阶是一样的.

例如,循环群<$\mathbf{Z}$; $+$>的生成元 1 和 -1,其周期均为无限,群<$\mathbf{Z}$; $+$>是一个无限阶的

循环群.

又如,循环群$<N_5;\oplus_5>$的生成元是1,2,3,4,其周期均为5,循环群$<N_5;\oplus_5>$的阶为5.

由定理5.16(1)的证明过程可得下面的推论.

推论5.5 设$<G;*>$是n阶循环群,g是生成元,则生成元g的周期也是n.

证明 用反证法.设生成元g的周期为k,且$k\neq n$,则由于$\{g,g^2,\cdots,g^k\}\subseteq G$以及$g,g^2,\cdots,g^k$互不相同,故有$k\leqslant n$,因此$k<n$.

由于$g^k=e$,所以

$$g^{k+1}=g^k*g=e*g=g,\quad g^{k+2}=g^k*g^2=e*g^2=g^2,\quad \cdots$$

由此可知,g的幂仅能表示G中k个元素:$g,g^2,\cdots,g^k$,而不能表示G中所有元素(G中有n个元素,$k<n$),这和g是循环群$<G;*>$的生成元的假设矛盾. ■

推论5.6 设$<G;*>$是n阶循环群,g是生成元,则$G=\{g,g^2,\cdots,g^n\}$.

5.4 子群及其陪集

5.4.1 子群的定义

定义5.15 设$<G;*>$是一个群,$<H;*>$是$<G;*>$的子代数,若单位元$e\in H$,且对任意的$a\in H$,有$a^{-1}\in H$,则称$<H;*>$是$<G;*>$的**子群**,简称H是群G的子群.

若H是G的真子集,则称子群$<H;*>$是$<G;*>$的**真子群**,简称H是群G的真子群.

注意:

(1) 群$<G;*>$的任一子群本身也是一个群.交换群的子群也是交换群.

(2) 群$<G;*>$有两个子群$<G;*>$与$<\{e\};*>$,称为$<G;*>$的**平凡子群**.

(3) n次置换群是n次对称群的子群.

【例5.19】 克莱因四元群$<\{e,a,b,c\};\circ>$有如下子群:

$$<\{e\};\circ>,<\{e,a\};\circ>,<\{e,b\};\circ>,<\{e,c\};\circ>\text{和}<G;\circ>$$

子集$\{e,a,b\}$不能构成$<G;\circ>$的子群,子集$\{a\}$与$\{a,b,c\}$也不能构成$<G;\circ>$的子群.

【思考5.4】 设代数系统$<S;*>$和$<H;*>$都是群,若$H\subseteq S$,则$<H;*>$是$<S;*>$的子群吗?

如前所述,若$<H;*>$是群$<G;*>$的子群,则$<H;*>$自身也必是群.

反过来,设$<G;*>$是一个群,H是G的非空子集,若$<H;*>$也是群,则$<H;*>$必是$<G;*>$的子群.

事实上,因为运算$*$在H上是封闭的,所以$<H;*>$是$<G;*>$的子代数.

设e'是群$<H;*>$的单位元,e是群$<G;*>$的单位元,则有$e'*e'=e'$,$e*e'=e'$,于是$e'*e'=e*e'$.由群的消去律得$e=e'$,因此$e\in H$.

又对任意的$a\in H$,a'表示a在群$<H;*>$中的逆元,a^{-1}表示a在群$<G;*>$中的逆元,于是有$a*a'=e=a*a^{-1}$.由群的消去律得$a'=a^{-1}$,因此$a^{-1}\in H$.

因此,$<H;*>$是群$<G;*>$的子群.

定义5.16 设$<G;*>$是一个群,H是G的非空子集,若$<H;*>$也是群,则称$<H;$

$*$>是<G; $*$>的子群.

5.4.2 子群的判别

要判断非空集合 $H \subseteq G$ 对于运算 $*$ 能否构成群<G; $*$>的子群,需要弄清:

(1) 对任意的 $a,b \in H$,是否有 $a*b \in H$,即运算 $*$ 在 H 上的封闭性.

(2) 是否有 $e \in H$,即单位元在 H 中.

(3) 对任意的 $a \in H$,是否有 $a^{-1} \in H$,即 H 中元的可逆性.

子群定义中对单位元 e 的要求可由封闭性和可逆性推出.

定理 5.17 设<G; $*$>是群,H 是 G 的非空子集,若

(1) 对任意的 $a,b \in H$,有 $a*b \in H$;

(2) 对任意的 $a \in H$,有 $a^{-1} \in H$,则<H; $*$>是<G; $*$>的子群.

证明 因为 H 非空,故必存在 $a \in H$,由条件(2)有 $a^{-1} \in H$.

再由条件(1)有 $a*a^{-1} \in H$,即单位元 $e \in H$.

故<H; $*$>是<G; $*$>的子群. ■

进一步可以将封闭性和可逆性合并成一个条件.

定理 5.18 设<G; $*$>是一个群,H 是 G 的一个非空子集,若对任意的 $a,b \in H$,有 $a*b^{-1} \in H$,则<H; $*$>是<G; $*$>的子群.

证明 因为 H 非空,故必存在 $a \in H$,则由定理的条件有 $a*a^{-1}=e \in H$.

对任意的 $a \in H$,由于 $e,a \in H$,故 $e*a^{-1}=a^{-1} \in H$.

又对任意的 $a,b \in H$,由上证得 $b^{-1} \in H$,因此 $a*(b^{-1})^{-1} \in H$,即 $a*b \in H$.

于是根据定理 5.17,<H; $*$>是<G; $*$>的子群. ■

如果群是有限群,则定理 5.17 中可逆性的要求也是多余的.

定理 5.19 设<G; $*$>是一个有限群,若<H; $*$>是<G; $*$>的子代数,则<H; $*$>是<G; $*$>的子群.

证明 对任意的 $a \in H$,因 $a \in G$,故由定理 5.13 知,a 具有有限周期 r.

因<H; $*$>是<G; $*$>的子代数,故运算 $*$ 在 H 上封闭,所以 $a,a^2,a^3,\cdots,a^{r-1},a^r(=e)$ 均在 H 中.

又因为 $a^{r-1}=a^r*a^{-1}=e*a^{-1}=a^{-1}$,所以 $a^{-1} \in H$.

故<H; $*$>是<G; $*$>的子群. ■

定理 5.19 中对群<G; $*$>是有限群的要求还可以放宽,只要求<H; $*$>是<G; $*$>的有限子代数即可.

定理 5.20 设<G; $*$>是一个群,若<H; $*$>是<G; $*$>的有限子代数,则<H; $*$>是<G; $*$>的子群.

证明 设 $\# H=n$. 由于<H; $*$>是<G; $*$>的子代数,故对任意的 $a \in H$,有 $\{a,a^2,a^3,\cdots,a^{n-1},a^n,a^{n+1}\} \subseteq H$. 根据鸽笼原理知,存在 $1 \leqslant i < j \leqslant n+1$,使得 $a^i=a^j$,因此 $a^{j-i}=e \in H(0<j-i \leqslant n)$,所以 a 具有有限周期 r.

因为运算 $*$ 在 H 上封闭,所以 $a,a^2,a^3,\cdots,a^{r-1},a^r(=e)$ 均在 H 中.

又因为 $a^{r-1}=a^r*a^{-1}=e*a^{-1}=a^{-1}$,所以 $a^{-1} \in H$.

故$<H;*>$是$<G;*>$的子群. ■

【例 5.20】 设$<G;*>$是一个群,a 是 G 中任一元素,令

$$H=\{a^i|i\in\mathbf{Z}\}=\{\cdots,a^{-3},a^{-2},a^{-1},a^0,a,a^2,a^3,\cdots\}$$

即 H 是 a 的所有整数次幂的集合,问 H 对于运算 $*$ 能否构成$<G;*>$的子群?

【解】 显然 H 是 G 的非空子集.

(1) 对任意的 $a^i,a^j\in H$,有 $a^i*a^j=a^{i+j}$,因为 $i+j\in\mathbf{Z}$,所以 $a^{i+j}\in H$.

(2) 对任意的 $a^i\in H$,有 $a^{-i}*a^i=a^i*a^{-i}=a^0=e$,即 a^{-i} 是 a^i 的逆元. 又由 H 的定义,$a^{-i}\in H$.

于是根据定理 5.17,$<H;*>$是$<G;*>$的子群.

显然,$<H;*>$是由元素 a 生成的一个循环群.

【例 5.21】 设$<G;*>$是一个群,定义 G 的子集 H 为 G 中与所有元素都可交换的全体元素的集合,即

$$H=\{a|\text{对任意的 } x\in G,a*x=x*a\}$$

试问 H 对于运算 $*$ 能否构成$<G;*>$的子群.

【解】 对任意的 $x\in G$,因为 $e*x=x*e=x$,所以 $e\in H$,故 H 是 G 的非空子集.

任取 $a,b\in H$,则对任意的 $x\in G$ 必有

$$a*x=x*a,\quad b*x^{-1}=x^{-1}*b$$

于是根据群的性质

$$\begin{aligned}(a*b^{-1})*x&=a*(b^{-1}*x)=a*(x^{-1}*b)^{-1}\\&=a*(b*x^{-1})^{-1}=a*(x*b^{-1})=(a*x)*b^{-1}\\&=(x*a)*b^{-1}=x*(a*b^{-1}),\end{aligned}$$

因此 $a*b^{-1}\in H$.

根据定理 5.18,$<H;*>$是$<G;*>$的子群.

【例 5.22】 找出群$<\mathrm{N}_6;\oplus_6>$的所有子群.

【解】 按照运算$\oplus_6$ 的定义,作出群$<\mathrm{N}_6;\oplus_6>$的运算表如表 5.5 所示.

表 5.5

$\oplus_6$	0	1	2	3	4	5
0	0	1	2	3	4	5
1	1	2	3	4	5	0
2	2	3	4	5	0	1
3	3	4	5	0	1	2
4	4	5	0	1	2	3
5	5	0	1	2	3	4

单位元 $e=0$.

1 和 5 互为逆元,2 和 4 互为逆元,3 以 3 自身为逆元.

$<\mathrm{N}_6;\oplus_6>$有如下子群:

$<\{0\};\oplus_6>,<\{0,3\};\oplus_6>,<\{0,2,4\};\oplus_6>,<N_6;\oplus_6>$

【例 5.23】 设$<G;*>$是循环群,则其子群也是循环群.

证明 设 g 是循环群$<G;*>$的生成元,且$<H;*>$是$<G;*>$的任一子群.

若 $H=\{e\}$,显然$<H;*>$是循环群.

若 $H\neq\{e\}$,则必存在某 $g^n\in H(n\neq 0)$,同时$(g^n)^{-1}=g^{-n}\in H$,因此 H 中必有 g 的正整数次幂元. 设 m 是使得 $g^n\in H$ 的最小正整数,下证 g^m 是$<H;*>$的生成元.

任取 $g^l\in H$,由带余除法知,存在整数 q 和 r,使得

$$l=qm+r,\quad 0\leqslant r<m$$

因此 $g^r=g^{l-qm}=g^l*(g^m)^{-q}$.

由于 $g^l,g^m\in H$,且$<H;*>$是$<G;*>$的子群,故 $g^r\in H$.

因 g^m 是 H 中最小的正整数次幂元,故 $r=0$.

因此 $g^l=(g^m)^q$.

综上所述,$<H;*>$是由 g^m 生成的循环群.

5.4.3 陪集与正规子群

子群的陪集是一个十分重要的概念. 利用群的陪集分划,可以得到涉及有限群结构的重要定理——拉格朗日定理.

1. 陪集与正规子群的概念

定义 5.17 设$<H;*>$是$<G;*>$的子群,$g\in G$,令

$$g*H=\{g*h\mid h\in H\},\text{简记为 } gH \tag{5.10}$$

$$H*g=\{h*g\mid h\in H\},\text{简记为 } Hg \tag{5.11}$$

称 $g*H$ 和 $H*g$ 分别为由 g 确定的子群$<H;*>$在群$<G;*>$中的**左陪集**和**右陪集**. 称 g 为其**代表元**.

定义 5.18 设$<H;*>$是群$<G;*>$的子群,如果对 G 中任意元 g 都有 $gH=Hg$,则称$<H;*>$是群$<G;*>$的**正规子群**. 此时的左陪集和右陪集简称为**陪集**.

【例 5.24】 群$<G;*>$的运算表如表 5.6 所示,$H=\{e,a\}$.

表 5.6

$*$	e	a	b	c
e	e	a	b	c
a	a	e	c	b
b	b	c	e	a
c	c	b	a	e

$<H;*>$是群$<G;*>$的子群. 因为

$$aH=Ha=eH=He=H$$

$$bH=Hb=cH=Hc=\{b,c\}$$

所以$<H;*>$是群$<G;*>$的正规子群.

【思考 5.5】 是否任何群都存在正规子群，或者说平凡子群是否是正规子群？有没有所有子群都是正规子群的群？

2. 正规子群的判别法

定义 5.19 设 $<G;*>$ 是群，H 是 G 的非空子集，$g\in G$，定义

$$g*H*g^{-1}=\{g*h*g^{-1}\mid h\in H\}\text{，简记为 } gHg^{-1} \tag{5.12}$$

一般地，若 A,B 是 G 的非空子集，定义

$$A*B=\{a*b\mid a\in A,b\in B\}\text{，简记为 } AB \tag{5.13}$$

定理 5.21(判别法) 群 $<G;*>$ 的子群 $<H;*>$ 为正规子群的充分必要条件是对任意的 $g\in G$，都有 $gHg^{-1}=H$.

证明 必要性. 对任意的 $g\in G$，由定义知，$gH=Hg$.

对任意的 $x\in gHg^{-1}$，必存在 $h_1\in H$，使得 $x=g*h_1*g^{-1}$，因而

$$x*g=g*h_1\in gH=Hg$$

又存在 $h_2\in H$，使得 $x*g=h_2*g$，从而 $x=h_2\in H$. 此即证得 $gHg^{-1}\subseteq H$.

反之，对任意的 $x\in H$，有 $x*g\in Hg=gH$，故存在 $h\in H$，使得 $x*g=g*h$，因而 $x=g*h*g^{-1}\in gHg^{-1}$. 此即证得 $H\subseteq gHg^{-1}$.

综上所述，$gHg^{-1}=H$.

充分性. 对任意的 $x\in gH$，必存在 $h_1\in H$，使得 $x=g*h_1$，因而 $x*g^{-1}=g*h_1*g^{-1}\in gHg^{-1}=H$，故存在 $h_2\in H$，使得 $x*g^{-1}=h_2$，从而 $x=h_2*g\in Hg$. 此即证得 $gH\subseteq Hg$.

同理可证，$Hg\subseteq gH$.

综上所述，$gH=Hg$.

依定义知，群 $<G;*>$ 的子群 $<H;*>$ 为正规子群. ■

判别法中的条件"对任意的 $g\in G$，都有 $gHg^{-1}=H$"可削弱为"对任意的 $g\in G$，都有 $gHg^{-1}\subseteq H$".

定理 5.22 群 $<G;*>$ 的子群 $<H;*>$ 为正规子群的充分必要条件是对任意的 $g\in G$，有 $gHg^{-1}\subseteq H$.

证明 必要性显然成立，下证充分性.

设对任意的 $g\in G$ 有 $gHg^{-1}\subseteq H$，则因为 $g^{-1}\in G$，故有 $g^{-1}Hg\subseteq H$.

因此，对任意的 $h\in H$，因为 $h=g*(g^{-1}*h*g)*g^{-1}$，所以 $h\in gHg^{-1}$，即 $H\subseteq gHg^{-1}$.

从而 $gHg^{-1}=H$.

根据定理 5.21，群 $<G;*>$ 的子群 $<H;*>$ 为正规子群. ■

定理表明，判断 H 是否是 G 的正规子群归结为：对任意的 $g\in G$ 及 $h\in H$，计算元素 $g*h*g^{-1}$ 是否在 H 中，这样有时是很方便的.

【例 5.25】 设 G 是全体 n 阶实可逆矩阵关于矩阵乘法的群，令 G 中全体行列式为 1 的矩阵集合 $H=\{X\mid X\in G,\det X=1\}$，证明 H 是 G 的正规子群.

证明 因为对任意的 $A\in G$ 及 $X\in H$，有

$$\det(AXA^{-1})=\det A\cdot\det X\cdot\det(A^{-1})=\det X\cdot\det A/\det A=\det X=1$$

所以 $AXA^{-1}\in H$，即 H 是 G 的正规子群.

3. 陪集分划

定理 5.23 设$<H; *>$是群$<G; *>$的子群，若 $g\in H$，则 $gH=Hg=H$.

证明 对任意的 $x\in gH$，必存在 $h\in H$，使得 $x=g*h$. 因为 $g,h\in H$，$<H; *>$是群$<G; *>$的子群，运算 $*$ 在 H 上封闭，所以 $x=g*h\in H$. 于是 $gH\subseteq H$.

对任意的 $y\in H$，因为 $g\in H$ 及$<H; *>$是群，所以根据群的性质知，$y=g*z$ 在 H 中有解且唯一. 不妨设唯一解为 $z=z_0\in H$，则有 $g*z_0\in gH$，即 $y\in gH$. 于是 $H\subseteq gH$.

综上所述，$gH=H$.

同理可证，$Hg=H$. ■

定理 5.24 设$<H; *>$是群$<G; *>$的子群，$a,b\in G$，则有

(1) $aH=bH$ 或 $aH\cap bH=\varnothing$.

(2) $Ha=Hb$ 或 $Ha\cap Hb=\varnothing$.

证明 (1) 设 $aH\cap bH\neq\varnothing$，则至少存在一个元素 $c\in aH\cap bH$，因而存在 $h_1,h_2\in H$，使得 $c=a*h_1=b*h_2$.

由群的性质得 $a=b*h_2*h_1^{-1}$(或 $b=a*h_1*h_2^{-1}$).

对任意的 $x\in aH$，必存在 $h\in H$，使得 $x=a*h$. 将 $a=b*h_2*h_1^{-1}$ 代入得 $x=b*h_2*h_1^{-1}*h$. 因为 $h_2*h_1^{-1}*h\in H$，所以 $x\in bH$. 于是 $aH\subseteq bH$.

同理可证，$bH\subseteq aH$.

故 $aH=bH$.

(2) 与(1) 类似可证. ■

定理 5.25 设$<H; *>$是群$<G; *>$的子群，$a,b\in G$，则

(1) $aH=bH$ 当且仅当 $b\in aH$.

(2) $Ha=Hb$ 当且仅当 $b\in Ha$.

证明 (1) 设 $b\in aH$，因为 $e\in H$，所以 $b=b*e\in bH$. 于是 $aH\cap bH\neq\varnothing$. 由定理 5.24 知 $aH=bH$.

反之，设 $aH=bH$，则由 $b=b*e\in bH$ 可知 $b\in aH$.

(2) 与(1) 类似可证. ■

定理 5.26 设$<H; *>$是群$<G; *>$的子群，则

(1) $<H; *>$的所有相异的左陪集组成 G 的一个分划.

(2) $<H; *>$的所有相异的右陪集组成 G 的一个分划.

证明 (1) 因为$<H; *>$是群$<G; *>$的子群，有 $e\in H$，所以对任意的 $a\in G$，有 $a=a*e\in aH$，即 aH 非空.

由定理 5.24(1)知，$<G; *>$中$<H; *>$的任意两个相异的左陪集的交集为$\varnothing$.

显然$\bigcup(aH)\subseteq G$. 又 G 中的每个元 a 必在左陪集 aH 中，故 $G\subseteq\bigcup(aH)$，所以 $G=\bigcup(aH)$.

从而 H 的所有相异的左陪集组成 G 的一个分划.

(2) 与(1) 类似可证. ■

注意：

(1) 定理中的分划称为群$<G; *>$中与$<H; *>$相关的**左(右)陪集分划(分解)**.

① 可以看作是由 G 上某一等价关系 R 所导致的等价分划：

aRb 当且仅当 a 和 b 在 $<H;*>$ 的相同的左(右)陪集中

② 当 $<H;*>$ 是 $<G;*>$ 的正规子群时，这种分划简单地称为 $<G;*>$ 中与 $<H;*>$ 相关的**陪集分划**(**分解**).

(2) 定理给出了构造左(右)陪集分划的一个方法：

① H 本身是一个，令 $G'=G-H$.

② 若 $G'=\varnothing$，则结束，否则任取 $g\in G'$，求得 gH 是一个.

(3) 令 $G'=G'-gH$，转(2).

可类似地构造 H 的所有右陪集.

【例 5.26】 对于群 $<N_4;\oplus_4>$，$<H;\oplus_4>$ 是该群的一个子群，其中 $H=\{0,2\}$，则 $<N_4;\oplus_4>$ 中 H 的左陪集为

$$0H=\{0,2\}=2H,\quad 1H=\{1,3\}=3H$$

于是 $\{0H,1H\}=\{\{0,2\},\{1,3\}\}$ 为 N_4 的一个分划.

5.4.4 拉格朗日定理

先讨论陪集的基数.

定理 5.27 设 $<H;*>$ 是群 $<G;*>$ 的子群，$g\in G$，则 $\#(gH)=\#(Hg)=\#H$. 即 H 的任意陪集与 H 具有相同的基数.

证明 定义函数 $f: H\to gH, f(x)=g*x$.

对任意的 $x_1,x_2\in H$，若 $f(x_1)=f(x_2)$，即 $g*x_1=g*x_2$，则消去 g 后得到 $x_1=x_2$，故 f 是一个内射.

对任意的 $y\in gH$，必存在 $h\in H$，使 $y=g*h=f(h)$，故 f 是一个满射.

于是 f 为双射. H 与 gH 具有相同的基数.

同理可证，H 与 Hg 具有相同的基数. ■

既然 H 的任意陪集与 H 具有相同的基数，那么 H 的所有相异左陪集的个数和所有相异右陪集的个数是否相同呢？

定理 5.28 设 $<H;*>$ 是群 $<G;*>$ 的子群，则 $<H;*>$ 的所有相异左陪集的个数和所有相异右陪集的个数相同.

证明 设 $<H;*>$ 的所有相异右陪集的个数为有限数 n，并设这些相异右陪集为 Ha_1，$Ha_2,\cdots,Ha_n$，则 $a_1^{-1}H,a_2^{-1}H,\cdots,a_n^{-1}H$ 必为 $<H;*>$ 的所有相异的左陪集.

(1) 当 $i\neq j(i,j=1,2,\cdots,n)$ 时，$a_i^{-1}H\neq a_j^{-1}H$.

若 $a_i^{-1}H=a_j^{-1}H$，则 $a_j^{-1}\in a_i^{-1}H$，必存在 $h\in H$，使得 $a_j^{-1}=a_i^{-1}*h$，于是 $a_j=h^{-1}*a_i\in Ha_i$，因此 $Ha_i=Ha_j$，此与假设矛盾.

(2) G 中任意元 g 必在某个左陪集 $a_i^{-1}H(i=1,2,\cdots,n)$ 中.

对任意的 $g\in G$，则 $g^{-1}\in G$，因此 g^{-1} 必在某个右陪集 Ha_i 中，故存在 $h\in H$，使得 $g^{-1}=h*a_i$，于是 $g=a_i^{-1}*h^{-1}\in a_i^{-1}H$.

同理可证，当 $<H;*>$ 的所有相异左陪集的个数为有限数 n 时，$<H;*>$ 的所有相异右陪集的个数也为 n.

当一方为无限时，另一方也为无限. ■

定义 5.20 群<G; $*$>中子群<H; $*$>的所有相异的左(右)陪集的个数称为<H; $*$>在<G; $*$>中的**指数**.

在例 5.24 和例 5.26 中，<H; $*$>在<G; $*$>中的指数均为 2.

定理 5.29(拉格朗日定理) 设<G; $*$>是一个有限群，且子群<H; $*$>在<G; $*$>中的指数为 d，则 $\# G = d \cdot (\# H)$.

拉格朗日(Joseph-Louis Lagrange，1736—1813，法国数学家和物理学家)定理表明，有限群的任意子群的阶必为该群的阶的因子. 例如，若 G 是 8 阶群，则 G 至多只可能有阶数为 1,2,4,8 的子群，而绝不会有阶为 3,5,6 或 7 的子群.

推论 5.7 素数阶群只有平凡子群.

推论 5.8 有限群<G; $*$>中，任意元的周期必可整除群的阶.

证明 有限群中任意元的周期必有限，且其周期不超过群的阶.

设 g 为 G 中任意元，且 g 的周期为 $r(r \leqslant \# G)$，则<$\{e, g, g^2, \cdots, g^{r-1}\}$; $*$>是<G; $*$>的一个子群.

由拉格朗日定理知，r 是 $\# G$ 的因子，即 g 的周期可整除群的阶. ■

推论 5.9 素数阶群必为循环群，且每个非单位元的元都是生成元.

证明 素数阶群是有限群，由推论 5.8 知，群中任意元的周期必可整除群的阶. 由于群的阶为素数，故群中任意元的周期要么为 1，要么为该素数.

考虑到单位元(周期为 1)的唯一性，因此每个非单位元的周期都为该素数，从而每个非单位元生成的群都为该素数群. ■

注意：

(1) 根据推论 5.9，易写出任意素数阶群的运算表.

(2) 拉格朗日定理只指出有限群<G; $*$>若有子群<H; $*$>，则 $\# H$ 可整除 $\# G$，但不保证"若 n 能整除 $\# G$，就必有阶为 n 的子群"，却对循环群成立.

定理 5.30 设<G; $*$>是 n 阶循环群，若正整数 d 能整除 n，则存在且仅存在一个阶为 d 的子群(也是循环群).

证明 设 g 是 n 阶循环群<G; $*$>的任一生成元，则有 $g^n = e$.

由于 $d|n$，故 $g^{n/d} \in G$.

设 $g^{n/d}$ 的周期为 k，因为 $(g^{n/d})^d = g^n = e$，所以 $k|d$.

由于 $(g^{n/d})^k = g^{kn/d} = e$，所以 $n|(kn/d)$，于是 $d|k$.

所以 $k = d$，即存在一个阶为 d 的子群(循环群，生成元为 $g^{n/d}$).

设 g^m 也是阶为 d 的子群的一个生成元(待证：$m = n/d$)，则 $(g^m)^d = g^{md} = e$，所以 $n|md$，于是 $(n/d)|m$.

设 $m = l(n/d)$，$l \in Z^+$，因为

$$(g^m)^{d/l} = (g^{l(n/d)})^{d/l} = g^n = e$$

故 $d|d/l$，因此 $l|1$，从而 $l = 1$，所以 $m = n/d$.

因此存在且仅存在一个阶数为 d 的子群. ■

推论 5.10 若<G; $*$>是无限循环群，则<G; $*$>的子群除<$\{e\}$; $*$>外都是无限循

环群.

【例 5.27】 证明10阶群中必含有5阶元.

证明 设$<G;*>$是10阶群,由推论5.8知G中的元素只可能是1阶(单位元),2阶,5阶或10阶元. 若G中含有10阶元,设其中一个10阶元是a,$e=a^{10}=(a^2)^5$,则a^2是5阶元. 若G中不含10阶元,那么G中非单位元的阶数只能是2或5.

如果G中无5阶元,只有2阶元,即$\forall a\in G$,有$a^2=e$,则对任意的$a,b\in G$,有$(a*b)*(a*b)=e=e*e=(a*a)*(b*b)$,因此$G$是阿贝尔群. 取$G$中两个不同的2阶元$a$和$b$,令$H=\{e,a,b,a*b\}$,易证$<H;*>$是$<G;*>$的子群,但$\# H=4$,$\# G=10$. 此与拉格朗日定理矛盾.

【例 5.28】 证明阶数小于6的群都是阿贝尔群.

证明 设$<G;*>$是阶小于6的群.

若$\# G=1$,则群$<G;*>$是平凡的,显然是阿贝尔群.

若$\# G$是素数,即$\# G$是2,3和5,则由推论5.9知$G=\{a,a^2,\cdots,a^k\}$,其中$k=2,3,5$. 对任意的$a^i,a^j\in G$,有$a^i*a^j=a^{i+j}=a^j*a^i$,所以$<G;*>$是阿贝尔群.

若$\# G=4$,且G中含有4阶元,比如说a,则$G=\{a,a^2,a^3,a^4\}$. 由刚才的分析可知,$<G;*>$是阿贝尔群.

若$\# G=4$,且G中不含4阶元,根据拉格朗日定理,G中只含1阶和2阶元,即对任意的$a\in G$,有$a^2=e$,则对任意的$a,b\in G$,有

$$(a*b)*(a*b)=e=e*e=(a*a)*(b*b)$$

因此G是阿贝尔群.

【例 5.29】 设$<G;*>$是n阶群,则G中任意元都适合方程$x^n=e$.

证明 $<G;*>$是有限群,其任意元a的周期r必为n的因子,即存在整数k,使得$n=kr$. 于是

$$a^n=(a^r)^k=e^k=e$$

由此可知,G中任意元素都适合方程$x^n=e$.

*5.5 环和域

对于数集,经常说实数域、复数域等,那么什么是域呢? 为此,本节对含有两个二元运算的代数系统进行讨论,重点讨论环和域.

5.5.1 环

1. 环的定义

定义 5.21 设$<R;+,*>$是一个有两个二元运算的代数系统,如果满足条件:

(1) $<R;+>$是阿贝尔群;

(2) $<R;*>$是半群;

(3) 运算$*$对运算$+$是可分配的.

则称代数系统$<R;+,*>$为**环**,并称运算$+$为**加法**,运算$*$为**乘法**,称$<R;+>$为**加法群**,

称$<R;*>$为**乘法半群**.

例如,(1) 设$+$和$\cdot$分别是实数集合$\mathbf{R}$上数的加法和乘法. 因为$<\mathbf{R};+>$是阿贝尔群,$<\mathbf{R};\cdot>$是半群,且$\cdot$对$+$是可分配的,于是$<\mathbf{R};+,\cdot>$是环. 类似地,对于有理数集合$\mathbf{Q}$和整数集合$\mathbf{Z}$,代数系统$<\mathbf{Q};+,\cdot>$和$<\mathbf{Z};+,\cdot>$也是环. 它们分别称为**实数环**、**有理数环**和**整数环**.

(2) 设$M_n(\mathbf{Z})$是元素为整数的所有n阶方阵组成的集合,$+$和$\cdot$分别是n阶方阵的加法和乘法. 方阵的加法$+$在$M_n(\mathbf{Z})$上是封闭的、可结合的,n阶零方阵是方阵加法的单位元,每个n阶方阵都有加法逆元,方阵的加法是可交换的,所以$<M_n(\mathbf{Z});+>$是阿贝尔群. 方阵的乘法$\cdot$在$M_n(\mathbf{Z})$上是封闭的和可结合的,所以$<M_n(\mathbf{Z});\cdot>$是半群. 方阵的乘法$\cdot$对方阵的加法$+$是可分配的,于是$<M_n(\mathbf{Z});+,\cdot>$是环.

(3) 设A为非空集合,2^A是集合A的幂集,$\cup$和$\cap$是集合的并和交运算,已经证明$<2^A;\cup>$是阿贝尔群,$<2^A;\cap>$是半群,$\cup$对$\cap$是可分配的,所以$<2^A;\cup,\cap>$是环.

(4) 设集合$\mathrm{N}_k=\{0,1,\cdots,k-1\}$,$\oplus_k$和$\otimes_k$分别是$\mathrm{N}_k$上的模$k$加法和模$k$乘法. 前面已经证明$<\mathrm{N}_k;\oplus_k>$是阿贝尔群,$<\mathrm{N}_k;\otimes_k>$是半群,可以证明$\otimes_k$对$\oplus_k$是可分配的,所以$<\mathrm{N}_k;\oplus_k,\otimes_k>$是环,称为**模$k$整数环**.

为了叙述方便,今后将环中加法的单位元记作0,乘法的单位元记作1(对于某些环中的乘法不存在单位元). 对环中的任何元素x,称x的加法逆元为负元,记作$-x$. 若x存在乘法逆元,则将它称为x的逆元,记为x^{-1}. 用$x-y$表示$x+(-y)$,用nx表示$x+x+\cdots+x$(n个x),用x^n表示$x*x*\cdots*x$(n个x).

2. 环的基本性质

定理 5.31 设$<R;+,*>$是环,则对任意的$a,b,c\in R$,下列结论成立:

(1) $a*0=0*a=0$.

(2) $a*(-b)=(-a)*b=-(a*b)$.

(3) $(-a)*(-b)=a*b$.

(4) $a*(b-c)=(a*b)-(a*c)$,$(b-c)*a=(b*a)-(c*a)$.

证明 (1) 因为$a*0+0=a*0=a*(0+0)=(a*0)+(a*0)$,所以由消去律得$a*0=0$.

同理可证$0*a=0$.

因此,环中加法的单位元是乘法的零元.

(2) 因为$a*b+a*(-b)=a*(b+(-b))=a*0=0$,所以$-(a*b)=a*(-b)$.

同理可证$-(a*b)=(-a)*b$.

(3) 因为$a+(-a)=0$,所以$-(-a)=a$.

由(2)得,$(-a)*(-b)=(-(-a))*b=a*b$.

$$\begin{aligned}(4)\ a*(b-c)&=a*(b+(-c))\\&=(a*b)+(a*(-c))\\&=(a*b)+(-(a*c))\\&=(a*b)-(a*c).\end{aligned}$$

同理可证,$(b-c)*a=(b*a)-(c*a)$. ■

3. 子环

定义 5.22 设$<R;+,*>$是环，若$<R;+,*>$的子代数$<S;+,*>$是环，则称$<S;+,*>$是环$<R;+,*>$的**子环**. 如果$<S;+,*>$是$<R;+,*>$的子环，并且$S\subset R$，则称$<S;+,*>$是$<R;+,*>$的**真子环**.

由定义知，子环是一个环；环是自身的一个子环.

例如，有理数环$<\mathbf{Q};+,\cdot>$和整数环$<\mathbf{Z};+,\cdot>$是实数环$<\mathbf{R};+,\cdot>$的子环，且是真子环. $<\{0\};+,\cdot>$和$<\mathbf{R};+,\cdot>$也是实数环$<\mathbf{R};+,\cdot>$的子环.

定理 5.32 设$<R;+,*>$是环，S是R的非空子集，若

(1) 对任意的$a,b\in S,a-b\in S$.

(2) 对任意的$a,b\in S,a*b\in S$.

则$<S;+,*>$是$<R;+,*>$的子环.

证明 由子群的判定定理及(1)可知，S关于R的加法构成群.

由(2)可知，S关于R的乘法构成半群.

由于S是R的子集，所以加法的交换律和乘法对加法的分配律在S中显然也成立.

所以$<S;+,*>$是$<R;+,*>$的子环. ■

5.5.2 整环

下面定义一些常见的特殊环.

定义 5.23 设$<R;+,*>$是环，如果$a,b\in R,a\neq 0,b\neq 0$，但$a*b=0$，则称a为$<R;*>$或R中的一个**左零因子**，b为$<R;*>$或R中的一个**右零因子**；若一个元素既是左零因子，又是右零因子，则称它为$<R;*>$或R中的一个**零因子**.

定义 5.24 设$<R;+,*>$是环，

(1) 如果$<R;*>$是可交换的，则称$<R;+,*>$为**交换环**.

(2) 如果$<R;*>$有单位元，则称$<R;+,*>$为**含幺环**.

(3) 如果$<R;*>$无零因子，即对任意的$a,b\in R,a*b=0$必有$a=0$或$b=0$，或者$a\neq 0$且$b\neq 0$必有$a*b\neq 0$，则称$<R;+,*>$为**无零因子环**.

(4) 如果$<R;+,*>$是交换环、含幺环和无零因子环，则称$<R;+,*>$是**整环**.

要证明一个代数系统$<R;+,*>$是整环，即证明：

(1) $<R;+>$是交换群.

(2) $<R;*>$是交换独异点，且无零因子.

(3) $*$运算对$+$运算是可分配的.

例如：

(1) 在实数环$<\mathbf{R};+,\cdot>$中，因为实数的乘法是可交换的，$\mathbf{R}$中含有乘法单位元1，对任意的$a,b\in\mathbf{R},a\cdot b=0$必有$a=0$或$b=0$，所以实数环是交换环、含幺环、无零因子环，也是整环. 类似地，有理数环$<\mathbf{Q};+,\cdot>$和整数环$<\mathbf{Z};+,\cdot>$也是交换环、含幺环、无零因子环和整环.

(2) 在环$<M_n(\mathbf{Z});+,\cdot>$中，因为$M_n(\mathbf{Z})$中含有矩阵乘法的单位元$n$阶单位矩阵，所以它是含幺环. 由于矩阵乘法是不可交换的，所以该环不是交换环. 该环也不是无零因子环

和整环.

(3) 在环$<2^A;\cup,\cap>$中,因为交运算是可交换的,2^A 中含有交运算的单位元 A,所以它是交换环和含幺环.但 2^A 的两个非空元素的交集可能是空集,所以它不是无零因子环和整环.

(4) 在环$<N_k;\oplus_k,\otimes_k>$中,模 k 乘法$\otimes_k$ 是可交换的,N_k 中含有模 k 乘法的单位元 1,所以它是交换环和含幺环. 当 $k=6$ 时,$2\otimes_6 3=0$,所以$<N_6;\oplus_6,\otimes_6>$不是无零因子环和整环. 一般地说,当 k 不是素数时,$<N_k;\oplus_k,\otimes_k>$是交换环和含幺环,但不是无零因子环和整环. 当 k 是素数时,$<N_k;\oplus_k,\otimes_k>$是交换环和含幺环,也是无零因子环和整环.

下面给出一个环是无零因子环的充分必要条件.

定理 5.33 环$<R;+,*>$是无零因子环的充分必要条件是环中的乘法满足**消去律**,即对任意的 $a,b,c\in R,a\neq 0$,

(1) (**左消去律**)若 $a*b=a*c$,则 $b=c$.

(2) (**右消去律**)若 $b*a=c*a$,则 $b=c$.

证明 充分性. 假设环$<R;+,*>$中乘法满足消去律.

对任意的 $a,b\in R$,若有 $a*b=0$ 且 $a\neq 0$,则由 $a*b=0=a*0$ 和 R 中乘法运算满足消去律得知,$b=0$. 由此证明了,对于 R 中任意非零元 a,不存在非零元 b,使得 $a*b=0$,故 R 中无左零因子,即$<R;+,*>$是无零因子环.

必要性. 假设$<R;+,*>$是无零因子环.

对任意的 $a,b,c\in R$,且 $a\neq 0$,若有 $a*b=a*c$,则有 $a*(b-c)=0$. 因为 R 无零因子,且 $a\neq 0$,所以必有 $b-c=0$,即 $b=c$ 成立,于是 R 中乘法运算满足左消去律.

同理可证,R 中乘法运算满足右消去律.

于是,R 中乘法运算满足消去律. ■

5.5.3 域

定义 5.25 设$<R;+,*>$是一个有两个二元运算的代数系统,如果满足条件:

(1) $<R;+>$是阿贝尔群.

(2) $<R-\{0\};*>$是阿贝尔群.

(3) $*$运算对$+$运算是可分配的.

则称代数系统$<R;+,*>$是**域**.

例如,在实数环$<\mathbf{R};+,\cdot>$中,数的乘法运算 $\cdot$ 在集合 $\mathbf{R}-\{0\}$上封闭、满足结合律和交换律,集合 $\mathbf{R}-\{0\}$中有乘法的单位元 1,对任意的 $x\in\mathbf{R}-\{0\}$,$x^{-1}\in\mathbf{R}-\{0\}$,因此代数系统$<\mathbf{R}-\{0\};\cdot>$也是阿贝尔群,所以$<\mathbf{R};+,\cdot>$是域,称为**实数域**. 有理数环$<\mathbf{Q};+,\cdot>$也是域,称为**有理数域**.

因为$<\mathbf{Z}-\{0\};\cdot>$不是群,所以整数环$<\mathbf{Z};+,\cdot>$不是域. 这说明整环不一定是域.

【例 5.30】 判断下述集合关于给定的运算是否构成环、整环和域:

(1) $A=\{a+b\sqrt{2}\mid a,b\in\mathbf{Z}\}$,关于数的加法和乘法.

(2) $B=\{a+b\sqrt{3}\mid a,b\in\mathbf{Q}\}$,关于数的加法和乘法.

(3) $C=\{a+b\mathrm{j}\mid a,b\in\mathbf{Z},\mathrm{j}^2=-1\}$,关于复数的加法和乘法.

(4) $D=\{M_2|M_2$ 为二阶整数矩阵$\}$,关于矩阵的加法和乘法.

【解】 (1) 是整环,不是域,因为$\sqrt{2}\in A$,但$\sqrt{2}$没有逆元.

(2) 是域.

(3) 是整环,不是域,因为 2j 没有逆元.

(4) 是环,但不是整环和域,因为

$$\begin{pmatrix}1 & -1\\ -1 & 1\end{pmatrix}\cdot\begin{pmatrix}1 & 1\\ 1 & 1\end{pmatrix}=\begin{pmatrix}0 & 0\\ 0 & 0\end{pmatrix}$$

因此,$\begin{pmatrix}1 & -1\\ -1 & 1\end{pmatrix}$是左零因子,$\begin{pmatrix}1 & 1\\ 1 & 1\end{pmatrix}$是右零因子,$D$ 不是无零因子环,所以也不是整环和域.

整环和域有下列关系.

定理 5.34 域一定是整环.

证明 设代数系统$<R;+,*>$是域,下证$<R;+,*>$是整环.

(1) $<R;+>$是阿贝尔群,加法单位元 $0\in R$.

(2) 因$<R-\{0\};*>$是群,故乘法的单位元 $1\in R-\{0\}$. 又 $R-\{0\}\subseteq R$,所以 $1\in R$. 即$<R;*>$是含幺半群,即独异点.

对任意的 $x,y\in R$,如果 $x\neq 0$ 且 $y\neq 0$,即 $x,y\in R-\{0\}$,因为$<R-\{0\},*>$是群,乘法运算具有封闭性,所以 $x*y\in R-\{0\}$,即 $x*y\neq 0$. 故$<R;*>$中无零因子.

对任意的 $x,y\in R$,

① 如果 $x\neq 0$ 且 $y\neq 0$,则 $x*y\in R-\{0\}$,因为$<R-\{0\};*>$是阿贝尔群,所以有 $x*y=y*x$.

② 如果 x 与 y 中至少有一个为 0,则由$<R;*>$中无零因子知 $x*y=0=y*x$.

因此,乘法运算可交换.

从而$<R;*>$是可交换的独异点,且无零因子.

(3) $*$运算对$+$运算是可分配的.

综上所述,域$<R;+,*>$是整环. ■

例如,实数域$<\mathbf{R};+,\cdot>$和有理数域$<\mathbf{Q};+,\cdot>$都是整环.

由于整环$<\mathbf{Z};+,\cdot>$不是域,所以定理的逆命题不成立.

定理 5.35 有限整环一定是域.

证明 设代数系统$<R;+,*>$是有限整环,由域的定义知,要证明整环$<R;+,*>$是域,只需证明$<R-\{0\};*>$是阿贝尔群.

对任意的 $x,y\in R-\{0\}$,即 $x,y\in R,x\neq 0$ 且 $y\neq 0$,因为$<R;+,*>$是无零因子环,所以 $x*y\neq 0$ 且 $x*y\in R$,即 $x*y\in R-\{0\}$. 故乘法运算在 $R-\{0\}$上封闭.

由于$<R;*>$是半群,乘法运算 $*$ 在 R 上满足结合律,而 $R-\{0\}\subseteq R$,所以乘法运算 $*$ 在 $R-\{0\}$上也满足结合律.

因为$<R;*>$是含幺半群,R 中必有单位元,由环的基本性质:对任意的 $x\in R$,有 $x*0=0*x=0$,故 0 不是乘法的单位元. 所以 $R-\{0\}$中一定有乘法的单位元.

乘法运算 $*$ 在 $R-\{0\}$上可交换是显然的.

下面证明 $R-\{0\}$ 中的每一个元素都存在逆元.

令 $R-\{0\}=\{e,a_1,a_2,\cdots,a_n\}$，$e$ 为乘法单位元. 对任意的 $a_i\in R-\{0\}$，考查以下的 $n+1$ 个元素：$a_i*e,a_i*a_1,a_i*a_2,\cdots,a_i*a_n$. 由于乘法运算封闭，因此 $\{a_i*e,a_i*a_1,a_i*a_2,\cdots,a_i*a_n\}\subseteq R-\{0\}$. 又由于 $R-\{0\}$ 中无零因子，乘法运算满足消去律，所以这 $n+1$ 个元素是互不相同的，则有 $R-\{0\}=\{a_i*e,a_i*a_1,a_i*a_2,\cdots,a_i*a_n\}$，因此必有 $a_i*a_k=e$. 由于乘法运算 $*$ 在 $R-\{0\}$ 上是可交换的，所以有 $a_k*a_i=e$. 于是 a_i 的逆元为 $a_k\in R-\{0\}$.

所以 $<R-\{0\};*>$ 是阿贝尔群. ■

5.5.4 环和域的同态

代数系统的同态(单同态、满同态)、同构和积代数的概念以及一些有关的结论可以推广到环和域中.

定理 5.36 设 h 是从代数系统 $V_1=<R_1;+_1,*_1>$ 到代数系统 $V_2=<R_2;+_2,*_2>$ 的满同态，其中 $+_1,*_1,+_2,*_2$ 都是二元运算，

(1) 若 V_1 是环，则 V_2 也是环.

(2) 若 V_1 是域，则 V_2 也是域.

推论 5.11 环的同态像是环，域的同态像是域.

定理 5.37 给定代数系统 $V_1=<R_1;+_1,*_1>$ 和 $V_2=<R_2;+_2,*_2>$，其中 $+_1,*_1,+_2,*_2$ 都是二元运算，

(1) 若 V_1 和 V_2 是环，则 $V_1\times V_2$ 也是环.

(2) 若 V_1 和 V_2 是域，则 $V_1\times V_2$ 也是域.

【例 5.31】 设 $<\mathbf{Z};+,\cdot>$ 是整数环，其中 $+$ 和 $\cdot$ 是整数集上数的加法和乘法. 设 $<\mathrm{N}_2;\oplus_2,\otimes_2>$ 是模 2 整数环，其中 $\mathrm{N}_2=\{0,1\}$. 设 $f:\mathbf{Z}\to\mathrm{N}_2$，定义为

$$f(x)=\begin{cases}0, & x\text{ 为偶数}\\1, & x\text{ 为奇数}\end{cases}$$

证明 f 是 $<\mathbf{Z};+,\cdot>$ 到 $<\mathrm{N}_2;\oplus_2,\otimes_2>$ 的同态，求出 $<\mathbf{Z};+,\cdot>$ 的同态像.

证明 对任意的 $x,y\in\mathbf{Z}$，

(1) 先证 $f(x+y)=f(x)\oplus_2 f(y)$.

如果 x 和 y 都能被 2 整除，则 $x+y$ 也能被 2 整除，这时

$$f(x+y)=0=0\oplus_2 0=f(x)\oplus_2 f(y)$$

如果 x 和 y 都不能被 2 整除，则 $x+y$ 能被 2 整除，这时

$$f(x+y)=0=1\oplus_2 1=f(x)\oplus_2 f(y)$$

如果 x 和 y 中仅有一个能被 2 整除，则 $x+y$ 不能被 2 整除，这时

$$f(x+y)=1=0\oplus_2 1=f(x)\oplus_2 f(y)$$

或

$$f(x+y)=1=1\oplus_2 0=f(x)\oplus_2 f(y)$$

(2) 再证 $f(x\cdot y)=f(x)\otimes_2 f(y)$.

如果 x 和 y 都能被 2 整除，则 $x\cdot y$ 也能被 2 整除，这时

$$f(x\cdot y)=0=0\otimes_2 0=f(x)\otimes_2 f(y)$$

如果 x 和 y 都不能被 2 整除，则 $x \cdot y$ 也不能被 2 整除，这时

$$f(x \cdot y) = 1 = 1 \otimes_2 1 = f(x) \otimes_2 f(y)$$

如果 x 和 y 中仅有一个能被 2 整除，则 $x \cdot y$ 能被 2 整除，这时

$$f(x \cdot y) = 0 = 0 \otimes_2 1 = f(x) \otimes_2 f(y)$$

或

$$f(x \cdot y) = 0 = 1 \otimes_2 0 = f(x) \otimes_2 f(y)$$

所以 f 是 $<\mathbf{Z};+,\cdot>$ 到 $<N_2;\oplus_2,\otimes_2>$ 的同态.

由于 f 是满射，所以 $<\mathbf{Z};+,\cdot>$ 的同态像 $<f(\mathbf{Z}^+);\oplus_2,\otimes_2>$ 就是 $<N_2;\oplus_2,\otimes_2>$.

习题

1. A 类题

A5.1 对于下列 * 运算，哪些代数系统 $<\mathbf{Z};*>$ 是半群？

(1) $a*b=a^b$.

(2) $a*b=a$.

(3) $a*b=a+ab$.

(4) $a*b=\max(a,b)$.

(5) $a*b=ab+2(a+b+1)$.

A5.2 代数系统 $<A;*>$ 是半群，其中 $A=\{a,b\}$，且 $a*a=b$. 证明

(1) * 是可交换运算.

(2) b 是幂等元.

A5.3 代数系统 $<A;*>$ 是半群，$z\in A$ 为左(右)零元. 证明：对任意的 $x\in A$，$x*z(z*x)$ 也为左(右)零元.

A5.4 写出半群 $<N_8;\oplus_8>$ 的所有子半群.

A5.5 在整数集合 $\mathbf{Z}$ 上，定义运算 * 为 $a*b=a+b+ab$. 证明 $<\mathbf{Z};*>$ 是独异点.

A5.6 代数系统 $<S;*>$ 中 $S=\{a,b,c,d\}$，运算 * 如表 5.7 所示.

表 5.7

*	a	b	c	d
a	a	b	c	d
b	b	c	d	a
c	c	d	a	b
d	d	a	b	c

已知 * 运算满足结合律，证明 $<S;*>$ 为一个循环独异点. 将 S 中各元素写成生成元的幂.

A5.7 写出独异点 $<A;*>$ 的所有子独异点，其中 $A=\{1,2,3,4,5\}$，$a*b=\max(a,b)$.

A5.8 证明在一个独异点中，所有左可逆元的集合形成子独异点.

A5.9 在集合 $A=\{1,2,3,4\}$上,定义运算 $*$ 如下,哪些代数系统$<A;*>$是群?

(1) $a*b=a+b$.

(2) $a*b=a\otimes_5 b$.

(3) $a*b=a^b$.

A5.10 下面代数系统哪些是群?哪些是交换群?

(1) $<M_{mn}(\mathbf{R});*>$,其中 $M_{mn}(\mathbf{R})$为所有 $m\times n$ 的实矩阵的集合,$*$ 是矩阵的加法.

(2) $<A;*>$,其中 $A=\{1,2,3,4,6,12\}$,$*$ 是求最大公因数运算.

(3) $<M_{mn}(\mathbf{R});*>$,其中 $*$ 是矩阵的乘法.

A5.11 设$<G;*>$是代数系统,其中

$$G=\left\{\begin{pmatrix}1&0\\0&1\end{pmatrix},\begin{pmatrix}1&0\\0&-1\end{pmatrix},\begin{pmatrix}-1&0\\0&1\end{pmatrix},\begin{pmatrix}-1&0\\0&-1\end{pmatrix}\right\}$$

$*$ 为矩阵的乘法. 证明$<G;*>$是群.

A5.12 在实数集 $\mathbf{R}$ 上,定义运算 $*$ 为 $a*b=a+b+ab$.

(1) 证明$<\mathbf{R};*>$是独异点,并写出其单位元和零元.

(2) 设 A 是所有不等于-1 的实数构成的集合,即 $A=\mathbf{R}-\{-1\}$,证明$<A;*>$是群.

A5.13 设$<G;*>$是群,如果对任意的 $a,b\in G$,都有$(a*b)^{-1}=a^{-1}*b^{-1}$,证明$<G;*>$是阿贝尔群.

A5.14 设$<G;*>$是群,如果对任意的 $a,b\in G$,都有$(a*b)^3=a^3*b^3$ 和$(a*b)^5=a^5*b^5$,证明$<G;*>$是阿贝尔群.

A5.15 设$<G;*>$是偶数阶群,证明在 G 中必存在非单位元 a,使得 $a*a=e$.

A5.16 如果群$<G;*>$的每个元素都适合方程 $x^2=e$,则$<G;*>$是交换群,其中 e 是$<G;*>$的单位元.

A5.17 求群$<N_{17}-\{0\};\otimes_{17}>$中各元素的周期.

A5.18 设 $G=\{000,001,100,101\}$,运算$\oplus$是按位加,求群$<G;\oplus>$中各元素的周期.

A5.19 设 f_1 和 f_2 是代数系统$<A;\circ>$到$<B;*>$的两个同态映射,g 是 A 到 B 的函数,定义为 $g(x)=f_1(x)*f_2(x)$. 证明:如果$<B;*>$是可交换半群,那么 g 是从$<A;\circ>$到$<B;*>$的一个同态映射.

A5.20 设$<G;*>$为群,$a\in G$,定义 G 上的函数 f 为 $f(x)=a*x*a^{-1}$. 证明 f 是$<G;*>$到$<G;*>$的同构映射.

A5.21 设集合 $A=\{1,2,3,4\}$,A 上的 4 个置换分别为

$$\alpha=\begin{pmatrix}1&2&3&4\\1&2&3&4\end{pmatrix},\beta=\begin{pmatrix}1&2&3&4\\2&3&4&1\end{pmatrix},\gamma=\begin{pmatrix}1&2&3&4\\3&4&1&2\end{pmatrix},\delta=\begin{pmatrix}1&2&3&4\\4&1&2&3\end{pmatrix}$$

写出这 4 个置换关于置换的复合运算$\circ$的运算表.

A5.22 写出 4 次对称群$<S_4;\circ>$的所有以自身为逆元的元素.

A5.23 设$<A;*>$是半群,其中 $A=\{a,b,c,d\}$,且 $b=a^2,c=a^3,d=a^4$ 和 $a*d=a$,则$<A;*>$是循环群.

A5.24 试在 6 次对称群$<S_6;\circ>$中找出一个 6 阶循环子群.

A5.25 设$<H;*>$和$<K;*>$都是群$<G,*>$的子群. 证明:

(1) $<H\cap K;*>$是$<G;*>$的子群;

(2) $<H\cup K;*>$是$<G;*>$的子群当且仅当 $H\subseteq K$ 或 $K\subseteq H$.

A5.26 设$<H;*>$和$<K;*>$都是群$<G;*>$的正规子群,则$<H\cap K;*>$也是$<G;*>$的正规子群.

A5.27 设$<G;*>$是群,$<A;*>$和$<B;*>$都是群$<G;*>$的子群,若 A 与 B 中有一个是 G 的正规子群,则 $AB=BA$.

A5.28 设 f_1 和 f_2 都是从群$<A;\circ>$到群$<B;*>$的同态映射,令 $C=\{x\mid x\in A$ 且 $f_1(x)=f_2(x)\}$,证明$<C;\circ>$是$<A;\circ>$的子群.

A5.29 求群$<\mathrm{N}_9;\oplus_9>$中各元素关于子群$<\{0,3,6\};\oplus_9>$的陪集.

A5.30 求群$<\mathrm{N}_{11}-\{0\};\otimes_{11}>$中各元素关于子群$<\{1,10\};\otimes_{11}>$的陪集.

A5.31 证明 3 阶群必是循环群.

A5.32 判断下列集合和给定运算是否构成环、整环和域,如果不构成,说明理由.

(1) $A=\{a+b\mathrm{j}\mid a,b\in\mathbf{Q}\}$,其中运算为复数加法和乘法.

(2) $A=\{2z+1\mid z\in\mathbf{Z}\}$,其中运算为实数加法和乘法.

(3) $A=\{2z\mid z\in\mathbf{Z}\}$,其中运算为实数加法和乘法.

(4) $A=\{x\mid x\geqslant 0,x\in\mathbf{Z}\}$,其中运算为实数加法和乘法.

(5) $A=\{a+b\sqrt[3]{2}\mid a,b\in\mathbf{Q}\}$,其中运算为实数加法和乘法.

A5.33 证明$<\mathbf{Z};\oplus,\otimes>$是环,其中运算$\oplus$,$\otimes$定义如下:

$$a\oplus b=a+b-1,\quad a\otimes b=a+b-ab$$

A5.34 设 a,b 是任意整数,A 是所有以 2 阶方阵$\begin{pmatrix}a & b\\ 2b & a\end{pmatrix}$作为元素的集合,对于矩阵的加法和矩阵的乘法,证明$<A;+,\times>$是环.

A5.35 设$<R;+,\times>$是代数系统,其中$+$,$\times$是数的加法和乘法,对下列集合 R,$<R;+,\times>$是环吗?

(1) R 是所有偶数组成的集合.

(2) R 是所有奇数组成的集合.

(3) R 是正整数集合.

(4) R 是非负整数集合.

A5.36 设$<R;+,\times>$是环,并且对于 R 中的任意元素 a,都有 $a\times a=a$,证明 $a+a=0$.

A5.37 设 R 是所有 n 阶实数方阵组成的集合,对于矩阵的加法$+$和乘法$\times$,证明$<R;+,\times>$是环.

A5.38 写出具有三个元素的域.

2. B 类题

B5.1 代数系统$<A;*>$是半群,对于 A 中任意两个不同的元素 a 和 b 都有 $a*b\neq b*a$,证明 $a*b*a=a$.

B5.2 在独异点$<\mathrm{N}_{10};\otimes_{10}>$中,取其子集 $A=\{0,2,4,6,8\}$,说明$<A;\otimes_{10}>$是独异点,但不是$<\mathrm{N}_{10};\otimes_{10}>$的子独异点.

B5.3 设$<G;*>$是 n 阶群. 如果$<G;*>$不是循环群,证明$<G;*>$必有非平凡

子群.

B5.4 设$<G;*>$是群,$<A;*>$和$<B;*>$是$<G;*>$的子群,证明$<AB;*>$是$<G;*>$的子群当且仅当$AB=BA$.

B5.5 证明8阶群必有4阶子群.

B5.6 设$<G_1;*>$和$<G_2;*>$都是群$<G;*>$的正规子群,则$<G_1G_2;*>$也是$<G;*>$的正规子群.

B5.7 设$<G;*>$是群,对任意的$a\in G$,令$H=\{y|y\in G,y*a=a*y\}$,先证明$<H;*>$是$<G;*>$的子群,再证明$<H;*>$是$<G;*>$的正规子群.子群$<H;*>$常称为群$<G;*>$的**中心**.

B5.8 设h是从群$<G_1;*_1>$到群$<G_2;*_2>$的同态映射,集合$\mathrm{Ker}(h)=\{x|x\in G_1$,且$h(x)=e_2\}$称为**同态核**,其中$e_2$是$G_2$中的单位元.设$<G;*>$是阿贝尔群,$k$是给定的正整数.函数$f:G\to G$定义为$f(a)=a^k$.证明$f$是$G$的自同态.求$f$的同态核$\mathrm{Ker}(f)$.

B5.9 设$<G;*>$是14阶交换群,证明:

(1) $<G;*>$中必有7阶元素.

(2) 如果a是2阶元素,b是7阶元素,则$a*b$是14阶元素.

(3) $<G;*>$是循环群.

B5.10 设f是从群$<\mathrm{N}_{12};\oplus_{12}>$到群$<\mathrm{N}_6;\oplus_6>$的一个同态映射,定义为$f(3k)=0$,$f(3k+1)=2$,$f(3k+2)=4$,$k=0,1,2,3$.

(1) 试求同态像$<f(\mathrm{N}_{12});\oplus_6>$,其中$f(\mathrm{N}_{12})=\{f(a)|a\in \mathrm{N}_{12}\}$.

(2) 证明$<f(\mathrm{N}_{12});\oplus_6>$是群.

(3) 试求f的同态核$\mathrm{Ker}(f)$.

(4) 验证$<\mathrm{Ker}(f);\oplus_{12}>$是$<\mathrm{N}_{12};\oplus_{12}>$的正规子群.

B5.11 设$<G;*>$是一个循环群,a是其中一个生成元,则有

(1) 若a的周期无限,则$<G;*>$与$<\mathbf{Z};+>$同构.

(2) 若a的周期为m,则$<G;*>$与$<\mathrm{N}_m;\oplus_m>$同构.

第6章 格和布尔代数

格是伯克霍夫(George David Birkhoff,1884—1944,美国数学家)在20世纪30年代提出的,格的提出以子集为背景. 历史上最初出现的格是布尔于1854年提出的,是他在研究命题演算中发现的,通常称为布尔格或布尔代数.

格是一种特殊的偏序集,也可以看作是有两个二元运算的代数系统,而布尔代数则是一种特殊的格. 格和布尔代数的理论成为计算机硬件设计和通信系统设计中的重要工具. 格论是计算机语言语义的理论基础. 在保密学、开关理论、计算机理论与逻辑设计以及其他一些科学和工程领域中都直接应用了格与布尔代数.

在第2章中定义了偏序关系,本章将利用偏序关系来定义另一种形式的代数系统——格. 主要介绍格的基本概念和性质、分配格和有补格等,并在此基础上介绍布尔代数.

6.1 格及其性质

6.1.1 格的偏序集定义

设集合 L 和其上的偏序关系 $\leqslant$ 构成偏序集 $<L;\leqslant>$,$\geqslant$ 为 $\leqslant$ 的逆偏序,则对任意的 l_1,$l_2 \in L$,

$$l_1 \leqslant l_2 \text{ 当且仅当 } l_2 \geqslant l_1$$

在第2章中,我们知道,偏序集的任意子集不一定存在最小上界和最大下界. 如"整除"关系是集合 $A=\{1,2,3,12,18,36\}$ 上的偏序关系,子集 $\{12,18\}$ 虽有最小上界36,但没有最大下界;子集 $\{2,3\}$ 虽有最大下界1,但没有最小上界.

今后把 $\{a,b\}$ 的最小上界(最大下界)称为元素 a,b 的最小上界(最大下界).

定义6.1 设 $<L;\leqslant>$ 是一个偏序集,如果 L 中任意两个元素 l_1 和 l_2 都存在着最小上界和最大下界,分别记为 $\text{lub}(l_1,l_2)$ 和 $\text{glb}(l_1,l_2)$,则称 $<L;\leqslant>$ 是**格**.

定义6.2 偏序集 $<L;\leqslant>$ 是格,对任意的 $l_1,l_2 \in L$,引入记号

$$l_1 \vee l_2 = \text{lub}(l_1,l_2), \quad l_1 \wedge l_2 = \text{glb}(l_1,l_2)$$

则 $\vee$ 和 $\wedge$ 均是集合 L 上的二元运算,分别称为**并运算**和**交运算**,构成的代数系统 $<L;\vee,\wedge>$ 称为由格 $<L;\leqslant>$ **导出的代数系统**.

这里出现的符号 $\vee$,$\wedge$ 只代表格中的运算,不再有其他的含义.

显然,如果 $<L;\leqslant>$ 是格,则 $<L;\geqslant>$ 也是格,且对任意的 $l_1,l_2,l_3 \in L$,有以下关系式成立:

$$l_1 \leqslant l_1. \tag{6.1}$$

$$\text{若 } l_1 \leqslant l_2, l_2 \leqslant l_1, \text{则 } l_1 = l_2. \tag{6.2}$$

$$\text{若 } l_1 \leqslant l_2, l_2 \leqslant l_3, \text{则 } l_1 \leqslant l_3. \tag{6.3}$$

$l_1 \wedge l_2 \leqslant l_1, l_1 \wedge l_2 \leqslant l_2.$ (6.4)

若 $l_3 \leqslant l_1, l_3 \leqslant l_2$,则 $l_3 \leqslant l_1 \wedge l_2$. (6.5)

$l_1 \geqslant l_1.$ (6.1′)

若 $l_1 \geqslant l_2, l_2 \geqslant l_1$,则 $l_1 = l_2$. (6.2′)

若 $l_1 \geqslant l_2, l_2 \geqslant l_3$,则 $l_1 \geqslant l_3$. (6.3′)

$l_1 \vee l_2 \geqslant l_1, l_1 \vee l_2 \geqslant l_2.$ (6.4′)

若 $l_3 \geqslant l_1, l_3 \geqslant l_2$,则 $l_3 \geqslant l_1 \vee l_2$. (6.5′)

式(6.1)~式(6.5)及式(6.1′)~式(6.5′)这 10 个关系式代表了格的定义,是后面推理的基础. 可以按照这些关系式所代表的意义来记忆,如关系式(6.4)说明最大下界的“下界”意义,关系式(6.5)说明最大下界的“最大”意义.

【例 6.1】 试判断图 6.1 中各次序图给出的偏序集是否是格?

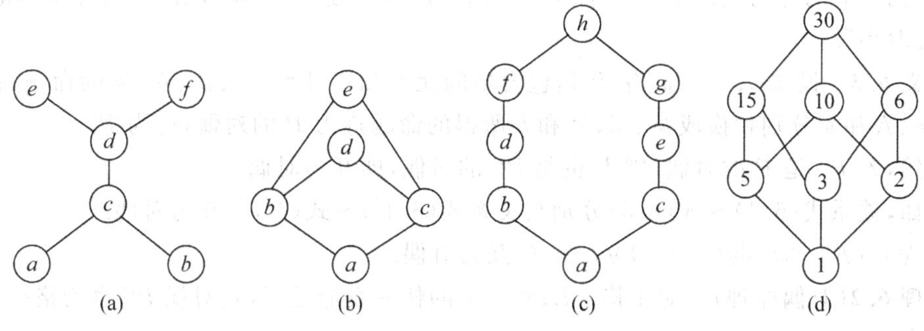

图 6.1

【解】 (a)不是格;(b)不是格;(c)是格;(d)是格.

【例 6.2】 设“|”为正整数集合 $\mathbf{Z}^+$ 上的整除关系,证明:偏序集 $<\mathbf{Z}^+;|>$ 是格.

证明 正整数集合 $\mathbf{Z}^+$ 上的整除关系“|”是偏序关系,且对任意的 $x,y\in\mathbf{Z}^+$,

$\mathrm{lub}(x,y)=\mathrm{lcm}(x,y)$,即 x 与 y 的最小公倍数;

$\mathrm{glb}(x,y)=\gcd(x,y)$,即 x 与 y 的最大公约数,

因此,偏序集 $<\mathbf{Z}^+;|>$ 是格.

6.1.2 格的性质

定理 6.1 在格 $<L;\leqslant>$ 中,对任意的 $l_1,l_2\in L$,以下三式中若任意一式成立,那么其他两式也成立.

(1) $l_1 \vee l_2 = l_1$.

(2) $l_1 \wedge l_2 = l_2$.

(3) $l_2 \leqslant l_1$.

证明 (1)⇒(2)

假设 $l_1 \vee l_2 = l_1$.

由关系式(6.4)有 $l_1 \wedge l_2 \leqslant l_2$.

由关系式(6.4′)有 $l_2 \leqslant l_1 \vee l_2 = l_1$,再由自反性有 $l_2 \leqslant l_2$,于是由关系式(6.5)得 $l_2 \leqslant$

$l_1 \wedge l_2$.

故由反对称性得 $l_1 \wedge l_2 = l_2$.

(2)⇒(3)

假设 $l_1 \wedge l_2 = l_2$，由关系式(6.4)有 $l_2 = l_1 \wedge l_2 \leqslant l_1$.

(3)⇒(1)

假设 $l_2 \leqslant l_1$.

由自反性有 $l_1 \leqslant l_1$，因此 $l_1 \geqslant l_1, l_1 \geqslant l_2$. 由关系式(6.5′)知 $l_1 \geqslant l_1 \vee l_2$.

又由关系式(6.4′)知 $l_1 \vee l_2 \geqslant l_1$.

故由反对称性得 $l_1 \vee l_2 = l_1$.

从而定理得证. ■

定理表明，在偏序关系的次序图中，如果两个不同的结点有边相连或通过可传递的第三边相连，则它们的并为连线上方的结点，而它们的交则为连线下方的结点，也可简单记为“并取大，交取小”.

定义 6.3 设$\langle L;\leqslant\rangle$是格，$P$ 是包含格的元素和符号$=$、$\leqslant$、$\geqslant$、$\wedge$、$\vee$ 的命题，将 P 中的$\leqslant$、$\geqslant$、$\wedge$和$\vee$分别替换成$\geqslant$、$\leqslant$、$\vee$ 和$\wedge$所得的命题称为 P 的**对偶**，记为 P^D.

显然，若 P^D 是 P 的对偶，则 P 也是 P^D 的对偶，即互为对偶.

例如，关系式(6.1)～式(6.5)分别与关系式(6.1′)～式(6.5′)互为对偶.

$(l_1 \vee l_2) \wedge l_3 \leqslant l_3$ 与$(l_1 \wedge l_2) \vee l_3 \geqslant l_3$ 互为对偶.

定理 6.2(对偶原理)　对于格$\langle L;\leqslant\rangle$上的任一真命题 P，其对偶 P^D 也为格$\langle L;\leqslant\rangle$上的真命题.

定理 6.3 设$\langle L;\leqslant\rangle$是格，则运算$\vee$和$\wedge$满足交换律、结合律、吸收律和幂等律，即对任意的 $l_1, l_2, l_3 \in L$，有

(1) $l_1 \vee l_2 = l_2 \vee l_1, l_1 \wedge l_2 = l_2 \wedge l_1$.

(2) $l_1 \vee (l_2 \vee l_3) = (l_1 \vee l_2) \vee l_3, l_1 \wedge (l_2 \wedge l_3) = (l_1 \wedge l_2) \wedge l_3$.

(3) $l_1 \vee (l_1 \wedge l_2) = l_1, l_1 \wedge (l_1 \vee l_2) = l_1$.

(4) $l_1 \vee l_1 = l_1, l_1 \wedge l_1 = l_1$.

证明　根据对偶原理，只需对(1)～(4)中两个等式之一加以证明.

(1) 显然成立.

(2) 令 $a = l_1 \vee (l_2 \vee l_3), b = (l_1 \vee l_2) \vee l_3$.

由关系式(6.4′)有 $a \geqslant l_1, a \geqslant (l_2 \vee l_3)$，且 $l_2 \vee l_3 \geqslant l_2, l_2 \vee l_3 \geqslant l_3$.

由传递性，$a \geqslant l_2, a \geqslant l_3$.

又由 $a \geqslant l_1, a \geqslant l_2$ 和关系式(6.5′)有 $a \geqslant l_1 \vee l_2$，

由 $a \geqslant l_1 \vee l_2, a \geqslant l_3$ 和关系式(6.5′)有 $a \geqslant (l_1 \vee l_2) \vee l_3$，即 $a \geqslant b$.

类似的方法可以证明 $b \geqslant a$.

于是由反对称性得 $a = b$.

(3) 由关系式(6.4)知，$l_1 \wedge (l_1 \vee l_2) \leqslant l_1$.

另一方面，由关系式(6.1)有 $l_1 \leqslant l_1$，再由关系式(6.4′)有 $l_1 \leqslant l_1 \vee l_2$.

于是，由关系式(6.5)得 $l_1 \leqslant l_1 \wedge (l_1 \vee l_2)$.

由反对称性得 $l_1 \wedge (l_1 \vee l_2) = l_1$.

(4) 由(3)知,$l \vee l = l \vee (l \wedge (l \vee l)) = l$. ■

注意:由于有结合律,常将 $l_1 \vee (l_2 \vee l_3) = (l_1 \vee l_2) \vee l_3$ 记为 $l_1 \vee l_2 \vee l_3$;将 $l_1 \wedge (l_2 \wedge l_3) = (l_1 \wedge l_2) \wedge l_3$ 记为 $l_1 \wedge l_2 \wedge l_3$.

利用归纳法可以证明,对任意的 n 个元素 $l_1, l_2, \cdots, l_n \in L$,结合律也是成立的,即不加括号的表达式

$$l_1 \vee l_2 \vee \cdots \vee l_n (\text{简记为} \bigvee_{i=1}^{n} l_i)$$

和

$$l_1 \wedge l_2 \wedge \cdots \wedge l_n (\text{简记为} \bigwedge_{i=1}^{n} l_i)$$

分别唯一地表示 L 中的一个元素.

定理 6.4(格的保序性) 设<L;≤>是格,则对任意的 $l_1, l_2, l_3, l_4 \in L$,有

(1) 若 $l_2 \leqslant l_3$,则 $l_1 \vee l_2 \leqslant l_1 \vee l_3$,$l_1 \wedge l_2 \leqslant l_1 \wedge l_3$.

(2) 若 $l_1 \leqslant l_3$,$l_2 \leqslant l_4$,则 $l_1 \vee l_2 \leqslant l_3 \vee l_4$,$l_1 \wedge l_2 \leqslant l_3 \wedge l_4$.

证明 (1) 由关系式(6.4′)知,$l_1 \vee l_3 \geqslant l_1$,$l_1 \vee l_3 \geqslant l_3$.

又已知 $l_3 \geqslant l_2$,于是由关系式(6.3′)知,$l_1 \vee l_3 \geqslant l_2$.

因此 $l_1 \vee l_3 \geqslant l_1 \vee l_2$,即 $l_1 \vee l_2 \leqslant l_1 \vee l_3$.

类似可证,$l_1 \wedge l_2 \leqslant l_1 \wedge l_3$.

(2) 因为 $l_1 \leqslant l_3$,所以由(1) 有 $l_1 \wedge l_2 \leqslant l_3 \wedge l_2$.

因为 $l_2 \leqslant l_4$,所以由(1) 有 $l_3 \wedge l_2 \leqslant l_3 \wedge l_4$.

由传递性有 $l_1 \wedge l_2 \leqslant l_3 \wedge l_4$.

类似可证,$l_1 \vee l_2 \leqslant l_3 \vee l_4$. ■

在格<L;≤>中,运算∨和∧一般不满足分配律. 例如,设 $L = \{1,3,4,6,12\}$,L 上的整除关系(其次序图如图 6.2 所示)与 L 构成一个格.

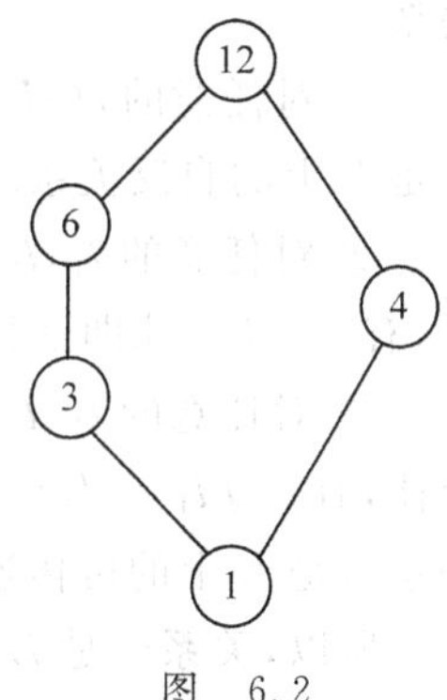

图 6.2

因为

$$3 \vee (6 \wedge 4) = 3 \vee 1 = 3, \quad (3 \vee 6) \wedge (3 \vee 4) = 6 \wedge 12 = 6$$

所以 $3 \vee (6 \wedge 4) \neq (3 \vee 6) \wedge (3 \vee 4)$,故并对交不可分配. 又因为

$$6 \wedge (3 \vee 4) = 6 \wedge 12 = 6, \quad (6 \wedge 3) \vee (6 \wedge 4) = 3 \vee 1 = 3$$

所以 $6 \wedge (3 \vee 4) \neq (6 \wedge 3) \vee (6 \wedge 4)$,故交对并不可分配.

但此例中,$3 \vee (6 \wedge 4) \leqslant (3 \vee 6) \wedge (3 \vee 4)$,$6 \wedge (3 \vee 4) \geqslant (6 \wedge 3) \vee (6 \wedge 4)$. 该结论具有一般性.

定理 6.5 设<L;≤>是格,则对任意的 $l_1, l_2, l_3 \in L$,有

(1) $l_1 \vee (l_2 \wedge l_3) \leqslant (l_1 \vee l_2) \wedge (l_1 \vee l_3)$.

(2) $l_1 \wedge (l_2 \vee l_3) \geqslant (l_1 \wedge l_2) \vee (l_1 \wedge l_3)$.

证明 只证(1). 由关系式(6.4)有 $l_2 \wedge l_3 \leqslant l_2$,$l_2 \wedge l_3 \leqslant l_3$.

于是,根据定理 6.4 有

$$l_1 \vee (l_2 \wedge l_3) \leqslant l_1 \vee l_2, \quad l_1 \vee (l_2 \wedge l_3) \leqslant l_1 \vee l_3$$

又由关系式(6.4)有

$$l_1 \vee (l_2 \wedge l_3) \leqslant (l_1 \vee l_2) \wedge (l_1 \vee l_3)$$

因此命题成立. ■

定理的结论可简单记为"先并大,后并小"或"先并大,先交小".

6.1.3 格的代数系统定义

在由偏序集的格导出的代数系统中,两个二元运算具有交换律、结合律、吸收律和幂等律. 反过来,对具有两个二元运算的代数系统,如果运算具有这4个性质,那么是否可以在该集合上定义一个关系是偏序关系而且偏序集为格呢?

定理 6.6 设 $<L;\vee,\wedge>$ 是一个代数系统,其中 $\vee$ 和 $\wedge$ 都是二元运算且满足交换律、结合律和吸收律,则在 L 上必存在偏序关系 $\leqslant$,使得 $<L;\leqslant>$ 是一个格.

证明 由吸收律易证幂等律.

在 L 上定义二元关系 $\leqslant$ 如下:对任意的 $l_1,l_2\in L$,

$$l_2 \leqslant l_1 \text{ 当且仅当 } l_1 \vee l_2 = l_1 \tag{6.6}$$

(1) 证明:关系 $\leqslant$ 是 L 上的自反、反对称和可传递的关系,即关系 $\leqslant$ 是 L 上的偏序关系.

① 对任意的 $l\in L$,由幂等律 $l\vee l=l$ 以及关系 $\leqslant$ 的定义式(6.6)有 $l\leqslant l$. 此即证得,关系 $\leqslant$ 是 L 上的自反关系.

② 对任意的 $l_1,l_2\in L$,若 $l_1\leqslant l_2$,$l_2\leqslant l_1$,则由式(6.6)有 $l_2\vee l_1=l_2$,$l_1\vee l_2=l_1$. 由交换律,有 $l_1=l_2$. 此即证得,关系 $\leqslant$ 是 L 上的反对称关系.

③ 对任意的 $l_1,l_2,l_3\in L$,若 $l_1\leqslant l_2$,$l_2\leqslant l_3$,则由式(6.6)有 $l_2\vee l_1=l_2$,$l_3\vee l_2=l_3$. 由结合律,有 $l_3\vee l_1=(l_3\vee l_2)\vee l_1=l_3\vee(l_2\vee l_1)=l_3\vee l_2=l_3$. 根据式(6.6)知 $l_1\leqslant l_3$. 此即证得,关系 $\leqslant$ 是 L 上的可传递关系.

所以,关系 $\leqslant$ 是 L 上的偏序关系.

(2) 证明:对任意的 $l_1,l_2\in L$,$l_1\vee l_2$ 是在偏序关系 $\leqslant$ 意义下 l_1 和 l_2 的最小上界.

① 根据交换律、结合律和幂等律,有 $(l_1\vee l_2)\vee l_1=(l_1\vee l_1)\vee l_2=l_1\vee l_2$. 由式(6.6)知 $l_1\leqslant l_1\vee l_2$.

同理可证,$l_2\leqslant l_1\vee l_2$.

故 $l_1\vee l_2$ 是 l_1 和 l_2 的上界.

② 若 $l_1\leqslant l_3$,$l_2\leqslant l_3$,则由式(6.6)有 $l_3\vee l_1=l_3$,$l_3\vee l_2=l_3$. 由运算的性质可得

$$l_3\vee(l_1\vee l_2)=(l_3\vee l_1)\vee l_2=l_3\vee l_2=l_3$$

再由式(6.6)知,$l_1\vee l_2\leqslant l_3$.

所以,$l_1\vee l_2$ 是 l_1 和 l_2 的最小上界.

(3) 证明:对任意的 $l_1,l_2\in L$,$l_1\vee l_2=l_1$ 当且仅当 $l_1\wedge l_2=l_2$.

若 $l_1\vee l_2=l_1$,则由吸收律,有 $l_1\wedge l_2=(l_1\vee l_2)\wedge l_2=l_2$.

反之,若 $l_1\wedge l_2=l_2$,则由吸收律,有 $l_1\vee l_2=l_1\vee(l_1\wedge l_2)=l_1$.

因此,L 上二元关系 $\leqslant$ 也可等价地定义为:对任意的 $l_1,l_2\in L$,

$$l_2\leqslant l_1 \text{ 当且仅当 } l_1\wedge l_2=l_2 \tag{6.7}$$

(4) 同法可证,对任意的 $l_1, l_2 \in L$,$l_1 \wedge l_2$ 是在偏序关系$\leqslant$意义下 l_1 和 l_2 的最大下界.

综上所述,$<L;\leqslant>$是一个格. ■

定义 6.4 设$<L;\vee,\wedge>$是一个代数系统,$\vee$和$\wedge$是 L 上的两个二元运算,如果这两个运算满足交换律、结合律和吸收律,则称$<L;\vee,\wedge>$是**格**.

显然,偏序集的格导出的代数系统是一个格. 因此,格既可以看作是一个偏序集$<L;\leqslant>$(L 中任意两个元都存在最大下界和最小上界),也可以看作是一个代数系统$<L;\vee,\wedge>$(两个二元运算满足交换律、结合律和吸收律),一般称前者为**偏序格**,后者为**代数格**.

以后不再区别是偏序格还是代数格,而统称为格.

【例 6.3】 $<\mathbf{Z};\leqslant>$是一个偏序集,其中$\leqslant$为数的小于等于关系. 对任意的 $x,y\in\mathbf{Z}$,因为

$$x\vee y=\max(x,y),\quad x\wedge y=\min(x,y)$$

因此$<\mathbf{Z};\leqslant>$是格.

另一方面,$\mathbf{Z}$ 与其上的最大值运算和最小值运算构成代数系统$<\mathbf{Z};\vee,\wedge>$. 由于二元运算$\vee$和$\wedge$满足交换律、结合律和吸收律,故此代数系统为格.

【例 6.4】 $<2^U;\subseteq>$是一个偏序集,对任意的 $x,y\in 2^U$,因为

$$x\vee y=x\cup y,\quad x\wedge y=x\cap y$$

因此$<2^U;\subseteq>$是格.

另一方面,集合的并运算与交运算和 2^U 一起可以构成代数系统$<2^U;\cup,\cap>$. 因为运算$\cup$和$\cap$满足交换律、结合律和吸收律,所以此代数系统为格.

6.1.4 子格

定义 6.5 设$<L;\vee,\wedge>$是一个格,如果$<S;\vee,\wedge>$是$<L;\vee,\wedge>$的子代数,则称$<S;\vee,\wedge>$是$<L;\vee,\wedge>$的**子格**.

显然,子格也是一个格,因为当运算$\vee$和$\wedge$限制在 S 上时,交换律、结合律和吸收律也是成立的. 格是其自身的一个子格.

【例 6.5】 设集合 $U=\{a,b,c\}$,格$<2^U;\subseteq>$的次序图如图 6.3 所示.

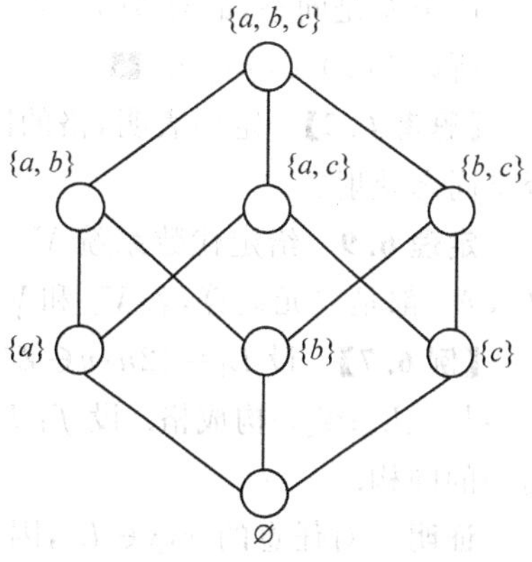

图 6.3

令 $S_1=\{\{b\},\{a,b\},\{b,c\},\{a,b,c\}\}$,

$S_2=\{\varnothing,\{a\},\{c\},\{a,c\}\}$,

$S_3=\{\varnothing,\{a\},\{c\},\{a,b\},\{a,c\},\{b,c\},\{a,b,c\}\}$,

则$<S_1;\cup,\cap>$与$<S_2;\cup,\cap>$都是$<2^U;\cup,\cap>$的子格. 但 S_3 不能与这两个运算构成$<2^U;\cup,\cap>$的子格,因为$\{a,b\}\cap\{b,c\}=\{b\}\notin S_3$.

【例 6.6】 图 6.4 中所示的格$<S;\leqslant>$是否是格$<L;\leqslant>$的子格?

【解】 (a)不是,因为 $d,e\in S\subseteq L$,但 $d\vee e=c(\in L)\notin S$. (b)是.

【思考 6.1】 例 6.6 说明了什么问题?

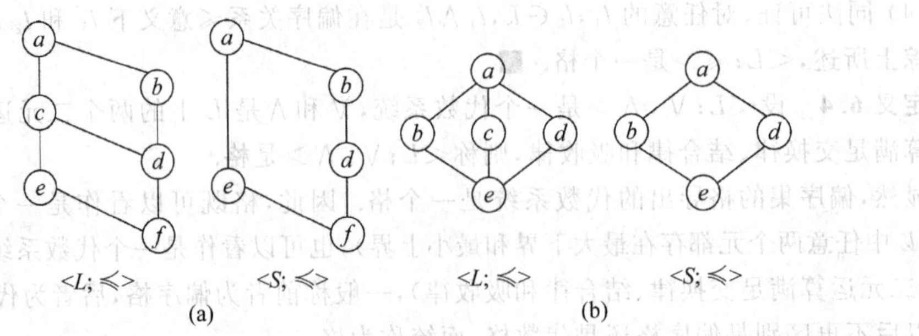

图 6.4

6.1.5 格的同态

代数系统的同态(单同态、满同态)、同构和积代数的概念以及一些有关的结论也可以推广到格中.

定理 6.7 设 h 是从代数系统 $V_1=<L_1;\vee_1,\wedge_1>$ 到代数系统 $V_2=<L_2;\vee_2,\wedge_2>$ 的满同态,其中 $\vee_1,\wedge_1,\vee_2,\wedge_2$ 都是二元运算,若 V_1 是格,则 V_2 也是格.

推论 6.1 格的同态像是格.

定理 6.8 设 h 是从格 $<L_1;\leqslant_1>$ 到格 $<L_2;\leqslant_2>$ 的同态,则对任意的 $x,y\in L_1$,如果 $x\leqslant_1 y$,则 $h(x)\leqslant_2 h(y)$.

证明 因为 $x\leqslant_1 y$,所以 $x\wedge_1 y=x$,因而 $h(x\wedge_1 y)=h(x)$.

由于 h 是同态,故有 $h(x)\wedge_2 h(y)=h(x)$.

所以 $h(x)\leqslant_2 h(y)$. ■

【思考 6.2】 定理表明,格的同态映射是保序映射. 反之是否成立? 即格的保序映射是否是同态映射?

定理 6.9 给定代数系统 $V_1=<L_1;\vee_1,\wedge_1>$ 和 $V_2=<L_2;\vee_2,\wedge_2>$,其中 $\vee_1,\wedge_1,\vee_2,\wedge_2$ 都是二元运算,若 V_1 和 V_2 是格,则 $V_1\times V_2$ 也是格.

【例 6.7】 设 $L_1=\{2n\mid n\in\mathbf{Z}^+\}$,$L_2=\{2n+1\mid n\in\mathbf{N}\}$,$\leqslant$ 为数的小于等于关系,则 $<L_1;\leqslant>$ 与 $<L_2;\leqslant>$ 构成格. 设 $f: L_1\to L_2$,定义为 $f(x)=x-1$. 证明 f 是 $<L_1;\leqslant>$ 到 $<L_2;\leqslant>$ 的同构.

证明 对任意的 $x,y\in L_1$,因为 $x\vee_1 y=\max(x,y)$,$x\wedge_1 y=\min(x,y)$,故有

$$\begin{aligned} f(x\vee_1 y) &= f(\max(x,y)) = \max(x,y)-1 = \max(x-1,y-1) \\ &= (x-1)\vee_2(y-1) = f(x)\vee_2 f(y), \\ f(x\wedge_1 y) &= f(\min(x,y)) = \min(x,y)-1 = \min(x-1,y-1) \\ &= (x-1)\wedge_2(y-1) = f(x)\wedge_2 f(y), \end{aligned}$$

所以 f 是 $<L_1;\leqslant>$ 到 $<L_2;\leqslant>$ 的同态.

因为 f 为双射,故 f 是 $<L_1;\leqslant>$ 到 $<L_2;\leqslant>$ 的同构.

【例 6.8】 设 $<L;\leqslant>$ 是一个格,其中 $L=\{a,b,c,d,e\}$,如图 6.5 所示. $<2^L;\subseteq>$ 是一个格.

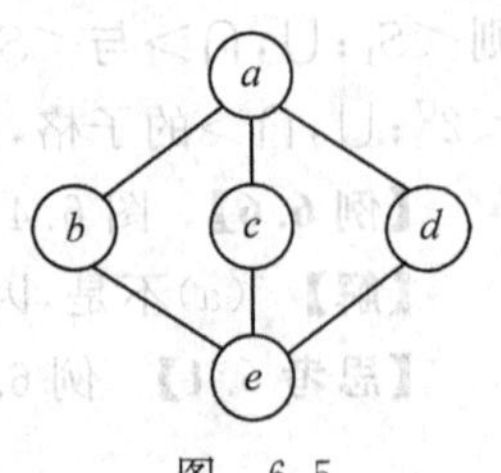

图 6.5

定义函数 $h: L\to 2^L$ 为

$$对任意的 x \in L, h(x) = \{y \mid y \in L, y \leqslant x\} \in 2^L$$

则有

$$h(a)=L, h(b)=\{b,e\}, h(c)=\{c,e\}, h(d)=\{d,e\}, h(e)=\{e\}$$

显然，h 是保序映射，即对任意的 $x,y\in L$，如果 $x\leqslant y$，则 $h(x)\subseteq h(y)$.

对于 $b,d\in L$，$b\vee d=a$，有 $h(b\vee d)=h(a)=L$，而 $h(b)\cup h(d)=\{b,d,e\}$，所以 $h(b\vee d)\neq h(b)\cup h(d)$，即 h 不是同态映射.

【思考 6.3】 1～5 个元素的互不同构的格有哪些？分别画出其哈斯图.

6.2 分配格和有补格

6.2.1 分配格

定义 6.6 设 $<L;\vee,\wedge>$ 是一个格，若对任意的 $l_1,l_2,l_3\in L$，有

$$\begin{aligned} l_1 \wedge (l_2 \vee l_3) &= (l_1 \wedge l_2) \vee (l_1 \wedge l_3) \\ l_1 \vee (l_2 \wedge l_3) &= (l_1 \vee l_2) \wedge (l_1 \vee l_3) \end{aligned} \tag{6.8}$$

则称 $<L;\vee,\wedge>$ 是**分配格**.

例如，图 6.6 中各次序图给出的格都是分配格.

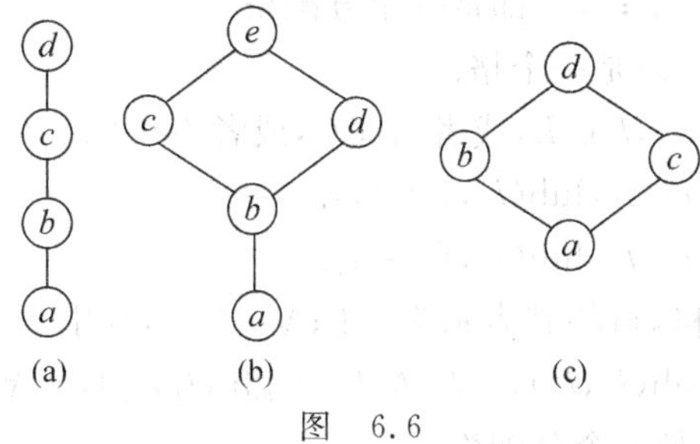

图 6.6

【例 6.9】 对任意的集合 A，$<2^A;\cup,\cap>$ 是一个分配格.

【例 6.10】 图 6.7 给出的格(一般称为**五角格**)不是分配格.

因为

$$b=b\vee(d\wedge c)\neq(b\vee d)\wedge(b\vee c)=d$$

$$d=d\wedge(b\vee c)\neq(d\wedge b)\vee(d\wedge c)=b$$

所以运算不满足分配律.

【例 6.11】 图 6.8 给出的格(一般称为**钻石格**)不是分配格.

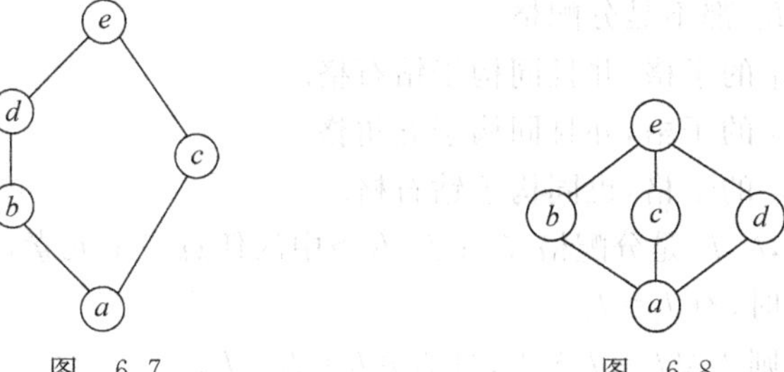

图 6.7　　图 6.8

因为$b\wedge(c\vee d)=b\wedge e=b$，而$(b\wedge c)\vee(b\wedge d)=a\vee a=a$，所以

$$b\wedge(c\vee d)\neq(b\wedge c)\vee(b\wedge d)$$

根据格中的对偶原理，显然有下面的结论.

定理 6.10 在格$<L;\vee,\wedge>$中，如果交运算对并运算是可分配的，则并运算对交运算也是可分配的；如果并运算对交运算是可分配的，则交运算对并运算也是可分配的.

如果$<L;\vee,\wedge>$是分配格，则对任意的$l,a_1,a_2,\cdots,a_n\in L$，有

$$\begin{aligned}l\vee(\bigwedge_{i=1}^{n}a_i)&=\bigwedge_{i=1}^{n}(l\vee a_i)\\l\wedge(\bigvee_{i=1}^{n}a_i)&=\bigvee_{i=1}^{n}(l\wedge a_i)\end{aligned}\tag{6.9}$$

更一般地，对任意的$l_1,l_2,\cdots,l_m,a_1,a_2,\cdots,a_n\in L$，有

$$\begin{aligned}(\bigwedge_{i=1}^{m}l_i)\vee(\bigwedge_{j=1}^{n}a_j)&=\bigwedge_{i=1}^{m}\bigwedge_{j=1}^{n}(l_i\vee a_j)\\(\bigvee_{i=1}^{m}l_i)\wedge(\bigvee_{j=1}^{n}a_j)&=\bigvee_{i=1}^{m}\bigvee_{j=1}^{n}(l_i\wedge a_j)\end{aligned}\tag{6.10}$$

定理 6.11 格$<L;\vee,\wedge>$为分配格的充分必要条件是，格中不存在与钻石格或五角格同构的子格.

推论 6.2 任何小于 5 个元的格都是分配格.

【例 6.12】 每一个链$<L;\leqslant>$都是一个分配格.

证明 (1) 证明$<L;\leqslant>$是一个格.

由链的定义，对任意的$l_1,l_2\in L$，或者$l_1\leqslant l_2$，或者$l_2\leqslant l_1$.

若$l_1\leqslant l_2$，则$\text{glb}(l_1,l_2)=l_1$，$\text{lub}(l_1,l_2)=l_2$.

若$l_2\leqslant l_1$，则$\text{glb}(l_1,l_2)=l_2$，$\text{lub}(l_1,l_2)=l_1$.

所以$<L;\leqslant>$是一个格，可将其表示为$<L;\vee,\wedge>$，其中

$$l_1\vee l_2=\text{lub}(l_1,l_2),\quad l_1\wedge l_2=\text{glb}(l_1,l_2),\quad \forall l_1,l_2\in L$$

(2) 证明$<L;\vee,\wedge>$是一个分配格.

对任意的$l_1,l_2,l_3\in L$，必有$l_2\leqslant l_3$或者$l_3\leqslant l_2$.

若$l_2\leqslant l_3$，则有$l_1\wedge(l_2\vee l_3)=l_1\wedge l_3$.

又由保序性有$l_1\wedge l_2\leqslant l_1\wedge l_3$，所以$(l_1\wedge l_2)\vee(l_1\wedge l_3)=l_1\wedge l_3$.

因此$l_1\wedge(l_2\vee l_3)=(l_1\wedge l_2)\vee(l_1\wedge l_3)$.

若$l_3\leqslant l_2$，其证明方法类似.

因此链$<L;\leqslant>$是一个分配格.

【例 6.13】 说明图 6.9 中的格是否为分配格？为什么？

【解】 L_1，L_2和L_3都不是分配格.

$\{a,b,c,d,e\}$是L_1的子格，并且同构于钻石格.

$\{a,b,c,e,f\}$是L_2的子格，并且同构于五角格.

$\{a,c,b,e,f\}$是L_3的子格，也同构于钻石格.

定理 6.12 设l_1,l_2,l_3是分配格$<L;\vee,\wedge>$中的任意三个元素，那么当且仅当$l_1\vee l_2=l_1\vee l_3$，$l_1\wedge l_2=l_1\wedge l_3$时，有$l_2=l_3$.

证明 若$l_2=l_3$，则$l_1\vee l_2=l_1\vee l_3$，且$l_1\wedge l_2=l_1\wedge l_3$.

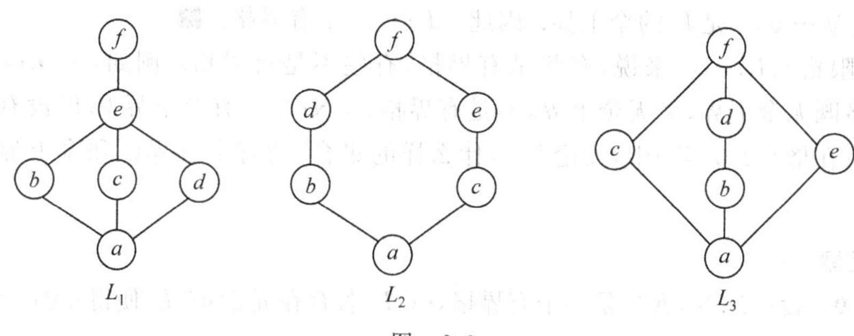

图　6.9

反之，设 $l_1 \vee l_2 = l_1 \vee l_3$，且 $l_1 \wedge l_2 = l_1 \wedge l_3$，则

$$\begin{aligned} l_2 &= l_2 \wedge (l_2 \vee l_1) = l_2 \wedge (l_3 \vee l_1) \\ &= (l_2 \wedge l_3) \vee (l_2 \wedge l_1) = (l_3 \wedge l_2) \vee (l_3 \wedge l_1) \\ &= l_3 \wedge (l_2 \vee l_1) = l_3 \wedge (l_3 \vee l_1) = l_3. \end{aligned}$$ ■

注意：对于非分配格，定理 6.12 不成立. 可以用来反证一个格不是分配格.

【例 6.14】 图 6.9 中的三个格都不是分配格.

在 L_1 中有 $b \vee c = b \vee d, b \wedge c = b \wedge d$，但 $c \neq d$.

在 L_2 中有 $b \vee c = b \vee e, b \wedge c = b \wedge e$，但 $c \neq e$.

在 L_3 中有 $c \vee b = c \vee d, c \wedge b = c \wedge d$，但 $b \neq d$.

6.2.2　有补格

1. 有界格

定义 6.7　如果格$<L;\leqslant>$中存在一个元素 a，对任何元素 $l \in L$ 均有 $l \leqslant a(a \leqslant l)$，则称 a 为格的**全上界**(**全下界**).

定理 6.13　一个格若有全上界(全下界)，则是唯一的.

证明　如果元素 a,b 都是格$<L;\leqslant>$的全上界(全下界)，则有

$$a \leqslant b \quad 且 \quad b \leqslant a$$

因此 $a=b$. ■

通常将全上界记为 1，而将全下界记为 0.

定义 6.8　既有全下界又有全上界的格称为**有界格**.

在有界格$<L;\leqslant>$中，对任意的 $l \in L$，有

(1) $0 \leqslant l, l \leqslant 1$.

(2) $l \vee 1 = 1, l \wedge 1 = l, l \wedge 0 = 0, l \vee 0 = l$.

由 1 和 0 的唯一性可知，在含有元素 1 和 0 的格的次序图中，必有唯一一个称为 1 的结点，它位于图的最上层；有唯一一个称为 0 的结点，它位于图的最下层. 并且从任一其他结点出发，经过向上的路径都可以到达结点 1；而从任一其他结点出发，经过向下的路径都可以到达结点 0.

定理 6.14　每个有限格都是有界格.

证明　设$<L;\leqslant>$是 n 元格，且 $L=\{a_1, a_2, \cdots, a_n\}$，那么 $a_1 \wedge a_2 \wedge \cdots \wedge a_n$ 是 L 的全下

界，而$a_1 \vee a_2 \vee \cdots \vee a_n$是$L$的全上界．因此$<L;\preccurlyeq>$是有界格．■

对于无限格$<L;\preccurlyeq>$来说，有些是有界格，有些不是有界格．例如：$<\mathbf{Z};\leqslant>$是一个格，但这个格既无全下界，又无全上界，不是有界格；$<\mathbf{N};\leqslant>$有全下界0，但没有全上界，也不是有界格；在格$<2^U;\subseteq>$中，无论U是什么样的集合，均有全下界$\varnothing$和全上界U，因此是有界格．

2. 补元素

定义 6.9 设$<L;\vee,\wedge>$是一个有界格，$a\in L$，若存在元素$b\in L$，使得$a\vee b=1$，$a\wedge b=0$，则称b是a的**补元素**．

显然，a和b互为补元素．在任何有界格中，0和1互为补元素．

【例 6.15】 图6.10中元素a有三个补元素b,c,d，且元素a,b,c,d两两互为补元素．

图6.11中，元素b和e互为补元素；f和d都没有补元素．

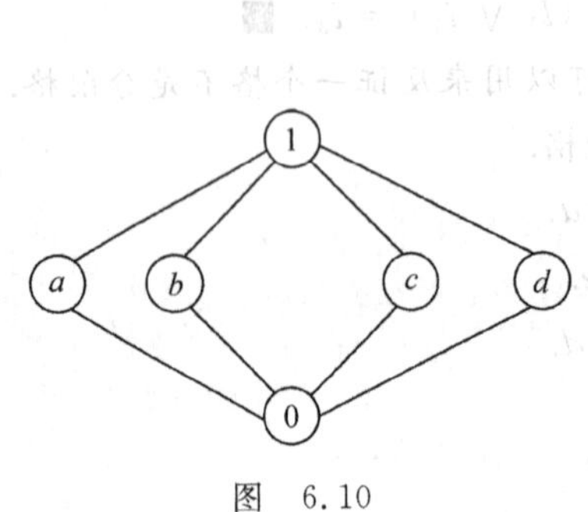

图 6.10

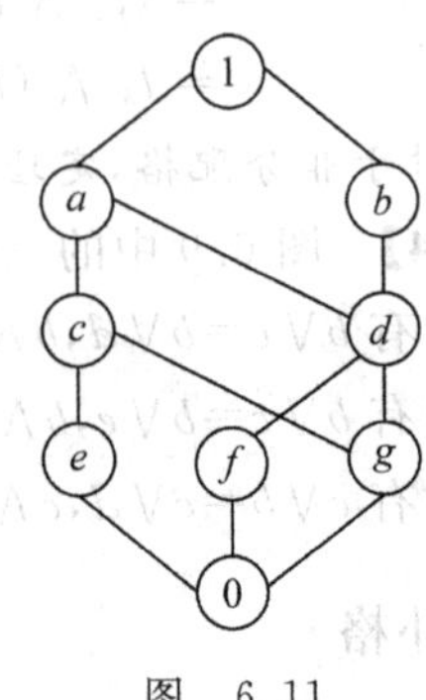

图 6.11

例子表明，在有界格中，并非每一个元素都有补元素；若有补元素，则补元素也不一定唯一．

3. 有补格

定义 6.10 设$<L;\vee,\wedge>$是一个有界格，如果L中每一个元素都有补元素，则称$<L;\vee,\wedge>$是**有补格**．

【例 6.16】 格$<2^U;\cup,\cap>$是一个有补格．

因为对任意的$S\in 2^U$，有$S\cup S'=U$，$S\cap S'=\varnothing$，所以S的补集S'是S的补元素．

【例 6.17】 考虑图6.12中的4个格．

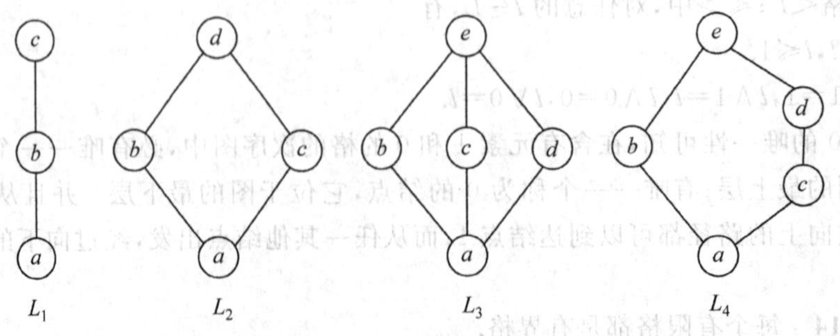

图 6.12

L_1 中的 a 与 c 互为补元,其中 a 为全下界,c 为全上界,b 没有补元.

L_2 中的 a 与 d 互为补元,其中 a 为全下界,d 为全上界,b 与 c 也互为补元.

L_3 中的 a 与 e 互为补元,其中 a 为全下界,e 为全上界,b 的补元是 c 和 d,c 的补元是 b 和 d,d 的补元是 b 和 c. b,c,d 每个元素都有两个补元.

L_4 中的 a 与 e 互为补元,其中 a 为全下界,e 为全上界,b 的补元是 c 和 d,c 的补元是 b,d 的补元是 b.

【例 6.18】 图 6.13 中哈斯图所表示的格是否是有补格?

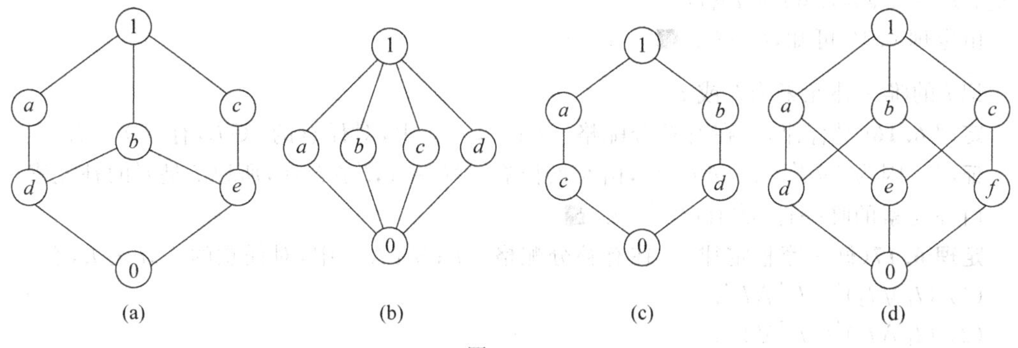

图　6.13

【解】 (a) 不是,因为 b 没有补元. a 和 e,c 和 d 互为补元.

(b) 是.

(c) 是.

(d) 是.

6.2.3　有补分配格

定义 6.11　既是有补格又是分配格的格称为**有补分配格**,也称为**布尔格**.

【例 6.19】 $<2^U;\cup,\cap>$ 是有补分配格.

【例 6.20】 图 6.14 给出的 4 个格中:

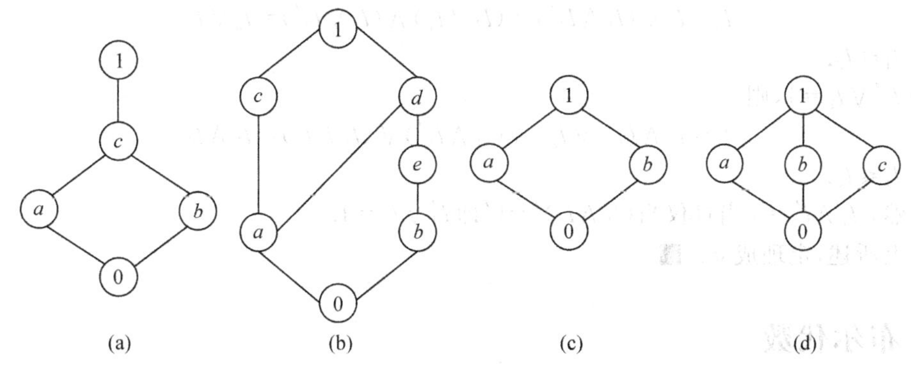

图　6.14

(a) 是分配格,但不是有补格.

(b) 既不是分配格(如 $e\wedge(a\vee b)\neq(e\wedge a)\vee(e\wedge b)$),又不是有补格.

(c) 既是有补格,又是分配格.

(d) 是有补格,但不是分配格(如 $a\vee(b\wedge c)\neq(a\vee b)\wedge(a\vee c)$).

有补分配格有如下一些性质.

定理 6.15 在有补分配格$<L;\vee,\wedge>$中,每个元素的补元素是唯一的.

证明 假设 l 有两个补元素 l_1 和 l_2,使得

$$l\vee l_1=1,\quad l\wedge l_1=0,\quad l\vee l_2=1,\quad l\wedge l_2=0,$$

于是 $l\vee l_1=l\vee l_2, l\wedge l_1=l\wedge l_2$.

由定理 6.12 可知,$l_1=l_2$. ■

记 l 的唯一补元素为 l' 或 $\bar{l}$.

定理 6.16(对合律) 在有补分配格$<L;\vee,\wedge>$中,对任意的 $l\in L$,有$(l')'=l$.

证明 因为 $l\vee l'=1, l\wedge l'=0$,由交换律有 $l'\vee l=1, l'\wedge l=0$,所以 l 是 l'的补元素.

由补元素的唯一性,故有$(l')'=l$. ■

定理 6.17(德·摩根定律) 在有补分配格$<L;\vee,\wedge>$中,对任意的 $l_1,l_2\in L$,有

(1) $(l_1\vee l_2)'=l_1'\wedge l_2'$.

(2) $(l_1\wedge l_2)'=l_1'\vee l_2'$.

证明 (1) $(l_1\vee l_2)\vee(l_1'\wedge l_2')=(l_1\vee l_2\vee l_1')\wedge(l_1\vee l_2\vee l_2')=1\wedge 1=1$,

$(l_1\vee l_2)\wedge(l_1'\wedge l_2')=(l_1\wedge l_1'\wedge l_2')\vee(l_2\wedge l_1'\wedge l_2')=0\vee 0=0$,

由补元素的唯一性有$(l_1\vee l_2)'=l_1'\wedge l_2'$.

同理可证(2)成立. ■

定理 6.18 在有补分配格$<L;\vee,\wedge>$中,对任意的 $l_1,l_2\in L$,有

$l_1\leqslant l_2$ 当且仅当 $l_1\wedge l_2'=0$ 当且仅当 $l_1'\vee l_2=1$.

证明 若 $l_1\leqslant l_2$,则有 $l_1\wedge l_2'\leqslant l_2\wedge l_2'$. 因为 $l_2\wedge l_2'=0$,所以 $l_1\wedge l_2'\leqslant 0$.

由于 $l_1\wedge l_2'\geqslant 0$,因此 $l_1\wedge l_2'=0$.

类似地,若 $l_1\leqslant l_2$,则有 $l_1'\vee l_1\leqslant l_1'\vee l_2$. 因为 $l_1'\vee l_1=1$,所以 $l_1'\vee l_2\geqslant 1$.

由于 $l_1'\vee l_2\leqslant 1$,故 $l_1'\vee l_2=1$.

反之,若 $l_1\wedge l_2'=0$,则

$$l_2=l_2\vee(l_1\wedge l_2')=(l_2\vee l_1)\wedge(l_2\vee l_2')=l_2\vee l_1$$

因而有 $l_1\leqslant l_2$.

若 $l_1'\vee l_2=1$,则

$$l_1=l_1\wedge(l_1'\vee l_2)=(l_1\wedge l_1')\vee(l_1\wedge l_2)=l_1\wedge l_2$$

因而有 $l_1\leqslant l_2$.

显然,$l_1\wedge l_2'=0$ 当且仅当$(l_1\wedge l_2')'=0'$即 $l_1'\vee l_2=1$.

综上所述,定理成立. ■

6.3 布尔代数

6.3.1 布尔代数的基本概念

定义 6.12 如果一个格是有补分配格,则称其为**布尔代数**. 一般记作$<B;\vee,\wedge,'>$,

其中′为求补运算(一元运算).

布尔代数$<B;\vee,\wedge,'>$具有如下基本性质：对于B中任意元素x,y,z,有

(1) 交换律：$x\vee y=y\vee x, x\wedge y=y\wedge x$.

(2) 结合律：$x\vee(y\vee z)=(x\vee y)\vee z, x\wedge(y\wedge z)=(x\wedge y)\wedge z$.

(3) 幂等律：$x\vee x=x, x\wedge x=x$.

(4) 吸收律：$x\vee(x\wedge y)=x, x\wedge(x\vee y)=x$.

(5) 分配律：$x\wedge(y\vee z)=(x\wedge y)\vee(x\wedge z), x\vee(y\wedge z)=(x\vee y)\wedge(x\vee z)$.

(6) 同一律：$x\vee 0=x, x\wedge 1=x$.

(7) 零一律：$x\vee 1=1, x\wedge 0=0$.

(8) 互补律：$x\vee x'=1, x\wedge x'=0$.

(9) 对合律：$(x')'=x$.

(10) 德·摩根定律：$(x\vee y)'=x'\wedge y', (x\wedge y)'=x'\vee y'$.

注意：

(1) 以上10条性质均可由交换律、分配律、同一律和互补律这4条基本定律导出(留着课后练习).

(2) 这4条基本定律中的每一条都包含了互为对偶的两个关系式,即将一个关系式中的$\vee,\wedge,0,1$分别改为$\wedge,\vee,1,0$,则该关系式就变成了另一个关系式.

(3) 布尔代数的任一由这些基本关系式所导出的关系式的对偶,也可由这些基本关系式的对偶导出.

(4) 0是运算$\vee$的单位元,1是运算$\wedge$的单位元,且单位元唯一.

以上说明,与格一样,布尔代数$<B;\vee,\wedge,'>$也是一个代数系统,该代数系统可取交换律、分配律、同一律和互补律作为公理.

定义 6.13　设$<B;\vee,\wedge,'>$是一个代数系统,$\vee$和$\wedge$是B上的二元运算,′是一元运算,若这些运算满足交换律、分配律、同一律和互补律,则称$<B;\vee,\wedge,'>$是**布尔代数**.

【例 6.21】　集合U的幂集2^U上定义的集合的并、交和补运算与2^U构成的代数系统$<2^U;\cup,\cap,'>$称为**集合代数**,它是一个布尔代数.

定义 6.14　设$<B;\vee,\wedge,'>$是一个代数系统,$<S;\vee,\wedge,'>$是$<B;\vee,\wedge,'>$的子代数,则称$<S;\vee,\wedge,'>$为$<B;\vee,\wedge,'>$的**子布尔代数**.

【例 6.22】　设$U=\{a,b,c\}$,则

$$<\{\varnothing,\{a,b,c\}\};\cup,\cap,'>,\quad <\{\varnothing,\{b\},\{a,c\},\{a,b,c\}\};\cup,\cap,'>$$

等都是例6.21中布尔代数$<2^U;\cup,\cap,'>$的子代数.

定理 6.19　设h是从代数系统$V_1=<L_1;\vee_1,\wedge_1,'_1>$到代数系统$V_2=<L_2;\vee_2,\wedge_2,'_2>$的满同态,其中$\vee_1,\wedge_1,\vee_2,\wedge_2$都是二元运算,$'_1,'_2$都是一元运算,若$V_1$是布尔代数,则$V_2$也是布尔代数.

推论 6.3　布尔代数的同态像是布尔代数.

定理 6.20　给定代数系统$V_1=<L_1;\vee_1,\wedge_1,'_1>$和$V_2=<L_2;\vee_2,\wedge_2,'_2>$,其中$\vee_1,\wedge_1,\vee_2,\wedge_2$都是二元运算,$'_1,'_2$都是一元运算,若$V_1$和$V_2$是布尔代数,则$V_1\times V_2$也是布尔代数.

6.3.2 布尔代数的性质

定义 6.15 设 a,b 是格 $<L;\leqslant>$ 中的两个元素，如果 $b\leqslant a$ 且 $b\neq a$（记为 $b\prec a$），以及格中无元素 c，使得 $b\prec c$ 和 $c\prec a$（记为 $b\prec c\prec a$），则称元素 a **盖住** b.

由元素 a 盖住 b 的定义知，对任意的 $x\in L$，若 $b\prec x\leqslant a$，则有 $x=a$.

定义 6.16 设 $<L;\leqslant>$ 是一个格，且具有全下界 0，如果格中有元素 a 盖住 0，则称元素 a 为**原子**.

若 a 为原子，则不存在元素 $c\in L$，使得 $0\prec c\prec a$. 从 $\leqslant$ 的次序图上看，从全下界结点 0 出发经过一条边就能够到达的结点就是原子.

例如，(1) 若 L 是正整数 n 的全体正因子关于整除关系构成的格，则 L 的原子恰为 n 的全体素因子；

(2) 若 L 是集合 A 的幂集，则 L 的原子就是由 A 中元素构成的单元集.

【例 6.23】 求图 6.15 所示格中的原子.

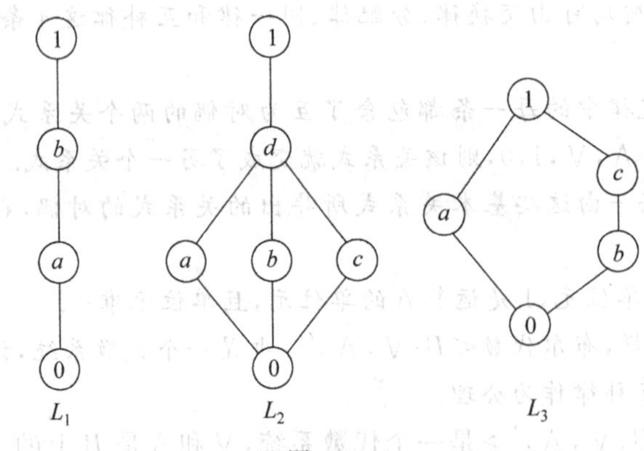

图 6.15

【解】 L_1 的原子是 a；L_2 的原子是 a,b,c；L_3 的原子是 a,b.

例题说明，格中的原子不一定唯一.

定理 6.21 若格中有原子 a,b，且 $a\neq b$，则必有 $a\wedge b=0$.

证明 假设 $a\wedge b=c\neq 0$，则有 $0\prec c\leqslant a$ 及 $0\prec c\leqslant b$. 因为 $a\neq b$，所以有 $0\prec c\prec a$ 或 $0\prec c\prec b$，这与 a 和 b 是原子相矛盾，故有 $a\wedge b=0$. ■

定理 6.22 对于布尔代数 $<B;\vee,\wedge,'>$，原子具有如下性质：

(1) 元素 a 是原子当且仅当 $0\prec a$，且对任意的 $x\in B$，有 $x\wedge a=a$ 或 $x\wedge a=0$.

(2) 若元素 a 是原子，则对任意的 $x,y\in B$，$a\leqslant x\vee y$ 当且仅当 $a\leqslant x$ 或 $a\leqslant y$.

(3) 若元素 a,b 是原子，则有 $a=b$ 或 $a\wedge b=0$.

(4) 对有限布尔代数中任意非零元素 b，总有一个原子 a 使得 $a\leqslant b$.

(5) 对有限布尔代数中任意元素 b，设 $A(b)=\{x|x\in B,x$ 是原子且 $x\leqslant b\}=\{a_1,a_2,\cdots,a_m\}$，则 $b=a_1\vee a_2\vee\cdots\vee a_m$ 且表达式唯一.

证明 (1) 设元素 a 是原子，显然 $0\prec a$. 对任意的 $x\in B$，设 $x\wedge a\neq a$，则 $x\wedge a\prec a$. 根据原子的定义，故必有 $x\wedge a=0$.

反之，设 $0<a$，且对任意的 $x\in B$，有 $x\wedge a=a$ 或 $x\wedge a=0$ 成立．如果 a 不是原子，则必有 $b\in B$，使得 $0<b<a$，于是 $b\wedge a=b$．此与题设矛盾，因此元素 a 只能是原子．

(2) 充分性显然成立．下面证明必要性．

设 a 是原子，且 $a\leqslant x\vee y$．不妨设 $a\leqslant x$ 不成立，即 $x\wedge a\neq a$．由(1)知，必有 $x\wedge a=0$．再由 $a\leqslant x\vee y$，可得 $a=a\wedge(x\vee y)=(a\wedge x)\vee(a\wedge y)=a\wedge y$．因此 $a\leqslant y$．

(3) 若元素 a,b 是原子，且 $a\wedge b\neq 0$，则 $0<a\wedge b$．

因为 $0<a\wedge b\leqslant a$，而 a 是原子，所以 $a\wedge b=a$．

又因为 $0<a\wedge b\leqslant b$，而 b 是原子，所以 $a\wedge b=b$．

因此 $a=b$．

(4) 对任意的 $b\in B$，且 $0<b$，

① 若 b 是原子，则显然有 $b\leqslant b$，即命题成立．

② 若 b 不是原子，则必存在 $b_1\in B$，使得 $0<b_1$ 且 $b_1\leqslant b$．

类似地，若 b_1 是一个原子，则命题成立；若 b_1 不是原子，则必存在 $b_2\in B$，使得 $0<b_2$ 且 $b_2\leqslant b_1$ 且 $b_1\leqslant b$；

⋮

重复上面的讨论．因为 B 中元素有限，这一过程必将终止，并产生的元素序列满足：$0<b_r$，$b_r\leqslant b_{r-1}$，…，$b_2\leqslant b_1$，$b_1\leqslant b$．即存在 b_r，b_r 为原子，且 $0<b_r$，$b_r\leqslant b$．

(5) 令 $c=a_1\vee a_2\vee\cdots\vee a_m$，待证 $b=c$．

由于 $a_i\leqslant b(i=1,2,\cdots,m)$，故 $a_1\vee a_2\vee\cdots\vee a_m\leqslant b$，即 $c\leqslant b$．

为证 $b\leqslant c$，因 $b\leqslant c$ 当且仅当 $b\wedge c'=0$（定理 6.18），故转而证明 $b\wedge c'=0$．

假设 $b\wedge c'\neq 0$，则由(4)知，存在原子 a 使得 $0<a\leqslant b\wedge c'$，因此 $a\leqslant b$ 且 $a\leqslant c'$．由于 $a\leqslant b$，而 a 是原子，故 $a\in A(b)$，从而必有 $a\leqslant c$．由此 $a\leqslant c\wedge c'$，而 $c\wedge c'=0$，因此 $a\leqslant 0$，此与 a 是原子矛盾，所以 $b\wedge c'=0$，即 $b\leqslant c$．

综上所述，$b=c=a_1\vee a_2\vee\cdots\vee a_m$．

下面证明唯一性．设 $b=b_1\vee b_2\vee\cdots\vee b_n$，$S(b)=\{b_1,b_2,\cdots,b_n\}$，其中 $b_1,b_2,\cdots,b_n$ 是原子，需证 $S(b)=A(b)$．

对任意的原子 $x\in S(b)$，必有 $x\leqslant b$，因此 $x\in A(b)$，即 $S(b)\subseteq A(b)$．

对任意的原子 $x\in A(b)$，必有 $x\leqslant b$，因此

$$x=x\wedge b=x\wedge(b_1\vee b_2\vee\cdots\vee b_n)=(x\wedge b_1)\vee(x\wedge b_2)\vee\cdots\vee(x\wedge b_n)$$

于是必有 $b_k\in S(b)$，使得 $x\wedge b_k\neq 0$（否则 $x=0$，与 x 是原子矛盾）．由(3)知，$x=b_k\in S(b)$，即 $A(b)\subseteq S(b)$．

综上所述，$S(b)=A(b)$，即表达式唯一．■

定理 6.23 设 $<B;\vee,\wedge,'>$ 是有限布尔代数，S 是其所有原子的集合，则 $<B;\vee,\wedge,'>$ 和 $<2^S;\cup,\cap,\sim>$ 同构，这里将集合的补运算记为 $\sim$ 以示区别．

证明 构造函数 $f:B\to 2^S$，$f(x)=S(x)$，其中 $f(0)=\varnothing$．

对任意的 $x,y\in B$，如果 $f(x)=f(y)$，则 $S(x)=S(y)$．由于 $x=\bigvee_{a\in S(x)}a$，$y=\bigvee_{b\in S(y)}b$，因此 $x=y$，即 f 是内射．

对任意的 $x\in 2^S$，有 $x\subseteq S$．令 $b=\bigvee_{a\in x}a$，则 $b=\bigvee_{a\in S(b)}a$．由唯一性有 $x=S(b)=f(b)$，所以

f 是满射.

因此，f 是双射.

对任意的 $x,y\in B$ 且 $x\neq 0, y\neq 0$，设 a 为任意原子，那么

(1) $a\in S(x\wedge y)$ 当且仅当 $a\leqslant x\wedge y$ 当且仅当 $a\leqslant x$ 且 $a\leqslant y$ 当且仅当 $a\in S(x)$ 且 $a\in S(y)$ 当且仅当 $a\in S(x)\cap S(y)$，因此 $S(x\wedge y)=S(x)\cap S(y)$，即 $f(x\wedge y)=f(x)\cap f(y)$.

(2) $a\in S(x\vee y)$ 当且仅当 $a\leqslant x\vee y$ 当且仅当 $a\leqslant x$ 或 $a\leqslant y$ 当且仅当 $a\in S(x)$ 或 $a\in S(y)$ 当且仅当 $a\in S(x)\cup S(y)$，因此 $S(x\vee y)=S(x)\cup S(y)$，即 $f(x\vee y)=f(x)\cup f(y)$.

(3) $a\in S(x')$ 当且仅当 $a\leqslant x'$ 当且仅当 $a\wedge x=0$ 当且仅当 $a\wedge x\neq a$ 当且仅当 $a\leqslant x$ 不成立当且仅当 $a\notin S(x)$ 当且仅当 $a\in\sim(S(x))$，因此 $S(x')=\sim(S(x))$，即 $f(x')=\sim(f(x))$.

综上所述，$<B;\vee,\wedge,'>$ 和 $<2^S;\cup,\cap,\sim>$ 同构. ■

推论 6.4 任何有限布尔代数的域的基数必定等于 2^n，其中 n 是该布尔代数中所有原子的个数.

推论 6.5 任何等势的有限布尔代数都是同构的.

图 6.16 给出了域的基数分别为 1,2,4 和 8 的布尔代数.

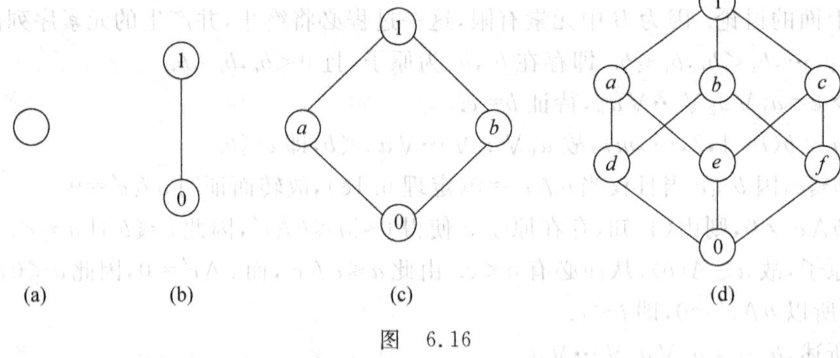

图 6.16

习题

1. A 类题

A6.1 设 $<A;\leqslant>$ 是偏序集，在集合 A 上定义二元关系如下

$$\geqslant=\{(a,b)\mid(b,a)\in\leqslant\}$$

证明 $<A;\geqslant>$ 也是偏序集.

A6.2 下列各集合对于整除关系都构成偏序集. 指出各集合中是否有最小元素和最大元素.

(1) $L=\{1,2,3,4,6,12\}$.

(2) $L=\{1,2,3,4,6,8,12,24\}$.

(3) $L=\{1,2,3,\cdots,12\}$.

A6.3 图 6.17 给出了 4 个偏序集的次序图，其中哪些是格？

A6.4 下列各集合对于整除关系都构成偏序集，判断哪些偏序集是格？

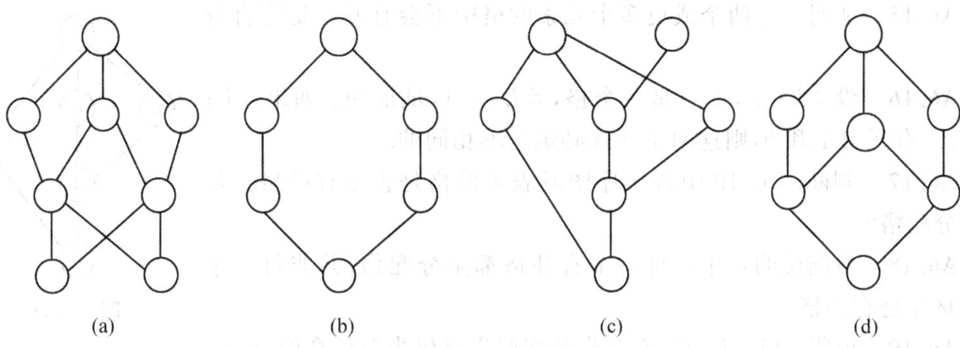

图　6.17

(1) $L=\{1,2,3,4,5\}$.

(2) $L=\{1,2,3,6,12\}$.

A6.5　求格中下列命题的对偶命题.

(1) $a\wedge(a\vee b)=a$.

(2) $a\vee(b\wedge c)\leqslant(a\vee b)\wedge(a\vee c)$.

(3) $(a\vee b)\wedge c\geqslant a\vee(b\wedge c)$.

A6.6　设$<L;\leqslant>$是一个格,则对任意的$a,b,c\in L$,有

$a\leqslant c$当且仅当$a\vee(b\wedge c)\leqslant(a\vee b)\wedge c$.

A6.7　设$<L;\leqslant>$是一个格,$a,b\in L$,且$a<b$(即$a\leqslant b$,但$a\neq b$),令集合$B=\{x|x\in L$且$a\leqslant x\leqslant b\}$,证明$<B;\leqslant>$也是一个格.

A6.8　设a和b是格$<L;\leqslant>$中的两个元素,试证明:当且仅当a,b不可比时,$a\wedge b<a,a\wedge b<b$.

A6.9　设$<L;\leqslant>$是一个格,证明:对任意的$a,b,c\in L$,有

(1) 若$a\wedge b=a\vee b$,则$a=b$.

(2) 若$a\wedge b\wedge c=a\vee b\vee c$,则$a=b=c$.

(3) $a\vee((a\vee b)\wedge(a\vee c))=(a\vee b)\wedge(a\vee c)$.

A6.10　证明:在格中,若$a\leqslant b\leqslant c$,则有

(1) $a\vee b=b\wedge c$.

(2) $(a\wedge b)\vee(b\wedge c)=(a\vee b)\wedge(b\vee c)$.

A6.11　证明:在格中,对任意的a,b,c,d,有

$$(a\wedge b)\vee(c\wedge d)\leqslant(a\vee c)\wedge(b\vee d)$$

A6.12　设$<L;\leqslant>$是一个格,$a,b\in L$,且$a<b$,令集合

$$A=\{x|x\in L\text{ 且 }x\leqslant a\},B=\{x|x\in L\text{ 且 }a\leqslant x\leqslant b\}$$

证明$<A;\leqslant>$和$<B;\leqslant>$都是$<L;\leqslant>$的子格.

A6.13　设$<L;\leqslant>$是有界格,$x,y\in L$,证明:

(1) 若$x\vee y=0$,则$x=y=0$.

(2) 若$x\wedge y=1$,则$x=y=1$.

A6.14　求图6.18所表示的有补格中元素a,b,c,d的补元素.

A6.15 证明具有两个或更多个元素的格中不会有元素是它自身的补.

A6.16 设<L;∨,∧>是一个格,$\# L>1$,试证明:如果<L;∨,∧>有元素1和0,则这两个元素必定是不相同的.

A6.17 判断图6.19中各次序图所表示的格是否是有补格?是否是分配格?

A6.18 举例说明:并非每一个有补格都是分配格;并非每一个分配格都是有补格.

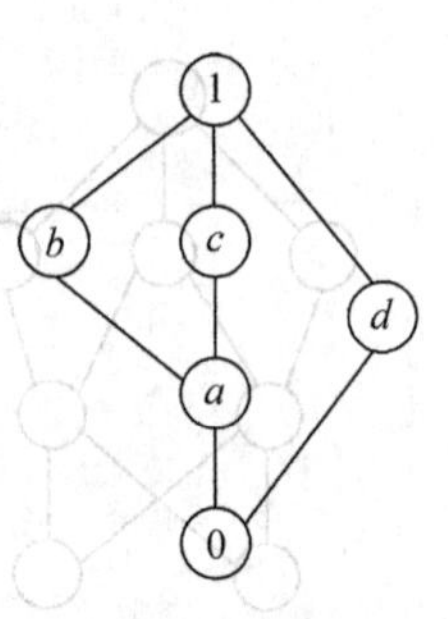

图 6.18

A6.19 证明:格<L;∨,∧>为分配格当且仅当对任意的a,b,c

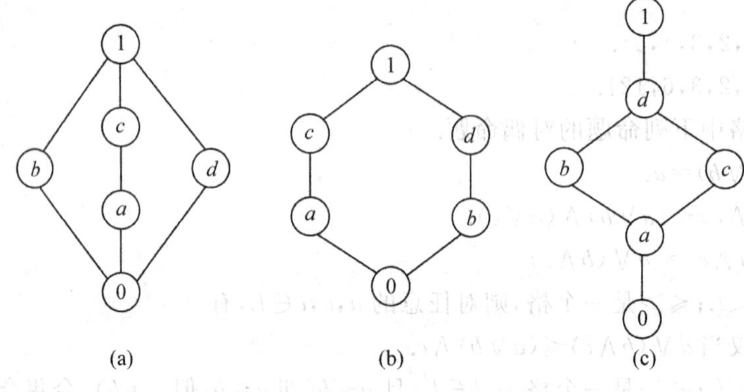

图 6.19

$\in L$,有$(a \vee b) \wedge c \leqslant a \vee (b \wedge c)$.

A6.20 证明:在格<L;∨,∧>中,如果交运算对并运算是可分配的,则并运算对交运算也是可分配的;如果并运算对交运算是可分配的,则交运算对并运算也是可分配的.

A6.21 证明:格<$\mathbf{Z}$;∨,∧>是分配格,其中$a \vee b=\max(a,b)$,$a \wedge b=\min(a,b)$.

A6.22 设<A;≤>是有界分配格,令$B=\{x \mid x \in A$且x在A中存在补元$\}$,证明:<B;≤>是<A;≤>的子格.

A6.23 设<B;≤>是有补分配格,对任意的$a,b \in B$,证明:$a \leqslant b$当且仅当$a' \vee b=1$当且仅当$a \wedge b'=0$.

A6.24 设<B;∨,∧,′>是布尔代数,对任意的$a,b \in B$,证明:

$$(a \wedge b) \vee (a \vee b)'=(a' \vee b) \wedge (a \vee b')$$

A6.25 设<B;∨,∧,′>是布尔代数,对任意的$a,b \in B$,证明:

$$a=b \text{ 当且仅当 } (a \wedge b') \vee (a' \wedge b)=0$$

A6.26 设<B_1;$\vee_1$,$\wedge_1$,′>和<B_2;$\vee_2$,$\wedge_2$,″>是两个布尔代数,其中$\vee_1$,$\wedge_1$,$\vee_2$和$\wedge_2$都是二元运算,′和″是一元运算,0和1是B_1的全下界和全上界,θ和E是B_2的全下界和全上界,f是布尔代数<B_1;$\vee_1$,$\wedge_1$,′>到<B_2;$\vee_2$,$\wedge_2$,″>的同态. 证明:$f(0)=\theta$,$f(1)=E$.

A6.27 回答下列问题:

(1) 设<L;∨,∧>是一个五元素的分配格,该格是有补格吗?

(2) 设$<L;\vee,\wedge>$是一个九元素的有补格,该格是分配格吗?

(3) 设集合$U=\{a,b,c\}$,格$<2^U;\cup,\cap,'>$是布尔代数吗?

(4) (3) 中$<2^U;\cup,\cap,'>$的子代数是布尔代数吗?

A6.28 设$b_1,b_2,\cdots,b_r$是有限布尔代数$<B;\vee,\wedge,'>$的所有原子,证明:$y=0$当且仅当$y\wedge b_i=0,i=1,2,\cdots,r$.

2. B 类题

B6.1 设集合$A=\{a,b,c\}$,集合A上所有分划构成的集合为$P(A)$,能否适当定义$P(A)$上一个偏序关系$\leqslant$,使得$<P(A);\leqslant>$成为一个格?

B6.2 设f是格$<L_1;\leqslant_1>$到格$<L_2;\leqslant_2>$的同态映射,证明:对任意的$x,y\in L_1$,若$x\leqslant_1 y$,则$f(x)\leqslant_2 f(y)$,即格的同态映射是保序的. 反之是否成立?即格的保序映射是否是同态映射?

B6.3 设$<L_1;\leqslant_1>$和$<L_2;\leqslant_2>$是两个格,f是L_1到L_2的双射,则f是$<L_1;\leqslant_1>$到$<L_2;\leqslant_2>$的格同构当且仅当对任意的$x,y\in L_1$,$x\leqslant_1 y\Leftrightarrow f(x)\leqslant_2 f(y)$.

B6.4 证明:在格$<L;\leqslant>$中,对任意的a,b,c,若

$$(a\wedge b)\vee(b\wedge c)\vee(c\wedge a)=(a\vee b)\wedge(b\vee c)\wedge(c\vee a)$$

则此格是分配格. 反之是否成立?

B6.5 设$<L;\vee,\wedge>$是一个格,如果对任意的$a,b,c\in L$,满足:若$a\leqslant b$,就有$a\vee(b\wedge c)=b\wedge(a\vee c)$,则称$<L;\vee,\wedge>$为**模式格**,简称**模格**.

回答下列问题并说明理由:

(1) 图 6.20 所给出的格是模格吗?

(2) 分配格一定是模格吗?

(3) 模格一定是分配格吗?

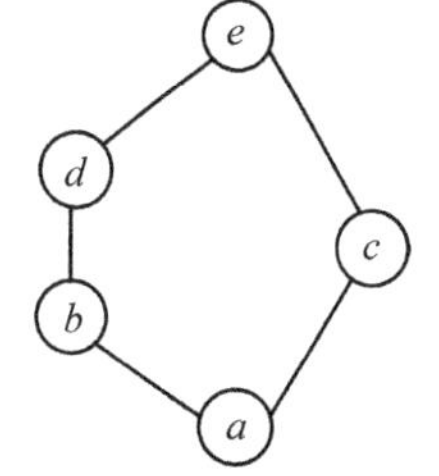

图 6.20

B6.6 设$<A;\leqslant>$是分配格,$a,b\in A,a\prec b$(即$a\leqslant b$且$a\neq b$),令$B=\{x|x\in A$且$a\leqslant x\leqslant b\}$. 证明$f(x)=(x\vee a)\wedge b$是从$<A;\leqslant>$到$<B;\leqslant>$的格同态.

B6.7 设$<B;\vee,\wedge,'>$是布尔代数,在B上定义二元运算$*$为

$$a*b=(a\wedge b')\vee(a'\wedge b)$$

证明$<B;*>$是阿贝尔群.

B6.8 设$<B;\vee,\wedge,'>$是布尔代数,在B上定义二元运算$*$和$\cdot$为

$$a*b=(a'\wedge b)\vee(a\wedge b'),a\cdot b=a\wedge b$$

证明$<B;*,\cdot>$是环.

(2) 设<L;∨,∧>是一个五元素的有补格，该格是分配格吗？

(3) 设集合 $C=\{a,b,c\}$，格$<2^C;\cup,\cap>$是布尔代数吗？

(4) (3) 中$<2^C;\cup,\cap>$的子代数是布尔代数吗？

A6.28 设 $b_1,b_2,\cdots,b_r$ 是有限布尔代数$<B;\vee,\wedge,'>$的所有原子，证明：$y=0$ 当且仅当 $y\wedge b_i=0, i=1,2,\cdots,r$。

2. B类题

B6.1 设集合 $A=\{a,b,c\}$，集合 A 上所有分划构成的集合为 $P(A)$，能否适当定义 $P(A)$上一个偏序关系≤，使得$<P(A);\leq>$成为一个格？

B6.2 设 f 是格$<L_1;\leq_1>$到格$<L_2;\leq_2>$的同态映射，证明：对任意的 $x,y\in L_1$，若 $x\leq_1 y$，则 $f(x)\leq_2 f(y)$，即格的同态映射是保序的。反之是否成立？即格的保序映射是否是同态映射？

B6.3 设$<L_1;\leq_1>$和$<L_2;\leq_2>$是两个格，f 是 L_1 到 L_2 的双射，则 f 是$<L_1;\leq_1>$到$<L_2;\leq_2>$的格同构当且仅当对任意的 $x,y\in L_1$，$x\leq_1 y \Leftrightarrow f(x)\leq_2 f(y)$。

B6.4 证明：在格$<L;\leq>$中，对任意的 a,b,c，若

$$(a\wedge b)\vee(b\wedge c)\vee(c\wedge a)=(a\vee b)\wedge(b\vee c)\wedge(c\vee a)$$

则此格是分配格。反之是否成立？

B6.5 设$<L;\vee,\wedge>$是一个格，如果对任意的 $a,b,c\in L$，满足：若 $a\leq b$，就有 $a\vee(b\wedge c)=b\wedge(a\vee c)$，则称$<L;\vee,\wedge>$为模式格，简称模格。

回答下列问题并说明理由：

(1) 图6.20所给出的格是模格吗？

(2) 分配格一定是模格吗？

(3) 模格一定是分配格吗？

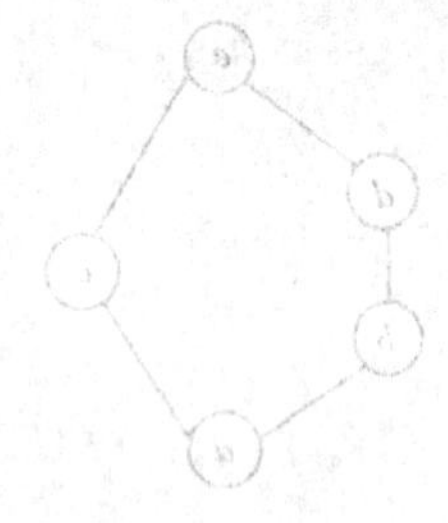

图6.20

B6.6 设$<A;\leq>$是分配格，$a,b\in A$，$a<b$(即 $a\leq b$ 且 $a\neq b$)，令 $B=\{x|x\in A$ 且 $a\leq x\leq b\}$，证明 $f(x)=(x\vee a)\wedge b$ 是从$<A;\leq>$到$<B;\leq>$的格同态。

B6.7 设$<B;\vee,\wedge,'>$是布尔代数，在 B 上定义二元运算$*$为

$$a*b=(a\wedge b')\vee(a'\wedge b)$$

证明$<B;*>$是阿贝尔群。

B6.8 设$<B;\vee,\wedge,'>$是布尔代数，在 B 上定义二元运算$*$和$\cdot$为

$$a*b=(a'\wedge b)\vee(a\wedge b'),\ a\cdot b=a\wedge b$$

证明$<B;*,\cdot>$是环。

第3篇 图论

图论是离散数学的重要组成部分，是近代应用数学的重要分支.

图论起源于著名的哥尼斯堡七桥问题. 18 世纪，欧洲有一个风景秀丽的小城哥尼斯堡(今俄罗斯加里宁格勒)，那里的普莱格尔河上有 7 座桥将河中的两个小岛和岛与河岸连接起来，如图 7.0 所示. 城中的居民经常沿河过桥散步，于是提出了一个问题：一个人怎样才能从陆地中任何一块开始一次走遍 7 座桥，每座桥只走过一次，最后回到出发点？问题提出后，很多人对此非常感兴趣，纷纷进行试验，但在相当长的时间里，始终未能解决. 1735 年，有几名大学生写信给当时正在俄罗斯的彼得斯堡科学院任职的欧拉，请他帮忙解决这一问题. 欧拉在亲自观察了哥尼斯堡七桥后，认真思考走法，但始终没能成功，于是他怀疑七桥问题是不是原本就无解呢？1736 年，在经过一年的研究之后，29 岁的欧拉提交了《哥尼斯堡七桥问题无解》的论文，圆满地解决了这一问题，同时开创了数学新一分支——图论. 由于欧拉的研究奠定了图论的基础，所以人们普遍认为欧拉是图论的创始人.

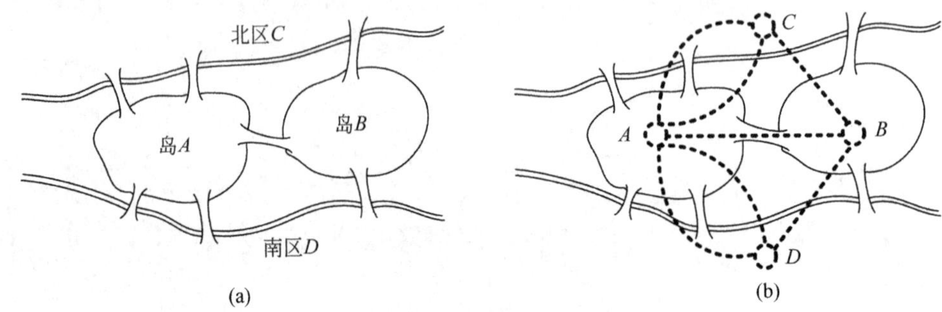

图 7.0

图论中另一个更为引人注目的问题是地图的四色着色问题. 1852 年，毕业于伦敦大学的格斯里(Francis Guthrie，1831—1899，南非数学家)在做地图着色工作时发现了一种有趣的现象：看来，每幅地图都可以用 4 种颜色着色，使得有共同边界的国家都被着上不同的颜色，后来被称为**四色猜想**或**四色问题**. 1852 年 10 月 23 日，德·摩根致哈密顿(William Rowan Hamilton，1805—1865，爱尔兰数学家和物理学家)的一封信提供了有关四色猜想来源的最原始的记载. 1872 年，凯莱(Arthur Cayley，1821—1895，英国数学家)正式向伦敦数学学会提出了这个问题，于是四色猜想成了世界数学界关注的问题，许多一流的数学家都纷纷参加了四色猜想的大会战. 一百多年来，许多数学家的证明都失败了. 直到 1976 年 9 月，《美国数学会通告》宣布：美国伊利诺斯大学的两位教授阿佩尔(K. Appel)和哈肯(W. Haken)，利用电子计算机证明了地图的四色猜想是正确的. 他们将地图的四色问题化为近 2000 个特殊图的四色问题，在当时的高速电子计算机上花了 1200 多个小时，终于完成了四色定理的证明，轰动了世界. 然而用“通常”数学方法证明四色猜想至今仍未解决.

1936 年，寇尼格(Dénes König，1884—1944，匈牙利数学家)出版了图论的第一部专著《Theorie der endlichen und unendlichen Graphen》(有限图与无限图理论)，这是图论发展史上重要的里程碑，从此图论成为一门独立的学科.

近 40 年来，随着计算机科学的发展，图论更以惊人的速度向前发展，其主要原因有两个：

(1) 计算机科学的发展为图论的发展提供了计算工具.

(2) 现代科学技术的发展需要借助图论来描述和解决各类课题中的各种关系,从而推动科学技术不断地攀登新的高峰.

作为描述事务之间关系的手段或称为工具,目前图论在许多领域,如计算机科学、物理学、化学、运筹学、信息论、控制论、网络通信、社会科学以及经济管理、军事、国防、工农业生产等方面都得到广泛的应用. 也正是因为在众多方面的应用中,图论自身才得到了非常迅速的发展.

图论作为一个数学分支,有一套完整的体系和广泛的内容,本篇主要包括图与树以及特殊图.

第 7 章　图与树

在第 2 章中曾经介绍了集合上二元关系的图形表示，即关系图．在关系图中，主要关心研究对象之间的关系，因此图中结点的位置以及结点和结点之间连线的曲直长短都是无关紧要的，重要的是两个结点之间是否有连线，这样的图正是图论的主要研究对象．图论中还根据实际需要对这类图进行了推广，并且把图当作一个抽象的数学系统来进行研究．

本章对图的基本概念、基本性质进行较为详细的讨论，主要内容包括图的基本概念，图的矩阵表示，树等．

7.1　图的基本概念

7.1.1　图及其图解表示

定义 7.1　一个图 G 是一个有序二元组 (V,E)，记作 $G=(V,E)$，其中 $V=\{v_1,v_2,\cdots,v_n\}$ 是一个非空的有限集合，V 中的元素称为图 G 的**结点**或**顶点**，V 称为图 G 的**结点集**，记作 $V(G)$；$E=\{e_1,e_2,\cdots,e_m\}$ 是一个由 V 中元素构成的对偶的集合，E 中的元素称为图 G 的**边**或**弧**，E 称为图 G 的**边集**，记作 $E(G)$．

$\#V(G)$，$\#E(G)$ 分别称为图的**结点数**和**边数**．图的结点数也称为图的**阶**，n 个结点的图称为 ***n* 阶图**．

具有 n 个结点和 m 条边的图称为 **(*n*,*m*) 图**．

特别地，$(n,0)$ 图称为**零图**，$(1,0)$ 图称为**平凡图**．

定义 7.2　图 $G=(V,E)$ 中，若 E 的元素 e 为 V 中两个元素 u 和 v 的非有序的对偶，则称边 e 为图 G 的**无向边**，记为 $e=\{u,v\}$，其中结点 u 和 v 称为无向边 e 的**端点**；若 E 的元素 e 为 V 中两个元素 u 和 v 的有序的对偶，则称边 e 为图 G 的**有向边**，记为 $e=(u,v)$，其中结点 u 和 v 分别称为有向边 e 的**起点**（或**始点**）和**终点**，也称为有向边的**端点**．

以结点 u 为端点的边称为结点 u 的**关联边**．

显然，对于相异结点 u 和 v，$\{u,v\}$ 和 $\{v,u\}$ 是同一条边，而 (u,v) 和 (v,u) 是两条不同的边．

定义 7.3　图 $G=(V,E)$ 中，端点相同的边 $\{u,u\}$ 或 (u,u) 称为结点 u 的**自环**；E 中相同的边 $\{u,v\}$ 或 (u,v) 称为**平行边**或**重复边**，并称重复边的条数为该边的**重数**．

定义 7.4　含有平行边的图称为**多重图**．既不含自环又不含平行边的图称为**简单图**．

定义 7.5　所有边都是无向边的图称为**无向图**，所有边都是无向边的简单图称为**无向简单图**；所有边都是有向边的图称为**有向图**，所有边都是有向边的简单图称为**有向简单图**；既含无向边又含有向边的图称为**混合图**．

在图论中只讨论无向图和有向图．无向图与有向图统称为图，但一般说到图常指无向图．在分析包含某种流向的结构时常用到有向图．

定义 7.6 将有向图的各条有向边略去方向后所得到的无向图称为该有向图的**基础图**，简称**基图**. 如果将无向图的各条边任意定一个方向后所得到的有向图称为该无向图的一个**定向图**.

【例 7.1】 设集合 $V=\{v_1,v_2,v_3,v_4,v_5,v_6\}$,

$E_1=\{\{v_1,v_2\},\{v_1,v_3\},\{v_1,v_4\},\{v_1,v_5\},\{v_2,v_5\},\{v_3,v_4\}\}$,

$E_2=\{\{v_1,v_2\},\{v_1,v_3\},\{v_1,v_4\},\{v_1,v_5\},\{v_2,v_5\},\{v_2,v_5\},\{v_3,v_4\},\{v_3,v_4\},\{v_6,v_6\}\}$,

$E_3=\{(v_1,v_2),(v_1,v_3),(v_1,v_4),(v_1,v_5),(v_2,v_5),(v_3,v_4)\}$,

$E_4=\{(v_1,v_2),(v_1,v_3),(v_1,v_4),(v_1,v_5),(v_2,v_5),(v_2,v_5),(v_3,v_4),(v_3,v_4),(v_6,v_6)\}$,

$E_5=\{(v_1,v_2),(v_1,v_3),(v_1,v_4),(v_1,v_5),(v_2,v_3),(v_3,v_4),\{v_4,v_5\},\{v_5,v_2\}\}$,

则 (V,E_1) 是一个无向简单图，(V,E_2) 是一个无向多重图，(V,E_3) 是一个有向简单图，(V,E_4) 是一个有向多重图，(V,E_5) 是一个混合图.

例 7.1 中图的表示方法是集合表示法. 此外，图的表示方法常用的还有图解表示法和矩阵表示法等. 图的矩阵表示法将在 7.2 节中专门讨论.

在实际中，为了描述简便，往往不写出集合 V 和 E 的元素，只需用平面上的小圆圈表示图的结点，用连接相应两个结点 u 和 v 而不经过其他结点的带(不带)箭头的直线或曲线来表示图的有向边 (u,v) (无向边 $\{u,v\}$)，绕结点 u 画一个带(不带)箭头的圆圈表示自环 (u,u) (或 $\{u,u\}$)，这就是图的**图解表示法**.

常将图的一个图解就看作是这个图. 此与几何中的图不同.

由于结点位置的选取和边的形状的任意性，一个图可以有各种在外形上看起来差别很大的图解. 在有向图中，自环 (u,u) 的方向不定.

【例 7.2】 图 7.1 分别给出了例 7.1 中图的图解表示. 其中，图 7.1(f) 所示为图 7.1(a)

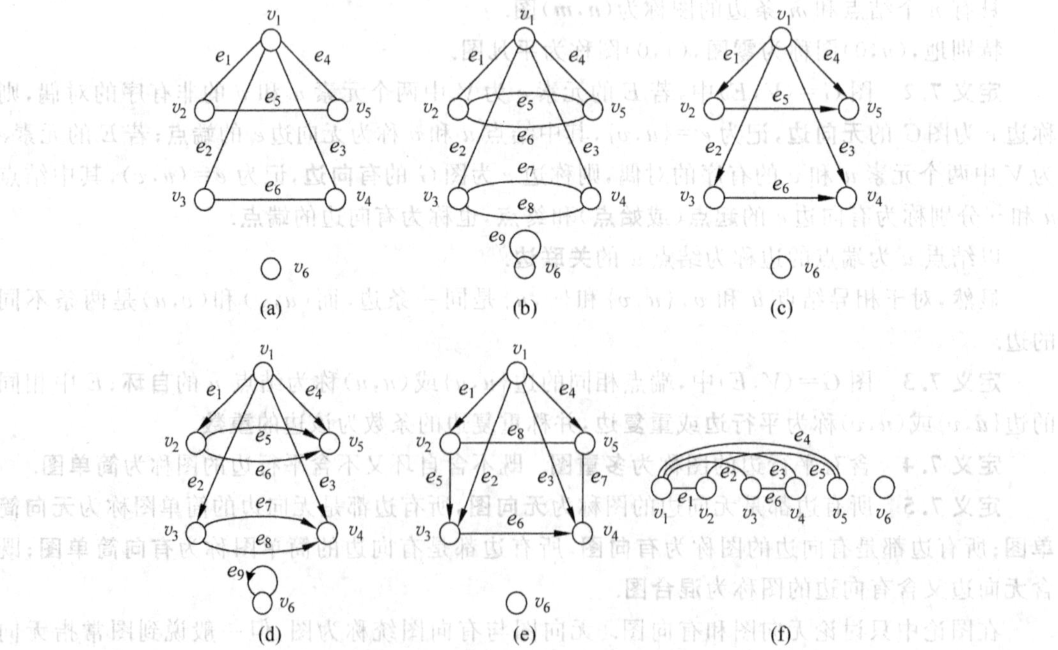

图 7.1

的另一图解；图 7.1(a)为图 7.1(c)所示的基图，图 7.1(b)所示为图 7.1(d)的基图；图 7.1(c)所示为图 7.1(a)的一个定向图；图 7.1(d)所示为图 7.1(b)的一个定向图.

定义 7.7 如果图 G 的每条边都赋以一个实数作为该边的权，则称图 G 为**赋权图**或**有权图**.

有权图可定义为一个有序三元组(V,E,f)，其中 f 是一个定义在边集 E 上的函数，通过 f 将权分配给各边.

例如，图 7.2(a)所示为无向有权多重图，图 7.2(b)所示为有向有权简单图.

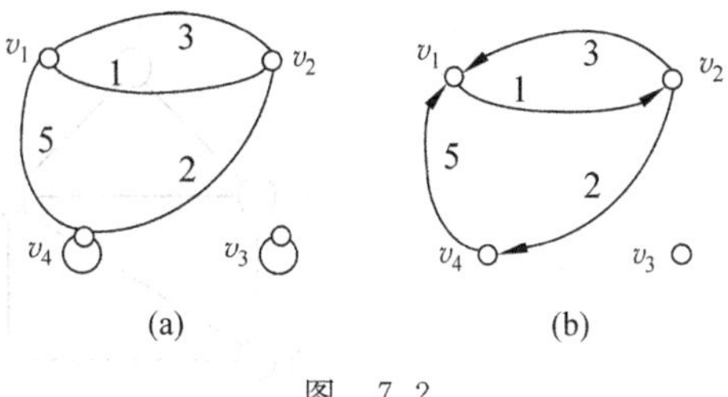

图 7.2

定义 7.8 图中关联于同一条边的两个结点称为**邻接点**，关联于同一结点的两条边称为**邻接边**.

图中不与其他任何结点相邻接的结点称为**孤立点**，不与其他任何边相邻接的边称为**孤立边**.

特别地，零图是仅由孤立结点组成的图；平凡图是仅由一个孤立结点组成的图.

7.1.2 完全图与补图

定义 7.9 在无向简单图中，如果任意两个不同的结点都是邻接的，则称该无向图为**无向完全图**. n 阶无向完全图记作 K_n.

在有向简单图中，如果任意两个不同的结点之间均有两条方向相反的有向边，则称该有向图为**有向完全图**.

在有向简单图中，如果任意两个不同的结点之间有且仅有一条有向边，则称该有向图为**竞赛图**.

例如，无向完全图的一个定向图就是一个竞赛图.

【例 7.3】 图 7.3(a)所示为 5 阶无向完全图 K_5，图 7.3(b)所示为 4 阶有向完全图，图 7.3(c)所示为 5 阶竞赛图，也是图 7.3(a)的一个定向图.

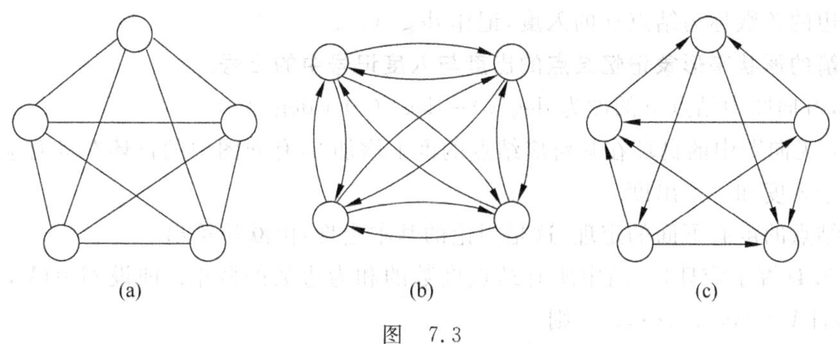

图 7.3

n 阶无向完全图与 n 阶竞赛图的边数 $m=n(n-1)/2$.

n 阶有向完全图的边数 $m=n(n-1)$.

【思考 7.1】 n 阶无向完全图与 n 阶有向完全图如何转换？

定义 7.10 设 G 是一个简单图，由 G 的所有结点和为了使 G 成为完全图所需添加的那些边组成的图称为 G 的**相对于完全图的补图**，简称为 G 的**补图**，一般用 $\bar{G}$ 表示.

显然，图 G 与 $\bar{G}$ 互为补图.

【例 7.4】 图 7.4(b)所表示的图是无向图图 7.4(a)的补图.

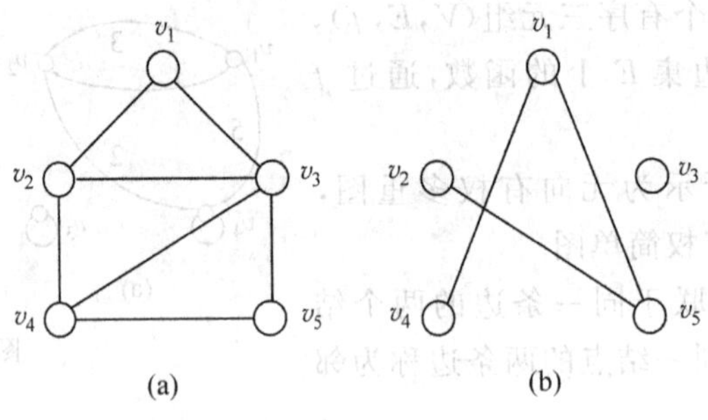

图 7.4

图 7.5(b)所示的图是有向图图 7.5(a)的补图.

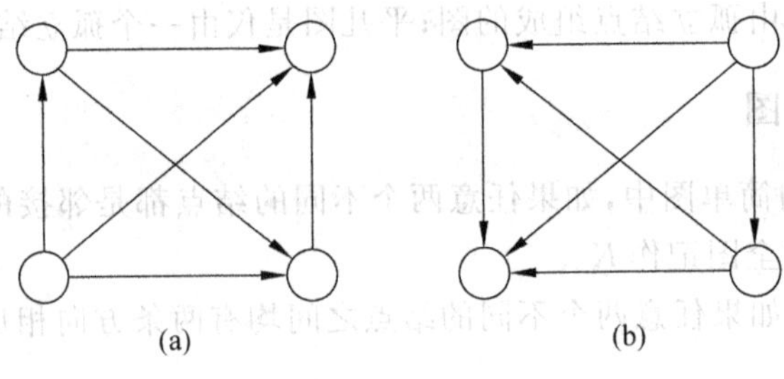

图 7.5

7.1.3 结点的度与握手定理

定义 7.11 图中关联于结点 v 的边的总数称为该**结点的度**，记作 $\deg(v)$.

在有向图中，以 v 为起点的有向边的条数称为结点 v 的**出度**，记作 $\deg^+(v)$；以 v 为终点的有向边的条数称为结点 v 的**入度**，记作 $\deg^-(v)$.

可用箭的形状来形象记忆结点的出度与入度记号中的±号.

显然，有向图中结点 v 的度为 $\deg(v)=\deg^+(v)+\deg^-(v)$.

约定：无向图中的自环在其对应结点的度上增加 2，有向图中的自环在其对应结点的度上增加一个入度和一个出度.

关于结点的度有下面的定理，这是图论的基本定理，由欧拉给出.

定理 7.1(握手定理) 图中所有结点度数的和为边数的两倍. 即设 $G=(V,E)$ 为任一 (n,m) 图，且 $V=\{v_1,v_2,\cdots,v_n\}$，则

$$\sum_{i=1}^{n}\deg(v_i)=2m \tag{7.1}$$

证明 因为图 G 中一条边关联于两个结点，所以该边给关联于它的两个结点的度各增加 1，因此图 G 中所有结点度数的总和为 G 的边数的两倍. ■

对于有向图，因为一条有向边给关联于它的起点和终点分别增加1个出度和1个入度，因此式(7.1)可改写为

$$\sum_{i=1}^{n}\deg(v_i)=\sum_{i=1}^{n}\deg^+(v_i)+\sum_{i=1}^{n}\deg^-(v_i)=2m$$
$$\sum_{i=1}^{n}\deg^+(v_i)=\sum_{i=1}^{n}\deg^-(v_i)=m \tag{7.2}$$

推论 7.1 图中度为奇数的结点个数为偶数.

证明 设图 G 中，奇数度结点集为 V_1，偶数度结点集为 V_2，边数为 m，则

$$\sum_{v\in V}\deg(v)=\sum_{v\in V_1}\deg(v)+\sum_{v\in V_2}\deg(v)=2m$$

于是

$$\sum_{v\in V_1}\deg(v)=2m-\sum_{v\in V_2}\deg(v)$$

因为 $\sum\limits_{v\in V_2}\deg(v)$ 和 $2m$ 均为偶数，所以 $\sum\limits_{v\in V_1}\deg(v)$ 也必为偶数.

由于当 $v\in V_1$ 时，$\deg(v)$均为奇数，因此 $\# V_1$ 必为偶数. ■

定义 7.12 若无向图的所有结点都具有相同的度 d，则称该无向图为 d 次**正则图**.

例如，无向完全图 K_n 是 $n-1$ 次正则图；零图是 0 次正则图.

d 次正则图的边数 $m=dn/2$.

7.1.4 图的连通性

1. 路

现实世界中，常常要考虑这样的问题：如何从一个图 G 中的给定结点出发，沿着一些边连续移动而到达另一指定结点，这种依次由点和边组成的序列就形成了路的概念.

定义 7.13 图 G 中结点和边的序列

$$v_1,e_1,v_2,e_2,v_3,\cdots,v_l,e_l,v_{l+1}$$

称为结点 v_1 到 v_{l+1} 的一条长为 l 的**路**，常用结点的序列 $v_1v_2\cdots v_lv_{l+1}$ 来表示. 其中 $e_i(i=1,2,\cdots,l)$ 以 v_i 和 v_{i+1} 为端点(有向图中，边 e_i 为以 v_i 为起点、以 v_{i+1} 为终点的有向边).

若 $v_1\neq v_{l+1}$，则称路 $v_1v_2\cdots v_lv_{l+1}$ 为**开路**. 在开路中，若所有边互不相同，则称该路为**简单路**. 若所有结点互不相同(此时所有边也互不相同)，则称该路为**基本路**或**真路**.

若 $v_1=v_{l+1}$，则称路 $v_1v_2\cdots v_lv_1$ 为**回路**. 在回路中，若所有边互不相同，则称该路为**简单回路**. 若 $v_1,v_2,\cdots,v_l$ 各不相同(此时所有边也互不相同)，则称该回路为**基本回路**或**环**.

注意：

(1) 有向图的路、开路、回路、简单路、简单回路、真路、环常称为有向路、有向开路、有向回路、有向简单路、有向简单回路、有向真路、有向环.

(2) 无向图中形如 $v_iv_jv_i$ 的回路(此时两条边相同)不能称为环.

(3) 真路是简单路，简单路不一定是真路. 环是简单回答，简单回答路不一定是环.

【例 7.5】 在图 7.6 中，

(1) $v_1v_7v_8v_6v_3v_4$ 是一条连接 v_1 到 v_4 的路、开路、简单路，也是真路.

(2) $v_7v_8v_6v_3v_5v_4v_3v_2$ 是一条连接 v_7 到 v_2 的路、开路、简单路,但不是一条真路.

(3) $v_3v_4v_5v_6v_8v_7v_3$ 是一条回路、简单回路,也是一个环.

(4) $v_4v_3v_2v_1v_7v_3v_6v_5v_4$ 是一条回路、简单回路,但不是一个环.

【例 7.6】 图 7.7 中,$v_2v_1v_3v_2v_4$ 为连接 v_2 到 v_4 的一条长为 4 的有向路和有向简单路,在这条路上结点 v_2 出现了两次,因此不是真路.

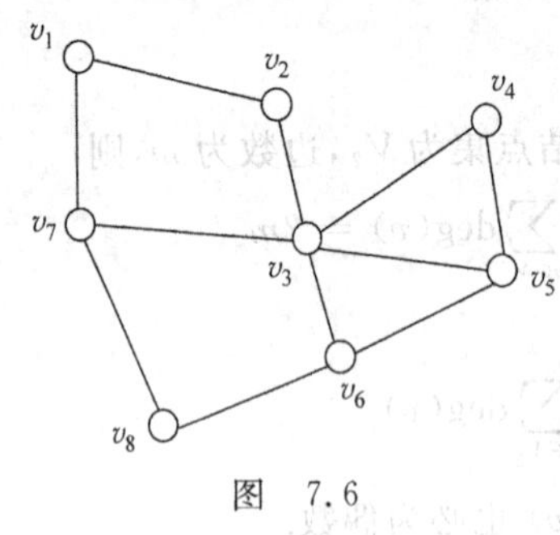

图 7.6

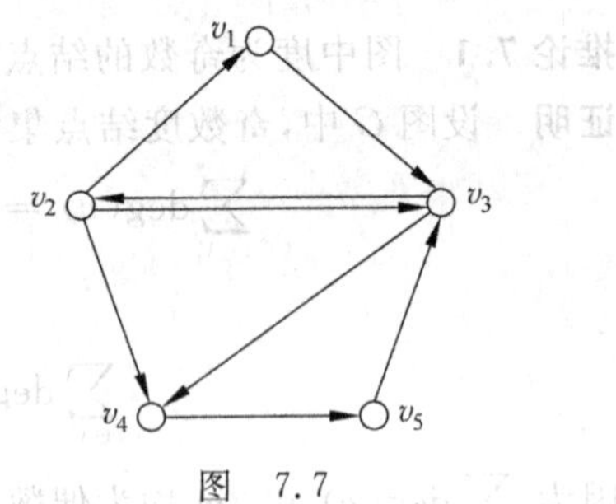

图 7.7

2. 可达

定义 7.14 图 G 中,若存在一条结点 u 到 v 的路,则称结点 u 到 v 是**可达的**,或者结点 v 是 u 的**可达结点**.

对于无向图,若结点 u 到 v 是可达的,则结点 v 到 u 也是可达的,即结点 u 和 v 相互可达,常称为结点 u 和 v 是**连接的或连通的**.

规定:任何结点到其自身总是可达的.

显然,无向图结点之间的可达关系是图的结点集上的等价关系.

定义 7.15 无向图 G 中,若任意两个结点可达,则称图 G 是**连通图**或是**连通的**;否则,称图 G 为**非连通图**或是**非连通的**.

仅有一个孤立结点的平凡图是连通图.

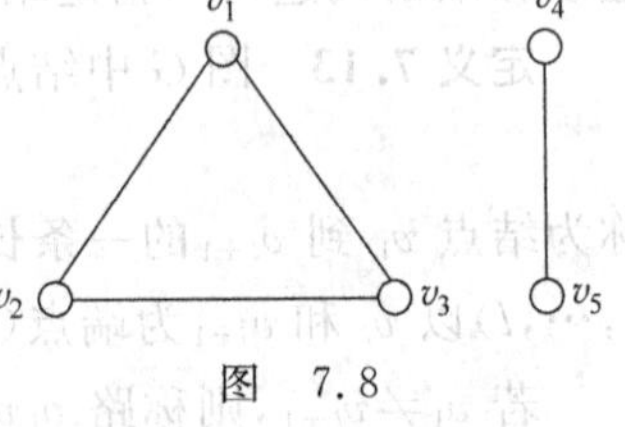

图 7.8

【例 7.7】 图 7.6 给出的图是连通图. 图 7.8 给出的图是非连通图.

定义 7.16 有向图 G 中,如果 G 的基图是连通的,则称 G 是**弱连通的或连通的**;如果对任意的两个结点,至少有一个结点到另一个结点是可达的,则称 G 是**单向连通的或单侧连通的**;如果对任意的两个结点,两者之间是相互可达的,则称 G 是**强连通的**.

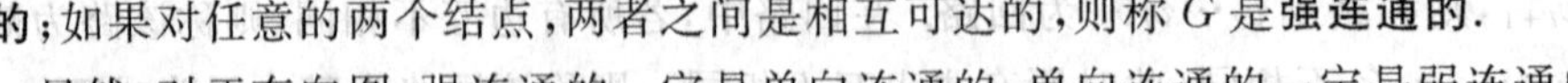

显然,对于有向图,强连通的一定是单向连通的,单向连通的一定是弱连通的.

【例 7.8】 判断图 7.9 给出的各有向图的连通性.

【解】 图 7.9(a)所示为弱连通;图 7.9(b)所示为弱连通、单向连通;图 7.9(c)所示为弱连通、单向连通、强连通.

定理 7.2 无向图 G 不连通当且仅当 G 的结点集 V 可以划分为子集 V_1 和 V_2,使得 G 的任何边都不以 V_1 的一个结点和 V_2 的一个结点为端点.

证明 充分性显然成立. 下证必要性.

设图 G 不连通,则存在结点 v_1 和 v_2,使得 v_2 到 v_1 是不可达的. 设

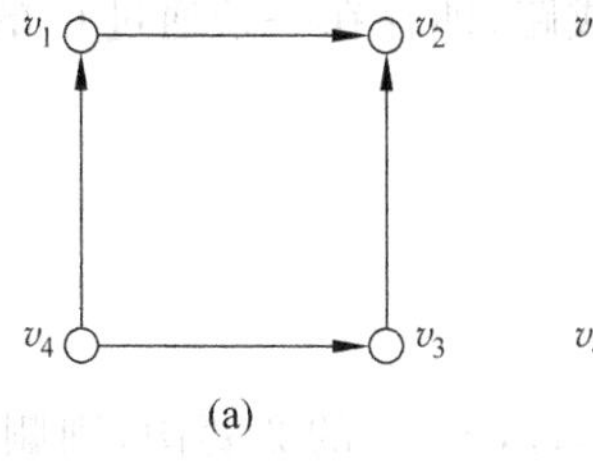

(a)

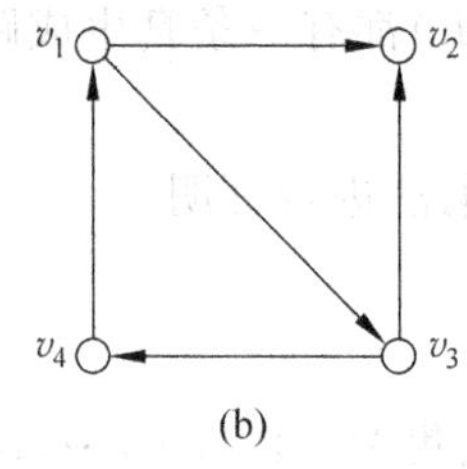

(b)

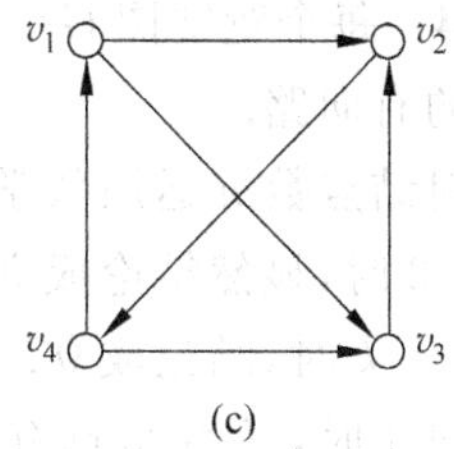

(c)

图 7.9

$$V_1=\{v\,|\,v\text{ 到 }v_1\text{ 是可达的}\},\quad V_2=V-V_1$$

显然，$v_1\in V_1$，$v_2\in V_2$，因此 V_1，V_2 非空.

若有边的两个端点分别位于 V_1 和 V_2 中，则该边在 V_2 中的端点到 v_1 是可达的，此与 V_2 的定义矛盾. 因此必要性得证. ■

【思考 7.2】 设无向图 $G=(V,E)$ 有 5 个结点，若要使 G 成为连通图，G 至少应有几条边？

【思考 7.3】 定向图与竞赛图是否是连通(弱连通)的、单向连通的和强连通的？

3. 短程和距离

定义 7.17 图 G 中，若结点 u 可达 v，则称 u 到 v 的路中最短的路为结点 u 到 v 的**短程**，短程的长度称为结点 u 到 v 的**距离**，用 $\mathrm{d}(u,v)$ 表示.

若结点 u 到 v 不可达，则 $\mathrm{d}(u,v)=\infty$.

注意：在无向图中，若结点 u 和 v 是连接的，则 $\mathrm{d}(u,v)=\mathrm{d}(v,u)$. 在有向图中，结点 u 不一定可达 v，结点 v 也不一定可达 u，即便结点 u 可达 v，v 也可达 u，但 $\mathrm{d}(u,v)$ 与 $\mathrm{d}(v,u)$ 不一定相等.

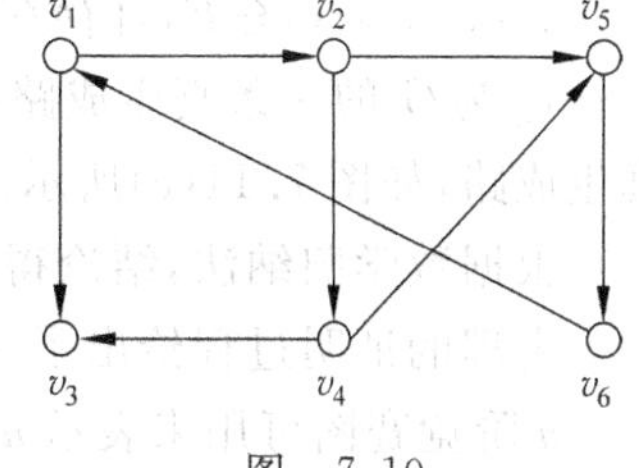

图 7.10

【例 7.9】 图 7.10 中，$\mathrm{d}(v_1,v_3)=1$，$\mathrm{d}(v_3,v_1)=\infty$，$\mathrm{d}(v_1,v_5)=2$，$\mathrm{d}(v_5,v_1)=2$，$\mathrm{d}(v_1,v_6)=3$，$\mathrm{d}(v_6,v_1)=1$.

定理 7.3 n 阶图 G 中结点 u 到 $v(u\neq v)$ 的短程是一条长度不大于 $n-1$ 的真路.

证明 设 α 为任一连接 u 到 v 的长为 l 的路，且 $\alpha=uu_1\cdots u_r\cdots u_k\cdots u_{l-1}v$，其中所有 $u_i\in V(G)$.

若 α 中有相同的结点，设为 $u_r=u_k(r<k)$，则子路 $u_{r+1}\cdots u_k$ 可以从 α 中删去而形成一条较短的路：$\beta=uu_1\cdots u_ru_{k+1}\cdots u_{l-1}v$，该路仍连接 u 到 v.

若 β 中还有相同的结点，那么重复上述过程又可形成一条更短的路.

……

这样，最后必得到一条真路，它连接 u 到 v，并短于前述任一非真的路. 因此，只有真路才能是短程.

然而在任一长度为 l 的真路 $uu_1\cdots u_{l-1}v$ 中，所出现的结点是各不相同的，这意味着 $l+1\leqslant n$，即 $l\leqslant n-1$. ■

定理表明，在 n 阶图 G 中结点 u 到 $v(u\neq v)$ 的距离不超过 $n-1$.

推论 7.2 n 阶图中任一环的长度不大于 n.

定理 7.4 每个竞赛图 $G=(V,E)$ 都有一条真生成路，即存在一条通过 G 的每个结点一次且仅一次的有向路.

证明 对结点数 n 运用数学归纳法进行证明.

当 $n=1,2$ 时，显然结论成立.

假设当 $n=k$ 时，结论成立.

当 $n=k+1$ 时，设 G 是具有结点集 $V=\{v_1,v_2,\cdots,v_k,v_{k+1}\}$ 的竞赛图，则删除结点 v_{k+1} 后所得图为 G 的竞赛子图，记为 G_k. 由归纳假设知，G_k 有一条真生成路 $v_{i_1}v_{i_2}\cdots v_{i_k}$，其中 $v_{i_1},v_{i_2},\cdots,v_{i_k}\in V-\{v_{k+1}\}$. 因而，有向边 $(v_{k+1},v_{i_1})\in E$ 或者 $(v_{i_1},v_{k+1})\in E$.

若 $(v_{k+1},v_{i_1})\in E$，则 $v_{k+1}v_{i_1}v_{i_2}\cdots v_{i_k}$ 为 G 的一条真生成路，如图 7.11(a)所示.

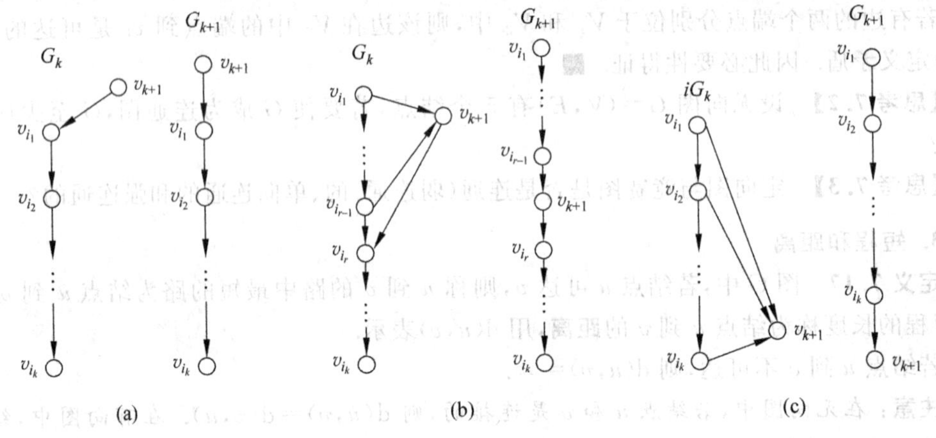

图 7.11

若 $(v_{i_1},v_{k+1})\in E$，且存在一个最小正整数 r，使得有向边 $(v_{k+1},v_{i_r})\in E$，则 $v_{i_1}\cdots v_{i_{r-1}}v_{k+1}v_{i_r}\cdots v_{i_k}$ 为 G 的一条真生成路，如图 7.11(b)所示；若 r 不存在，则 $v_{i_1}v_{i_2}\cdots v_{i_k}v_{k+1}$ 为 G 的一条真生成路，如图 7.11(c)所示.

根据数学归纳法，结论得证. ■

定理的证明过程给出了一个确定竞赛图中真生成路的方法.

n 阶竞赛图可用来表示 n 个选手间循环赛的胜负状态(不考虑平局)，其真生成路则给出了一个循环赛结果的选手排名.

【思考 7.4】 如果用 n 阶竞赛图的真生成路给出一个循环赛结果的选手排名，那么这个排名是否公平合理?

7.1.5 图的同构

定义 7.18 设 $G_1=(V_1,E_1)$，$G_2=(V_2,E_2)$ 是两个无向图(有向图)，若存在双射函数 $h: V_1\to V_2$，使得对任意的 $u,v\in V_1$，$\{u,v\}\in E_1$ $((u,v)\in E_1)$ 当且仅当 $\{h(u),h(v)\}\in E_2$ $((h(u),h(v))\in E_2)$，则称 G_2 同构于 G_1.

注意：

(1) 若图 G_2 同构于 G_1，则 G_1 也同构于 G_2，简称 G_1 和 G_2 同构.

(2) 图之间的同构关系是等价关系，具有自反性、对称性和传递性.

(3) 同构的两图除了结点的标记可能不一样外，其他是完全相同的，一图成立的结论对同构于它的图也成立.

目前判断两个图的同构还只能从定义进行判断，这是一个非常困难的问题. 但若不满足下面的必要条件之一，则可以断定它们不同构：

(1) 具有相同的结点个数.

(2) 具有相同的边数.

(3) 度数相同的结点数相同.

【例 7.10】 图 7.12 中，G_1 与 G_2 同构吗？

【解】 将图 G_1 图解为 G_3，易证 G_1 与 G_2 同构.

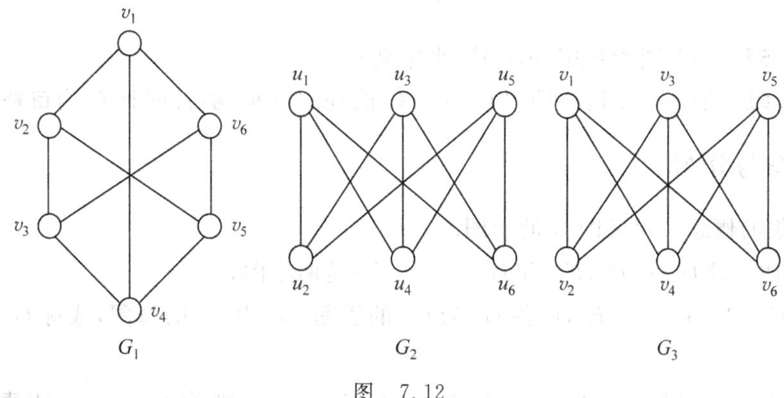

图　7.12

【例 7.11】 图 7.13 中，G_1 与 G_2 同构吗？

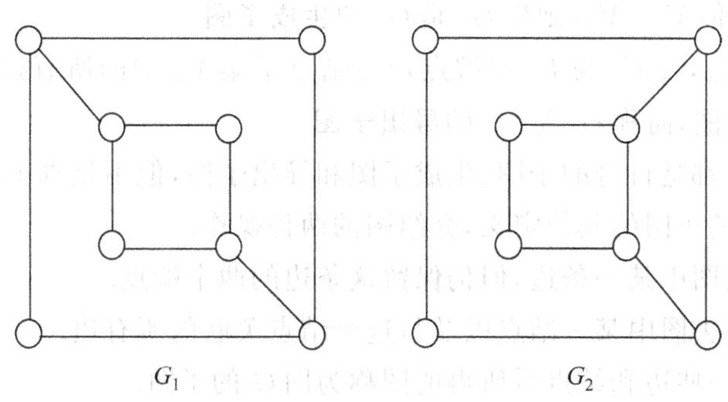

图　7.13

【解】 G_1 和 G_2 虽然有相同的结点数和边数，但找不到满足定义要求的 V_1 到 V_2 的双射函数 h.

因为这两个图中边与结点的关联关系不相同. 例如，在 G_2 中度为 3 的 4 个结点构成一个长为 4 的环，而在 G_1 中度为 3 的 4 个结点不能构成长为 4 的环.

【例 7.12】 图 7.14 中，两图是同构的. 其中满足条件的双射函数为

$$h(v_1)=u_5, h(v_2)=u_1, h(v_3)=u_2, h(v_4)=u_3, h(v_5)=u_4$$

或

$$h(v_1)=u_2, h(v_2)=u_1, h(v_3)=u_5, h(v_4)=u_3, h(v_5)=u_4$$

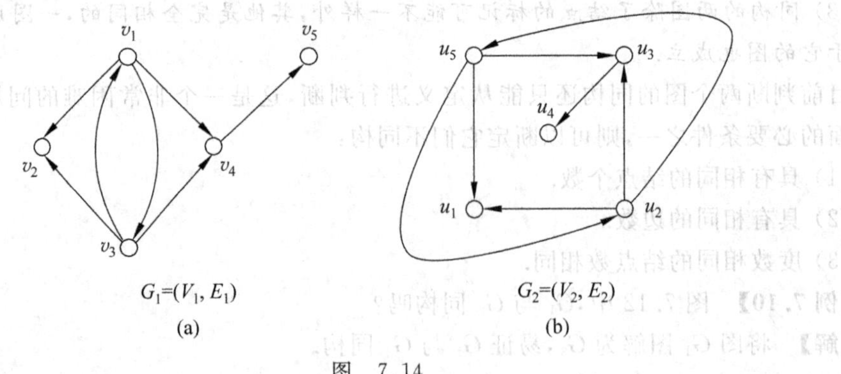

图 7.14

【思考 7.5】 一个图能否用(n,m)图来定义?

【思考 7.6】 是否存在这样的图 G,G 与 G 的补图 $\bar{G}$ 同构(此时称 G 为**自补图**)?

7.1.6 子图与分图

利用子集的概念可定义图 G 的子图.

定义 7.19 设 $G_1=(V_1,E_1)$和 $G_2=(V_2,E_2)$是两个图,

(1) 若 $V_2\subseteq V_1$ 且 $E_2\subseteq E_1$,则称 G_2 为 G_1 的**子图**,G_1 为 G_2 的**母图**,或称 G_1 包含 G_2,记作 $G_2\subseteq G_1$.

(2) 若 $G_2\subseteq G_1$ 但 $G_2\neq G_1$(即 $V_2\subset V_1$ 或 $E_2\subset E_1$),则称 G_2 是 G_1 的**真子图**,记作 $G_2\subset G_1$.

(3) 若 $G_2\subseteq G_1$ 但 $V_2=V_1$,则称 G_2 是 G_1 的**生成子图**.

(4) 如果 $V_2\subseteq V_1$,且 E_2 为 E_1 中端点均在结点子集 V_2 中的所有边的集合,则称 G_2 是结点集 V_2 的**导出子图**,简称 G_2 是 G_1 的**导出子图**.

显然,任一图 G 都是自身的子图、生成子图和导出子图,但不是真子图.

为了给出图 G 的子图的其他定义,介绍图的两种操作.

(1) **删边**:删去图中某一条边,但仍保留这条边的两个端点.

(2) **删结点**:删去图中某一结点以及与这个结点关联的所有边.

在图 G 中删去一些边和结点后所得的图称为图 G 的子图.

在图 G 中至少删去一条边或一个结点后所得的图称为图 G 的真子图.

由图 G 删去一些边后所得的子图称为图 G 的生成子图.

由于在图 G 中删去一条边时仍保留边的两个端点,所以图 G 的生成子图必然含有图 G 的所有结点. 因此生成子图也可以这样定义:保留图 G 的所有结点的子图称为图 G 的生成子图.

【例 7.13】 图 7.15 中,图 7.15(b)~图 7.15(e)均是 G 的子图,图 7.15(a)也是.

其中,图 7.15(a)所示为非真子图、生成子图、导出子图;图 7.15(b)所示为真子图、生成子图、非导出子图;图 7.15(c)所示为真子图、非生成子图、非导出子图;图 7.15(d)所示为真子图、非生成子图、导出子图;图 7.15(e)所示为真子图、非生成子图、导出子图.

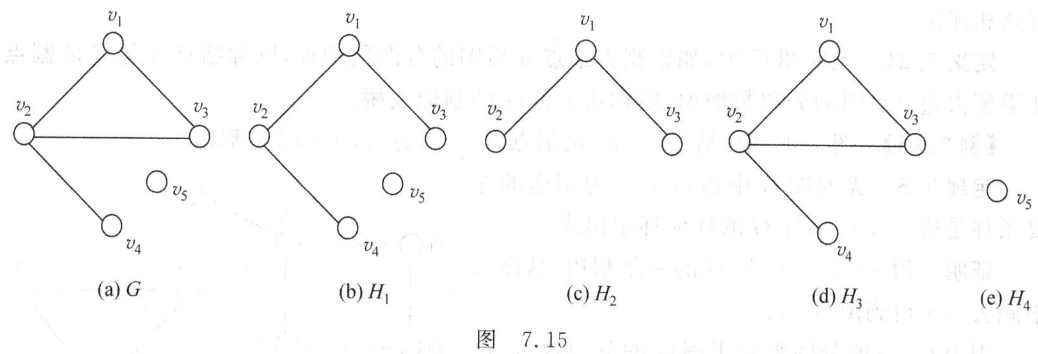

图 7.15

图 7.15 中，H_2 是 H_1 的导出子图.

【例 7.14】 图 7.16 中，图 7.16(b)、图 7.16(c)都是图 7.16(a)的子图. 其中图 7.16(b)是图 7.16(a)的真子图和生成子图，但不是导出子图；图 7.16(c)是图 7.16(a)的真子图和导出子图，但不是生成子图. 图 7.16(a)是图 7.16(a)自身的子图，也是自身的生成子图和导出子图，但不是真子图.

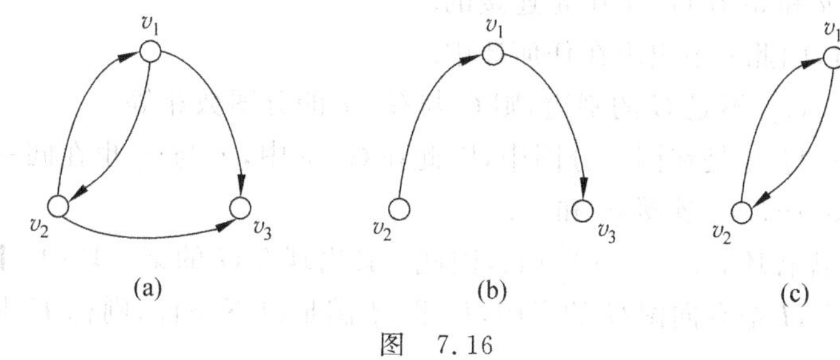

图 7.16

定义 7.20 设 H 是无向图 G 的子图，如果 H 满足以下条件，则称 H 是 G 的**分图**.

(1) H 是连通的；

(2) 对 G 的任意子图 G'，若 $G' \neq H$，且 $H \subseteq G' \subseteq G$，则 G' 不是连通的.

注意：

(1) 若 H 是 G 的分图，则 H 首先必须是 G 的连通子图，其次 G 的任何其他子图(含 G)，若它真包含 H，则它不是连通的.

(2) 若图 G 是连通图，则 G 只有一个分图.

【例 7.15】 记图 7.15(a)为 G，试判断图 7.15(b)～图 7.15(e)是否是 G 的分图.

【解】 图 7.15(b)不是 G 的分图，因为图 7.15(b)不连通.

图 7.15(c)不是 G 的分图. 虽然图 7.15(c)连通，但存在 G 的子图 $G_S=(V_S,E_S)$ 满足 $G_S \neq H_2$，$H_2 \subseteq G_S \subseteq G$，但 G_S 也连通，其中

$$V_S=\{v_1,v_2,v_3\},\quad E_S=\{\{v_1,v_2\},\{v_1,v_3\},\{v_2,v_3\}\}$$

图 7.15(d)是 G 的分图，因为 H_3 连通，并且 G 中包含 H_3 又不同于 H_3 的子图只有 G，而 G 是不连通的.

图 7.15(e)是 G 的分图，因为 H_4 只有一个孤立结点 v_5，故 H_4 是连通的. 若将 G 中剩余的任何结点或任意的边加到 H_4 中去，H_4 都会变得不连通，因为 v_5 与其余任一结点间没

有路相连接.

定义 7.21 无向图 G 中,如果删去结点 u 后图的分图数增加,则称结点 u 是 G 的**割点**;如果删去边 e 后图的分图数增加,则称边 e 是 G 的**割边或桥**.

【例 7.16】 图 7.17 中,结点 v_6,v_4 是割点,边 $\{v_4,v_5\},\{v_4,v_6\}$ 是割边.

定理 7.5 无向图 G 中边 $\{v_i,v_j\}$ 为割边的充要条件是边 $\{v_i,v_j\}$ 不在 G 的任何环中出现.

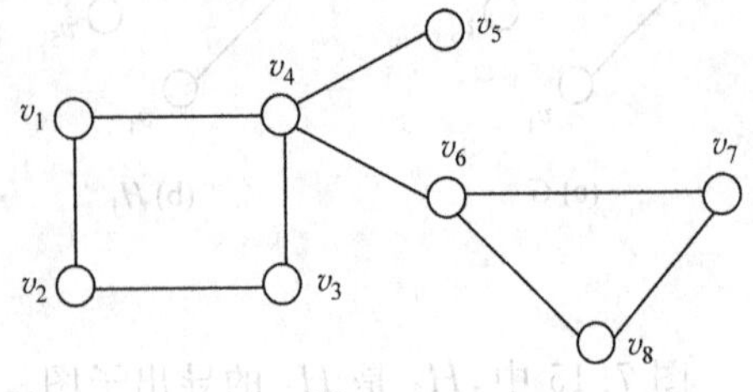

图 7.17

证明 设 $e=\{v_i,v_j\}$ 是 G 的一条割边,从图 G 中删去边 e 得到图 $G-e$.

因为 $G-e$ 的分图数大于图 G 的分图数,所以在 G 中必存在两个结点 u 和 w,它们在 G 中是连接的,但在 $G-e$ 中不连接.

设 $\alpha=uu_1u_2\cdots u_{l-1}w$ 是 G 中连接 u 和 w 的一条路,则边 e 必在此路中出现.

为不失一般性,设 $\{u_k,u_{k+1}\}=\{v_i,v_j\}(0\leqslant k\leqslant l-1)$,其中记 $u=u_0,w=u_l$. 如果边 e 出现在 G 的某一个环 $v_iv_{i_1}v_{i_2}\cdots v_{i_r}v_jv_i$ 中,则在 $G-e$ 中有路 $uu_1\cdots u_{k-1}v_iv_{i_1}v_{i_2}\cdots v_{i_r}v_ju_{k+2}\cdots w$ 连接 u 和 w,于是 u 和 w 在 $G-e$ 中是连接的.

这出现了矛盾,因此 e 不出现在任何环中.

反之,设 $e=\{v_i,v_j\}$ 不是 G 的割边,则 G 与 $G-e$ 的分图数相等.

由于在 G 中 v_i 与 v_j 是在同一分图中,因此在 $G-e$ 中,v_i 与 v_j 也在同一分图中,于是在 $G-e$ 中有路 $v_iv_{i_1}v_{i_2}\cdots v_{i_l}v_j$ 连接 v_i 和 v_j.

这样,在 G 中就有环 $v_iv_{i_1}v_{i_2}\cdots v_{i_l}v_jv_i$,因此 e 必出现在 G 的某一环中. ■

定义 7.22 设 H 是有向图 G 的子图,如果 H 满足以下条件,则称 H 是 G 的**弱(单向、强)分图**.

(1) H 是弱(单向、强)连通的.

(2) 对 G 的任意子图 G',若 $G'\neq H$,且 $H\subseteq G'\subseteq G$,则 G' 不是弱(单向、强)连通的.

【例 7.17】 在图 7.18 中,弱分图是

$(\{v_1,v_2,v_3,v_4,v_5,v_6\},\{e_1,e_2,e_3,e_4,e_5,e_6\});(\{v_7,v_8\},\{e_7,e_8\})$.

单向分图是

$(\{v_1,v_2,v_3,v_4,v_5\},\{e_1,e_2,e_3,e_4,e_5\});(\{v_5,v_6\},\{e_6\});(\{v_7,v_8\},\{e_7,e_8\})$.

强分图是

$(\{v_1,v_2,v_3\},\{e_1,e_2,e_3\});(\{v_4\},\varnothing);(\{v_5\},\varnothing);(\{v_6\},\varnothing);(\{v_7,v_8\},\{e_7,e_8\})$.

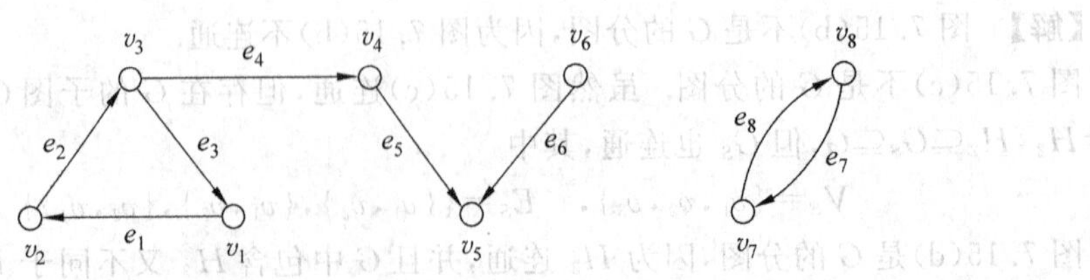

图 7.18

易证,无向图的连通及有向图的弱连通、强连通都是图的结点集 V 上的等价关系. 这个

等价关系将 V 划分为若干个等价类，即分图的结点集，V 中的每一个结点在且仅在一个分图中. 在无向图和弱连通图中，一条边所关联的两个端点总是在同一分图中，所以这个等价关系也将图的全部边划归到分图中. 对强连通而言，一条边所关联的两个端点未必在同一个分图中，所以有些边不属于任一分图，如图 7.18 中边 e_4, e_5, e_6.

有向图的单向连通不是图的结点集 V 上的等价关系，因为若 v_i 和 v_j、v_j 和 v_k 在同一个单向分图中，但 v_i 和 v_k 不一定单向可达，即不一定在同一个单向分图中，因而传递性不一定成立. 如图 7.18 中 v_4 和 v_5、v_5 和 v_6 在同一个单向分图中，但 v_4 和 v_6 却不在同一个单向分图中. 所以有些结点可以同时在两个分图中，如图 7.18 中 v_5. 但在单向连通中，一条边所关联的两个端点总在一个分图中，所以每条边在且仅在一个分图中.

*7.1.7　图的运算

图的常见运算有并、交、差、补、环和等，分别定义如下.

定义 7.23　设图 $G_1=(V_1,E_1)$ 和 $G_2=(V_2,E_2)$ 为图 $G=(V,E)$ 的两个子图，

(1) 定义 G_1 与 G_2 的**并**为图 $G_3=(V_3,E_3)$，其中 $V_3=V_1\cup V_2, E_3=E_1\cup E_2$，记为 $G_3=G_1\cup G_2$.

(2) 定义 G_1 与 G_2 的**交**为图 $G_4=(V_4,E_4)$，其中 $V_4=V_1\cap V_2, E_4=E_1\cap E_2$，记为 $G_4=G_1\cap G_2$.

(3) 定义 G_1 与 G_2 的**差**为图 $G_5=(V_5,E_5)$，其中 $E_5=E_1-E_2, V_5=(V_1-V_2)\cup\{E_5$ 中的边所关联的结点$\}$，记为 $G_5=G_1-G_2$.

特别地，若 $G_1=G$，则 G_5 称为子图 G_2 的**相对于 G 的补图**.

(4) 定义 G_1 与 G_2 的**环和**为图 $G_6=(V_6,E_6)$，其中 $V_6=V_1\cup V_2, E_6=E_1\oplus E_2$，或者 $G_6=(G_1\cup G_2)-(G_1\cap G_2)$，记为 $G_6=G_1\oplus G_2$.

【例 7.18】　图 G_1 和 G_2 及其并、交、差、环和的图解如图 7.19 所示.

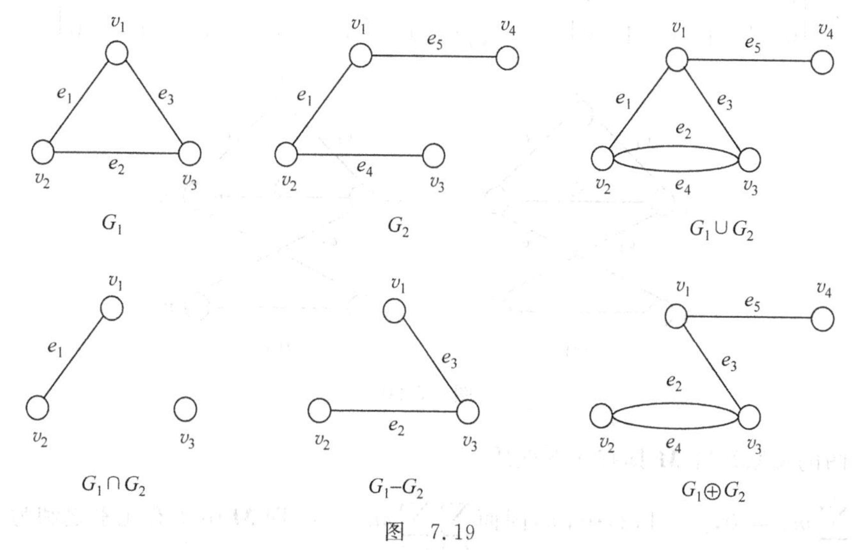

图　7.19

7.2 图的矩阵表示

利用图中结点与边是否关联，结点之间是否邻接，是否可达等，可以构造出图的各种矩阵表示. 本节主要介绍图的关联矩阵、邻接矩阵、连接矩阵和可达矩阵.

7.2.1 图的关联矩阵

定义 7.24 设无向图 $G=(V,E)$，其中 $V=\{v_1,v_2,\cdots,v_n\}$，$E=\{e_1,e_2,\cdots,e_m\}$，称 $n\times m$ 矩阵 $\boldsymbol{M}=(m_{ij})$ 为 G 的**关联矩阵**，其中 (i,j) 项元素为

$$m_{ij}=\begin{cases}1, & \text{若 } v_i \text{ 与 } e_j \text{ 关联}\\ 0, & \text{否则}\end{cases} \tag{7.3}$$

$$i=1,2,\cdots,n;\ j=1,2,\cdots,m.$$

对于有向图，其关联矩阵 (i,j) 项元素为

$$m_{ij}=\begin{cases}0, & \text{若 } v_i \text{ 与 } e_j \text{ 不关联}\\ 1, & \text{若 } v_i \text{ 为 } e_j \text{ 的始点}\\ -1, & \text{若 } v_i \text{ 为 } e_j \text{ 的终点}\end{cases} \tag{7.4}$$

$$i=1,2,\cdots,n;\ j=1,2,\cdots,m.$$

【例 7.19】 图 7.20 中，(a)，(b)的关联矩阵分别是

$$\begin{array}{c} \\ v_1\\ v_2\\ v_3\\ v_4\\ v_5\end{array}\begin{array}{c}\begin{matrix}e_1 & e_2 & e_3 & e_4 & e_5 & e_6\end{matrix}\\ \begin{pmatrix}1&0&1&0&0&0\\1&1&0&1&0&0\\0&0&0&0&1&1\\0&0&0&1&0&1\\0&1&1&0&1&0\end{pmatrix}\end{array},\quad \begin{array}{c} \\ v_1\\ v_2\\ v_3\\ v_4\\ v_5\end{array}\begin{array}{c}\begin{matrix}e_1 & e_2 & e_3 & e_4 & e_5 & e_6\end{matrix}\\ \begin{pmatrix}-1&0&1&0&0&0\\1&1&0&-1&0&0\\0&0&0&0&1&1\\0&0&0&1&0&-1\\0&-1&-1&0&-1&0\end{pmatrix}\end{array}$$

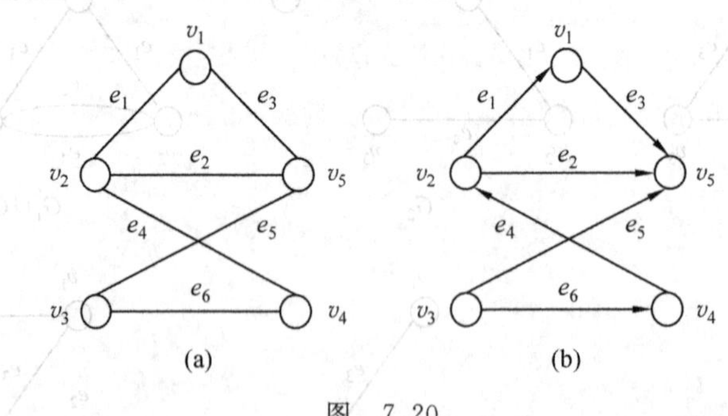

图 7.20

有向图的关联矩阵 $\boldsymbol{M}$ 具有如下性质：

(1) $\sum_{i=1}^{n} m_{ij}=0, j=1,2,\cdots,m$，因而 $\sum_{j=1}^{m}\sum_{i=1}^{n} m_{ij}=0$，即 $\boldsymbol{M}$ 中所有元素之和为 0.

(2) $\boldsymbol{M}$ 中 -1 的个数等于 1 的个数，都等于边数.

(3) $\boldsymbol{M}$ 的第 i 行中，1 的个数为 $\deg^{+}(v_i)$，-1 的个数为 $\deg^{-}(v_i)$.

7.2.2 图的邻接矩阵

定义 7.25 设无向图 $G=(V,E)$，其中 $V=\{v_1,v_2,\cdots,v_n\}$，n 阶方阵 $\boldsymbol{A}=(a_{ij})$，称为 G 的**邻接矩阵**，其中 (i,j) 项元素为

$$a_{ij}=\begin{cases}1, & 若\{v_i,v_j\}\in E\\0, & 否则\end{cases} \tag{7.5}$$

$$i,j=1,2,\cdots,n.$$

对于有向图，其邻接矩阵的 (i,j) 项元素为

$$a_{ij}=\begin{cases}1, & 若(v_i,v_j)\in E\\0, & 否则\end{cases} \tag{7.6}$$

$$i,j=1,2,\cdots,n.$$

【例 7.20】 如图 7.21 中，(a)，(b)所示的邻接矩阵分别是

$$\begin{array}{c}\\ v_1\\ v_2\\ v_3\\ v_4\\ v_5\end{array}\begin{array}{c}\begin{matrix}v_1 & v_2 & v_3 & v_4 & v_5\end{matrix}\\ \begin{pmatrix}0 & 1 & 1 & 1 & 0\\1 & 0 & 1 & 0 & 0\\1 & 1 & 0 & 0 & 0\\1 & 0 & 0 & 0 & 1\\0 & 0 & 0 & 1 & 0\end{pmatrix}\end{array},\quad \begin{array}{c}\\ v_1\\ v_2\\ v_3\\ v_4\\ v_5\end{array}\begin{array}{c}\begin{matrix}v_1 & v_2 & v_3 & v_4 & v_5\end{matrix}\\ \begin{pmatrix}0 & 0 & 0 & 1 & 0\\1 & 0 & 1 & 0 & 0\\1 & 0 & 0 & 0 & 0\\0 & 0 & 0 & 0 & 0\\0 & 0 & 0 & 1 & 0\end{pmatrix}\end{array}$$

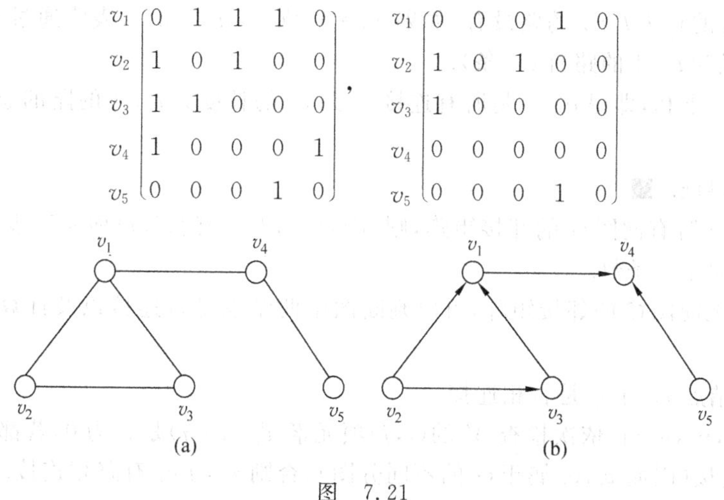

图 7.21

图的邻接矩阵具有如下性质：

(1) 无向图的邻接矩阵是对角线元素均为 0 的对称 0-1 矩阵．反之，若给定任何对角线元素均为 0 的对称 0-1 矩阵 $\boldsymbol{A}$，则可以唯一地作一个无向图 G，以 $\boldsymbol{A}$ 为邻接矩阵．

有向图的邻接矩阵与无向图的类似，只是其邻接矩阵不一定对称．

(2) 零图的邻接矩阵为一个零矩阵，反之亦然．

(3) 任意图的邻接矩阵依赖于 V 中各元素的给定次序．

① 对于 V 中元素不同的给定次序，可以得到同一个图的不同邻接矩阵．

② 图 G 的任何一个邻接矩阵都可以由 G 的另一个邻接矩阵通过变换某些行和相应的列而得到．

今后选取给定图的任何一个邻接矩阵作为该图的邻接矩阵．

(4) 如果两个图有这样的邻接矩阵，其中的一个可通过另一个变换某些行和相应的列

而得到，则这两个图是同构的.

(5) 无向图 G 的邻接矩阵 $\boldsymbol{A}$ 的第 i 行(或第 i 列)出现 1 的个数即为结点 v_i 的度.

有向图 G 的邻接矩阵 $\boldsymbol{A}$ 的第 i 行，第 i 列出现 1 的个数分别为结点 v_i 的出度和入度.

(6) 任一图 G 的邻接矩阵 $\boldsymbol{A}$ 的 (i,j) 项元素 a_{ij} 给出了结点 v_i 到 v_j 的长度为 1 的路的总数.

定理 7.6 设 G 是具有结点集 $\{v_1,v_2,\cdots,v_n\}$ 和邻接矩阵 $\boldsymbol{A}$ 的无向图，则矩阵 $\boldsymbol{A}^l(l=1,2,\cdots)$ 的 (i,j) 项元素 $a_{ij}^{(l)}$ 是图 G 中连接结点 v_i 到 v_j 的长度为 l 的路的总数.

证明 对 l 用数学归纳法.

当 $l=1$ 时，$\boldsymbol{A}^1=\boldsymbol{A}$，由 $\boldsymbol{A}$ 的定义知，定理成立.

假设定理对 l 是成立的，由于 $\boldsymbol{A}^{l+1}=\boldsymbol{A}^l\cdot\boldsymbol{A}$，故有 $a_{ij}^{(l+1)}=\sum\limits_{k=1}^{n}a_{ik}^{(l)}a_{kj}$.

由归纳假设可知，$a_{ik}^{(l)}$ 是连接 v_i 到 v_k 的长度为 l 的路的数目，而 a_{kj} 是连接 v_k 到 v_j 的长度为 1 的路的数目，故上式右边的第 k 项表示由 v_i 经过一条长度为 l 的路到 v_k，再由 v_k 经过一条边到 v_j 的总长度为 $l+1$ 的路的数目(如果 $a_{kj}=0$，则 $a_{ik}^{(l)}a_{kj}=0$，表明通过结点 v_k 连接结点 v_i 到 v_j 的长为 $l+1$ 的路没有；如果 $a_{kj}=1$，则 $a_{ik}^{(l)}a_{kj}=a_{ik}^{(l)}$，表明通过结点 v_k 连接结点 v_i 到 v_j 的长为 $l+1$ 的路有 $a_{ik}^{(l)}$ 条).

对所有的 k 求和，即得 $a_{ij}^{(l+1)}$ 是所有连接 v_i 到 v_j 的长度为 $l+1$ 的路的总数. 于是定理对 $l+1$ 也成立.

从而定理得证. ■

如果 $\boldsymbol{A}$ 是 n 阶有向图 G 的邻接矩阵，则 $\boldsymbol{A}^l(l=1,2,\cdots)$ 的 (i,j) 项元素表示从结点 v_i 到 v_j 长为 l 的有向路的条数.

利用 n 阶无向图 G 的邻接矩阵，可以判断图中两结点是否连接以及计算两结点之间的距离.

(1) 判断结点 v_i 与 v_j 是否相连接.

对 $l=1,2,\cdots,n-1$，依次检查 $\boldsymbol{A}^l$ 的 (i,j) 项元素 $a_{ij}^{(l)}(i\neq j)$ 是否为 0，若都为 0，那么结点 v_i 与 v_j 不相连接(因而 v_i,v_j 属于 G 的不同分图)，否则 v_i 与 v_j 有路相连接.

(2) 计算结点 v_i 与 v_j 之间的距离.

若 $a_{ij}^{(1)},a_{ij}^{(2)},\cdots,a_{ij}^{(n-1)}$ 中至少有一个不为 0，则使 $a_{ij}^{(l)}\neq 0$ 最小的 l 即为 $\mathrm{d}(v_i,v_j)$.

【例 7.21】 由矩阵的乘法运算，图 7.21(a)的邻接矩阵 $\boldsymbol{A}$ 的各次幂如下：

$$\boldsymbol{A}=\begin{pmatrix}0&1&1&1&0\\1&0&1&0&0\\1&1&0&0&0\\1&0&0&0&1\\0&0&0&1&0\end{pmatrix},\quad \boldsymbol{A}^2=\begin{pmatrix}3&1&1&0&1\\1&2&1&1&0\\1&1&2&1&0\\0&1&1&2&0\\1&0&0&0&1\end{pmatrix}$$

$$\boldsymbol{A}^3=\begin{pmatrix}2&4&4&4&0\\4&2&3&1&1\\4&3&2&1&1\\4&1&1&0&2\\0&1&1&2&0\end{pmatrix},\quad \boldsymbol{A}^4=\begin{pmatrix}12&6&6&2&4\\6&7&6&5&1\\6&6&7&5&1\\2&5&5&6&0\\4&1&1&0&2\end{pmatrix}$$

$$A^5=\begin{pmatrix}14&18&18&16&2\\18&12&13&7&5\\18&13&12&7&5\\16&7&7&2&6\\2&5&5&6&0\end{pmatrix},\cdots$$

由此可知,有三条连接结点 v_2 和 v_3 的长为 3 的路,有 18 条连接结点 v_1 和 v_3 的长为 5 的路,$d(v_1,v_5)=2,d(v_2,v_5)=3$.

7.2.3　图的连接矩阵

定义 7.26　设无向图 $G=(V,E)$,其中 $V=\{v_1,v_2,\cdots,v_n\}$,n 阶方阵 $\boldsymbol{C}=(c_{ij})$ 称为图 G 的**连接矩阵**,其中 (i,j) 项元素为

$$c_{ij}=\begin{cases}1, & \text{结点 } v_i \text{ 和 } v_j \text{ 连接}\\0, & \text{否则}\end{cases}\tag{7.7}$$
$$i,j=1,2,\cdots,n.$$

对于有向图 G,n 阶方阵 $\boldsymbol{P}=(p_{ij})$ 称为 G 的**可达矩阵**,其中

$$p_{ij}=\begin{cases}1, & \text{结点 } v_i \text{ 到 } v_j \text{ 可达}\\0, & \text{否则}\end{cases}\tag{7.8}$$
$$i,j=1,2,\cdots,n.$$

显然,当且仅当连接矩阵的所有元素均为 1 时,无向图 G 是连通的.

【思考 7.7】　有向图的连通性与该图的可达矩阵的特点之间有何联系?

【例 7.22】　图 7.21(a)的连接矩阵如下:

$$\boldsymbol{C}=\begin{matrix} & v_1 & v_2 & v_3 & v_4 & v_5\\ v_1 & 1&1&1&1&1\\ v_2 & 1&1&1&1&1\\ v_3 & 1&1&1&1&1\\ v_4 & 1&1&1&1&1\\ v_5 & 1&1&1&1&1\end{matrix}$$

该图是连通图.

由 n 阶无向图 G 的邻接矩阵 $\boldsymbol{A}$ 可以求出连接矩阵 $\boldsymbol{C}$.

1) 方法 1

(1) 由 $\boldsymbol{A}$ 计算 $\boldsymbol{A}^2,\boldsymbol{A}^3,\cdots,\boldsymbol{A}^n$;

(2) 计算 $\boldsymbol{B}=\boldsymbol{A}^0+\boldsymbol{A}+\boldsymbol{A}^2+\cdots+\boldsymbol{A}^n$;

(3) 将 $\boldsymbol{B}$ 中非零元素改为 1,所得到的矩阵即为连接矩阵 $\boldsymbol{C}$.

按上述方法对图 7.21(a)的邻接矩阵 $\boldsymbol{A}$ 进行计算可得到与例 7.22 相同的结果.

2) 方法 2

将邻接矩阵 $\boldsymbol{A}$ 看作是布尔矩阵,矩阵的乘法运算和加法运算中,元素之间的加法与乘法采用布尔运算(参看 2.3 节).

(1) 由 $\boldsymbol{A}$ 计算 $\boldsymbol{A}^{(2)},\boldsymbol{A}^{(3)},\cdots,\boldsymbol{A}^{(n)}$;

(2) 计算 $\boldsymbol{C}=\boldsymbol{A}^0\vee A\vee \boldsymbol{A}^{(2)}\vee\cdots\vee\boldsymbol{A}^{(n)}$;

(3) $\boldsymbol{C}$ 便是所要求的连接矩阵.

【例 7.23】 根据图 7.21(a)的邻接矩阵 $\boldsymbol{A}$,用布尔运算的方法求其连接矩阵.

【解】 利用布尔运算计算得

$$\boldsymbol{A}=\begin{pmatrix}0&1&1&1&0\\1&0&1&0&0\\1&1&0&0&0\\1&0&0&0&1\\0&0&0&1&0\end{pmatrix},\quad \boldsymbol{A}^{(2)}=\begin{pmatrix}1&1&1&0&1\\1&1&1&1&0\\1&1&1&1&0\\0&1&1&1&0\\1&0&0&0&1\end{pmatrix},\quad \boldsymbol{A}^{(3)}=\begin{pmatrix}1&1&1&1&0\\1&1&1&1&1\\1&1&1&1&1\\1&1&1&0&1\\0&1&1&1&0\end{pmatrix}$$

$$\boldsymbol{A}^{(4)}=\begin{pmatrix}1&1&1&1&1\\1&1&1&1&1\\1&1&1&1&1\\1&1&1&1&0\\1&1&1&0&1\end{pmatrix},\quad \boldsymbol{A}^{(5)}=\begin{pmatrix}1&1&1&1&1\\1&1&1&1&1\\1&1&1&1&1\\1&1&1&1&1\\1&1&1&1&0\end{pmatrix}$$

因此,$\boldsymbol{C}=\boldsymbol{A}^{(0)}\vee\boldsymbol{A}\vee\boldsymbol{A}^{(2)}\vee\boldsymbol{A}^{(3)}\vee\boldsymbol{A}^{(4)}\vee\boldsymbol{A}^{(5)}=\begin{pmatrix}1&1&1&1&1\\1&1&1&1&1\\1&1&1&1&1\\1&1&1&1&1\\1&1&1&1&1\end{pmatrix}$

【例 7.24】 图 7.21(b)中的可达矩阵 $\boldsymbol{P}$ 为

$$\boldsymbol{P}=\begin{pmatrix}1&0&0&1&0\\1&1&1&1&0\\1&0&1&1&0\\0&0&0&1&0\\0&0&0&1&1\end{pmatrix}$$

该图的可达矩阵也可以通过其邻接矩阵 $\boldsymbol{A}$ 进行计算而得

$$\boldsymbol{A}=\begin{pmatrix}0&0&0&1&0\\1&0&1&0&0\\1&0&0&0&0\\0&0&0&0&0\\0&0&0&1&0\end{pmatrix},\quad \boldsymbol{A}^2=\begin{pmatrix}0&0&0&0&0\\1&0&0&1&0\\0&0&0&1&0\\0&0&0&0&0\\0&0&0&0&0\end{pmatrix}$$

$$\boldsymbol{A}^3=\begin{pmatrix}0&0&0&0&0\\0&0&0&1&0\\0&0&0&0&0\\0&0&0&0&0\\0&0&0&0&0\end{pmatrix},\quad \boldsymbol{A}^4=\begin{pmatrix}0&0&0&0&0\\0&0&0&0&0\\0&0&0&0&0\\0&0&0&0&0\\0&0&0&0&0\end{pmatrix}$$

$$\boldsymbol{B}=\boldsymbol{A}^0+\boldsymbol{A}+\boldsymbol{A}^2+\boldsymbol{A}^3+\boldsymbol{A}^4=\begin{pmatrix}1&0&0&1&0\\2&1&1&2&0\\1&0&1&1&0\\0&0&0&1&0\\0&0&0&1&1\end{pmatrix}$$

将 $\boldsymbol{B}$ 中非零元素改为 1,得可达矩阵 $\boldsymbol{P}$ 与前面结果相同.

7.3 树

7.3.1 树的基本概念

定义 7.27 不包含环的连通图称为**无向树**,简称**树**,树中度数为 1 的结点常称为**树叶**.不包含环的图(即每个分图都是树的图)称为**树林**.

【例 7.25】 图 7.22 中,图 7.22(a)所示为树,图 7.22(b)所示为树,图 7.22(c)所示为树,图 7.22(d)所示不是树,图 7.22(e)所示为树林.

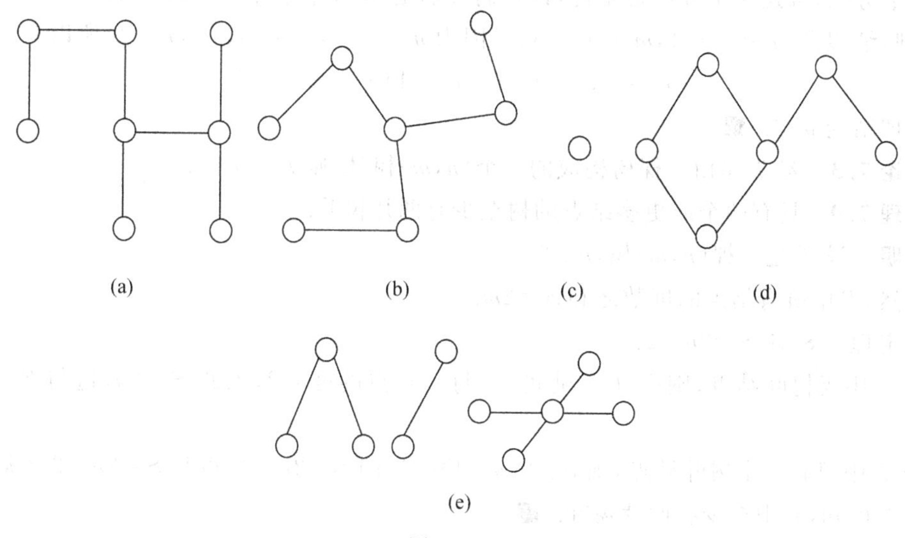

图 7.22

7.3.2 树的基本性质

定理 7.7 设 T 是一棵树,v_i 和 v_j 是 T 中任意两个不同的结点,则 v_i 和 v_j 由唯一的一条真路相连接. 若 v_i 和 v_j 不相邻接,那么当给 T 添加一条边 $\{v_i, v_j\}$ 后形成的图恰有一个环.

证明 由于 T 是连通的,因此必存在一路,从而必存在一真路连接 v_i 和 v_j.

设 $\alpha = v_i a_1 a_2 \cdots a_r v_j$ 和 $\beta = v_i b_1 b_2 \cdots b_s v_j$ 是连接 v_i 和 v_j 的两条不同的真路,记 $v_j = a_{r+1} = b_{s+1}$,设 k 是使得 $a_k \neq b_k$ 的最小正整数.

因为 α 和 β 不同,这样的 k 必存在.

又因为 $a_{r+1} = b_{s+1}$,所以有 $h_1, h_2 > k$,使得 $a_{h_1} = b_{h_2}$,且 $a_k, a_{k+1}, \cdots, a_{h_1-1}$ 不在 β 上,b_k, $b_{k+1}, \cdots, b_{h_2-1}$ 不在 α 上.

于是 α 在 a_{k-1} 与 a_{h_1} 之间的一段子路和 β 在 b_{k-1} 与 b_{h_2} 之间的一段子路合起来构成一个环,与 T 是树矛盾,从而 T 中连接 v_i 和 v_j 的真路是唯一的.

若 v_i 和 v_j 不相邻接，则将边$\{v_i,v_j\}$添加于 T 后，连接 v_i 和 v_j 的唯一真路 α 和边$\{v_i,v_j\}$一起在新图中形成一环.

因为 T 中不存在除 α 以外连接 v_i 和 v_j 的其他真路，因此边$\{v_i,v_j\}$不能和其他任一真路形成环. ■

定理 7.8 若 T 是一(n,m)树，则 $m=n-1$.

证明 对结点数 n 进行归纳证明如下：

当 $n=1$ 和 $n=2$ 时，定理成立.

假设对结点数少于 n 的所有树定理成立.

若 T 是一具有 n 个结点的树，由于 T 不包含环，因此从 T 中去掉任何一条边都将使 T 变成两个分图，且这两个分图也是树，设它们分别是(n_1,m_1)树和(n_2,m_2)树.

由归纳假设 $m_1=n_1-1$，$m_2=n_2-1$，又因为 $n=n_1+n_2$，$m=m_1+m_2+1$，所以有

$$m=(n_1-1)+(n_2-1)+1=n-1$$

定理结论成立. ■

推论 7.3 若 T 是由 r 棵树构成的一个(n,m)树林，则 $m=n-r$.

定理 7.9 具有两个或更多结点的树至少有两片树叶.

证明 设 T 是一棵(n,m)树，$n\geqslant 2$.

显然，T 中所有结点的度数之和 $S=2m$.

由定理 7.8 知，$S=2n-2$.

若 T 中无树叶结点，则由 T 连通可得，每一结点的度$\geqslant 2$，因此 $S\geqslant 2n$，这与 $S=2n-2$ 矛盾.

若 T 中只有一个树叶结点，则 $S\geqslant 2(n-1)+1$，即 $S\geqslant 2n-1$，也与 $S=2n-2$ 矛盾.

由上可知，T 中至少有两片树叶. ■

定理 7.10 给定(n,m)图 T，以下关于树的定义是等价的：

(1) 无环的连通图.

(2) 无环且 $m=n-1$.

(3) 连通且 $m=n-1$.

(4) 无环，但增加一条新边，得到一个且仅一个环.

(5) 连通，但删去任何一条边后不连通.

(6) 每一对结点之间有且仅有一条真路.

证明 (1)⇒(2)

当 $n=2$ 时，因图 T 为连通无环图，故 T 中的边数 $m=1$，因此 $m=n-1$ 成立.

假设 $n=k-1$ 时命题成立.

当 $n=k$ 时，因 T 中无环且连通，故至少有一条边其一个端点 u 的度数为 1，设该边为$\{u,v\}$. 删去结点 u 便得到一个 $k-1$ 个结点的连通无环图 T_1，由归纳假设，图 T_1 的边数 $m_1=n_1-1=(k-1)-1=k-2$.

于是再将结点 u 和关联边$\{u,v\}$加到图 T_1 中得到原图 T，此时图 T 的边数为 $m=m_1+1=(k-2)+1=k-1$，结点数 $n=n_1+1=(k-1)+1=k$，故 $m=n-1$ 成立.

因此根据数学归纳法，$m=n-1$ 成立.

(2)⇒(3)

假设 T 不连通，并且有 k $(k\geqslant 2)$ 个连通分图 $T_1,T_2,\cdots,T_k$.

因为每个分图都是连通无环图，如 T_i 有 n_i 个结点和 n_i-1 条边，故有

$$n = n_1 + n_2 + \cdots + n_k$$
$$m = (n_1 - 1) + (n_2 - 1) + \cdots + (n_k - 1) = n - k$$

由于 $m=n-1$，故 $k=1$.

此与假设 T 不连通即 $k\geqslant 2$ 相矛盾.

(3)⇒(4)

当 $n=2$ 时，$m=n-1=1$，故 T 必无环. 如增加一条边得到且仅得到一个环.

假设 $n=k-1$ 时命题成立. 考察 $n=k$ 时的情况.

因为 T 是连通的，$m=n-1$，故每个结点 u 有 $\deg(u)\geqslant 1$.

可以证明，至少有一个结点 u_0 使 $\deg(u_0)=1$. 若不然，则所有结点 u 有 $\deg(u)\geqslant 2$，则 $2m\geqslant 2n$，即 $m\geqslant n$. 此与假设 $m=n-1$ 矛盾.

删去 u_0 及其关联的边得到图 T_1. 由归纳假设知 T_1 无环.

在 T_1 中加入 u_0 及其关联边得到 T，故 T 无环. 如在 T 中增加一条边 $\{u_i,u_j\}$，则该边与 T 中 u_i 到 u_j 的路构成一个环，则该环必是唯一的(否则若删除这条新边，T 必有环，得出矛盾).

因此根据数学归纳法，结论成立.

(4)⇒(5)

若图 T 不连通，则存在结点 u_i 与 u_j，使得 u_i 与 u_j 之间没有路相连接. 显然，若加边 $\{u_i,u_j\}$ 不会产生环，此与假设矛盾.

又由于 T 中无环，故删去任一边，图就不连通了.

(5)⇒(6)

由连通性可知，任两个结点间有一条路. 若存在两点，在它们之间有多于一条的路，则 T 中必有环，删去该环上任一条边，图仍是连通的，与(5)矛盾.

(6)⇒(1)

若任意两结点间存在唯一一条真路，则 T 必连通. 若有环，则环上任两结点间存在有两条路，此与(6) 矛盾. ■

7.3.3 最小生成树

1. 生成树

定义 7.28 若连通图 G 的生成子图 T 是一棵树，则称 T 为 G 的**生成树**，记为 T_G. 任何连通图有生成树，且其生成树一般不是唯一的.

【例 7.26】 图 7.23(b)和图 7.23(c)都是图 7.23(a)的生成树.

2. 构造连通图的生成树的方法

一个连通图 G 和它的生成树 T_G 的差别在于前者可能有环，而后者不包含任何环.

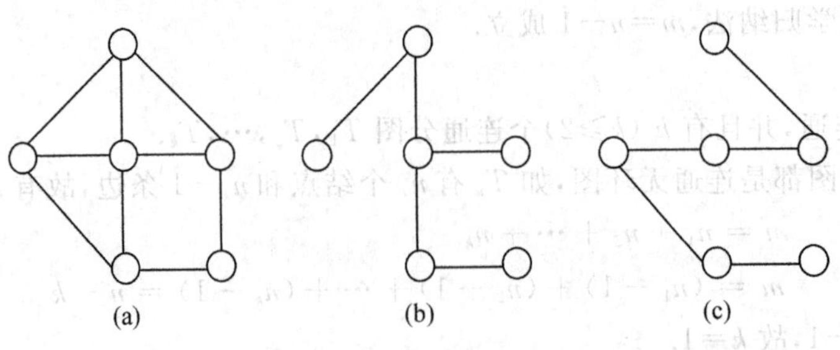

图 7.23

方法 1：破环法.

(1) 令 G 为 G_1，置 $i=1$.

(2) 若 G_i 无环，则 $T_G=G_i$.

否则，在 G_i 中找出一个环 σ_i，去掉环 σ_i 中的任一条边 e_i，令剩余的图为 G_{i+1}.

(3) i 增加 1，并返回到第(2)步.

注意：破环时不要破坏图的连通性.

【例 7.27】 用破环法构造图 7.23(a)的生成树的过程如图 7.24 所示.

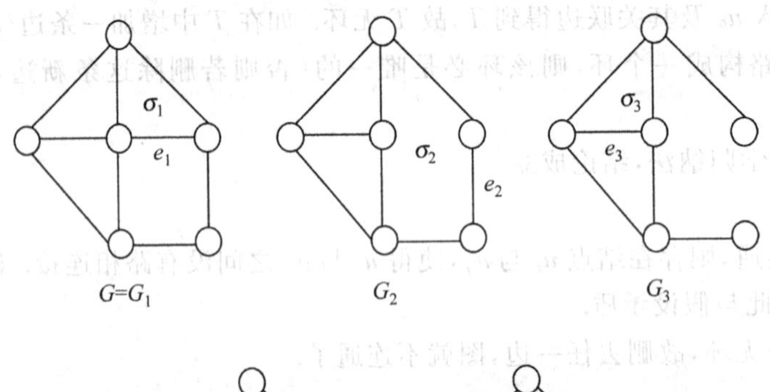

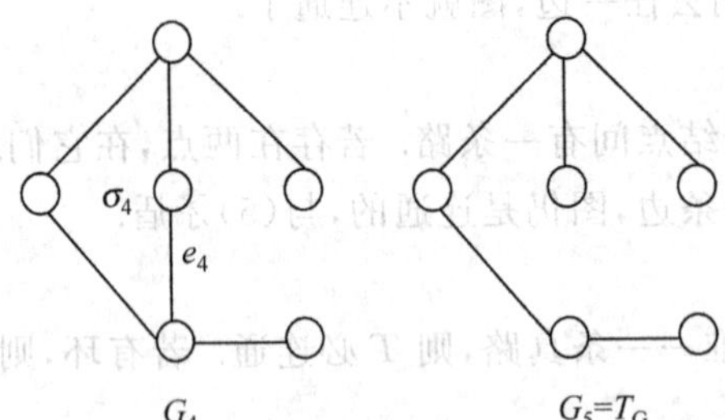

图 7.24

方法 2：避环法.

(1) 选取 G 的任一条边 e_1，令 $E_1=\{e_1\}$，$G_1=(V,E_1)$，置 $i=1$.

(2) 若已选好 $E_i=\{e_1,e_2,\cdots,e_i\}$，从 $E-E_i$ 中选一条边 e_{i+1} 使 $E_i\cup\{e_{i+1}\}$ 不含有环.

若满足上述条件的 e_{i+1} 不存在，则 $G_i=(V,E_i)$ 就是生成树 T_G. 否则令 $G_{i+1}=(V,E_{i+1})$，其中 $E_{i+1}=E_i\cup\{e_{i+1}\}$.

(3) i 增加 1，并返回到第(2)步.

注意：用破环法和避环法得到的连通图的生成树一般不唯一.

【例 7.28】 用避环法构造例 7.26 中图 7.23(a)中的生成树过程如图 7.25 所示.

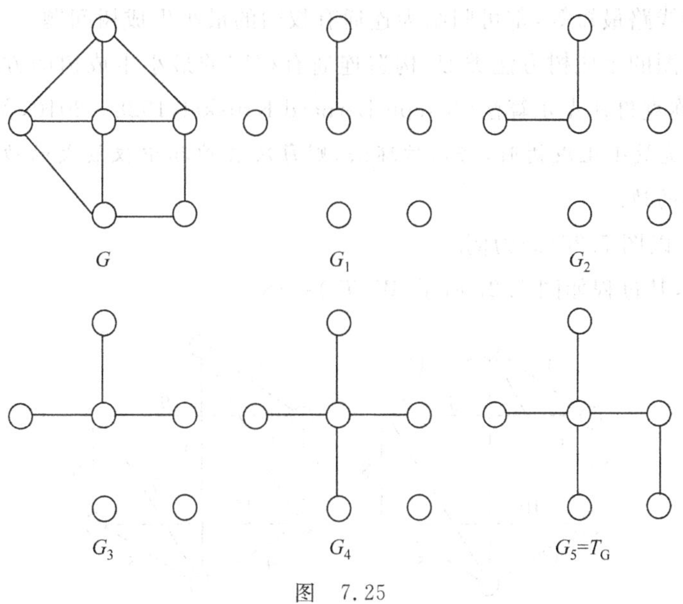

图 7.25

注意：

(1) 若 G 是(n,m)连通图，则其生成树 T_G 为$(n,n-1)$连通图.

(2) G 中去掉 $m-n+1$ 条边可以得到 T_G，该数称为 G 的**环秩**. G 的环秩是为了"弄破" G 的所有环而必须由 G 中删去边的最小数.

(3) G 的每一条不属于 T_G 的边称为 T_G 的**弦**. 共有 $m-n+1$ 条弦.

(4) T_G 中的边称为 T_G 的**枝**.

3. 最小生成树

定义 7.29 设 $G=(V,E,f)$是一连通有权图，T 是 G 的一棵生成树，T 的边集用 $E(T)$ 表示，T 的各边权值之和 $W(T)=\sum_{e\in E(T)} f(e)$ 称为 T 的**权**. G 的所有生成树中权最小的生成树称为 G 的**最小生成树**.

【例 7.29】 图 7.26 中，(b)和(c)为(a)的两棵生成树，它们的权 $W(T_1)=24$，$W(T_2)=30$.

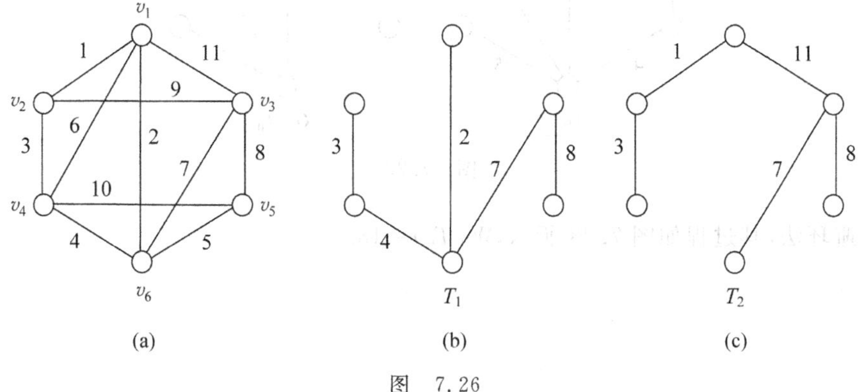

图 7.26

在实际应用中经常遇到的优化问题，如城市之间通信线路的铺设、自来水管线的布置、交通线的规划等线路最短等，都可归结为连通有权图的最小生成树问题.

与构造连通图的生成树方法类似，构造连通有权图的最小生成树的方法有破环法和避环法. 避环法又称克鲁斯克尔算法(Joseph Bernard Kruskal，1928—2010，美国数学家).

注意： 在构造最小生成树时，若用破环法，则每次去掉环中权最大的边；若用避环法，则每次取出权最小的边.

【例 7.30】 以图 7.26(a)为例.

(1) 破环法，其过程如图 7.27 所示，$W(T_0)=18$.

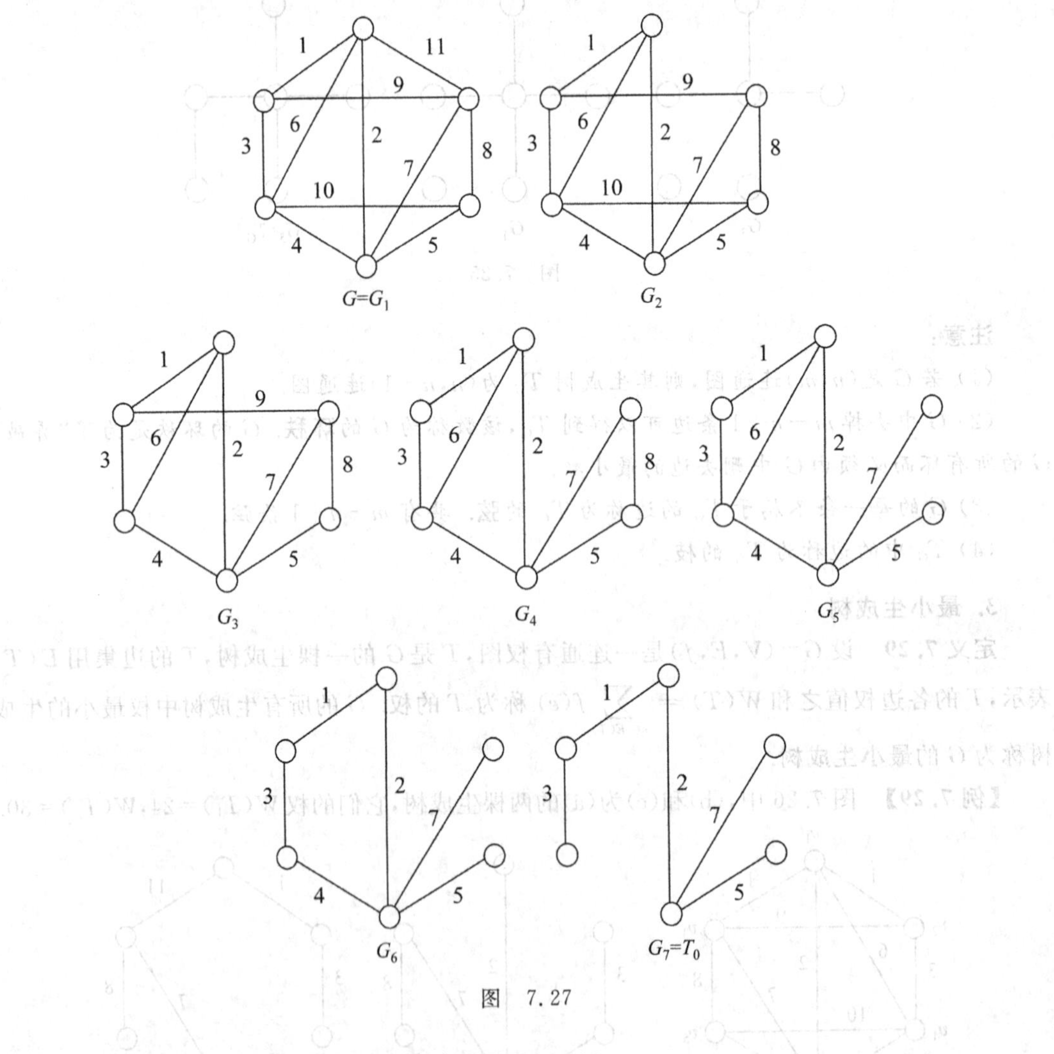

图 7.27

(2) 避环法，其过程如图 7.28 所示，$W(T_0)=18$.

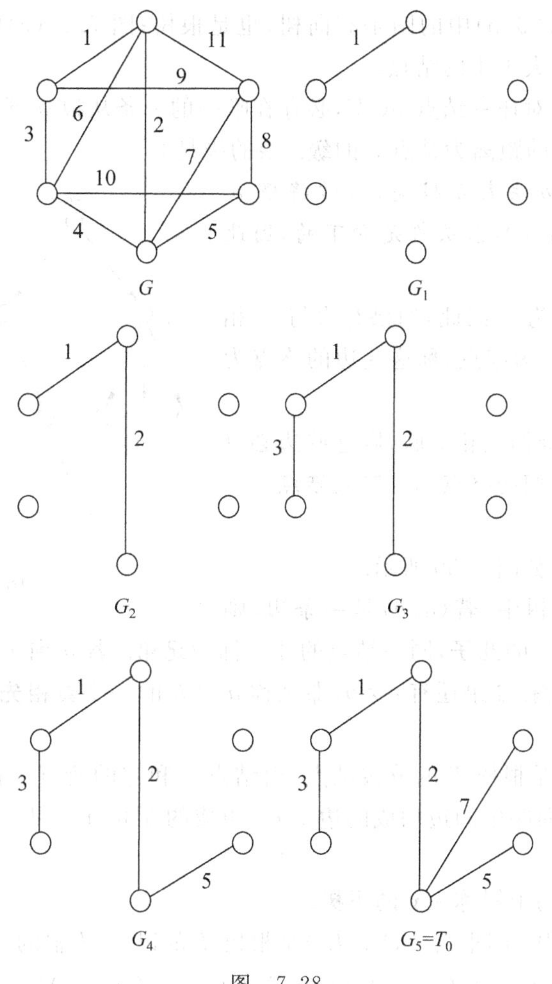

图 7.28

7.4 有向树

7.4.1 有向树的基本概念

定义 7.30 一个有向图,若其基图是一棵树,则称为**有向树**. 一棵有向树,若它只有一个结点的入度为 0,而其他所有结点的入度为 1,则称为**根树**,其中入度为 0 的结点称为**树根**,出度为 0 的结点称为**终点**或**树叶**,出度不为 0 的结点称为**分枝结点**(包括树根)或**内点**(不包括树根).

每棵有向树至少有一个结点. 一个孤立点也是一棵有向树.

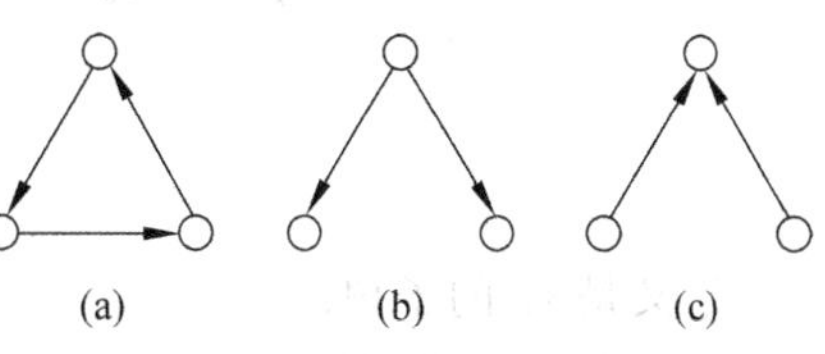

图 7.29

【例 7.31】 图 7.29 中的图是否是有向树? 若是有向树,是否是根树?

【解】 图 7.29(a)中的图不是有向树,因为其基图不是无向树；图 7.29(b)中的图是有向树，也是根树；图 7.29(c)中的图是有向树，但不是根树，因为存在入度大于 1 的结点.

不难证明，根树中对任一结点 $v \in V$，必存在唯一的一条从根 v_0 到 v 的真路.

称从 v_0 到结点 v 的距离为结点 v 的**级**. 根的级是 0.

注意：在用图解方法表示根树时，常将根 v_0 画在图的上方，所有的边其箭头都是向下的，因此常省略箭头.

由于根 v_0 的入度为 0，因此，如果有边与 v_0 相关联，则这些边都以 v_0 为起点，称这些边的终点为**一级结点**.

如果还有边与一级结点相关联，则这些边必以一级结点为起点，而它们的终点称为**二级结点**.

⋮

因此，根树的图解如图 7.30 所示.

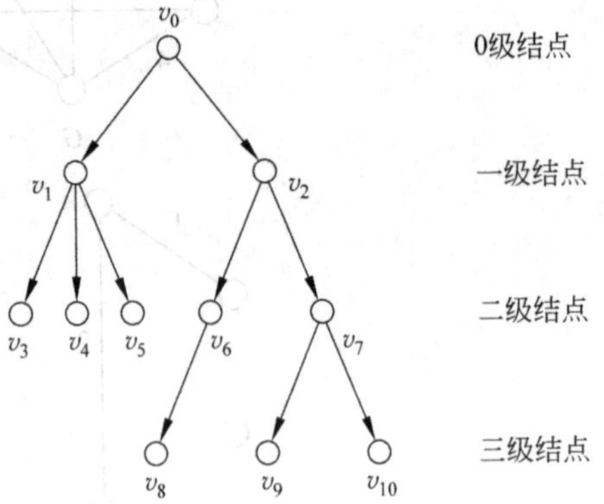

v_0 0级结点
v_1 v_2 一级结点
v_3 v_4 v_5 v_6 v_7 二级结点
v_8 v_9 v_{10} 三级结点

图 7.30

定义 7.31 在根树中，若(a,b)是一条边，则称 a 是 b 的**父亲**，b 是 a 的**儿子**，同一结点的儿子称为**兄弟**. 若 a 到 b 可达，则称 a 是 b 的**祖先**，b 是 a 的**子孙**或**后裔**. 如果还有 $a \neq b$，那么称 a 是 b 的一个**真祖先**，b 是 a 的一个**真子孙**或**真后裔**.

定义 7.32 设 v 是根树 T 的分枝结点，由结点 v 和它的所有子孙构成的结点集 V_1 以及从 v 出发的所有有向路中的边构成的边集 E_1 组成的 T 的子图 $T_1=(V_1,E_1)$称为 T 的**以 v 为根的子树**.

以 v 的儿子为根的子树称为 **v 的子树**.

例如，在图 7.31 中，子图 $T_1=(V_1,E_1)$是根树 T 的以 v_2 为根的子树，其中 $V_1=\{v_2,v_6,v_7,v_8,v_9,v_{10}\}$，$E_1=\{(v_2,v_6),(v_2,v_7),(v_6,v_8),(v_7,v_9),(v_7,v_{10})\}$.

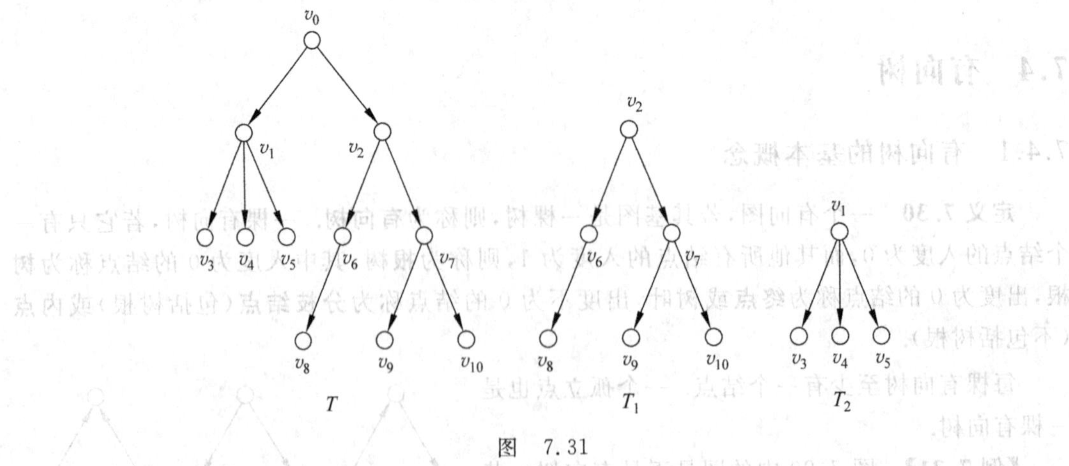

图 7.31

T_1 又是 v_0 的子树.

v_0 的另一棵子树是以 v_1 为根的子树 $T_2=(\{v_1,v_3,v_4,v_5\},\{(v_1,v_3),(v_1,v_4),(v_1,v_5)\})$.

【思考 7.8】 根树的子树是否还是根树？

【思考 7.9】 由简单有向图的邻接矩阵怎样去判断它是否为根树？怎样定出它的树根和树叶？

7.4.2 二元树及其周游

定义 7.33 在根树中，若每一结点的出度都小于或等于 m，则称这棵树为 **m 元树**或 **m 叉树**. 若每一个结点的出度恰好等于 m 或 0，则称这棵树为**完全 m 元树**.

当 $m=2$ 时，分别称其为**二元树**和**完全二元树**. 若完全二元树的所有树叶结点在同一级别，则称它为**满二元树**.

【例 7.32】 在图 7.32 给出的各图中，图 7.32(a)所示为二元树；图 7.32(b)所示为完全二元树；图 7.32(c)所示为满二元树；图 7.32(d)所示为三元树.

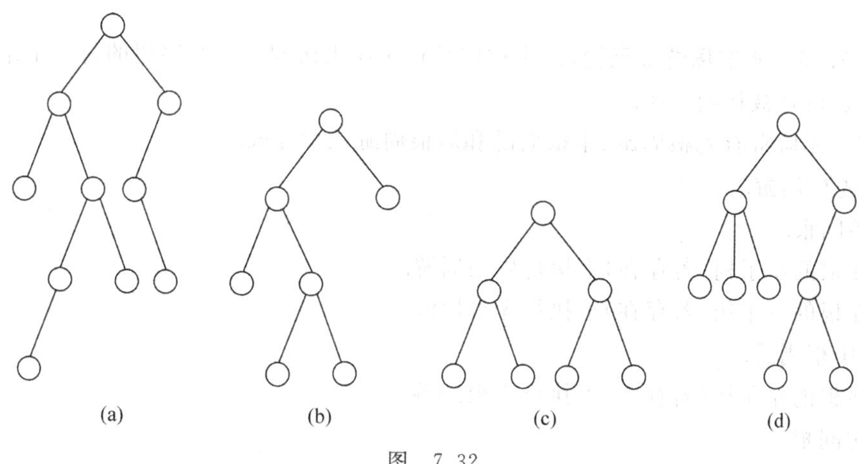

图 7.32

在根树中，往往需要对同一级结点规定次序.

定义 7.34 如果在根树中规定了每一级上结点的次序，则称这样的根树为**有序树**.

在有序树中规定同一级结点的次序是从左到右的. 有时也用边的次序代替结点次序.

例如，图 7.33 表示两棵不同的有序树.

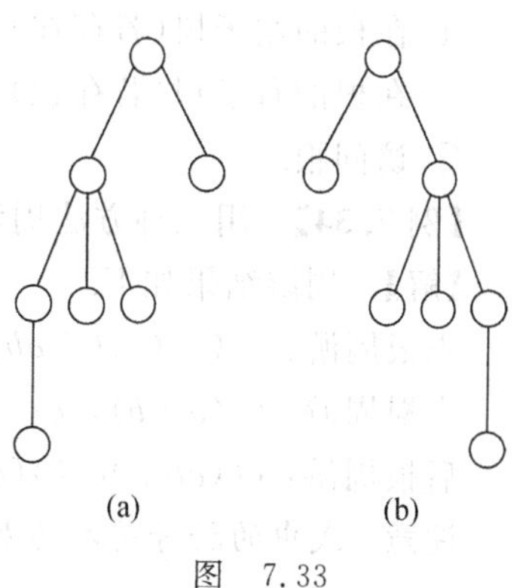

图 7.33

定义 7.35 在二元有序树中，每个结点 v 至多有两棵子树，分别称为 v 的**左子树**和**右子树**.

在图解中，左子树和右子树分别画在 v 的左下方和右下方.

利用二元有序树可以表示算术表达式：通常将运算符放在分枝结点上，数字或变量放在树叶结点上. 另外，被减数和被除数放在左子树的树叶上.

【例 7.33】 用二元有序树表示下列算术表达式：

$$(((a+b)\times c)\times(d+e))-(f-(g\times h))$$

【解】 用二元有序树表示如图 7.34 所示.

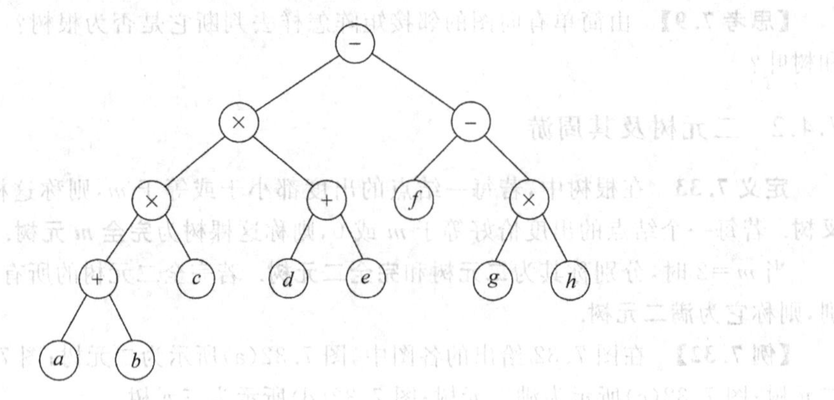

图 7.34

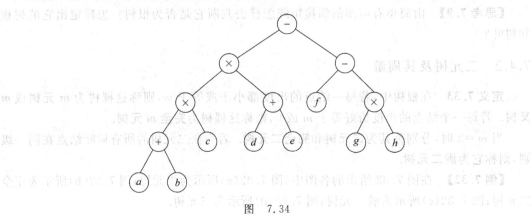

定义 7.36 所谓**周游二元树**,是指按照某种次序去访问二元有序树的每一个结点,使得每一个结点恰好被访问一次.

周游二元树常有先根周游、中根周游和后根周游三种方式.

(1) 先根周游.

① 访问根.

② 在根的左子树(若存在)上执行先根周游.

③ 在根的右子树(若存在)上执行先根周游.

(2) 中根周游.

① 在根的左子树(若存在)上执行中根周游.

② 访问根.

③ 在根的右子树(若存在)上执行中根周游.

(3) 后根周游.

① 在根的左子树(若存在)上执行后根周游.

② 在根的右子树(若存在)上执行后根周游.

③ 访问根.

【例 7.34】 用三种方法周游图 7.34 所示的二元有序树,写出周游结果.

【解】 周游结果如下.

先根周游:$-(\times(\times(+ab)c)(+de))(-f(\times gh))$.

中根周游:$(((a+b)\times c)\times(d+e))-(f-(g\times h))$.

后根周游:$(((ab+)c\times)(de+)\times)(f(gh\times)-)-$.

注意:式中的括号是人为加上去的.

7.4.3 有向树中的一些数量关系

有向树和无向树一样,满足关系式 $m=n-1$(所有结点入度之和). 这里的 n 和 m 分别为有向树的结点数和边数.

定理 7.11 设 T 是一棵完全 m 元树,树叶结点数为 n_0,分枝结点数为 t,则 $(m-1)t=$

n_0-1.

证明 由完全 m 元树的定义知，所有结点的出度为 m 或 0，因此 T 的边数为 mt，结点数为 n_0+t. 于是由 $mt=n_0+t-1$ 得 $(m-1)t=n_0-1$. ■

定理 7.12 设 T 是一棵二元树，n_0 表示树叶结点数，n_2 表示出度为 2 的结点数，则 $n_0=n_2+1$.

证明 设 T 的结点数为 n，边数为 m，且出度为 1 的结点数为 n_1，则 $n=n_0+n_1+n_2$，且 $m=n-1$.

又 $m=n_1+2n_2$，于是 $n_1+2n_2=n_0+n_1+n_2-1$.

因此 $n_2=n_0-1$，即 $n_0=n_2+1$. ■

定理 7.13 完全二元树有奇数个结点.

证明 设 T 是完全二元树，有 n 个结点、m 条边、n_2 个分枝结点. 由完全二元树的定义知，$m=2n_2$.

又 $m=n-1$，因此 $n=2n_2+1$，即完全二元树有奇数个结点. ■

习题

1. A 类题

A7.1 设图 G 有 16 条边，有 3 个 4 度结点和 4 个 3 度结点，其余结点的度数均小于 3，问：G 中至少有几个结点？

A7.2 设图 G 有 9 个结点，每个结点的度数不是 5 就是 6，证明：G 中至少有 5 个 6 度结点或 6 个 5 度结点.

A7.3 设图 G 有 n 个结点，$n+1$ 条边，证明：G 中至少有 1 个结点度数大于等于 3.

A7.4 设图 G 是三次正则图，且结点数 n 与边数 m 间有关系 $2n-3=m$，求出 m 和 n.

A7.5 图 7.35 中所给出的两个图是否同构？为什么？

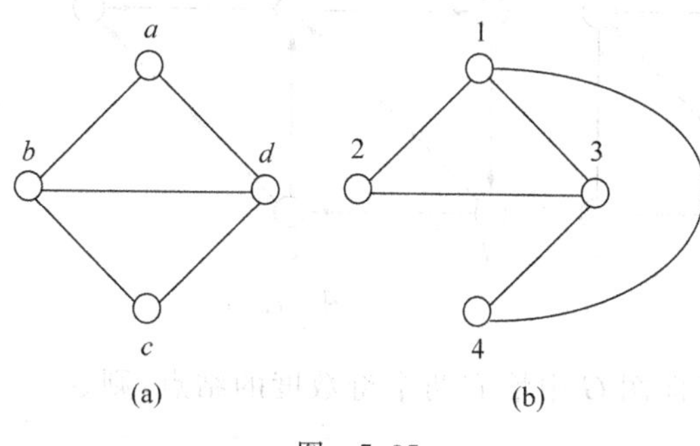

图 7.35

A7.6 图 7.36 中所给出的两个图是否同构？为什么？

A7.7 图 7.37 中所给出的两个图是否同构？为什么？

A7.8 设 $G_1=(V_1,E_1)$ 与 $G_2=(V_2,E_2)$ 是两个无向图，其中 $V_1=\{a,b,c,d,e\}$，$V_2=\{1,2,3,4,5\}$，$E_1=\{\{a,b\},\{a,c\},\{a,c\},\{b,c\},\{b,d\},\{d,e\},\{c,e\},\{e,e\}\}$，$E_2=\{\{1,2\},\{1,3\},\{1,3\},\{2,3\},\{2,4\},\{4,5\},\{3,5\},\{4,4\}\}$.

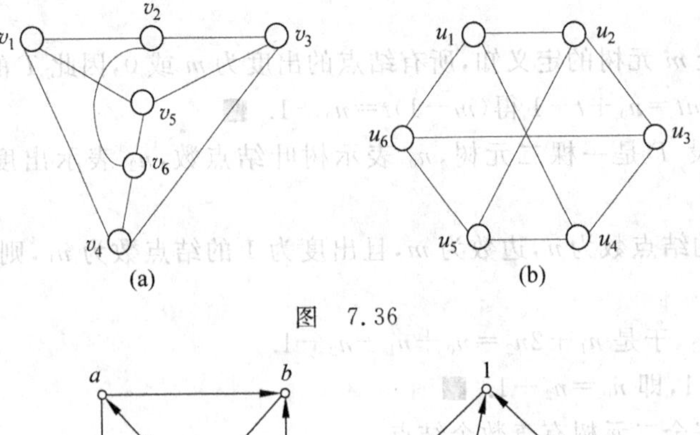

图 7.36

(a)　　　(b)

图 7.37

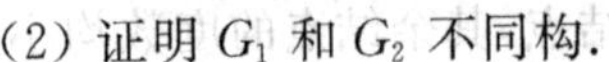

(1) 试画出 G_1 和 G_2 的图形.

(2) 证明 G_1 和 G_2 不同构.

A7.9 设 $G=(V,E)$是 n 阶无向简单图，$n\geqslant 3$ 且为奇数，试证明 G 和 G 的补图 $\overline{G}$ 中奇数度结点个数相等.

A7.10 图 $G=(V,E)$如图 7.38 所示，求结点 a 到 f 的所有真路.

A7.11 图 $G=(V,E)$如图 7.39 所示，求出结点 d 出发的所有环.

A7.12 在图 7.40 中找出其所有的真路和环，该图是否包含有割边?

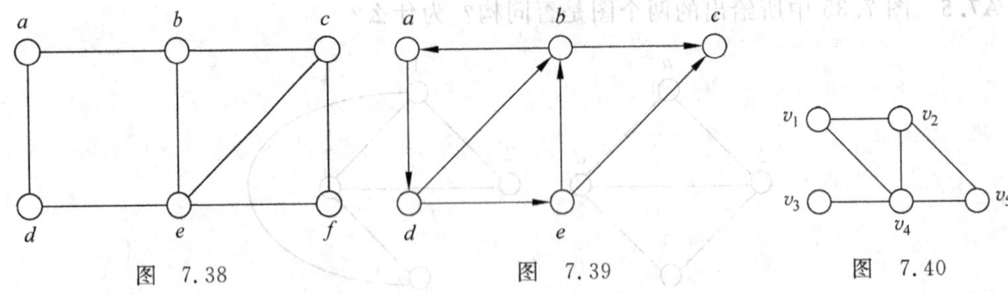

图 7.38　　图 7.39　　图 7.40

A7.13 证明：若无向图 G 中恰有两个奇数度的结点，则这两个结点间必有一条路.

A7.14 有向图 G 如图 7.41 所示.

(1) 求结点 a 到 d 的最短路和距离.

(2) 求结点 d 到 a 的最短路和距离.

(3) 判断 G 的连通性.

(4) 将有向图 G 略去方向得到无向图 G'，对无向图 G' 讨论(1)，(2)两个问题.

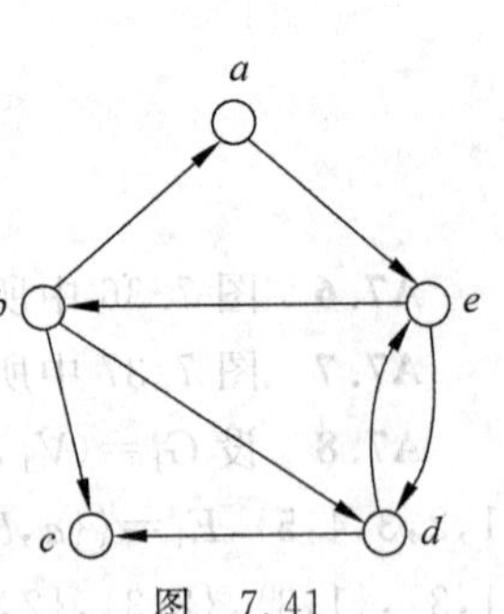

图 7.41

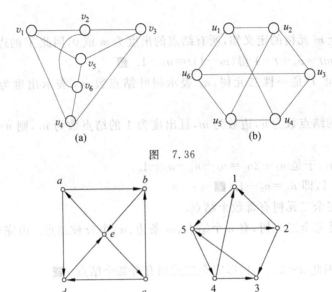

A7.15 设 G 是具有 4 个结点的无向完全图,试问:

(1) G 有多少个子图?

(2) G 有多少个生成子图?

(3) 如果没有任何两个子图是同构的,则 G 的子图个数是多少?请将这些子图构造出来.

A7.16 证明:若图 G 是不连通的,则 G 的补图 $\overline{G}$ 是连通的.

A7.17 设 $G=(V,E)$ 是一个简单图,$\#V=n$,$\#E=m$,且 $m>(n-1)(n-2)/2$. 证明 G 是连通的.

A7.18 证明:有向图的每一个结点和每一条边都只包含于一个弱分图中.

A7.19 证明:具有 m 条边的连通图最多具有 $m+1$ 个结点.

A7.20 无向图 G 如图 7.42 所示.

(1) 写出 G 的邻接矩阵.

(2) 根据邻接矩阵求各结点的度数.

(3) 求 G 中长度为 3 的路的总数,其中有多少条回路?

(4) 求 G 的连接矩阵.

(5) 求 G 的关联矩阵.

(6) 由关联矩阵求各结点的度数.

A7.21 有向图 G 如图 7.43 所示.

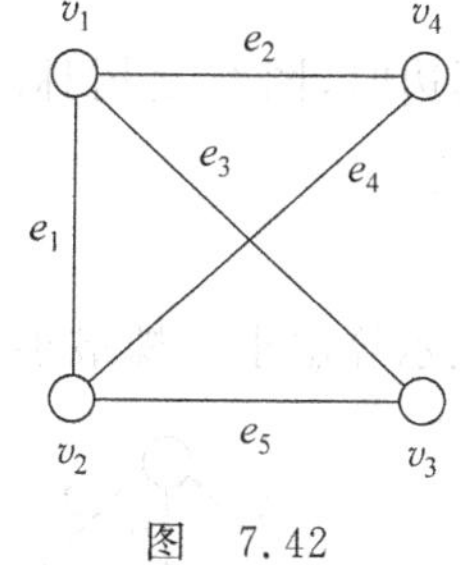

图 7.42

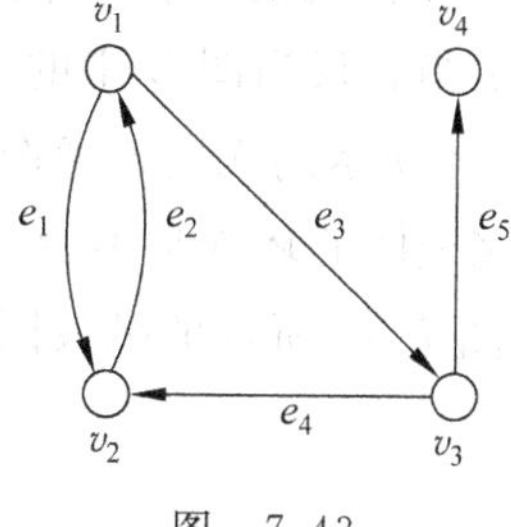

图 7.43

(1) 写出 G 的邻接矩阵.

(2) 根据邻接矩阵求各结点的出度和入度.

(3) 求 G 中长度为 3 的路的总数,其中有多少条回路?

(4) 求 G 的可达矩阵.

(5) 求 G 的关联矩阵.

(6) 由关联矩阵求各结点的出度和入度.

A7.22 图 G 的邻接矩阵为

$$\mathbf{A}=\begin{pmatrix}0&0&1&1&0&0\\0&0&0&0&1&1\\1&0&0&0&0&0\\1&0&0&0&0&0\\0&1&0&0&0&1\\0&1&0&0&1&0\end{pmatrix}$$

G 是否是连通的？

A7.23 已知关于人员 a,b,c,d,e,f,g 的下述事实：

a 说英语；b 说英语和西班牙语；c 说英语、意大利语和俄语；d 说日语和西班牙语；e 说德语和意大利语；f 说法语、日语和俄语；g 说法语和德语.

试问：上述 7 人中是否任意两个人都能交谈？如有必要，可由其余 5 人中所组成的译员链帮忙.

A7.24 一棵无向树 T 有两个 4 度结点，三个 3 度结点，其余的结点都是树叶，问 T 有几片树叶？

A7.25 无向树 T 有 8 片树叶，两个 3 度分枝点，其余的分枝点都是 4 度结点，问 T 有几个 4 度分枝点？

A7.26 设 T 是一棵无向树，它有 n_i 个 i 度分枝点（$i=2,3,\cdots,k$），其余结点都是树叶，求 T 中的树叶数.

A7.27 设无向图 $G=(V,E)$ 是 $k(k\geqslant 2)$ 棵树组成的森林，$\#V=n$，$\#E=m$，证明：$m=n-k$.

A7.28 设 T 是一棵非平凡的无向树，其中所有结点的最大度记为 $\Delta(T)\geqslant k$，证明树 T 至少有 k 片树叶.

A7.29 构造互不同构的所有 6 结点的树.

A7.30 证明：当且仅当图 G 中的每一条边均为割边时，图 G 是树林.

A7.31 图 7.44 所示的无向连通图有多少棵生成树？

A7.32 n 阶完全图的环秩是多少？

A7.33 对如图 7.45 所示的赋权图，利用克鲁斯克尔算法求一棵最小生成树.

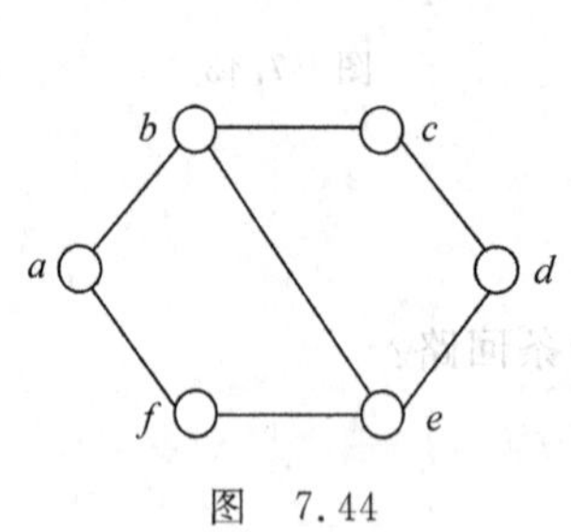

图 7.44

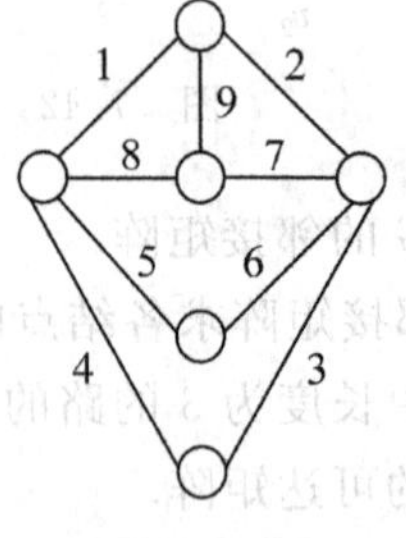

图 7.45

A7.34 证明：在完全二元树中，边的总数等于 $2(n_t-1)$，式中 n_t 是树叶数.

A7.35 计算非同构的根树的个数，并画图.

(1) 两个结点非同构的根树.

(2) 三个结点非同构的根树.

(3) 4 个结点非同构的根树.

A7.36 用二元有序树表示下列算术表达式：

(1) $a-(b+((c/d)+(e\times f)))$.

(2) $(b+((c/d)+(e\times f)))-a$.
并求出进行三种方式的周游结果.

2. B类题

B7.1 证明：在任意6个人的集会上，总会有三个人相互认识或者有三个人互相不认识(假设认识是相互的).

B7.2 设 G 是 n 阶自补图，试证明 $n=4k$ 或 $n=4k+1$，其中 k 为正整数. 画出5个结点的自补图. 是否有三个结点或6个结点的自补图？

B7.3 设 $G=(V,E)$ 是图，$\#V=n$，$\#E=m$，$\delta(G)$ 与 $\Delta(G)$ 分别为 G 中最小的和最大的结点度数，证明：$\delta(G)\leqslant 2m/n\leqslant\Delta(G)$.

B7.4 证明：在竞赛图中，所有结点的入度的平方之和等于所有结点的出度的平方之和.

B7.5 图7.46是有向图，试求该图的强分图，单向(侧)分图和弱分图.

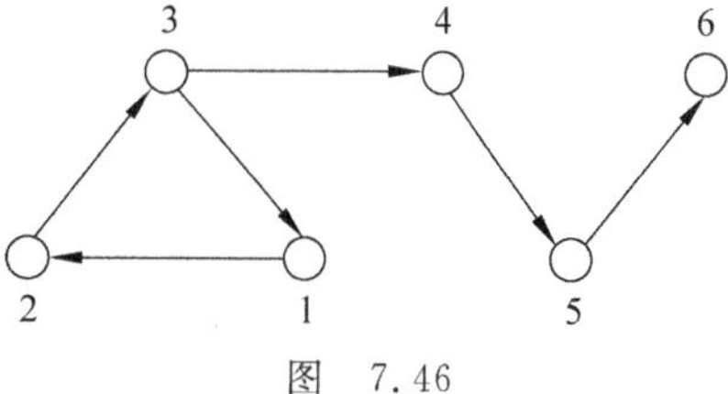

图 7.46

B7.6 G 为无向连通图，有 n 个结点，m 条边，证明：$m\geqslant n-1$. 对有向图，这个结论成立吗？

B7.7 设 $G=(V,E)$ 是一个简单图，$\#V\leqslant 2n$，且 $\forall v\in V$，$\deg(v)\geqslant n$，证明 G 是连通图. 若 $\#V\leqslant 2n$，且 $\forall v\in V$，$\deg(v)\geqslant n-1$，那么 G 是连通图吗？为什么？

B7.8 设 $G=(V,E)$ 是一个简单有向图，$V=\{v_1,v_2,\cdots,v_n\}$，$\boldsymbol{A}$ 是 G 的邻接矩阵，G 的**距离矩阵** $\boldsymbol{D}=(d_{ij})_{n\times n}$ 定义如下：

$$d_{ij}=\begin{cases}\infty, & \text{如果 } \mathrm{d}(v_i,v_j)=\infty\\ 0, & i=j\\ k, & k\text{ 是使 } a_{ij}^{(k)}\neq 0 \text{ 的最小正整数}\end{cases}\qquad i,j=1,2,\cdots,n$$

试求图7.47的距离矩阵 $\boldsymbol{D}$，并说明 $d_{ij}=1$ 的意义.

B7.9 求出对应于图7.48所给出的树的二元树.

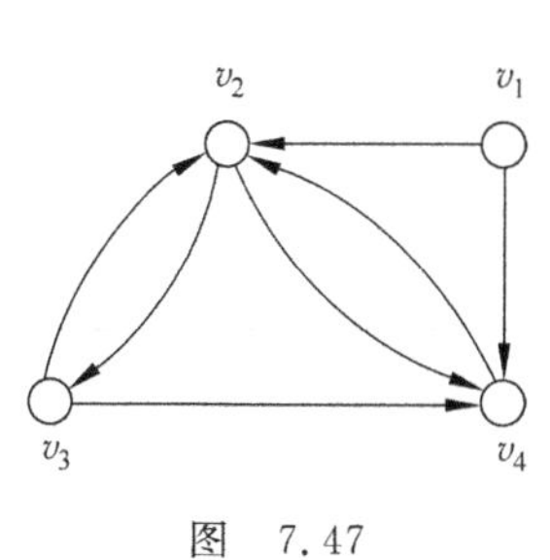

图 7.47

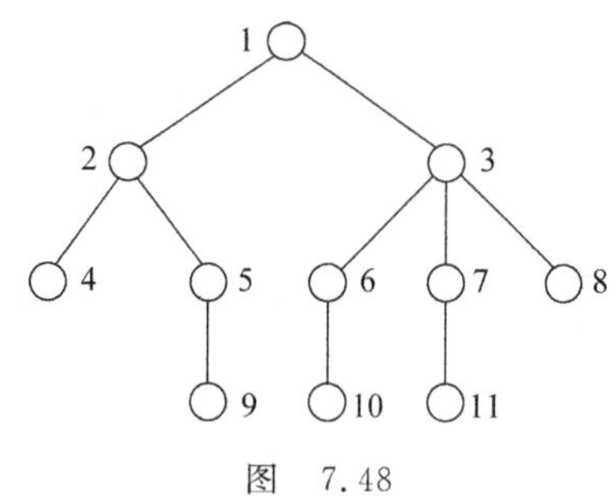

图 7.48

B7.10 设 $G=(V,E)$ 是一个简单有向图，$V=\{v_1,v_2,\cdots,v_n\}$，$\boldsymbol{P}=(p_{ij})_{n\times n}$ 是图 G 的可达矩阵，$\boldsymbol{P}^{\mathrm{T}}=(p'_{ij})_{n\times n}$ 是 $\boldsymbol{P}$ 的转置矩阵. 易知，$p_{ij}=1$ 表示结点 v_i 到 v_j 是可达的；$p'_{ij}=$

$p_{ji}=1$表示结点v_j到v_i是可达的．因此$p_{ij}\wedge p'_{ij}=1$（$\wedge$为"与"运算）时，结点v_i和v_j是互相可达的．由此可求得图G的强分图．例如图G的可达性矩阵$\boldsymbol{P}$为：

$$\boldsymbol{P}=\begin{pmatrix}1&0&1&1&1\\0&1&1&1&1\\0&0&1&1&1\\0&0&1&1&1\\0&0&1&1&1\end{pmatrix},\quad \boldsymbol{P}^{\mathrm{T}}=\begin{pmatrix}1&0&0&0&0\\0&1&0&0&0\\1&1&1&1&1\\1&1&1&1&1\\1&1&1&1&1\end{pmatrix},\quad \boldsymbol{P}\wedge\boldsymbol{P}^{\mathrm{T}}=\begin{pmatrix}1&0&0&0&0\\0&1&0&0&0\\0&0&1&1&1\\0&0&1&1&1\\0&0&1&1&1\end{pmatrix}$$

其中，$\boldsymbol{P}\wedge\boldsymbol{P}^{\mathrm{T}}$定义为矩阵$\boldsymbol{P}$和矩阵$\boldsymbol{P}^{\mathrm{T}}$的对应元素的与运算的结果矩阵．

由此可知，由$\{v_1\}$，$\{v_2\}$，$\{v_3,v_4,v_5\}$导出的子图是G的强分图．

试用这种办法求图7.49的所有强分图．

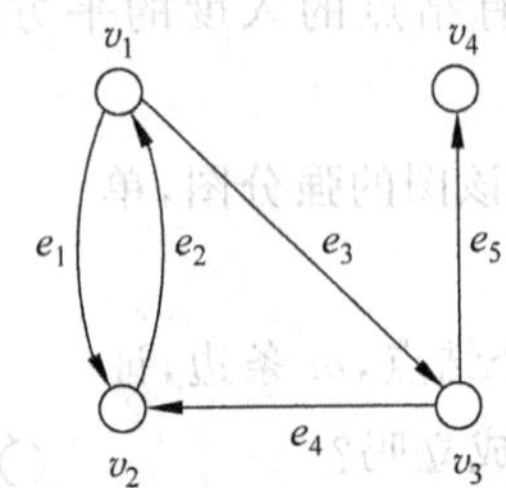

图 7.49

第 8 章　特殊图

本章将对一些特殊的图及其判别方法进行较为详细的讨论，主要包括欧拉图、哈密顿图、二部图、平面图等，同时介绍这些特殊图的应用.

下面当不作特别声明时，所谓"图"即指简单无向图.

8.1　欧拉图

8.1.1　欧拉图的基本概念

欧拉图的概念是欧拉在研究哥尼斯堡七桥问题中形成的.

定义 8.1　通过图 G 的每条边一次且仅一次的回路称为**欧拉回路**. 存在欧拉回路的图称为**欧拉图**. 通过图 G 的每条边一次且仅一次的开路称为**欧拉路**.

【思考 8.1】　欧拉回路是否是环？欧拉图是否连通，即欧拉回路是否经过图中所有的结点？欧拉路是否为真路？

【例 8.1】　图 8.1 给出的 4 个图中，哪些是欧拉图？

【解】　图 8.1(a)和图 8.1(d)是欧拉图，图 8.1(b)和图 8.1(c)不是欧拉图.

由定义可知：

(1) 除了有孤立点的情形外，一个欧拉图是一个连通图.

(2) 具有欧拉回路的连通图可以一笔画出：从图中任一点出发，一笔画出该图，最后又回到出发点. 具有欧拉路的图也是可以一笔画出的图，但必须从图中某一点出发，一笔画出该图后，终止于图中的另外一点.

例如，图 8.2 为具有欧拉路 $v_1v_2v_3v_4v_5v_2v_4v_1v_5$ 的图.

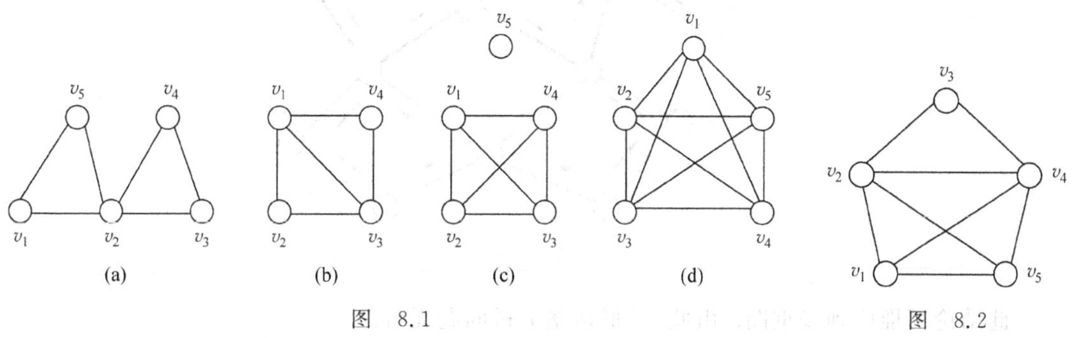

图　8.1　　　　图　8.2

【思考 8.2】　欧拉图的子图是否是欧拉图？

【思考 8.3】　若无向图 G 是欧拉图，则 G 中是否存在割边？为什么？

8.1.2 欧拉图的判别

定理 8.1 连通图 G 为欧拉图的充要条件是 G 的每一个结点的度均为偶数.

证明 设连通图 G 是一个欧拉图,并设 α 是 G 中的一个欧拉回路.

每当 α 通过 G 的一个结点时,α 通过关联于这个结点的两条边,并且这两条边是 α 以前未走过的. 因此,每个结点的度均为 α 经过此结点的次数的两倍,从而均为偶数.

反之,设连通图 G 的每个结点的度为偶数,要证明图 G 是一个欧拉图,对图 G 的边数 m 运用数学归纳法来证明.

当 $m=0$ 时,连通图 G 是平凡图,认为它是一个欧拉图,结论成立.

当 $m=3$ 时,结论显然成立.

(当 $m=1$ 和 $m=2$ 时,图中每个结点的度不全为偶数.)

假设对于 $k=3,4,\cdots,m$,任何具有 k 条边的连通图结论均成立. 设 G 是一个具有 $m+1$ 条边且每个结点具有偶数度的连通图.

从图 G 的任一结点 a 出发沿任一边前进,但绝不在任一边上行走两次便可确定一条路. 当到达任一结点 $v\neq a$ 时,因它只使用过 v 的奇数条边,它将仍能沿着某一边前进. 当它无法再前进时,它必是到达了 a,因此构成一条回路 α.

(1) 如果图 G 的所有边全被使用完,则 α 便是一欧拉回路,G 为欧拉图.

(2) 若所有的边没有被使用完,令剩下的图为 G'(由图 G 中除去 α 后剩下的边及剩下的边所关联的结点组成),显然 G' 不一定连通. 考虑 G' 的各个分图,由于分图连通、结点度为偶数、边数均小于等于 m,因此根据归纳假设,它们都是欧拉图,各有欧拉回路. 此外,由于 G 连通,这些欧拉回路都与回路 α 共有一个或多个公共结点,因此它们与回路 α 一起构成一个欧拉回路,如图 8.3 所示,于是 G 为欧拉图. ■

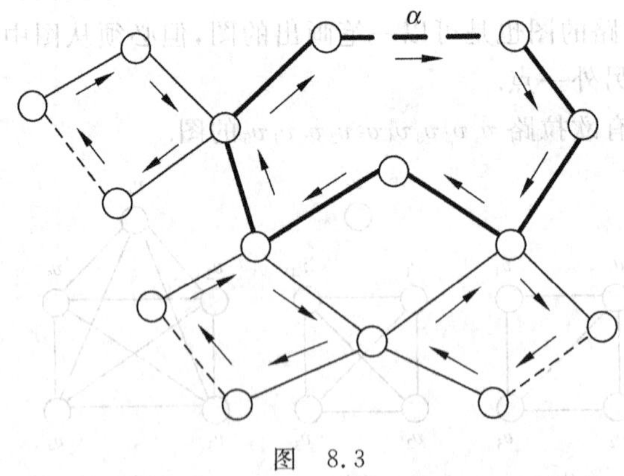

图 8.3

此结论可推广到多重图. 由此,哥尼斯堡七桥问题无解.

定理 8.2 连通图 G 具有一条连接结点 u 到 v 的欧拉路的充要条件是 u 和 v 是 G 中仅有的具有奇数度的结点.

证明 将边 $\{u,v\}$ 加于图 G 上,令其所得的图为 G'(G' 可能为多重图).

当且仅当 G' 有一条欧拉回路时,G 有连接 u 到 v 的一条欧拉路.

即当且仅当 G' 的所有结点均为偶数度，即 G 的所有结点除 u 和 v 是奇数度外均为偶数度时，G 有一连接 u 到 v 的欧拉路. ■

在连通图中，仅有两个结点是奇数度点，其他各结点都是偶数度点时，此图也可以一笔画出，只是必须以某个奇数度点作为出发点，一笔画出图后终止于另一个奇数度点.

【例 8.2】 图 8.4 中的各图是否可以一笔画出？

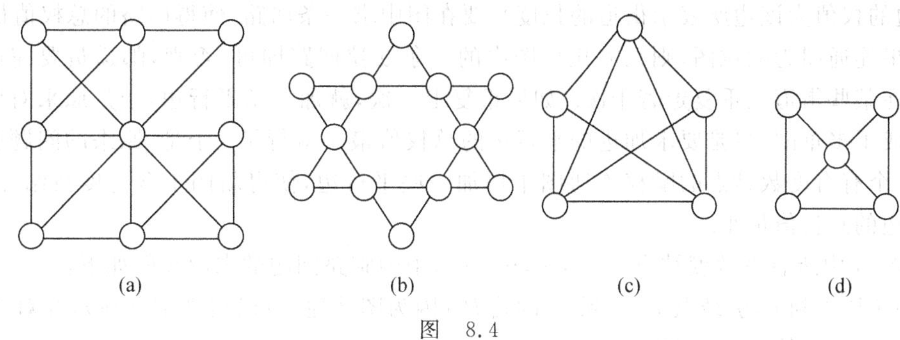

图 8.4

【解】 图 8.4(a)不可以；图 8.4(b)可以；图 8.4(c)可以；图 8.4(d)不可以.

推论 8.1 一个弱连通的有向图 G 具有欧拉回路的充要条件是 G 的每一个结点的入度和出度相等.

一个弱连通的有向图 G 具有欧拉路的充要条件是除了两个结点外，每个结点的入度等于出度，对于这两个结点，一个结点的出度比入度多 1，另一个结点的出度比入度少 1.

【例 8.3】 在图 8.5 中给出的三个有向图中：

图 8.5(a)存在欧拉路，但无欧拉回路，因此不是欧拉图. 其中一条欧拉路为

$$v_2 v_4 v_1 v_3 v_1 v_2 v_3 v_4$$

图 8.5(b)存在欧拉回路，因而是欧拉图. 其欧拉回路可表示为

$$v_1 v_2 v_7 v_4 v_6 v_3 v_7 v_6 v_5 v_2 v_3 v_1$$

图 8.5(c)既无欧拉回路，也无欧拉路，不是欧拉图.

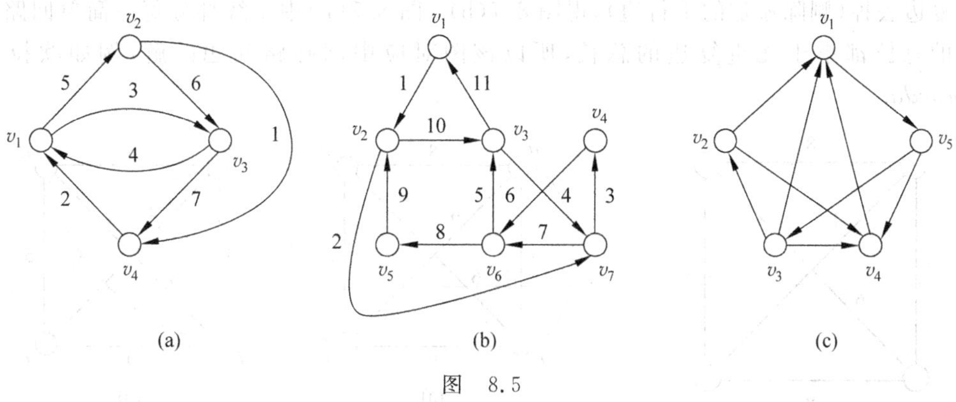

图 8.5

【思考 8.4】 n 取何值，无向完全图 K_n 有一条欧拉回路？n 阶竞赛图有欧拉回路吗？为什么？n 阶有向完全图呢？

8.1.3 中国邮路问题

中国邮路问题是一个非常经典的图论问题：一个邮递员送信，要走完他负责投递的全部街道(所有街道都是双向通行的，且每条街道可以经过不止一次)，完成任务后回到邮局，应按怎样的路线走，他所走的路程才会最短呢？抽象成图论问题就是给定一个连通有权图(每条边的权值为该边所表示街道的长度)，要在图中求一条回路，使得回路的总权值最小.

如果连通图为欧拉图，则只需找出图中的一条欧拉回路即可；否则，邮递员要完成任务就必须在某些街道上重复走若干次. 如果重复走一次，就加一条平行边，于是原来对应的图形就变成了多重图，只是要求加进的平行边的总权值最小就行了. 于是，原来的问题就转化为，在一个有奇度数结点的赋权连通图中增加一些平行边，使得新图不含奇度数结点，并且增加的边的总权值最小.

设图 G 中所有奇数度结点为 $v_1,v_2,\cdots,v_{2h}$，中国邮路问题的求解步骤如下：

(1) i 从 1 到 h，引结点 v_{2i-1} 到 v_{2i} 的路 P_i(因为图连通，所以路必定存在)，并对 P_i 的每条边附加一条边使之成为重复边.

(2) 检查图 G 的每条边，若添加的重复边数超过 1，则除去其中偶数条，使得每条边至多有一条添加的边，此时每一个结点的度为偶数，得多重欧拉图 G'.

(3) 对图 G' 的每条简单回路(所有边互不相同的回路)，检查其中重复边的权重之和是否超过无重复边的权重之和. 如果超过，则把原来的重复边改为无重复边，把无重复边改为重复边. 反复进行以上过程，直到都不超过为止，最后得到多重欧拉图 H. 图 H 的欧拉回路就是包含 G 中每条边至少一次的最小权值回路.

【例 8.4】 求解如图 8.6 所示的中国邮路问题.

【解】 所给赋权图中每个结点的度都是奇数 3，分别标记为 a,b,c,d. 找 a 到 b 的路是一条边$\{a,b\}$，找 c 到 d 的路是一条边$\{c,d\}$，分别在$\{a,b\}$和$\{c,d\}$旁加一条边，如图 8.7(a)所示. 检查原图中的每个简单回路，发现 $acdba$ 中有重复边的总长 $7+5=12$，超过了无重复边的总长 $4+6=10$，故将该回路中无重复边变成重复边(加上一条平行边)，而将回路中原有的重复边去掉(删除添加的平行边)，得图 8.7(b). 图 8.7(b)中实线部分每一简单回路中重复边的总长都小于无重复边的总长，所以该图对应中国邮路问题的解，例如欧拉回路 $abdbcacda$.

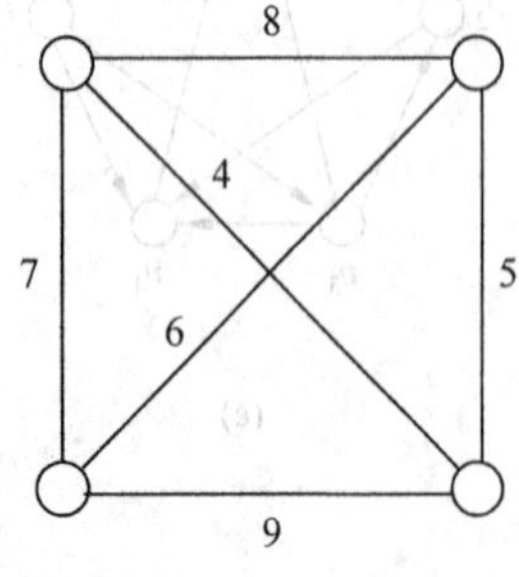

图 8.6

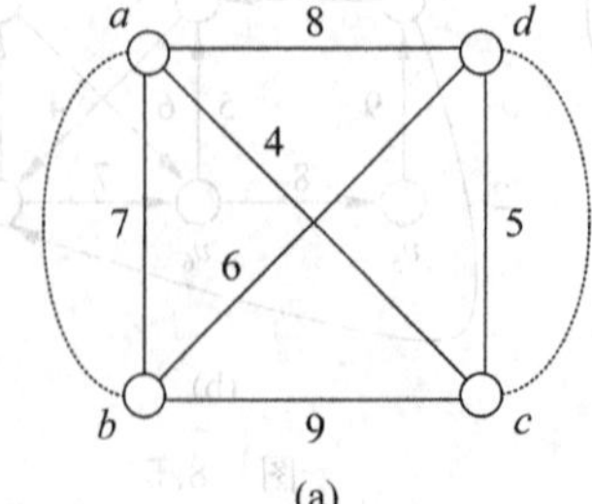

(a)

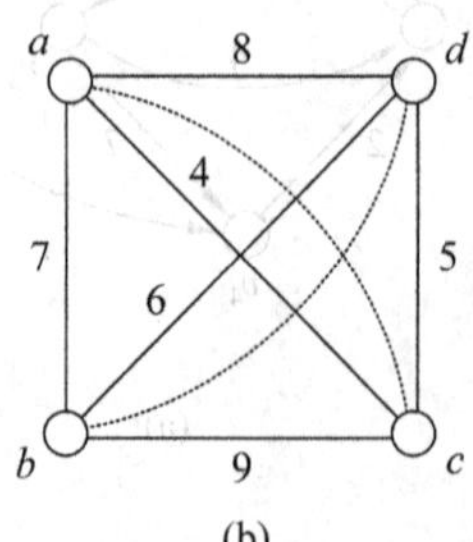

(b)

图 8.7

8.2 哈密顿图

哈密顿是在 1859 年引入哈密顿图的概念的. 他发明了一个小玩具,这个玩具是一个木刻的正十二面体,每面是一个正五角形,三面交于一角,共 20 个角,在每个角上标有世界上一个重要城市,如图 8.8(a)所示. 他提出一个问题:要求沿着正十二面体的边寻找一条路,通过 20 个城市,而每个城市只通过一次,最后返回原地. 哈密顿将此问题称为**周游世界问题**,并且做了肯定的回答,沿着图 8.8(b)中给出的编号,从结点 1 依次走过所有 20 个结点再回到结点 1 就是此问题的一个解.

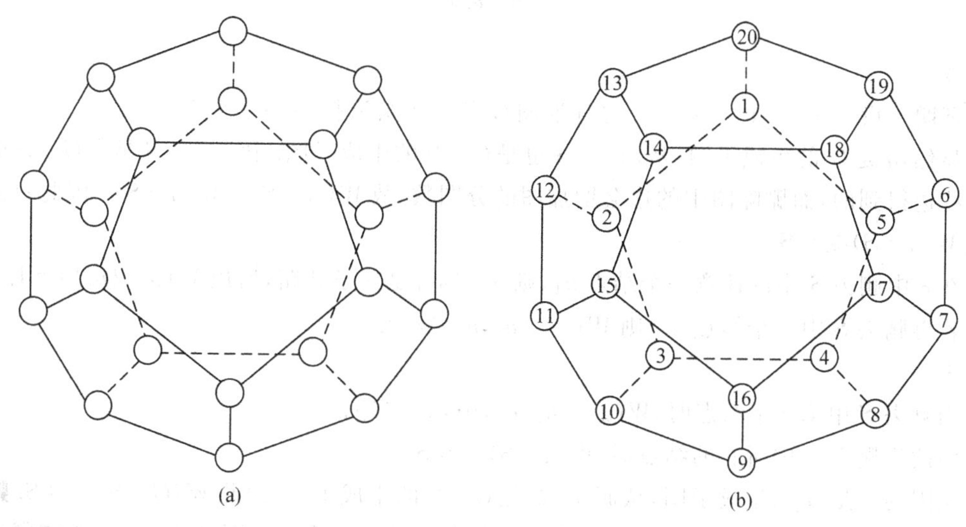

图 8.8

8.2.1 哈密顿图的基本概念

定义 8.2 通过图 G 的每个结点一次且仅一次的环称为**哈密顿环**. 具有哈密顿环的图称为**哈密顿图**. 通过图 G 的每个结点一次且仅一次的开路称为**哈密顿路**.

由定义可知,十二面体含有一个哈密顿环,故十二面体是哈密顿图.

【思考 8.5】 哈密顿图是否连通图? 哈密顿路是否真路?

【例 8.5】 图 8.9 中各图是否有哈密顿路? 是否有哈密顿环?

【解】 图 8.9(a)有哈密顿路、无哈密顿环;图 8.9(b)有哈密顿路、有哈密顿环;图 8.9(c)有哈密顿路、有哈密顿环;图 8.9(d)无哈密顿路、无哈密顿环.

8.2.2 哈密顿图的判别

到目前为止,还没有找到一个连通图成为哈密顿图的充分必要条件. 下面给出一个连通图是哈密顿图的几个必要条件或充分条件.

定理 8.3 若连通图 $G=(V,E)$是哈密顿图,则对于 V 的任意一个非空子集 S,有 $W(G-S)\leqslant \#S$. 其中 $W(G-S)$表示从 G 中删除 S(删除 S 中的各结点及相关联的边)后所剩图的

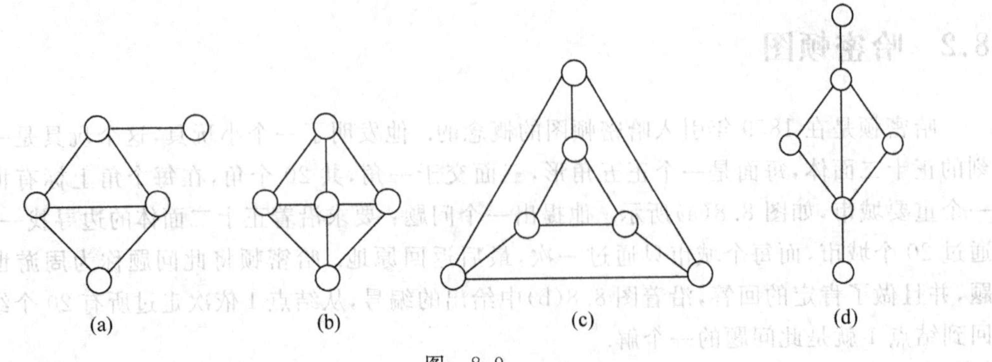

图 8.9

分图数.

证明 设 $\alpha = v_i v_{i_1} v_{i_2} \cdots v_{i_{n-1}} v_i$ 是连通图 G 的一个哈密顿环，$n = \# V$.

显然，α 是 G 的生成子图，从而 $\alpha - S$ 也是 $G - S$ 的生成子图. 因为 $\alpha - S$ 是在 $G - S$ 中删除一些边得到的，而删除图中的边会增加图的分图数，故 $W(G-S) \leqslant W(\alpha - S)$. 因此只需要证明 $W(\alpha - S) \leqslant \# S$.

在 α 中删去 S 中的任意一个结点 u_1，则 $\alpha - \{u_1\}$ 是一条开路，所以 $W(\alpha - \{u_1\}) = 1$.

若再删去 S 中一个结点 u_2，则 $W(\alpha - \{u_1, u_2\}) \leqslant 2$.

⋮

当删去 S 中第 r 个结点时，$W(\alpha - \{u_1, u_2, \cdots, u_r\}) \leqslant r$.

因此当删去 S 中所有的结点后，$W(\alpha - S) \leqslant \# S$.

又因为 α 是 G 的生成子图，从而 $\alpha - S$ 是 $G - S$ 的生成子图，因此 $W(G-S) \leqslant \# S$. ■

该定理给出的条件是哈密顿图的必要而非充分条件. 反例为图 8.10 所示的**彼得森图**(Julius Peter Christion Petersen，1839—1910，丹麦数学家).

利用该定理可以判定一个图不是哈密顿图.

【例 8.6】 判断图 8.11 中各图是否是哈密顿图.

【解】 在图 8.11(a)中去掉结点 u 以后，$W(G - \{u\}) = 2$，在图 8.11(b)中去掉结点 u_1 和 u_2 以后，$W(G - \{u_1, u_2\}) = 3$，因此，这两个图都不是哈密顿图.

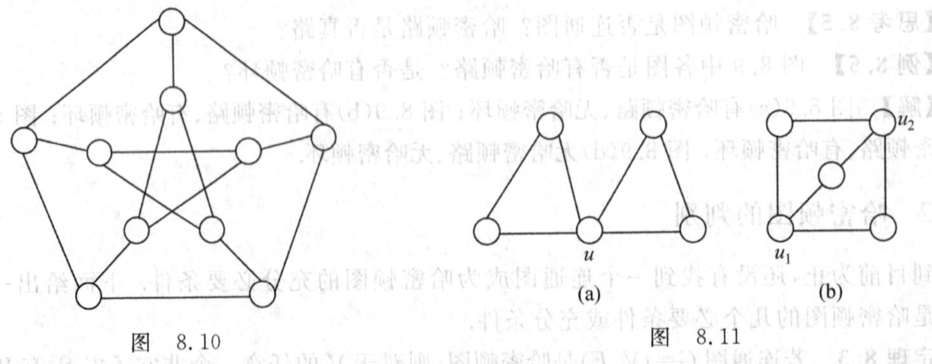

图 8.10

图 8.11

推论 8.2 若连通图 $G = (V, E)$ 存在哈密顿路，则对于 V 的任意非空子集 S，有 $W(G-$

$S)\leqslant \# S+1$.

下面不加证明地给出若干充分条件.

定理 8.4 设 G 是具有 n 个结点的图,如果 G 中每对不相邻结点度数之和大于或等于 $n-1$,则 G 中存在哈密顿路.

此定理只是充分条件,而不是必要条件. 例如,图 8.12 中,每对结点度数之和均为 $4<6-1=5$,但却有一条哈密顿路.

定理 8.5 设 G 是具有 $n(n\geqslant 3)$ 个结点的图,如果 G 中每对不相邻结点度数之和大于或等于 n,则 G 是哈密顿图.

推论 8.3 设 G 是具有 $n(n\geqslant 3)$ 个结点的图,如果 G 中每个结点度数大于或等于 $n/2$,则 G 是哈密顿图.

【例 8.7】 图 8.13 中,根据定理 8.4 知(a)有哈密顿路,根据定理 8.5 知(b)有哈密顿环.

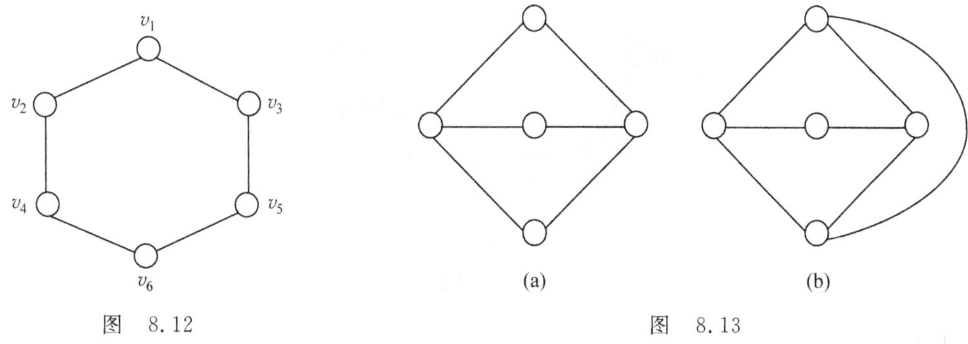

图 8.12　　图 8.13

【例 8.8】 已知关于 7 个人 a,b,c,d,e,f 和 g 的下述事实:

a 讲英语; b 讲英语和汉语; c 讲英语、意大利语和俄语;

d 讲日语和汉语; e 讲德语和意大利语;

f 讲法语、日语和俄语; g 讲法语和德语.

试问这 7 个人应如何排座位才能使每个人都能和他身边的人交谈?

【解】 用结点表示人,用边表示连接的两个人能讲同一种语言,构造图 G 如图 8.14(a)所示. 图 8.14(b)所示为图 8.14(a)的一个哈密顿环,图 8.14(c)所示为图 8.14(b)的重新图解.

【思考 8.6】 n 取何值,无向完全图 K_n 是哈密顿图? n 阶有向完全图是哈密顿图吗? 为什么?

8.2.3 流动售货员问题

一个流动售货员要从公司出发走销附近所有的城镇,然后返回公司所在地. 假定每两个城镇(含公司所在地)都有公路且长度已知,那么他如何安排路线,使得旅行的总距离最小?

用结点代表公司所在地和各城镇,用边代表相互之间的公路,并标出相应公路的长度. 问题化为在一个完全有权图上找出一条经过每个结点一次且仅一次而且全程为最短的环

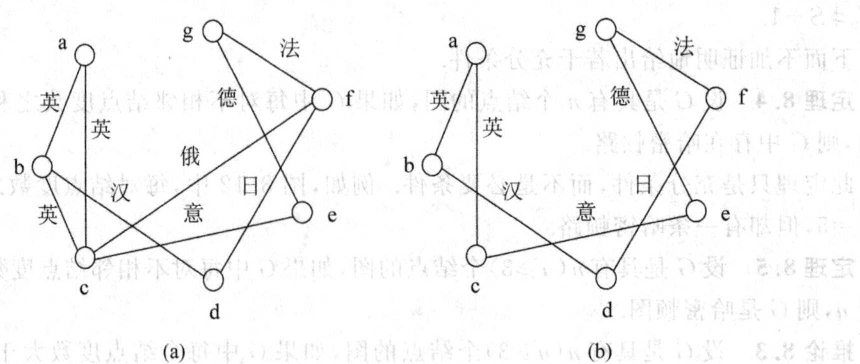

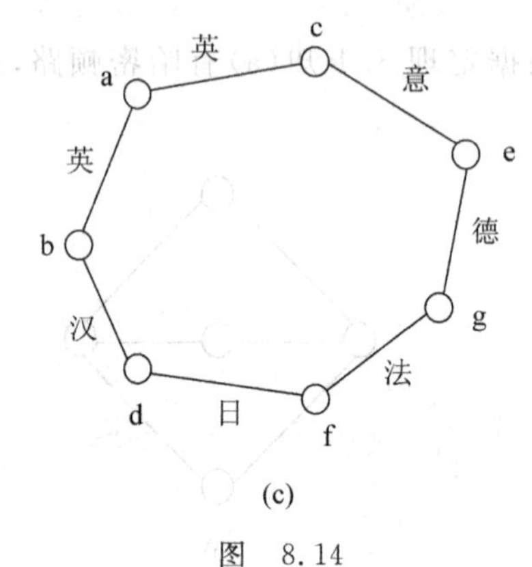

图　8.14

(哈密顿环).

这一问题看似简单,实际上含有两个困难的问题:

(1) 如何判定图 G 是否有哈密顿环?

(2) 在已知图 G 有哈密顿环的情况下,如何求出一个权重最小的哈密顿环?

这两个问题目前尚未找到有效算法,甚至不知道这样的有效算法是否存在. 事实上它们是 NP 完全问题(NP 问题就是 Non-deterministic Polynomial 的问题,NP 完全问题也就是多项式复杂程度的非确定性问题).

下面给出一个"**最邻近方法**",它为解决此问题给出了一个较好的结果.

(1) 由任意选择的结点开始,找一个与起始结点最近的结点,形成一条边的初始路径,然后逐点扩充这条路.

(2) 设 x 表示最新加到这条路上的结点,从不在路上的所有结点中间选一个与 x 最近的结点,将连接 x 与这一结点的边加到这条路上.

重复这一步,直到图中所有结点都包含在路上.

(3) 将连接起始点与最后加入的结点之间的边加到这条路上就得到一个环.

在这些环中找全程为最短的环即得.

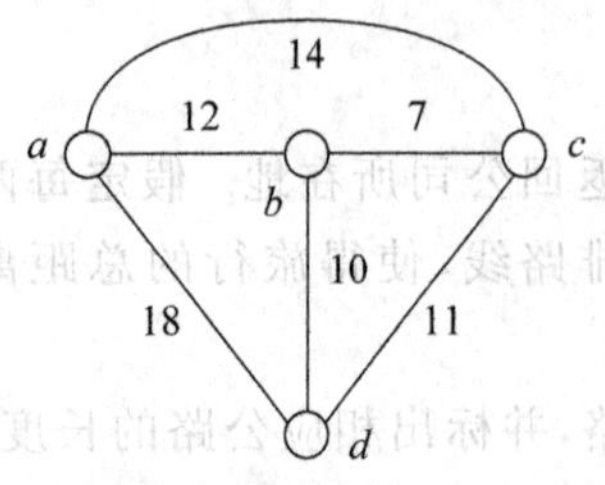

图　8.15

【例 8.9】 某流动售货员居住在 a 城,打算走销 b,c,d 城后返回 a 城. 若该 4 城间的距离如图 8.15 所示,试找出完成该旅行的最短路线.

【解】 本题要求售货员将 4 个城市走且仅走一次,形成一个哈密顿环,并使得所走的路线最短. 采用最邻近方法求解.

若以 a 为起始点,则哈密顿环是 $abcda$,其边权和为 48;

若以 b 为起始点,则哈密顿环是 $bcdab$,其边权和为 48;

若以 c 为起始点,则哈密顿环是 $cbdac$,其边权和为 49;

若以 d 为起始点,则哈密顿环是 $dbcad$,其边权和为 49.

因此,按照最邻近方法求解得到以 $abcda$ 或 $bcdab$ 为旅行路线,最短距离为 48.

注意:*以 $abdca$ 为旅行路线,具有最小权值即最短距离 47. 因此,最近邻方法求出的哈密顿环未必是具有最小权值,只是距离最接近于最小权值的一个哈密顿环.*

8.3 二部图

8.3.1 二部图的基本概念

定义 8.3 若一个图 G 的结点集 V 能划分为两个子集 V_1 和 V_2,使得 G 的每一条边 $\{v_i, v_j\}$ 满足 $v_i \in V_1, v_j \in V_2$,则称 G 是一个**二部图**或**偶图**,V_1 和 V_2 称为 G 的**互补结点子集**. 此时可将 G 记作 $G=(V_1, V_2, E)$.

若 V_1 中任一结点与 V_2 中每一结点均相邻接,则称二部图为**完全二部图**或**完全偶图**. 若 $\# V_1 = r$,$\# V_2 = t$,则记完全二部图 G 为 $K_{r,t}$.

【例 8.10】 图 8.16 中各图是否是二部图? 如果是,是否是完全二部图?

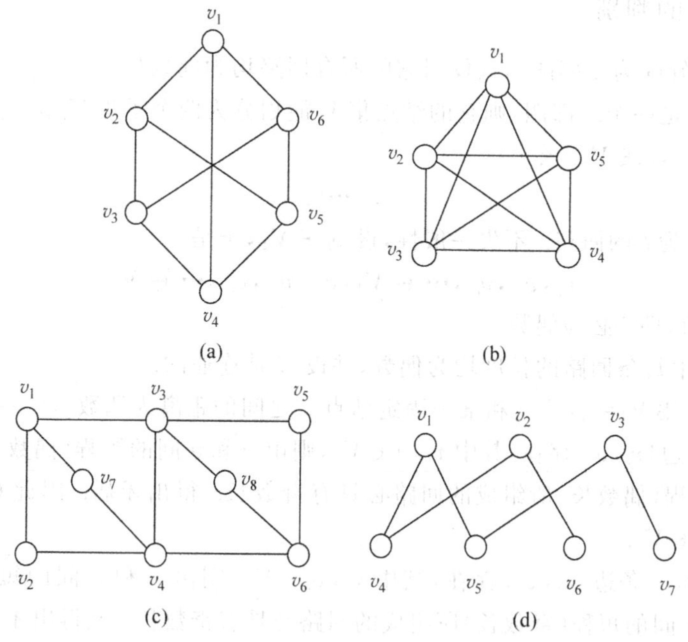

图 8.16

【解】 图 8.16(a)的另一图解如图 8.17(a)所示. 故图 8.16(a)是二部图,且为完全二部图.

图 8.16(b)不是二部图.

图 8.16(c)的另一图解如图 8.17(b)所示.

故图 8.16(c)是二部图,但不是完全二部图.

图 8.16(d)是二部图,但不是完全二部图.

注意:(1) 二部图不一定是连通图. 反例如图 8.18 所示.

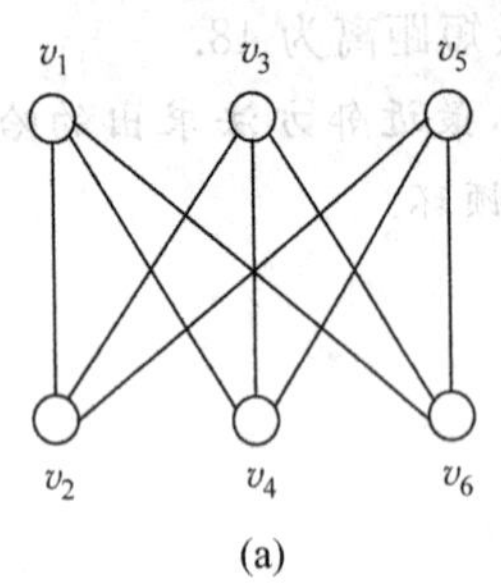

(a)

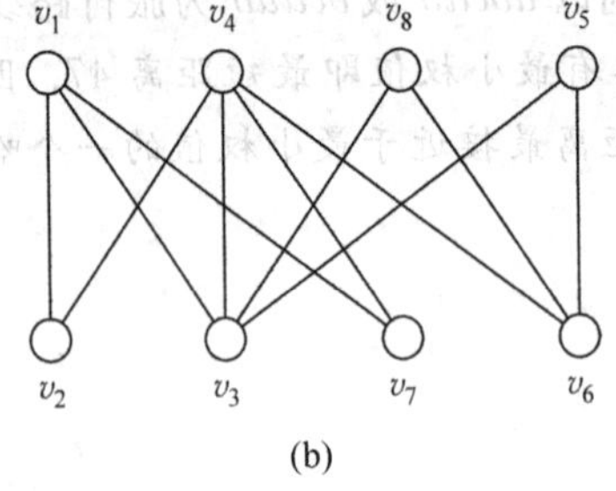

(b)

图 8.17

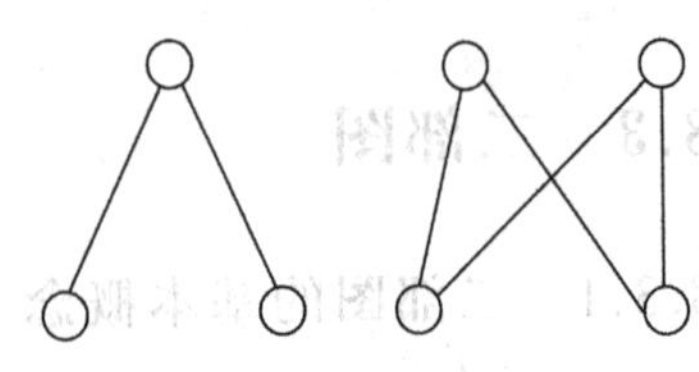

图 8.18

(2) 除孤立结点外,树是二部图.

(3) 偶数个结点的环是二部图.

(4) 二部图中的结点可用黑点和白点加以标注.

【思考 8.7】 一个完全二部图是否是一个完全图?

8.3.2 二部图的判别

定理 8.6 图 G 为二部图当且仅当它的所有回路均为偶数长.

证明 设 G 是一个二部图,则它的结点集 V 能划分为两个子集 V_1 和 V_2,并且若 $\{v_i, v_j\}$ 为其边,则 $v_i \in V_1, v_j \in V_2$. 令

$$v_{i_0} v_{i_1} v_{i_2} \cdots v_{i_{l-1}} v_{i_0}$$

为 G 中任一长度为 l 的回路. 不失一般性,设 $v_{i_0} \in V_1$,于是

$$v_{i_2}, v_{i_4}, v_{i_6}, \cdots \in V_1, v_{i_1}, v_{i_3}, v_{i_5}, \cdots \in V_2$$

因而 $l-1$ 为奇数,即 l 必为偶数.

反之,设 G 中每条回路的长度均为偶数,并设 G 是连通的.

定义 V 的子集 $V_1 = \{v_i \mid v_i$ 和某一固定结点 v 之间的距离为偶数$\}$, $V_2 = V - V_1$.

假设有一条边 $\{v_i, v_j\}$ 存在,其中 $v_i, v_j \in V_1$,则由 v 和 v_i 间的短程(偶数长)、边 $\{v_i, v_j\}$ 及 v_j 和 v 之间的短程(偶数长)所组成的回路必具有奇数长. 得出矛盾. 因此 G 中无边具有形式 $\{v_i, v_j\}$, $v_i, v_j \in V_1$.

其次,假设有一条边 $\{v_i, v_j\}$ 存在,其中 $v_i, v_j \in V_2$,则由 v 和 v_i 间的短程(奇数长)、边 $\{v_i, v_j\}$ 及 v_j 和 v 间的短程(奇数长)所组成的回路必具有奇数长. 又得出矛盾.

于是 G 中的每一条边必具有形式 $\{v_i, v_j\}$,其中 $v_i \in V_1, v_j \in V_2$,即 G 是具有互补结点子集 V_1 和 V_2 的一个二部图.

若 G 中每一回路的长为偶数，但 G 是不连通的，则可对 G 的每一分图重复上述证明，最后得出同样的结论. ■

8.3.3 匹配问题

实际应用的许多问题，如任务分配、人员指派、作业计划等都是与二部图密切相关的匹配问题.

定义 8.4 设 G 是具有互补结点子集 V_1 和 V_2 的二部图，其中 $V_1=\{v_1,v_2,\cdots,v_q\}$，$V_1$ 对 V_2 的**匹配**是 G 的一个子图，它由 q 条边 $\{v_1,v_1'\},\{v_2,v_2'\},\cdots,\{v_q,v_q'\}$ 组成，其中 $v_1',v_2',\cdots,v_q'$ 是 V_2 中 q 个不同的元素.

显然，一个二部图存在 V_1 对 V_2 的匹配的必要条件是 $\#V_1\leqslant\#V_2$.

实际问题：有 m 个人和 n 件工作，每个人都只熟悉这 n 件工作中的某几件，每一件工作都需要一个人干，那么能不能将这 n 件工作都分配给熟悉它的人干呢？

用 V_1 中的结点代表人，V_2 中的结点代表工作，当且仅当 $u\in V_1$ 熟悉工作 $v\in V_2$ 时，图中有边 $\{u,v\}$. 问题转化为能否在此二部图中找到一个 V_2 对 V_1 的匹配.

【例 8.11】 图 8.19 所给出的二部图是否存在 V_1 对 V_2 的匹配？是否存在 V_2 对 V_1 的匹配？

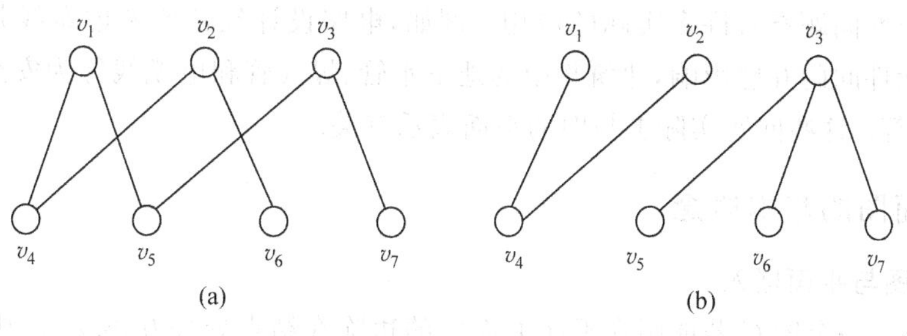

图 8.19

【解】 在图 8.19(a)中存在 V_1 对 V_2 的匹配，但不存在 V_2 对 V_1 的匹配.

在图 8.19(b)中既不存在 V_1 对 V_2 的匹配，也不存在 V_2 对 V_1 的匹配.

定理 8.7 设 G 是具有互补结点子集 V_1 和 V_2 的二部图，则 G 中存在一个 V_1 对 V_2 的匹配的充要条件是：V_1 中每 k 个结点($k=1,2,\cdots,\#V_1$)至少和 V_2 中 k 个结点相邻接.

定理中的条件称为**相异性条件**.

定理 8.8 设 G 是具有互补结点子集 V_1 和 V_2 的二部图，则 G 中存在一个 V_1 对 V_2 的匹配的充分条件是：存在某一整数 $t>0$，使

(1) 对 V_1 中的每个结点，至少有 t 条边与其关联；

(2) 对 V_2 中的每个结点，至多有 t 条边与其关联.

定理中的条件称为 ***t* 条件**.

证明 若(1)成立，则关联于 V_1 中具有 k 个结点($k=1,2,\cdots,\#V_1$)的任意子集的边的总数至少为 kt.

由(2)可知，这些边至少必须关联于 V_2 中 k 个结点.

于是 V_1 中的每 k 个结点($k=1,2,\cdots,\#V_1$)至少和 V_2 中的 k 个结点相邻接. 由定理 8.7 可知,G 有 V_1 对 V_2 的匹配. ■

要验证一个二部图满足相异性条件,必须考虑 k 的多种取值,当二部图的结点数目比较大时,定理 8.7 使用起来就不太方便了. 所以在判断二部图是否存在匹配时,先检查"t 条件",如果不满足,再用"相异性条件"检查.

【例 8.12】 某班级成立了三个运动队:篮球队、排球队和足球队. 今有张、王、李、赵、陈 5 名同学,若已知张、王为篮球队员;张、李、赵为排球队员;李、赵、陈为足球队员,问能否从这 5 人中选出三名不兼职的队长?

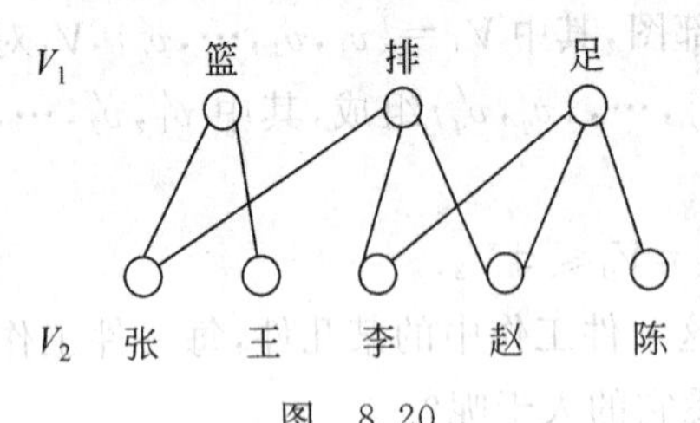

图 8.20

【解】 构造二部图 $G=(V_1,V_2,E)$ 如图 8.20 所示.

因为 t 条件满足,所以在图中存在 V_1 对 V_2 的匹配,因此要求可以满足.

8.4 平面图

图的平面性问题有着许多实际的应用. 例如,电路设计经常要考虑布线是否可以避免交叉以减少元件间的互感影响,建筑物中的地下水管、煤气管和电缆线等为安全起见要求它们不交叉,等等. 这些问题实际上与图的平面表示有关.

8.4.1 平面图的基本概念

1. 平面图与平面嵌入

定义 8.5 一个图 G 若能画在平面上而它的边除在结点处外互不交叉,则称 G 为**平面图**,否则称 G 为**非平面图**. 画出的没有边交叉的 G 的图解称为 G 的一个**平面嵌入**.

有些图表面上看有几条边是相交的,但是不能就此肯定它不是平面图.

【例 8.13】 图 8.21 中(a)是平面图,(b)是该图的一个平面嵌入,(c)是非平面图.

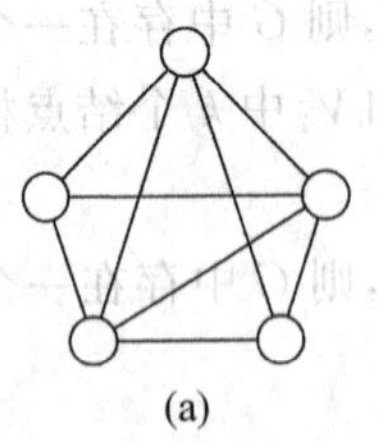
(a)

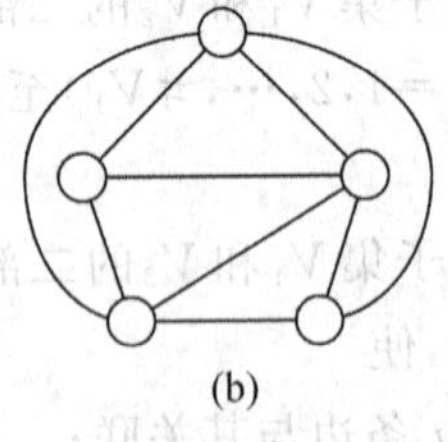
(b)

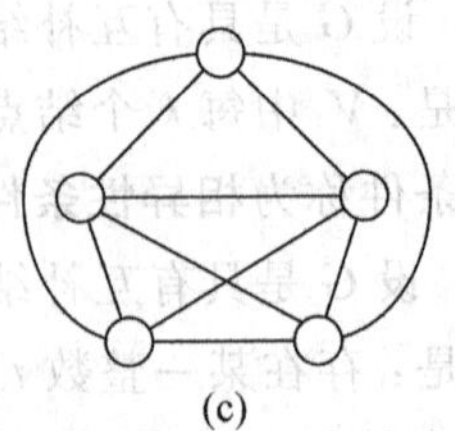
(c)

图 8.21

显然,平面图的任何子图都是平面图. 若一个图的子图不是平面图,则该图也不是平面图. 当且仅当一个图的每个分图都是平面图时,这个图是平面图. 因此研究平面图的性质时,只要研究连通的平面图即可.

约定:本节所讨论的图都是连通的.

2. 平面图的面及边界

定义 8.6 设 G 是一个连通平面图,图的边所包围的一个区域,若其内部既不含图的结点也不含图的边,则称这样的区域为 G 的一个**面**. 包围该面的各边构成的回路称为这个**面的边界**. 面的边界中含有的边数称为该**面的次数**.

有界的区域称为**有界面**或**内部面**,否则称为**无界面**或**外部面**. 每个平面图恰有一个无界面(不受边界约束).

若两个面的边界至少有一条公共边,则称这两个面是**相邻的**,否则称这两个面是**不相邻的**.

【例 8.14】 图 8.22 有三个面: F_1,F_2,F_3.

F_1,F_2是有界面,F_3是无界面.

F_3的边界为 $v_7v_6v_5v_1v_2v_3v_4v_5v_6v_7$.

三个面两两相邻.

显然,如果 e 不是割边,则它一定是某两个面的公共边.

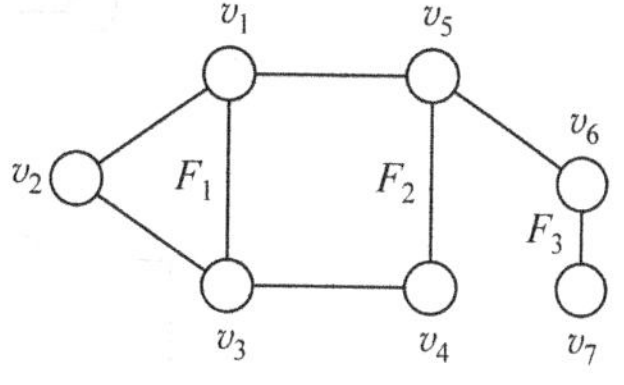

图 8.22

3. 平面图的对偶图

定义 8.7 设 $G=(V,E)$是一个平面图,G 的面为 $F_1,F_2,\cdots,F_r$,若有图 $G^*=(V^*,E^*)$满足下列条件,则称 G^* 为 G 的**对偶图**.

(1) 对图 G 的任一面 F_i,内部有且仅有一个结点 $v_i^*\in G^*$;

(2) 对图 G 的任意两个面 F_i和 F_j的公共边 e_k,恰存在一条边 $e_k^*\in E^*$,使 $e_k^*=\{v_i^*,v_j{}^*\}$,且 e_k^*与 e_k相交;

(3) 当且仅当 e_k只是唯一一个面 F_i的边界时,v_i^* 存在一个自环 e_k^*并与 e_k相交.

若 G^* 与 G 同构,则称 G 是**自对偶的**.

关于对偶图,有下面的结论.

定理 8.9 (1) 图 G 有对偶图 G^* 当且仅当 G 为平面图,且 G^* 也为平面图.

(2) 设 G^* 为平面图 G 的对偶图,则 G^* 的结点数为 G 的面数;G^* 的边数为 G 的边数;G^* 的面数为 G 的结点数;G^* 的结点 v_i^* 的度数为对应于 G 中的面 F_i 的次数.

求平面图 G 的对偶图的步骤如下:

(1) 将图 G 所有的面 F_i(包括无界面)对应于 G^* 的结点 v_i^*.

(2) 对相邻面 F_i与 F_j的每一条公共边 e_k(如果存在的话),作一条且仅作一条边 $e_k^*=\{v_i^*,v_j^*\}$与 e_k相交.

(3) 对面 F_i 的边界上的割边 e_k(如果存在的话),过 v_i^* 画一个自环 e_k^* 与 e_k 相交.

所得到的图即是图 G 的对偶图.

【例 8.15】 如图 8.23 所示,空心结点和实线为平面图 G,实心结点和虚线为 G 的对偶图 G^*.

【例 8.16】 图 8.24 所示的房间是一个平面图,问是否存在一条路通过各门一次且仅一次?

【解】 问题可转化为求对偶图的欧拉回路问题. 因对偶图中有 4 个奇数度结点,故不存在欧拉回路.

图 8.23

图 8.24

8.4.2 平面图的判别

1. 简单、直观判别法

设 G 是画于平面上的一个图，$\sigma = v_1 \cdots v_2 \cdots v_3 \cdots v_4 \cdots v_1$ 是 G 中一个长度尽可能大且边不相交的环．$\alpha = v_1 \cdots v_3$ 和 $\alpha' = v_2 \cdots v_4$ 是 G 中任意两条无公共结点的真路，如图 8.25 所示．

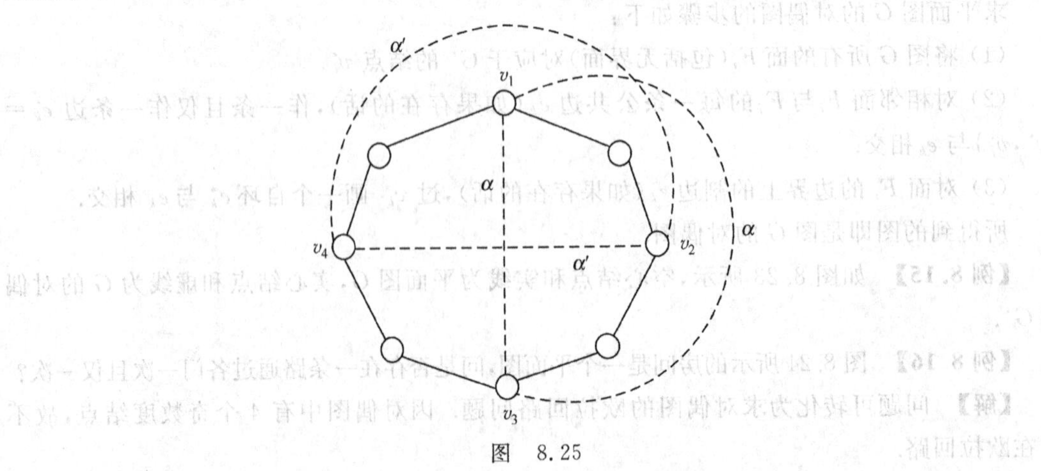

图 8.25

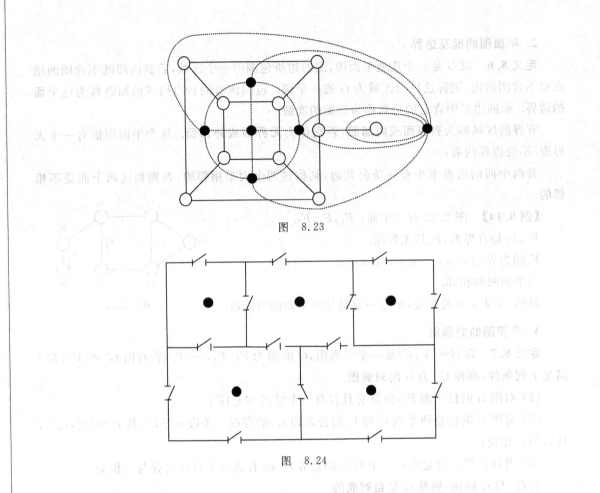

当且仅当 α 和 α' 两者都同在σ的内部或外部时，α 与 α' 交叉.

因此，将图中那些相交于非结点的边，适当放置在已选定的环的内部或外部时，若能避免交叉，则该图是平面图；否则，便是非平面图.

【例 8.17】 用上述简单、直观的方法判别图 8.26 中的两个图是否是平面图.

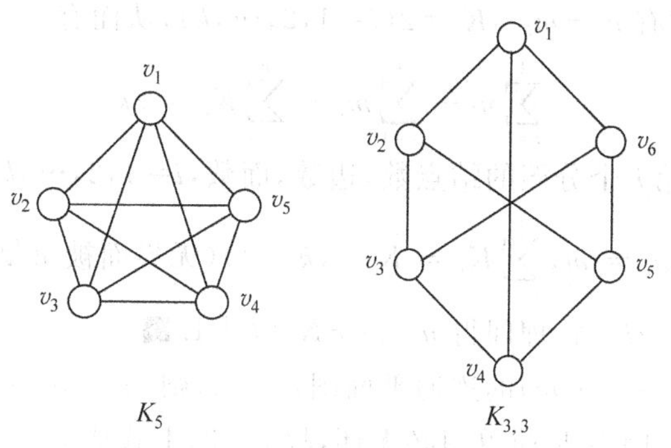

图 8.26

【解】 将图 K_5 中环 $v_1v_2v_3v_4v_5v_1$ 内的一些边移出到环外，如图 8.27(a)所示，但仍然无法避免交叉. 例如，边 $\{v_3, v_5\}$ 无论画在环内还是画在环外均会出现交叉，因此 K_5 是一个非平面图.

同样，$K_{3,3}$ 也是非平面图，如图 8.27(b)所示.

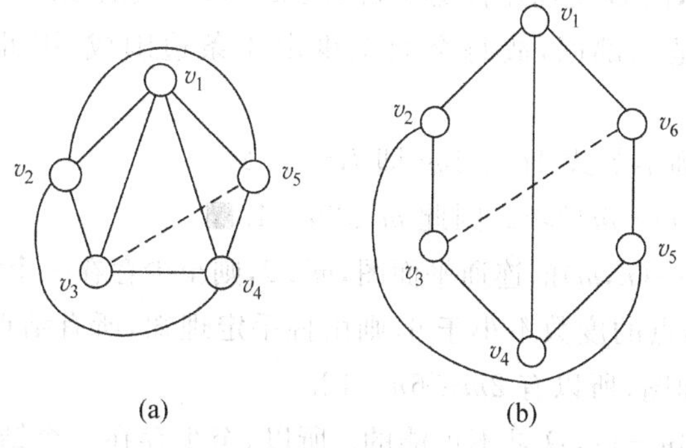

图 8.27

2. 欧拉公式判断法

定理 8.10 设 G 是一个连通平面图，则有 $n-m+K=2$. 其中 n,m,K 分别是图的结点数、边数和面数(包括无界面).

定理中的公式称为**欧拉公式**.

证明 对边数 m 进行归纳证明.

当 $m=0,1$ 时，定理显然成立.

假设定理对 $m-1$ 条边的任何连通平面图均成立.

设 G 是一具有 n 个结点、$m(\geqslant 2)$ 条边、K 个面的连通平面图.

若 G 中没有环，则 G 是一棵树，$K=1$，且 $m=n-1$，于是 $n-m+K=n-(n-1)+1=2$.

若 G 中有环，则去掉 G 的任一环上的一条边 e，剩下的图 G' 仍连通，有 n 个结点，$K-1$ 个面，$m-1$ 条边.

由归纳假设 G' 中欧拉公式成立. 因此 $n-(m-1)+(K-1)=2$，即 $n-m+K=2$. ■

推论 8.4 设 G 是一(n,m)的平面图，且有 k 个分图，则 $n-m+K=k+1$.

证明 由欧拉公式有 $n_i-m_i+K_i=2(i=1,2,\cdots,k)$，从而有

$$\sum_{i=1}^{k}n_i-\sum_{i=1}^{k}m_i+\sum_{i=1}^{k}K_i=2k$$

其中，n_i,m_i,k_i 分别为第 i 个分图的结点数，边数，面数，$i=1,2,\cdots,k$.

又 $\sum_{i=1}^{k}n_i=n,\sum_{i=1}^{k}m_i=m,\sum_{i=1}^{k}K_i=K+(k-1)$(无界面被重复计算了 $k-1$ 次)，所以有 $n-m+K+(k-1)=2k$. 整理即得 $n-m+K=k+1$. ■

定理 8.11 设 G 是一(n,m)的连通平面图，$m\geqslant2$，则 $m\leqslant3n-6$.

证明 当 $m=2$ 时，因 G 是简单图必无环，故 $n=3$，上式成立.

当 $m>2$ 时，每个面至少由三条边围成，因此各面边界的边数之和 $\Sigma\geqslant3K$.

另一方面，因为一条边至多出现在两个面的边界中，故 $\Sigma\leqslant2m$.

于是得到不等式 $3K\leqslant2m$，即 $K\leqslant2m/3$.

根据欧拉公式，$n-m+2m/3\geqslant2$，因此 $m\leqslant3n-6$. ■

推论 8.5 设 G 是一(n,m)的连通平面图，$m\geqslant2$，若 G 是二部图，则 $m\leqslant2n-4$.

证明 当 $m=2$ 时，因 G 是简单图必无环，故 $n=3$，上式成立.

当 $m>2$ 时，因 G 是二部图，故每个面至少由 4 条边围成，因此各面边界的边数之和 $\Sigma\geqslant4K$.

又 $\Sigma\leqslant2m$，于是得到不等式 $4K\leqslant2m$，即 $K\leqslant m/2$.

根据欧拉公式，$n-m+m/2\geqslant2$，因此 $m\leqslant2n-4$. ■

推论 8.6 设 G 是一(n,m)的连通平面图，$m\geqslant2$，则至少存在一个结点 v，有 $\deg(v)\leqslant5$.

证明 假设所有结点的度数不小于 6，则由握手定理知，所有结点的度数之和 $2m\geqslant6n$.

由于 G 是连通平面图，所以有 $2m\leqslant6n-12$.

由此得 $6n\leqslant2m\leqslant6n-12$，这是不可能的. 所以，至少存在一个结点 v，有 $\deg(v)\leqslant5$. ■

此结论在图着色理论中占重要地位.

【例 8.18】 利用欧拉公式判别法判别图 K_5 和 $K_{3,3}$ 是否是非平面图.

【解】 (1) 图 K_5 中 $n=5,m=10,3n-6=9$. 显然 $m>3n-6$，因此 K_5 是非平面图.

(2) 图 $K_{3,3}$ 中 $n=6,m=9,3n-6=12$. 因此 $m\leqslant3n-6$，不能判定 $K_{3,3}$ 是非平面图.

由于二部图 $K_{3,3}$ 不满足条件 $m\leqslant2n-4$，因此 $K_{3,3}$ 是非平面图.

3. 库拉托斯基定理判别法

定义 8.8 如果两个图 G_1 和 G_2 是同构的，或者通过反复插入或删除度为 2 的结点，它们能变成同构的图，则称 G_1 和 G_2 **在度为 2 的结点内同构**.

例如，图 8.28 中的(a)和图 8.28(b)分别为插入、删除度为 2 的结点的操作说明；图 8.28(c)中两图在度为 2 的结点内是同构的.

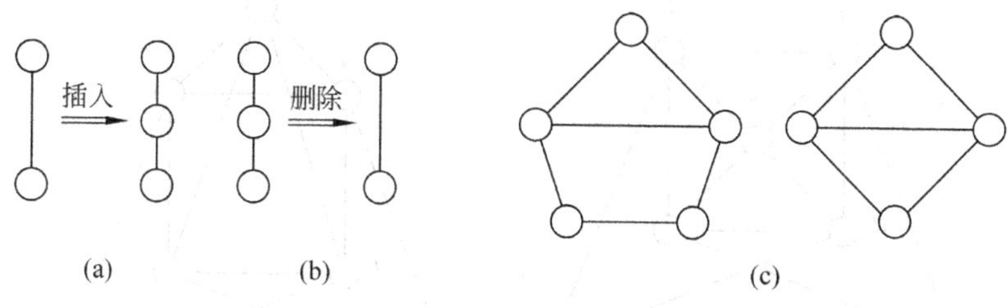

图 8.28

【思考 8.8】 删除度为 2 的结点与删除结点这两个概念有何区别？

定理 8.12(库拉托斯基定理) 一个图是平面图的充要条件是它既不包含在度为 2 的结点内与 K_5 同构的子图，也不包含在度为 2 的结点内与 $K_{3,3}$ 同构的子图.

库拉托斯基(Kazimierz Kuratowski，1896—1980，波兰数学家)定理可以等价叙述为：一个图是非平面图的充要条件是它包含在度为 2 的结点内与 k_5 或 $k_{3,3}$ 同构的子图.

【例 8.19】 利用库拉托斯基定理判别图 8.29 中图 G 是否非平面图.

解法 1：

(1) 去掉图 G 中边 $\{a,c\}$(或 $\{b,c\}$)，$\{a,d\}$，$\{d,e\}$，$\{b,e\}$，得其子图如图 8.30(a)所示.

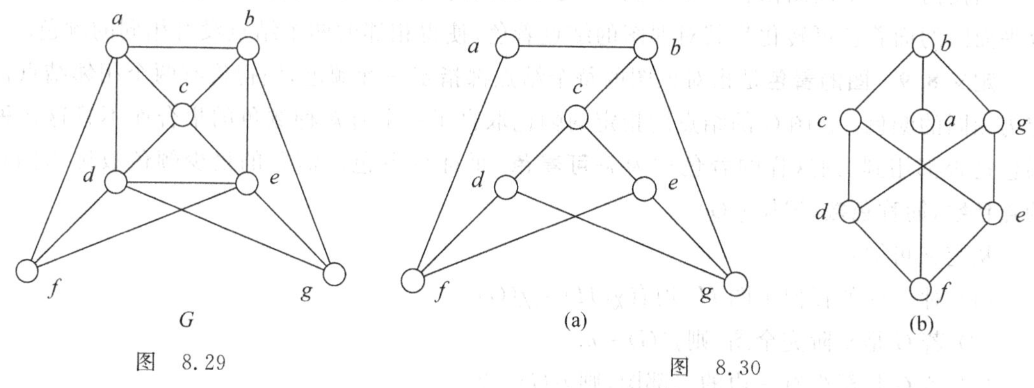

图 8.29　　图 8.30

(2) 重新图解为图 8.30(b)所示.

(3) 删除图 8.30(b)中度为 2 的结点 a，得到的图与 $K_{3,3}$ 同构.

所以图 G 是非平面图.

注意：要寻找在度为 2 的结点内与 $K_{3,3}$ 同构的子图，需要保留原图中度数大于等于 3 的结点 6 个.

解法 2：

(1) 去掉图 G 中边 $\{d,f\}$ 和 $\{e,g\}$，得其子图如图 8.31(a)所示.

(2) 重新图解为图 8.31(b)所示.

(3) 删除图 8.31(b)中度为 2 的结点 f 和 g，得到的图与 K_5 同构.

因此图 G 是非平面图.

注意：要寻找在度为 2 的结点内与 K_5 同构的子图，需要保留原图中度数大于等于 4 的结点 5 个.

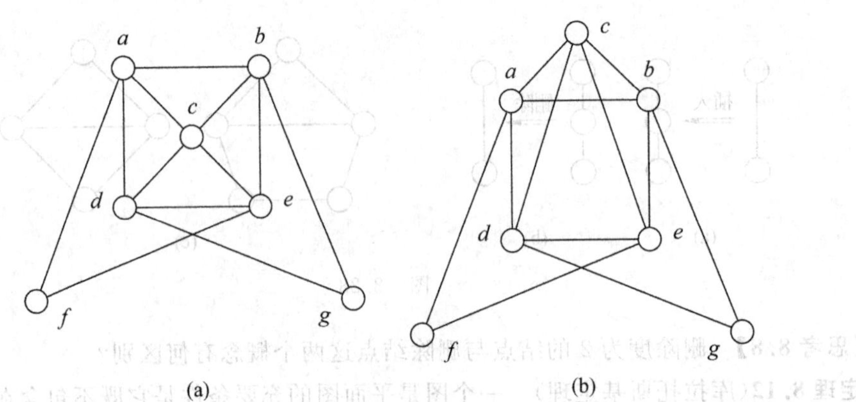

图 8.31

8.4.3 地图着色问题

地图的着色问题可以归结为平面图的着色问题. 所谓平面图的着色问题是指保证平面图有相邻边的区域着不同的颜色.

因任何一个平面图都有一个对偶图,且平面图的面与它的对偶图的点有一一对应关系,故平面图的面着色可转化为其对偶图的结点着色,使得相邻的两个结点没有相同的颜色.

定义 8.9 **图的着色**是指对该图的每个结点都指定一种颜色,使得没有两个相邻结点指定为相同的颜色. 若图 G 的结点所指定的颜色取自于一个有 k 种颜色的集合而不管这 k 种颜色是否都用到,则这样的着色称为 ***k*-可着色**,而对 G 着色所需要的最少颜色数称为图 G 的**点色数**,简称**色数**,记作$\chi(G)$.

从定义可知:

(1) 对于 G 的任何子图 H,均有$\chi(H)\leqslant\chi(G)$.

(2) 若 G 是 n 阶完全图,则$\chi(G)=n$.

(3) 若 G 是至少有一边的二部图,则$\chi(G)=2$.

(4) 若 G 是长为奇数的环,则$\chi(G)=3$.

由于五色定理在历史上对四色问题起到了一定的促进作用,下面证明五色定理.

定理 8.13 每一个平面图 G 都是 5-可着色的.

证明 对图 G 的结点数 n 用数学归纳法证明.

当结点数 $n\leqslant 5$ 时,结论显然成立.

假设结点数为 $n-1$ 时结论成立.

当 G 有 n 个结点时,因 G 为平面图,故存在结点 $v_0\in G$,使 $\deg(v_0)\leqslant 5$.

若把 v_0 及与 v_0 相关联的边一起从 G 中消除(边的另一端点仍保留),记所得的新图为 $G_0=G-v_0$,则 G_0 的结点数为 $n-1$. 由归纳假设知,G_0 是 5-可着色的.

然后将 v_0 加回去,有两种情况:

(1) 若 $\deg(v_0)<5$ 或 $\deg(v_0)=5$,但和 v_0 相邻的 5 个结点最多着 4 种颜色,则 v_0 易着色,只要选择与四周结点不同的颜色着色即可,此时 G 是 5-可着色的.

(2) $\deg(v_0)=5$ 且和 v_0 邻接的 5 个结点着的是 5 种颜色,如图 8.32(a)所示. 称图 G' 中所有红黄色结点为**红黄集**,所有黑白色结点为**黑白集**. 故又有两种可能.

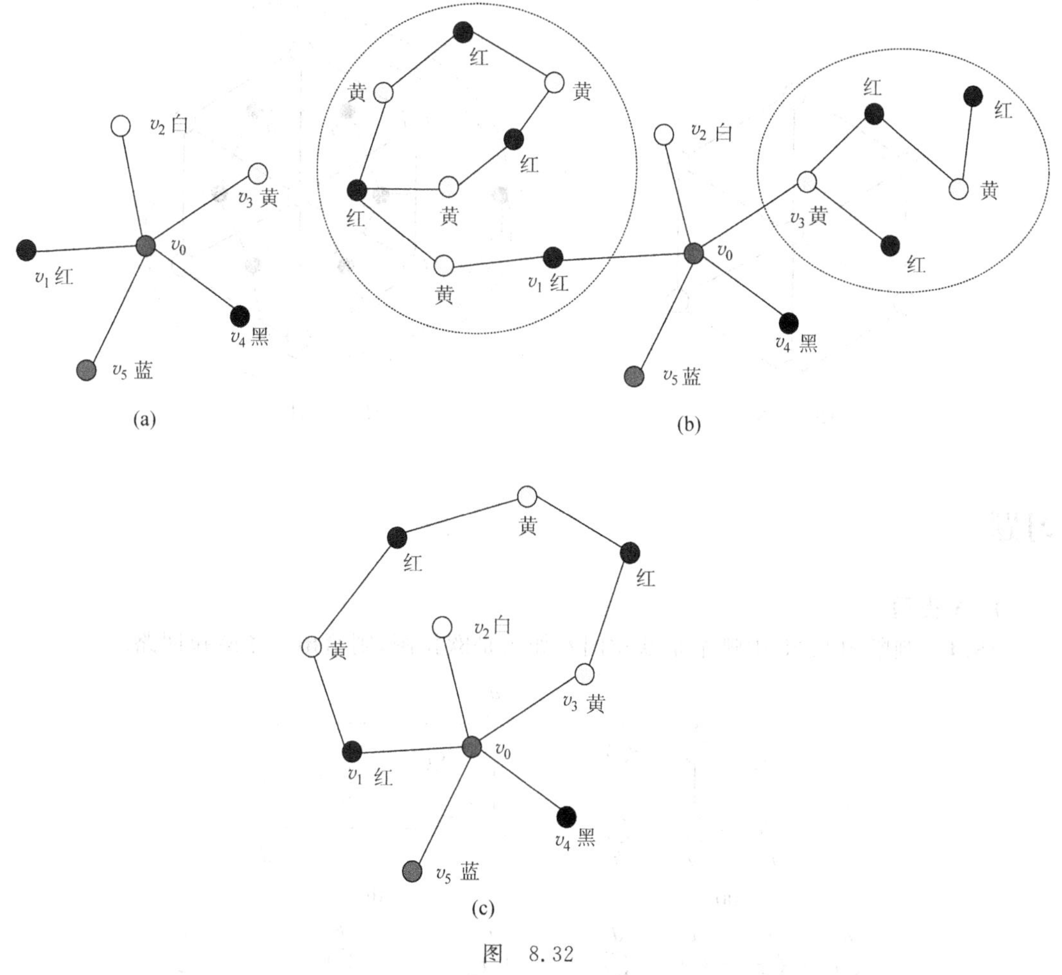

图 8.32

① v_1 和 v_3 属于红黄集导出子图的两个不同分图中,如图 8.32(b)所示. 将 v_1 所在分图的红黄色对调(原着红色的结点改着黄色,原着黄色的结点改着红色,并不影响图 G' 的正常着色),然后将 v_0 着上红色,即得图 G 的正常着色.

② v_1 和 v_3 属于红黄集导出子图的同一分图中,则 v_1 和 v_3 之间必有一条结点属于红黄集的路 P,P 加上结点 v_0 可构成回路 C: $v_0v_1Pv_3v_0$,如图 8.32(c)所示. 由于 C 的存在,将黑白集分成两个子集,一个在 C 内,一个在 C 外. 于是问题转化为①的类型,对黑白集按①的办法处理,即得图 G 的正常着色. ■

【例 8.20】 若要对图 8.33 所示图的各面着色,使相邻的面颜色不同,求最少着色数.

【解】 画出图 8.33 所示平面图的对偶图如图 8.34 中黑色结点和虚线边所示. 对前者的面着色相当于对后者的结点着色. 将对偶图中结点度数从大到小排序为 $gabcdef$,首先对结点 g 着第一种颜色,然后对 a 着第二种颜色,对 b 着第三种颜色,对 c 着第二种颜色,对 d

着第三种颜色，对 e 着第二种颜色，对 f 着第三种颜色. 故所求对图 8.33 所示面的最少着色数为 3.

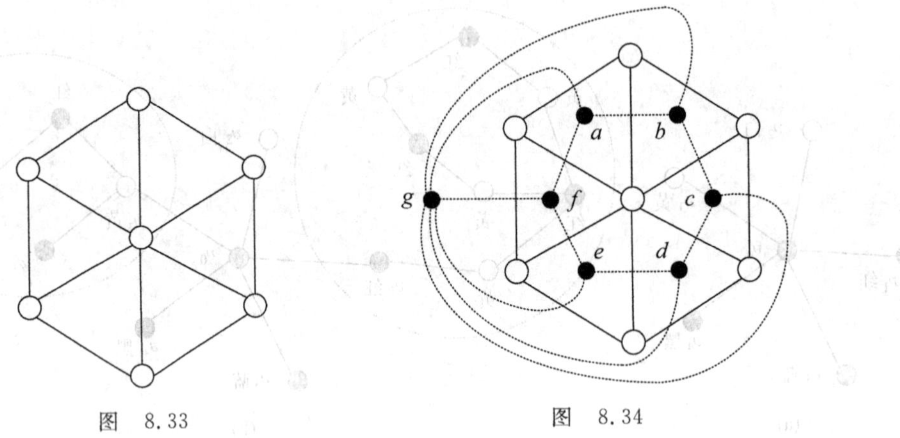

图 8.33 图 8.34

习题

1. A 类题

A8.1 判断图 8.35 中哪个是欧拉图? 如果是欧拉图，则给出一条欧拉回路.

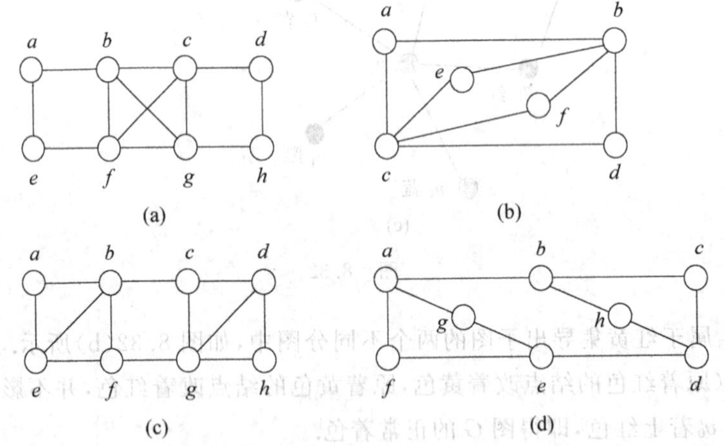

图 8.35

A8.2 图 8.36 中各图是否可以一笔画，如果可以，则给出一个一笔画的路线.

A8.3 画出一个满足下述条件的无向欧拉图.

(1) 奇数个结点，奇数条边.

(2) 偶数个结点，偶数条边.

(3) 奇数个结点，偶数条边.

(4) 偶数个结点，奇数条边.

A8.4 画出满足 A8.3 中 4 个要求的有向欧拉图.

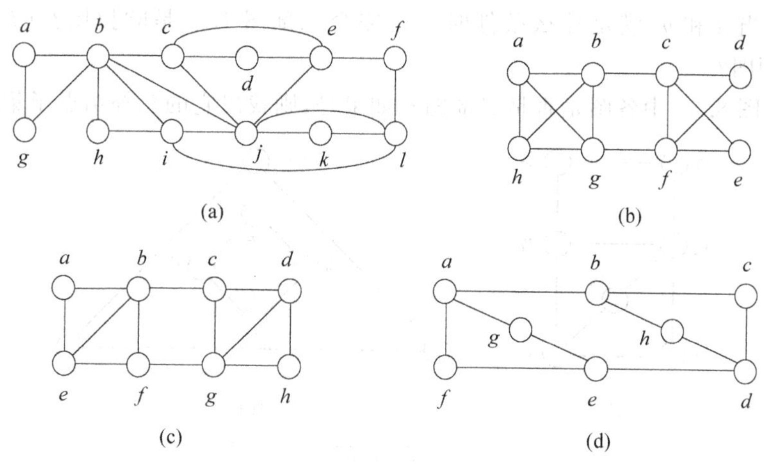

图 8.36

A8.5 证明：若弱连通的有向图 G 是有向欧拉图，则 G 是强连通的. 反之是否成立，为什么？

A8.6 判断题 A8.1 中哪个是哈密顿图？如果是哈密顿图，则指出一个哈密顿环.

A8.7 判断题 A8.2 中各图是否具有哈密顿路？如果有，则指出其中之一.

A8.8 完成下列各题：

(1) 画一个有一条欧拉回路和一条哈密顿环的图.

(2) 画一个有一条欧拉回路，但没有哈密顿环的图.

(3) 画一个没有欧拉回路，但有一条哈密顿环的图.

A8.9 设无向图 $G=(V,E)$ 具有哈密顿路，S 是 V 的任意非空子集，试证明 $W(G-S)\leqslant \#S+1$.

A8.10 某次会议有 20 人参加，其中每人至少有 10 个朋友，这 20 人围成一圆桌入席，要想使每人相邻的两位都是朋友是否可能？为什么？

A8.11 设有 6 个城市，任何两个城市之间皆有路相连，其距离如表 8.1 所示. 某旅行商从某城出发，要经过每城市一次且只能一次，然后回到原处，问他该怎样走才能使路程最短？

表 8.1

	a	b	c	d	e	f
a		3	5	3	4	2
b	3		4	10	6	5
c	5	4		7	5	6
d	3	10	7		8	9
e	4	6	5	8		12
f	2	5	6	9	12	

A8.12 当 n 和 m 满足什么条件时,(1)完全二部图 $K_{n,m}$ 是欧拉图? (2)完全二部图 $K_{n,m}$ 是哈密顿图?

A8.13 图 8.37 中各图是否是二部图? 如果是,则找出它的互补结点子集.

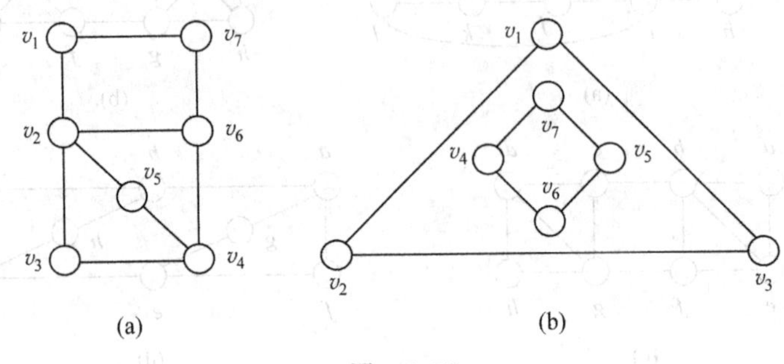

图 8.37

A8.14 设 $G=(V_1,V_2,E)$ 是二部图,$\#V_1>\#V_2$,证明:如果 V_1 的每个结点的度数不小于 δ,那么 V_2 中必有一个结点的度数大于 δ.

A8.15 证明:树是二部图(孤立结点除外).

A8.16 如果 G 是具有 n 个结点,m 条边的二部图,证明 $m\leqslant n^2/4$.

A8.17 设 G 是至少有 11 个结点的简单连通平面图,证明 G 和 G 的补图 $\overline{G}$ 不可能全是平面图.

A8.18 证明:平面图中所有面的次数之和等于边的总数的 2 倍.

A8.19 证明:在 6 个结点 12 条边的简单连通平面图中,每个面用三条边围成.

A8.20 证明:小于 30 条边的简单平面图有一个结点度数小于等于 4.

A8.21 设 G 是简单平面图,面数 $K<12$,最小的结点度 $\delta(G)\geqslant 3$,(1)证明 G 中存在次数小于等于 4 的面. (2)举例说明当 $K=12$ 时,(1)中结论不真.

A8.22 用简单、直观判别法判断图 8.38 所给出的两个图是否是平面图.

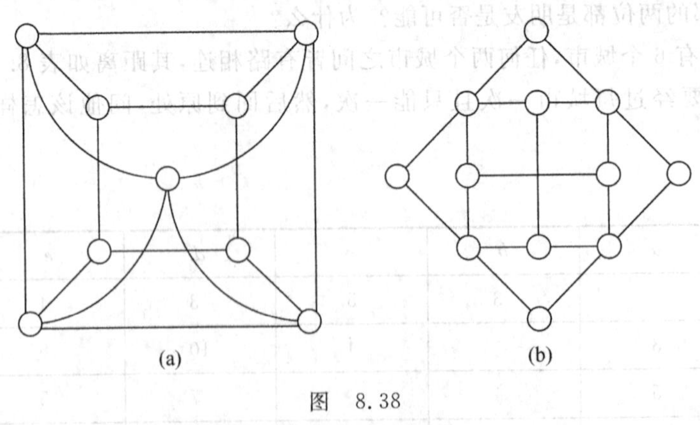

图 8.38

A8.23 用库拉托斯基定理证明图 8.39 中两个图是非平面图.

A8.24 画出图 8.40 中各图的对偶图.

A8.25 对图 8.40 中各图的面进行着色,求出它们的着色数.

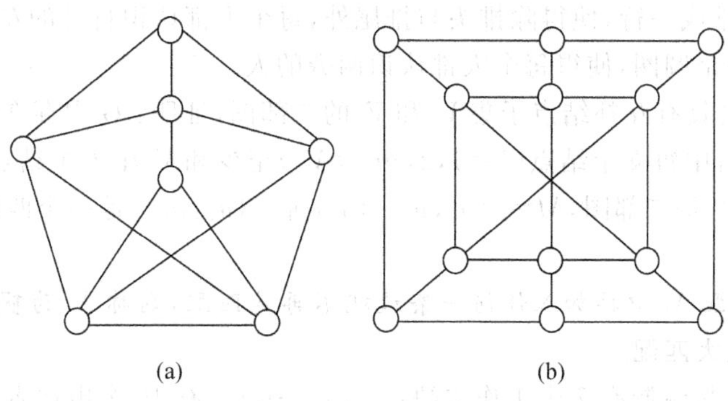

图　8.39

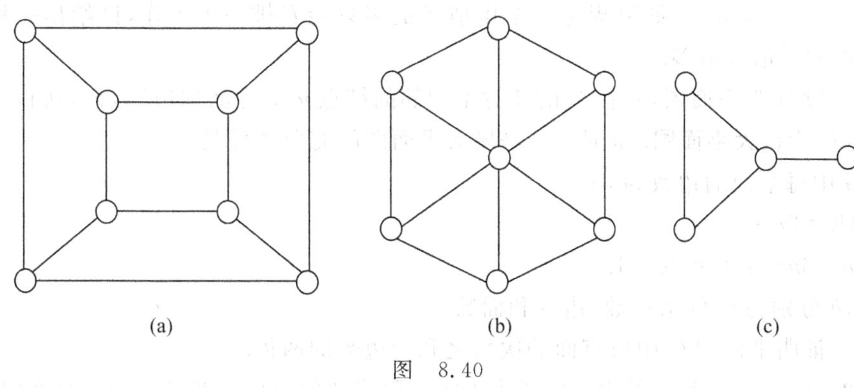

图　8.40

A8.26　设 $G=(V,E)$ 是自对偶图，$\# V=n$，$\# E=m$，证明：$2(n-1)=m$.

A8.27　设图 G 是简单平面图，如果 G 是自对偶图，证明 G 中至少存在 4 个 3 度结点.

2. B 类题

B8.1　对如图 8.41 所示的邮递员所管辖区域街道图 G，求邮递员的最佳投递路线.

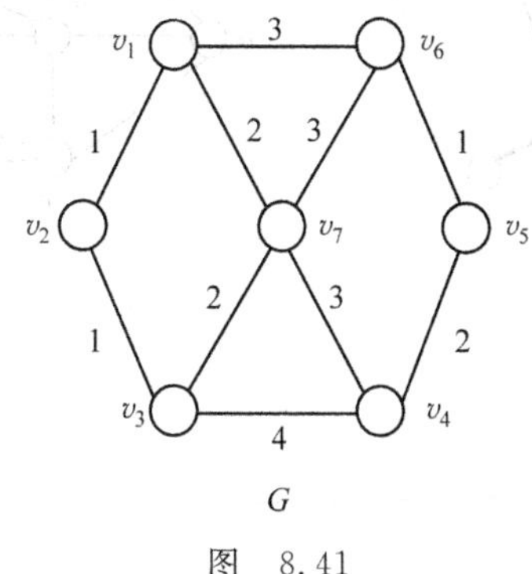

图　8.41

B8.2　证明：在无向完全图 $K_n(n\geqslant 6)$ 中任意删除 $n-3$ 条边后所得的图是哈密顿图.

B8.3　设 $G=(V,E)$ 是一个无向简单图，$\# V=n$，$\# E=m$，且 $m=(n-1)(n-2)/2+2$. 试证明 G 中存在一条哈密顿环.

B8.4　假设在一次集合上，任意两人合起来能够认识其余 $n-2$ 个人. 证明：当 $n\geqslant 3$

时，这 n 个人可以排成一行，使得除排头与排尾外，每个人都认识自己的左右邻. 当 $n \geqslant 4$ 时，这 n 个人能排成一个圆圈，使得每个人都认识两旁的人.

B8.5 设 G 是具有互补结点子集 V_1 和 V_2 的二部图，证明：G 中存在一个 V_1 对 V_2 的匹配的充要条件是 V_1 中每 k 个结点（$k=1,2,\cdots,\# V_1$）至少和 V_2 中 k 个结点相邻接.

B8.6 图 8.42 是二部图，$M=\{\{u_1,v_5\},\{u_3,v_1\},\{u_4,v_3\}\}$ 是一个匹配. 求图中的最大匹配.

注意：如果匹配 M 中再加入任何一条边就不再是匹配，则称 M 为**极大匹配**，边数最多的极大匹配称为**最大匹配**.

B8.7 某单位按编制有 7 个工作空缺：$u_1,u_2,\cdots,u_7$，有 10 个申请者：$v_1,v_2,\cdots,v_{10}$，他们能胜任的工作集合依次是 $\{u_1,u_5,u_6\}$，$\{u_2,u_6,u_7\}$，$\{u_3,u_4\}$，$\{u_1,u_5\}$，$\{u_6,u_7\}$，$\{u_3\}$，$\{u_2,u_3\}$，$\{u_1,u_3\}$，$\{u_1\}$，$\{u_5\}$. 如果规定每个申请者最多只能安排一个工作，试给出一种方案使分配到工作的申请者最多.

B8.8 设 G 为平面图，若在 G 的任意不相邻的结点 u,v 之间加边 $\{u,v\}$，所得图为非平面图，则称 G 为**极大平面图**. 证明：G 是极大平面图的充要条件是

(1) G 中每个面的边数为 3；

(2) $3K=2m$；

(3) $m=3n-6$，$K=2n-4$.

其中 n,m,k 分别为 G 的结点数、边数和面数.

B8.9 证明平面图 G 中所有面的次数之和为边数的两倍.

B8.10 由 $K_{3,3}$ 加若干条边能生成多少个 6 阶连通的简单的非同构的非平面图？

B8.11 韦尔奇·鲍威尔给出了一种对图着色的方法（称为**韦尔奇·鲍威尔法**），采用韦尔奇·鲍威尔法对图 8.43 着色.

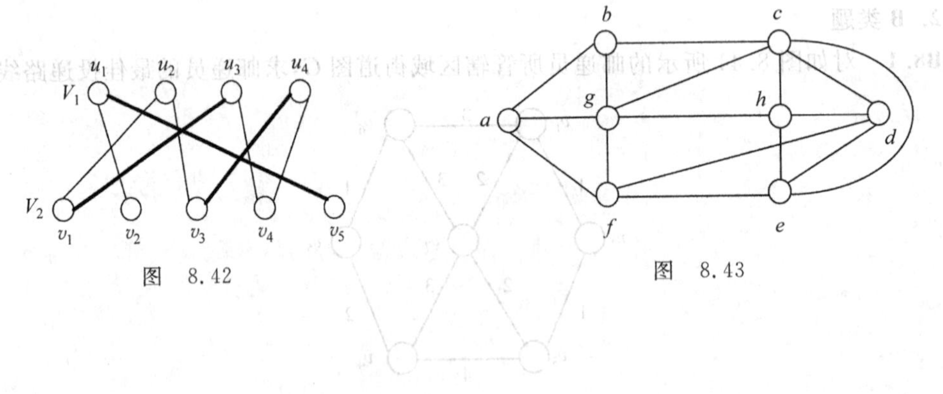

图 8.42　　　　图 8.43

第4篇 数理逻辑

第1章 集合及其运算

第2章 关系

第3章 函数

第4章 代数系统

第5章 群、环和域

第6章 格与布尔代数

第7章 图与树

第8章 特殊图

第9章 命题逻辑

第10章 谓词逻辑

研究人的思维形式和规律的科学称为逻辑学. 用数学的方法研究逻辑的学科称为数理逻辑. 所谓数学方法就是指数学采用的一般方法,包括使用符号和公式、已有的数学成果和方法,特别是使用形式的公理方法.

数理逻辑是数学基础的一个不可缺少的组成部分,是现代计算机技术的基础. 虽然名称中有逻辑两字,但并不属于单纯逻辑学范畴,是把一般逻辑中那些客观上可以形式化并且可用数学方法来发展的部分包括到自身中,是这部分的发展和精确化.

用数学的方法研究逻辑的系统思想一般追溯到莱布尼兹(Gottfriend Wilhelm Leibniz,1646—1716,德国的数学家、物理学家和哲学家),他认为经典的传统逻辑必须改造和发展,使之更为精确和便于演算. 后人基本上是沿着莱布尼兹的思想进行工作的.

莱布尼兹被认为是数理逻辑的创始人,他相信逻辑,也推崇数学的方法,他认为数学之所以能如此迅速发展,数学知识之所以能如此有效,就是因为数学使用了特制的符号语言. 这种符号为表达思想和进行推理提供了优良的条件. 他希望能够建立一个普遍的符号语言,这种语言的符号应该是表意的,每一个符号表达一个概念,如同数学的符号一样. 一个完善的符号语言同时又应该是一个思维的演算. 他希望根据这种演算,思维和推理就可以用计算来代替. 当遇有争论的时候,大家只要拿起笔来算一下,问题就解决了. 表意的符号语言和思维的演算是他提出来的重要思想.

数理逻辑从17世纪末莱布尼兹起至今已有三百多年的历史,大约经历了三个主要阶段:

第一个阶段是开始用数学方法研究和处理形式逻辑的时期,是初始阶段. 从17世纪70年代的莱布尼兹到19世纪末布尔、德·摩根、施罗德(Friedrich Wilhelm Karl Ernst Schröder,1841—1902,德国数学家)等共延续了约200年,其成果是逻辑代数和布尔代数.

第二个阶段是19世纪中叶,数学科学的发展提出了研究数学思想方法和数学基础问题的必要性. 数理逻辑适应数学的需要,联系数学实际,在60年的时间内奠定了它的理论基础,创建了特有的新方法,取得了飞跃的发展,成长为一门新学科. 这个阶段为奠基阶段,可以分为以下4个方面.

(1) 集合论的创建. 在19世纪70年代,由于数学分析理论的需要,康托创建了集合论,奠定了以后发展的基础.

(2) 公理方法的发展. 1899年希尔伯特继承了前人的结果,构成了几何的形式公理系统. 在此时间内也发展了关于公理方法的逻辑研究,用求模型方法论证一组公理的一致性和相互独立性.

(3) 逻辑演算的建立. 为了理解数学命题的性质和数学思想的规律,从19世纪70年代到20世纪初期,弗雷格(Friedrich Ludwig Gottlob Frege,1848—1925,德国数学家、逻辑学家和哲学家)、皮亚诺(Giuseppe Peano,1858—1932,意大利数学家)和罗素建立了古典逻辑演算,命题演算和谓词演算. 逻辑演算突破了古典形式逻辑的局限性,是一个完整的逻辑体系.

(4) 证明论的提出. 数学中的证明一向是逻辑学家研究的对象,但证明论是希尔伯特于20世纪初期建立的,目的是要证明公理系统的无矛盾性,希尔伯特提出一整套严格的方案,规定只能用有限长的证明无可辩驳地给出整个数学的无矛盾性. 他打算先给出公理化的算术系统的无矛盾性，再证明数学分析、集合论的无矛盾性. 但 1931 年，哥德尔（Kurt Friedrich Gödel，1906—1978，奥地利数学家）证明：一个包含公理化的算术的系统中不能证明它自身的无矛盾性. 这就是著名的哥德尔不完备性定理. 这个结果使希尔伯特方案成为不可能.

第三个阶段是数理逻辑的发展阶段. 目前它已经成为数学的分支，并与数学的其他分支和计算机科学等有了广泛的联系，得到了重要的结果.

数理逻辑是用数学的方法研究思维规律的一门学科. 由于它使用了一套符号，简洁地表达出各种推理的逻辑关系，因此数理逻辑一般又称为符号逻辑.

数理逻辑和计算机的发展有着密切的联系. 1946 年，冯・诺依曼（John von Neumann，1903—1957，美籍匈牙利数学家）提出了计算机模型，该计算机模型根植于数理逻辑、图灵机与布尔代数. 图灵机是数字电子计算机的抽象雏形，布尔代数是设计数字电子计算机的数学工具. 计算机科学的核心算法：程序设计语言、程序设计方法学、计算复杂性理论均涉及到数理逻辑的知识和理论. 数理逻辑为机器证明、自动程序设计、计算机辅助设计等计算机应用和理论研究提供了必要的理论基础.

数理逻辑可以分为 5 个部分：逻辑演算、公理集合论、证明论、递归论和模型论.

从逻辑的角度考虑，数理逻辑是研究演绎方法的科学. 演绎方法包括演绎推理及以演绎推理为基础的证明和公理方法. 演绎推理的前提和结论之间有必然联系，如果前提真，则结论为真. 演绎推理的对错以其结构为准则. 所谓公理方法就是从若干称为公理的命题出发，根据一些特定的演绎规则推导出称为定理的另一些命题，从而构成一个命题系统. 该系统称为公理系统.

本篇仅介绍计算机科学中所必需的数理逻辑最基本的内容：命题逻辑和谓词逻辑.

第 9 章 命题逻辑

命题逻辑是数理逻辑较简单、较基本的组成部分，它研究由命题和命题联结词构成的复合命题，特别是研究命题联结词的逻辑性质和推理规律. 历史上最早研究命题逻辑的是古希腊斯多亚(希腊文 Stoa，意为画廊)学派的哲学家. 现代对命题逻辑的研究始于 19 世纪中叶的布尔. 弗雷格则于 1879 年建立了第一个经典命题逻辑的演算系统.

本章首先引入命题、命题联结词、命题公式等概念，然后在此基础上研究命题公式间的等值关系和蕴含关系，命题公式的标准形式，并给出推理规则，进行命题演绎.

9.1 命题的基本概念

在数理逻辑中，为了表达概念、陈述理论和规则，常常需要应用语言进行描述，但是日常使用的自然语言即日常用语，往往叙述时不够确切，也易产生二义性. 如“两个半小时”是多少分钟，“谁都赢不了”“谁也打不过”的实力是强还是弱，等等. 因此需要引入一种目标语言，这种目标语言和一些公式符号就形成了数理逻辑的形式符号体系.

所谓目标语言就是表达判断的一些语言的汇集，而判断就是对事物进行肯定或否定的一种思维形式，能表达判断的语言是陈述句.

定义 9.1 具有真假意义的陈述句称为一个**命题**. 一个命题的真或假称为该命题的**真值**. 常用 1 或 T 表示真，用 0 或 F 表示假.

由于命题只有真、假两个真值，故命题逻辑也称为**二值逻辑**.

一切没有判断内容的句子，无所谓是非的句子，如感叹句、疑问句、祈使句等都不能作为命题.

【例 9.1】 判断下列语句是否是命题.

(1) 不在一条直线上的三点确定一个平面.

(2) 你吃饭了吗？

(3) $x+y>3$.

(4) 多漂亮的花呀！

(5) 我正在说谎.

(6) 这碗汤味太淡了.

(7) 现在是早上八点钟.

(8) 你当时在校运会比赛现场.

(9) 火星上有生命存在.

【解】 语句(1)、(3)、(5)～(9)是陈述句. 其中：

(1) 是命题，且真值为 T.

(3) 不是命题，因为 x，y 的取值不定.

(5) 不是命题，是悖论(产生自相矛盾的语句)，其值不确定. 从表面上看，当它假时它便真;当它真时它便假.

(6)～(8) 是命题,其真值是唯一确定的,可依实际情况而定.

(9) 是命题,其真值也是唯一确定的,只是目前还不能判断它的真值情况.

注意:

(1) 命题的真值是唯一确定的,其真值有时会因人、因时、因地而异.

(2) 一个陈述句本身是否能分辨真假,与能否现在知道它是真还是假是两回事.

在命题逻辑中常用大写字母 A、B、C、…或者带下标的大写字母等来表示命题,并称为**命题标识符**. 例如:

$$P: 101+001=110$$

意味着 P 表示命题 $101+001=110$,其中冒号“:”代表“表示”的意思. 这里 P 的真值依上下文而定.

定义 9.2 若一个命题不能分解为更简单的命题,则称其为**原子命题**或**简单命题**,否则称为**复合命题**或**分子命题**.

例如,下列句子都为复合命题.

(1) 3 不是偶数.

(2) 4 既是偶数又是素数.

(3) 对任意的两个实数 a 和 b,或者 $a\geqslant b$,或者 $a<b$.

(4) 如果明天天气晴朗,那么我们就去郊游.

(5) 四边形是平行四边形,当且仅当它的对边平行.

原子命题是命题逻辑研究的基本单位. 复合命题的真值由其原子命题及复合的方式确定.

9.2 命题联结词

命题联结词(简称**联结词**)是自然语言中有关连词的逻辑抽象,它们作用于命题时和数学运算符号相当,所以又称为**逻辑运算符号**.

下面定义并符号化逻辑上常用的命题联结词,并用真值表表示.

1. 否定联结词¬

定义 9.3 设 P 是一个命题,利用¬和 P 组成的复合命题称为命题 P 的**否命题**,记作 $\neg P$,读作“非 P”.

否命题 $\neg P$ 的真值依命题 P 的真值而定:当命题 P 的真值为真时,命题 $\neg P$ 的真值为假;当命题 P 的真值为假时,命题 $\neg P$ 的真值为真.

否命题 $\neg P$ 的真值可用表 9.1 表示. 该表称为否命题 $\neg P$ 的真值表,其构造与集合的成员表类似.

表 9.1

P	$\neg P$
0	1
1	0

否定联结词$\neg$是一个一元运算，它“否定”的是被否定命题的全部，而不是一部分. 自然语言中，诸如“并非”“永不”“绝不”等连词，尽管它们的含义并不完全相同，但除了否定外，没有其他的逻辑内容，因而都可用否定联结词$\neg$来表示.

【例 9.2】 设 P：武汉是中国的三大火炉之一，Q：每个自然数都是偶数，R：雪是白色的，则

$\neg P$：武汉不是中国的三大火炉之一.

$\neg Q$：每个自然数不都是偶数，或者并非每个自然数都是偶数.

$\neg R$：雪不是白色的. 显然不能将$\neg R$认为是命题“雪是黑色的”.

2. 合取联结词∧

定义 9.4 设 P 和 Q 是两个命题，由 P、Q 利用∧组成的复合命题称为**合取式复合命题**，记作 $P\wedge Q$，读作“P 且 Q”.

$P\wedge Q$ 的真值依 P 和 Q 的真值而定：当且仅当命题 P 和 Q 的真值均为真时，$P\wedge Q$ 的真值为真. $P\wedge Q$ 的真值表如表 9.2 所示.

表 9.2

P	Q	$P\wedge Q$
0	0	0
0	1	0
1	0	0
1	1	1

表 9.2 中的第 2～5 行与第 1,2 列给出命题 P 和命题 Q 的真值的一切可能组合 0,0;0,1;1,0;1,1.

【例 9.3】 设 P：$1+11=100$，Q：熊猫是珍稀动物，则 $P\wedge Q$：$1+11=100$ 且熊猫是珍稀动物.

注意：

(1) 合取联结词∧具有对称性，即 $P\wedge Q$ 和 $Q\wedge P$ 具有相同的真值.

(2) ∧是自然语言中“且”“而”“与”“和”“及”“同时”“既…又…”等连词的逻辑抽象，但不完全等同.

(3) 有一些命题中的“与”“和”字实际上不是命题联结词. 例如：“张三与李四是一对好朋友.”中的“与”字不具备将两个命题联结起来的功能，不是数理逻辑中的命题联结词.

(4) 在自然语言中，通常是在具有某种关系的两语句之间使用合取“且”，否则没有意义，但在命题逻辑中并不要求这一点.

3. 析取联结词∨

定义 9.5 由命题 P 和 Q 利用∨组成的复合命题称为**析取式复合命题**，记作 $P\vee Q$，读作“P 或 Q”.

$P\vee Q$ 的真值依 P 和 Q 的真值而定：当且仅当命题 P 和 Q 的真值至少有一个为真时，$P\vee Q$ 的真值为真. $P\vee Q$ 的真值表如表 9.3 所示.

表 9.3

P	Q	$P\vee Q$
0	0	0
0	1	1
1	0	1
1	1	1

【例 9.4】 设 P：他可能是“微积分”考试的第一名，Q：他可能是“离散数学”考试的第一名，则命题“他可能是‘微积分’或‘离散数学’考试的第一名.”可符号化为 $P\vee Q$.

从表 9.3 中可以看出，命题联结词 $\vee$ 为可兼或，即当命题 P 和 Q 的真值都为真时，$P\vee Q$ 的真值也为真. 但自然语言中的“或”既可以是“可兼或”，也可以是“不可兼或”.

设 P,Q 是两个命题，P 异或 Q 是一个复合命题，记作 $P\bar{\vee}Q$”，读作“P 异或 Q”.

异或是不可兼或，其真值表如表 9.4 所示.

表 9.4

P	Q	$P\bar{\vee}Q$
0	0	0
0	1	1
1	0	1
1	1	0

【例 9.5】 设 P：今晚我去教室自习，Q：今晚我去体育馆看球赛，则命题“今晚我去教室自习或去体育馆看球赛.”可符号化为 $P\ \bar{\vee}\ Q$，或 $(P\wedge\neg Q)\vee(\neg P\wedge Q)$.

由于 $\bar{\vee}$ 可用 $\vee$、$\wedge$ 和 $\neg$ 表示，故不把它当作基本命题联结词.

注意：

(1) 析取联结词 $\vee$ 具有对称性，即 $P\vee Q$ 和 $Q\vee P$ 具有相同的真值.

(2) 从定义可以看出，命题联结词 $\vee$ 与自然语言中“或”的意义也不全相同，因为自然语言中的“或”可表示“可兼或”，也可表示“不可兼或”. 一般来说，只要不是非常明显的不可兼或就使用 $\vee$.

(3) 有一些命题中的“或”字实际上不是命题联结词. 例如，“他昨天做了二十或三十个引体向上.”中的“或”字只表示大概数目，不能用析取联结词表达.

(4) 在自然语言中，通常是在具有某种关系的两语句之间使用析取“或”，但在命题逻辑中并不要求这一点.

4. 蕴含联结词→

定义 9.6 由命题 P 和 Q 利用→组成的复合命题称为**蕴含式复合命题**，记作 $P\to Q$，读作“如果 P，则 Q”. 其中 P 称为蕴含式复合命题的**前件**或**假设**或**条件**，Q 称为蕴含式复合命题的**后件**或**结论**. 蕴含联结词也称为**条件联结词**.

$P\to Q$ 的真值依 P 和 Q 的真值而定：当 P 为真，Q 为假时，$P\to Q$ 为假，否则 $P\to Q$ 为

真．$P \to Q$ 的真值表如表 9.5 所示．

表　9.5

P	Q	$P \to Q$
0	0	1
0	1	1
1	0	0
1	1	1

【例 9.6】　设 P：雪是黑色的，Q：太阳从西边升起，R：太阳从东边升起，则 $P \to Q$ 和 $P \to R$ 所表示的命题都是真的．

注意：

（1）复合命题“因为 P，所以 Q”“Q 成立当 P”“P 成立仅当 Q”“只要 P 就 Q”“只有 Q 才 P”“除非 Q 才 P”“除非 Q，否则非 P”“P 是 Q 的充分条件”“Q 是 P 的必要条件”等都可以写成 $P \to Q$ 的形式．

（2）“除非”表示唯一的条件，常跟“才”“否则”“不然”等合用，相当于“只有”“如果不”．

（3）在自然语言中，蕴含式复合命题中前提和结论间必含有某种因果关系，但在命题逻辑中可以允许两者之间无必然因果关系．

【例 9.7】　将下列命题符号化．

（1）除非天下大雨，否则他不在室内运动．

（2）除非天不下雨，我才去图书馆．

【解】　（1）命题可理解为“只有天下大雨，他才在室内运动”或“如果天不下大雨，那么他不在室内运动”．

设 P：天下大雨，Q：他在室内运动，则命题可符号化为 $Q \to P$ 或者 $\neg P \to \neg Q$．

（2）命题可理解为“只有天不下雨，我才去图书馆”或“如果天下雨，那么我就不去图书馆”．

设 A：天下雨，B：我去图书馆，则命题可符号化为 $B \to \neg A$ 或者 $A \to \neg B$．

5．等值联结词↔

定义 9.7　由命题 P 和 Q 利用↔组成的复合命题称为**等值式复合命题**，记作 $P \leftrightarrow Q$，读作“P 当且仅当 Q”．等值联结词又称为**双条件联结词**．

$P \leftrightarrow Q$ 的真值依 P 和 Q 的真值而定：当 P 和 Q 的真值相同时，$P \leftrightarrow Q$ 的真值为真，否则为假．$P \leftrightarrow Q$ 的真值表如表 9.6 所示．

表　9.6

P	Q	$P \leftrightarrow Q$
0	0	1
0	1	0
1	0	0
1	1	1

【例 9.8】　设 P：黄山比喜马拉雅山高，Q：3 是素数，则命题“黄山比喜马拉雅山高，当

且仅当 3 是素数."可符号化为 $P\leftrightarrow Q$.

因为 P 的真值为假,Q 的真值为真,所以 $P\leftrightarrow Q$ 的真值为假.

注意:

(1) 等值联结词↔具有对称性,即 $P\leftrightarrow Q$ 和 $Q\leftrightarrow P$ 具有相同的真值.

(2) ↔相当于"等价""相当于""充要条件""反之亦然""反之"等.

(3) 在自然语言中,有些类似于"只有…才…""除非…才…"等形式的语句也需要用等值联接词将两个语句联结成复合命题,关键是要判断这两个语句是否具有充分必要性. 例如,设 P: 某人是仓库工作人员,Q: 某人可以进入仓库,则命题"非本仓库工作人员一律不得入内."可符号化为 $P\leftrightarrow Q$.

(4) $P\leftrightarrow Q$ 也不要求 P 和 Q 两个命题之间有任何联系.

【例 9.9】 设 P: 春天来了,Q: 燕子飞回南方,则命题"春天来了,燕子飞回南方."可符号化为 $P\leftrightarrow Q$.

6. 命题联结词小结

(1) 复合命题的真值只取决于构成它的各原子命题的真值,而与这些原子命题的内容、含义无关,与命题联结词所联结的各原子命题之间是否有关系无关.

(2) 命题联结词是从自然语言中逻辑抽象出来的,它仅保留了逻辑内容,而把自然语言所表达的主观因素、心理因素及文学修辞等方面的因素全部撇开,所以命题联结词只表达了自然语言中的一种客观性质.

(3) 命题联结词都具有从已知命题得到新的命题的作用,从这个意义上讲,它们具有操作或运算的意义. 由此可将它们看作是一、二元运算或一、二元函数.

(4) 二元运算∧、∨、↔具有对称性,而→则不具有.

9.3 命题公式的基本概念

1. 命题公式的概念

一个命题标识符 P,如果表示一个确定的命题,则称 P 为**命题常元**或**命题常量**. 一个命题标识符 P,如果只表示任意命题的位置标志,则称 P 为**命题变元**.

注意:

(1) 因为命题变元可以表示任意命题,所以它不能确定真值,故命题变元不是命题. 和初等代数中字母的地位相似,命题变元是一个待定的命题. 当命题变元表示原子命题时,该变元称为**原子命题变元**.

(2) 当命题变元 P 用一个特定的命题代入时,P 才能确定真值,这时也称对 P 进行**真值指派**.

(3) 由于每一命题都只有 1 与 0 这两种取值的可能性,因此为简单起见,往往对一个命题变元进行代入时就直接以 1 或 0 为值代入,而不必代入具体的命题.

如不特别声明,下面所提到的命题变元均指原子命题变元.

从前面的例子可以看出,任何命题都可以通过原子命题和命题联结词而构成的合法的符号串表示. 命题公式是由命题变元、命题联结词以及圆括号等按一定的规则产生的符号串.

定义 9.8　命题演算的**命题公式**,又称为**合式公式**,简称公式,是如下递归定义的:

(1) 单个命题常元或命题变元是命题公式.

(2) 如果 A 是命题公式,则 $(\neg A)$ 是命题公式.

(3) 如果 A 和 B 是命题公式,则 $(A\wedge B)$,$(A\vee B)$,$(A\rightarrow B)$,$(A\leftrightarrow B)$ 也是命题公式;

(4) 仅由有限次地应用(1)～(3)所得到的符号串才是命题公式.

为简便起见,公式的最外层括号可以省去.

【例 9.10】　判断下列符号串是否是命题公式:

(1) $(P\vee Q)\rightarrow(\neg(Q\wedge R))$.

(2) $(((P\rightarrow Q)\wedge(Q\rightarrow R))\leftrightarrow(P\rightarrow R))$.

(3) $(P\rightarrow(Q\wedge P)$.

(4) $(P\rightarrow Q)\vee\neg(RQ)$.

【解】　(1)和(2)是命题公式,(3)和(4)则不是命题公式.

定义 9.9　如果 G 是含有 n 个不同命题变元 $P_1,P_2,\cdots,P_n$ 的命题公式,则称其为 ***n* 元命题公式**,常记为 $G(P_1,P_2,\cdots,P_n)$,简记为 G.

注意:

(1) 并非由这三类符号所组成的每一符号串都可成为命题公式.

(2) 原子命题变元是最简单的命题公式,称为**原子命题公式**,简称**原子公式**.

(3) 含命题变元的命题公式是没有真值的,故不是命题. 仅当在一个命题公式中的所有命题变元都用确定的命题代入时才得到一个命题. 这个命题公式的真值依赖于代换命题变元的那些命题的真值.

(4) 从图论的观点看,每一个命题公式都可以用一棵"二元有序树"来表示,其中"分枝结点"与命题联结词对应,而"树叶结点"则对应于原子命题变元和合题常元.

2. 命题符号化

定义 9.10　将一个用文字叙述的命题写成由命题标识符、命题联结词和圆括号表示的命题公式的过程称为**命题符号化**或**命题翻译**.

命题符号化的基本步骤如下:

(1) 从命题中分析出各原子命题,将它们符号化.

(2) 使用合适的命题联结词把原子命题逐个联结起来构成复合命题的符号化表示.

注意:

(1) 命题符号化时,若包含多个命题联结词,则要注意优先次序:

① 命题联结词的优先级由强到弱依次是$\neg$,$\wedge$,$\vee$,$\rightarrow$,$\leftrightarrow$.

② 对于相同联结词,规定先出现者先运算.

③ 若运算要求与优先次序不一致时,可使用成对括号. 括号中的运算为最高优先级.

(2) 命题符号化时还要注意:

① 要善于确定简单命题,不要把一个概念硬拆成几个概念. 例如,"我和他是同学"是一个简单命题.

② 要善于识别自然语言中的命题联结词(有时它们被省略). 例如,"狗急跳墙"应理解

为“狗只有急了才跳墙”.

③ 否定词的位置要放准确. 例如: 设 A: 你是傻子, B: 他是傻子, C: 你会去自讨没趣, D: 他会去自讨没趣, 则命题“如果你和他不都是傻子, 那么你们俩都不会去自讨没趣.”符号化为 $\neg(A\wedge B)\rightarrow(\neg C\wedge\neg D)$.

【例 9.11】 将下列命题符号化:

(1) 如果明天早上不是雨夹雪, 那么我去学校.

(2) 除非明天早上不下雨且不下雪, 否则我不去学校.

(3) 只要明天早上不下雨或不下雪, 我就去学校.

(4) 只有当明天早上不下雨且不下雪时, 我才去学校.

【解】 设 P: 明天早上下雨, Q: 明天早上下雪, R: 我去学校, 则命题符号化如下:

(1) $\neg(P\wedge Q)\rightarrow R$.

(2) $R\rightarrow(\neg P\wedge\neg Q)$.

(3) $(\neg P\vee\neg Q)\rightarrow R$.

(4) $R\rightarrow(\neg P\wedge\neg Q)$.

【例 9.12】 将下列命题符号化:

(1) 派小王或小李出差.

(2) 我们不能既划船又跑步.

(3) 如果你来了, 那么他唱不唱歌将看你是否伴奏而定.

(4) 如果李明是体育爱好者, 但不是文艺爱好者, 那么李明不是文体爱好者.

(5) 假如上午不下雨, 我去看电影, 否则就在家里看书.

【解】 (1) 设 P: 派小王出差, Q: 派小李出差, 则命题符号化为 $P\vee Q$.

(2) 设 P: 我们划船, Q: 我们跑步, 则命题符号化为 $\neg(P\wedge Q)$.

(3) 设 P: 你来了, Q: 他唱歌, R: 你伴奏, 则命题符号化为 $P\rightarrow(Q\leftrightarrow R)$.

(4) 设 P: 李明是体育爱好者, Q: 李明是文艺爱好者, 则命题符号化为 $(P\wedge\neg Q)\rightarrow\neg(P\wedge Q)$.

(5) 设 P: 上午下雨, Q: 我去看电影, R: 我在家看书, 则命题符号化为 $(\neg P\rightarrow Q)\bar{\vee}(P\rightarrow R)$.

3. 命题公式的解释与真值表

如果把命题公式中的所有命题变元分别代以原子命题或复合命题, 则该命题公式便是一个复合命题. 因此, 对复合命题的研究可转化为对命题公式的研究. 今后以命题公式为主要研究对象.

定义 9.11 设 $P_1, P_2, \cdots, P_n$ 为出现在命题公式 G 中的所有命题变元, 对 $P_1, P_2, \cdots, P_n$ 分别指定一个真值, 称为对 G 的一组**真值指派**或一个**解释**.

显然, 含有 n 个命题变元的命题公式共有 2^n 组不同的真值指派, 对于每一组真值指派, 公式都有一个确定的真值.

定义 9.12 命题公式 G 在其所有可能的真值指派下所取真值的表称为 G 的**真值表**.

【例 9.13】 给出命题公式 G: $((P\vee Q)\rightarrow(Q\wedge R))\rightarrow(P\wedge\neg R)$ 的真值表.

【解】 公式 G 的真值表如表 9.7 所示.

表　9.7

$P\ \ Q\ \ R$	$\neg R$	$P\vee Q$	$Q\wedge R$	$(P\vee Q)\rightarrow(Q\wedge R)$	$P\wedge\neg R$	**G**
0 0 0	1	0	0	1	0	**0**
0 0 1	0	0	0	1	0	**0**
0 1 0	1	1	0	0	0	**1**
0 1 1	0	1	1	1	0	**0**
1 0 0	1	1	0	0	1	**1**
1 0 1	0	1	0	0	0	**1**
1 1 0	1	1	0	0	1	**1**
1 1 1	0	1	1	1	0	**0**

4. 命题公式的类型

定义 9.13　设 $P_1,P_2,\cdots,P_n$ 为出现在命题公式 G 中的所有命题变元，如果对于 $P_1,P_2,\cdots,P_n$ 的任何一组真值指派，G 的真值恒为真，则称公式 G 为**重言式**或**永真公式**，常用 1 表示；若对于 $P_1,P_2,\cdots,P_n$ 的任何一组真值指派，G 的真值恒为假，则称公式 G 为**矛盾式**或**永假公式**，常用 0 表示；如果至少有一组真值指派使 G 的真值为真，则称公式 G 为**可满足的公式**.

注意：

(1) 若公式 G 不是矛盾式，则 G 为可满足的公式.

(2) 重言式是可满足的公式，反之不成立.

(3) 公式 G 为重言式当且仅当 $\neg G$ 为矛盾式.

定理 9.1　若公式 A 和 B 为重言式，则 $A\wedge B$、$A\vee B$、$A\rightarrow B$ 和 $A\leftrightarrow B$ 仍是重言式.

证明　因为 A 和 B 为重言式，故不论 A 和 B 的所有命题变元的真值指派如何，总有 A 为真且 B 为真，因此 $A\wedge B$、$A\vee B$、$A\rightarrow B$ 和 $A\leftrightarrow B$ 的真值均为真. 故由定义知，$A\wedge B$、$A\vee B$、$A\rightarrow B$ 和 $A\leftrightarrow B$ 仍是重言式. ■

【例 9.14】　构造下列命题公式的真值表，并判断其类型.

(1) $(\neg P\leftrightarrow Q)\leftrightarrow\neg(P\leftrightarrow Q)$.

(2) $(Q\rightarrow P)\wedge(\neg P\wedge Q)$.

(3) $((P\vee Q)\rightarrow(Q\wedge R))\rightarrow(P\wedge\neg R)$.

【解】　令 G_1 为 $(\neg P\leftrightarrow Q)\leftrightarrow\neg(P\leftrightarrow Q)$，$G_2$ 为 $(Q\rightarrow P)\wedge(\neg P\wedge Q)$，构造 G_1 和 G_2 的真值表如表 9.8 所示.

表　9.8

$P\ \ Q$	$\neg P$	$\neg P\leftrightarrow Q$	$P\leftrightarrow Q$	$\neg(P\leftrightarrow Q)$	$\mathbf{G_1}$	$Q\rightarrow P$	$\neg P\wedge Q$	$\mathbf{G_2}$
0 0	1	0	1	0	**1**	1	0	**0**
0 1	1	1	0	1	**1**	0	1	**0**
1 0	0	1	0	1	**1**	1	0	**0**
1 1	0	0	1	0	**1**	1	0	**0**

由表 9.8 可知：G_1 是重言式，G_2 是矛盾式.

(3) 公式的真值表见表 9.7,它是非永真的可满足的公式.

9.4 命题公式的等值关系和蕴含关系

9.4.1 命题公式的等值关系

定义 9.14 设 A 和 B 是两个命题公式,$P_1,P_2,\cdots,P_n$ 是所有出现于 A 和 B 中的命题变元,如果对于 $P_1,P_2,\cdots,P_n$ 的任一组真值指派,A 和 B 的真值都相同,则称公式 A 和 B **等值**,记为 $A\Leftrightarrow B$,称 $A\Leftrightarrow B$ 为**等值关系式**,简称**等值式**.

注意:

(1) 符号 $\Leftrightarrow$ 与 $\leftrightarrow$ 的区别与联系.

① $\Leftrightarrow$ 不是命题联结词,而是公式间的关系符号,$A\Leftrightarrow B$ 不表示一个公式,它表示两个公式间有等值关系.

② $\leftrightarrow$ 是命题联结词,$A\leftrightarrow B$ 是一个公式.

③ $A\Leftrightarrow B$ 的充要条件是 $A\leftrightarrow B$ 是重言式.

(2) 命题公式之间的等值关系是一个等价关系.

① 自反性:对任意的公式 A,有 $A\Leftrightarrow A$.

② 对称性:对任意的公式 A,B,若 $A\Leftrightarrow B$,则 $B\Leftrightarrow A$.

③ 可传递性:对任意的公式 A,B,C,若 $A\Leftrightarrow B,B\Leftrightarrow C$,则 $A\Leftrightarrow C$.

(3) 当 A 是重言式时,$A\Leftrightarrow 1$;当 A 是矛盾式时,$A\Leftrightarrow 0$.

9.4.2 基本的等值式

设 P,Q,R 是命题变元,表 9.9 中列出了 26 个最基本的等值式,称为**命题定律**. 用列真值表的方法很容易验证每一条命题定律.

表 9.9

编　号	关 系 式	名　称
E_1	$P\vee Q\Leftrightarrow Q\vee P$	交换律
E_1'	$P\wedge Q\Leftrightarrow Q\wedge P$	
E_2	$(P\vee Q)\vee R\Leftrightarrow P\vee(Q\vee R)$	结合律
E_2'	$(P\wedge Q)\wedge R\Leftrightarrow P\wedge(Q\wedge R)$	
E_3	$P\wedge(Q\vee R)\Leftrightarrow(P\wedge Q)\vee(P\wedge R)$	分配律
E_3'	$P\vee(Q\wedge R)\Leftrightarrow(P\vee Q)\wedge(P\vee R)$	
E_4	$P\vee 0\Leftrightarrow P$	同一律
E_4'	$P\wedge 1\Leftrightarrow P$	
E_5	$P\vee\neg P\Leftrightarrow 1$	互补律/排中律
E_5'	$P\wedge\neg P\Leftrightarrow 0$	互补律/矛盾律

续表

编号	关系式	名称
E_6, E_6'	$\neg(\neg P)\Leftrightarrow P$	双重否定律/对合律
E_7	$P\vee P\Leftrightarrow P$	幂等律
E_7'	$P\wedge P\Leftrightarrow P$	
E_8	$P\vee 1\Leftrightarrow 1$	零一律/零律
E_8'	$P\wedge 0\Leftrightarrow 0$	
E_9	$P\vee(P\wedge Q)\Leftrightarrow P$	吸收律
E_9'	$P\wedge(P\vee Q)\Leftrightarrow P$	
E_{10}	$\neg(P\vee Q)\Leftrightarrow\neg P\wedge\neg Q$	德·摩根律
E_{10}'	$\neg(P\wedge Q)\Leftrightarrow\neg P\vee\neg Q$	
E_{11}	$P\rightarrow Q\Leftrightarrow\neg P\vee Q$	蕴含等值式
E_{12}	$P\rightarrow Q\Leftrightarrow\neg Q\rightarrow\neg P$	假言易位/逆否律
E_{13}	$P\leftrightarrow Q\Leftrightarrow(P\wedge Q)\vee(\neg P\wedge\neg Q)$	等值等值式
E_{14}	$P\leftrightarrow Q\Leftrightarrow(P\rightarrow Q)\wedge(Q\rightarrow P)$	等值等值式
E_{15}	$P\rightarrow(Q\rightarrow R)\Leftrightarrow(P\wedge Q)\rightarrow R$	前提合并式
E_{16}	$\neg(P\leftrightarrow Q)\Leftrightarrow P\leftrightarrow\neg Q$	等值否定等值式
E_{17}	$\neg(P\rightarrow Q)\Leftrightarrow P\wedge\neg Q$	蕴含否定等值式

注意：

(1) 命题逻辑中前19个基本的等值式可与集合论中的19个基本定律对应起来，以便于对照记忆.

将 P、Q 理解为全集 U 的子集合

$\neg$换成 $'$；$\vee$ 换成 $\cup$；$\wedge$ 换成 $\cap$；1 换成 U；0 换成 $\varnothing$

后面基本的等值式是命题逻辑所特有的.

(2) 根据 E_{11} 和 E_{13}，5个基本命题联结词都可以用$\neg$、$\wedge$和$\vee$这三个命题联结词表示. 特别地，由于

$$P\wedge Q\Leftrightarrow\neg(\neg P\vee\neg Q),\quad P\vee Q\Leftrightarrow\neg(\neg P\wedge\neg Q)$$

故$\{\neg,\vee\}$和$\{\neg,\wedge\}$都是功能完备的命题联结词集.

(3) 考虑所有命题公式的集合 S，代数系统$<S;\vee,\wedge,\neg>$是一个布尔代数，称为**命题代数**.

9.4.3 等值式的判定

要判定公式 A 和 B 是否等值，即判定 $A\leftrightarrow B$ 是否为重言式，有下述判定方法：

(1) 真值表法.

(2) 等值演算法.

1. 真值表法

通过构造公式 $A\leftrightarrow B$ 的真值表，根据在不同的真值指派下其真值是否都为真来判定.

【例 9.15】 用真值表方法证明 E_{11}：$P\rightarrow Q\Leftrightarrow\neg P\vee Q$.

【解】 令 A：$P\rightarrow Q$，B：$\neg P\vee Q$，构造 A，B 以及 $A\leftrightarrow B$ 的真值表如表 9.10 所示.

表 9.10

P	Q	$\neg P$	B	A	$A\leftrightarrow B$
0	0	1	1	1	**1**
0	1	1	1	1	**1**
1	0	0	0	0	**1**
1	1	0	1	1	**1**

由于公式 $A\leftrightarrow B$ 所标记的列全为 1，因此 $A\Leftrightarrow B$.

【例 9.16】 用真值表方法证明：$(P\bar{\vee}Q)\Leftrightarrow(P\wedge\neg Q)\vee(\neg P\wedge Q)$.

【解】 令 A：$P\bar{\vee}Q$，B：$(P\wedge\neg Q)\vee(\neg P\wedge Q)$，构造 A，B 以及 $A\leftrightarrow B$ 的真值表如表 9.11 所示.

表 9.11

P	Q	$\neg P$	$\neg Q$	$\neg P\wedge Q$	$P\wedge\neg Q$	B	A	$A\leftrightarrow B$
0	0	1	1	0	0	0	0	**1**
0	1	1	0	1	0	1	1	**1**
1	0	0	1	0	1	1	1	**1**
1	1	0	0	0	0	0	0	**1**

由于公式 $A\leftrightarrow B$ 所标记的列全为 1，因此 $A\Leftrightarrow B$.

注意：同法可证：$P\bar{\vee}Q\Leftrightarrow\neg(P\leftrightarrow Q)$.

【例 9.17】 用真值表方法判断 $P\rightarrow Q\Leftrightarrow\neg P\rightarrow\neg Q$ 是否成立.

【解】 令 A：$P\rightarrow Q$，B：$\neg P\rightarrow\neg Q$，构造 A，B 以及 $A\leftrightarrow B$ 的真值表如表 9.12 所示.

表 9.12

P	Q	$\neg P$	$\neg Q$	B	A	$A\leftrightarrow B$
0	0	1	1	1	1	**1**
0	1	1	0	0	1	**0**
1	0	0	1	1	0	**0**
1	1	0	0	1	1	**1**

由于公式 $A\leftrightarrow B$ 所标记的列不全为 1，$A\leftrightarrow B$ 不是永真公式，因此 $A\Leftrightarrow B$ 不成立.

2. 等值演算法

虽然用列真值表的方法可以判断两个公式是否等值，但当公式中包含的命题变元非常多而公式又比较复杂时，此方法会比较烦琐. 有时可以利用已知的等值关系式采用等值演算的方法进行判断，为此给出两个规则.

定理 9.2(代入规则) 设 A 是含有命题变元 $P_1, P_2, \cdots, P_n$ 的命题公式,$A_1, A_2, \cdots, A_n$ 为任意的命题公式,若 A 是重言式(矛盾式),则在 A 中将 P_i 出现的每一处都代以 $A_i(1 \leqslant i \leqslant n)$ 后得到的公式 B 也是重言式(矛盾式).

对于重言式中的任一命题变元出现的每一处均用同一命题公式代入,得到的仍是重言式.

例如,公式 $(P \to Q) \leftrightarrow (\neg Q \to \neg P)$ 是重言式,若用公式 $A \wedge B$ 代换命题变元 P,则得到的公式 $((A \wedge B) \to Q) \leftrightarrow (\neg Q \to \neg (A \wedge B))$ 仍是重言式.

注意:

(1) 因为 $A \Leftrightarrow B$ 的充分必要条件是 $A \leftrightarrow B$ 是重言式,所以若对于等值式中的任一命题变元出现的每一处均用同一命题公式代入,则得到的仍是等值式.

(2) 由代入规则可知,前述的基本等值式不仅对任意的命题变元 P, Q, R 是成立的,而且当 P, Q, R 分别为命题公式时,这些等值式也成立.

定义 9.15 设 C 是命题公式 A 的一部分(即 C 是公式 A 中连续的一串符号),且 C 本身也是一个命题公式,则称 C 为公式 A 的**子公式**.

例如,设公式 A 为 $(\neg P \vee Q) \to ((P \to Q) \vee (R \wedge \neg S))$,则 $\neg P \vee Q$, $P \to Q$, $(P \to Q) \vee (R \wedge \neg S)$ 等均是 A 的子公式,但 $\neg P \ \vee$, $P \to$, $\to Q$ 等均不是 A 的子公式.

定理 9.3(置换规则) 设 C 是公式 A 的子公式且 $C \Leftrightarrow D$,如果将公式 A 中的子公式 C 置换成公式 D 之后得到的公式是 B,则有 $A \Leftrightarrow B$.

代入规则和置换规则都是经常使用的重要规则.

等值演算是指利用已知的一些等值式,根据置换规则、代入规则以及等值关系的可传递性等推导出另外一些等值式的过程.

【例 9.18】 证明:$(P \to Q) \wedge (R \to Q) \Leftrightarrow (P \vee R) \to Q$.

证明 $(P \to Q) \wedge (R \to Q)$

$\Leftrightarrow (\neg P \vee Q) \wedge (\neg R \vee Q)$ E_{11}(蕴含等值式)

$\Leftrightarrow (\neg P \wedge \neg R) \vee Q$ E_3'(分配律)

$\Leftrightarrow \neg (P \vee R) \vee Q$ E_{10}(德·摩根律)

$\Leftrightarrow (P \vee R) \to Q$ E_{11}(蕴含等值式)

所以 $(P \to Q) \wedge (R \to Q) \Leftrightarrow (P \vee R) \to Q$.

【例 9.19】 证明:$(P \wedge Q) \vee (\neg P \vee (\neg P \vee Q)) \Leftrightarrow \neg P \vee Q$.

证明 $(P \wedge Q) \vee (\neg P \vee (\neg P \vee Q))$

$\Leftrightarrow (P \wedge Q) \vee ((\neg P \vee \neg P) \vee Q)$ E_2(结合律)

$\Leftrightarrow (P \wedge Q) \vee (\neg P \vee Q)$ E_7(幂等律)

$\Leftrightarrow (\neg P \vee Q) \vee (P \wedge Q)$ E_1(交换律)

$\Leftrightarrow \neg P \vee (Q \vee (P \wedge Q))$ E_2(结合律)

$\Leftrightarrow \neg P \vee Q$ E_9(吸收律)

利用等值演算的方法也可以判断命题公式的类型.

【例 9.20】 判别下列公式的类型:

(1) $Q \wedge \neg (\neg P \to (\neg P \wedge Q))$.

(2) $(P\to Q)\wedge\neg P$.

(3) $Q\vee\neg((\neg P\vee Q)\wedge P)$.

【解】 (1) 因为 $Q\wedge\neg(\neg P\to(\neg P\wedge Q))$

$\Leftrightarrow Q\wedge\neg(P\vee(\neg P\wedge Q))$ E_{11},E_6

$\Leftrightarrow Q\wedge\neg((P\vee\neg P)\wedge(P\vee Q))$ E_3'

$\Leftrightarrow Q\wedge\neg(1\wedge(P\vee Q))$ E_5

$\Leftrightarrow Q\wedge\neg(P\vee Q)$ E_1',E_4'

$\Leftrightarrow Q\wedge(\neg P\wedge\neg Q)$ E_{10}

$\Leftrightarrow(Q\wedge\neg Q)\wedge\neg P$ E_1',E_2'

$\Leftrightarrow 0$ E_1',E_5',E_8'

所以 $Q\wedge\neg(\neg P\to(\neg P\wedge Q))$是矛盾式.

(2) 因为 $(P\to Q)\wedge\neg P$

$\Leftrightarrow(\neg P\vee Q)\wedge\neg P$ E_{11}

$\Leftrightarrow\neg P$ E_1',E_9'

所以该公式是非永真的可满足的公式.

(3) 因为 $Q\vee\neg((\neg P\vee Q)\wedge P)$

$\Leftrightarrow Q\vee(\neg(\neg P\vee Q)\vee\neg P)$ E_{10}'

$\Leftrightarrow Q\vee((P\wedge\neg Q)\vee\neg P)$ E_{10},E_6

$\Leftrightarrow Q\vee((P\vee\neg P)\wedge(\neg Q\vee\neg P))$ E_1,E_3'

$\Leftrightarrow Q\vee(1\wedge(\neg Q\vee\neg P))$ E_5

$\Leftrightarrow Q\vee(\neg Q\vee\neg P)$ E_1',E_4'

$\Leftrightarrow(Q\vee\neg Q)\vee\neg P$ E_2

$\Leftrightarrow 1\vee\neg P$ E_5

$\Leftrightarrow 1$ E_1,E_8

所以该公式是重言式.

定理 9.4 (1) 若 $A\vee B\Leftrightarrow C\vee B, A\wedge B\Leftrightarrow C\wedge B$,则 $A\Leftrightarrow C$.

(2) 若 $A\vee B\Leftrightarrow C\vee B, A\vee\neg B\Leftrightarrow C\vee\neg B$,则 $A\Leftrightarrow C$.

(3) 若 $A\wedge B\Leftrightarrow C\wedge B, A\wedge\neg B\Leftrightarrow C\wedge\neg B$,则 $A\Leftrightarrow C$.

证明 (1) $A\Leftrightarrow A\vee(A\wedge B)$

$\Leftrightarrow A\vee(C\wedge B)$

$\Leftrightarrow(A\vee C)\wedge(A\vee B)$

$\Leftrightarrow(A\vee C)\wedge(C\vee B)$

$\Leftrightarrow(C\vee A)\wedge(C\vee B)$

$\Leftrightarrow C\vee(A\wedge B)$

$\Leftrightarrow C\vee(C\wedge B)$

$\Leftrightarrow C$.

同理可证(2)和(3). ■

9.4.4 命题公式的蕴含关系

定义 9.16 设 A,B 是两个命题公式,若 $A\to B$ 是重言式,即 $A\to B\Leftrightarrow 1$,则称公式 A 蕴含公式 B,记作 $A\Rightarrow B$,称 $A\Rightarrow B$ 为**蕴含关系式**,简称**蕴含式**.

注意:

(1) 符号⇒和→的区别和联系(同符号⇔与↔的区别和联系类似):

① ⇒不是命题联结词,$A\Rightarrow B$ 不是公式,它表示公式 A 与 B 之间存在蕴含关系.

② →是命题联结词,$A\to B$ 是一个公式.

③ $A\Rightarrow B$ 的充要条件是 $A\to B$ 是重言式.

(2) 命题公式之间的蕴含关系是一个偏序关系:

① 自反性:对任意的公式 A,$A\Rightarrow A$.

② 反对称性:对任意的公式 A,B,若 $A\Rightarrow B,B\Rightarrow A$,则 $A\Leftrightarrow B$.

③ 传递性:对任意的公式 A,B,C,若 $A\Rightarrow B,B\Rightarrow C$,则 $A\Rightarrow C$.

定理 9.5 设 A,B 是命题公式,则 $A\Leftrightarrow B$ 当且仅当 $A\Rightarrow B$ 且 $B\Rightarrow A$.

证明 设 $A\Leftrightarrow B$,则 $A\leftrightarrow B$ 是重言式.

根据 E_{13}:$A\leftrightarrow B\Leftrightarrow(A\to B)\wedge(B\to A)$,所以 $A\to B$ 和 $B\to A$ 都是重言式,因此 $A\Rightarrow B$ 且 $B\Rightarrow A$.

反之,设 $A\Rightarrow B$ 且 $B\Rightarrow A$,则 $A\to B$ 和 $B\to A$ 都是重言式,因此 $A\leftrightarrow B$ 是重言式.

综上所述,$A\Leftrightarrow B$. ■

定理 9.6 设 A,B,C 是命题公式,若 $A\Rightarrow B$ 且 $A\Rightarrow C$,则 $A\Rightarrow B\wedge C$.

证明 若 $A\Rightarrow B$ 且 $A\Rightarrow C$,则公式 $A\to B$ 和 $A\to C$ 是重言式,故 $(\neg A\vee B)\wedge(\neg A\vee C)$ 为重言式,即 $\neg A\vee(B\wedge C)$ 为重言式,即 $A\to(B\wedge C)$ 为重言式,因此 $A\Rightarrow B\wedge C$. ■

定理 9.7 设 A,B,C 是命题公式,若 $A\Rightarrow C$ 且 $B\Rightarrow C$,则 $A\vee B\Rightarrow C$.

证明 若 $A\Rightarrow C$ 且 $B\Rightarrow C$,则公式 $A\to C$ 和 $B\to C$ 是重言式,故 $(\neg A\vee C)\wedge(\neg B\vee C)$ 为重言式,即 $(\neg A\wedge\neg B)\vee C$ 为重言式,即 $(A\vee B)\to C$ 为重言式,因此 $A\vee B\Rightarrow C$. ■

定理 9.8 设 A,B 是命题公式,则 $A\Rightarrow B$ 的充要条件是 $\neg B\Rightarrow\neg A$.

证明 因为 $A\to B\Leftrightarrow\neg B\to\neg A$,所以 $A\Rightarrow B$ 的充要条件是 $\neg B\Rightarrow\neg A$. ■

定理 9.9 设 A,B 是命题公式,若 $A\Rightarrow B$ 且 A 是重言式,则 B 一定也是重言式.

证明 若 $A\Rightarrow B$,则公式 $A\to B$ 是重言式.

因为 A 是重言式,即 A 的真值恒为真,故 B 的真值也恒为真,所以 B 也为重言式. ■

9.4.5 基本的蕴含式

设 P,Q,R 是命题变元,表 9.13 中列出了 16 个最基本的蕴含式,它们都能按照定义直接证明.

表 9.13

编号	蕴含式	名称
I_1	$P\wedge Q\Rightarrow P$	化简式
I_2	$P\wedge Q\Rightarrow Q$	
I_3	$P\Rightarrow P\vee Q$	附加式
I_4	$Q\Rightarrow P\vee Q$	
I_5	$\neg P\Rightarrow P\to Q$	附加式变形
I_6	$Q\Rightarrow P\to Q$	
I_7	$\neg(P\to Q)\Rightarrow P$	化简式变形
I_8	$\neg(P\to Q)\Rightarrow\neg Q$	
I_9	$P,Q\Rightarrow P\wedge Q$	合取引入
I_{10}	$P\wedge(P\to Q)\Rightarrow Q$	假言推理
I_{11}	$\neg Q\wedge(P\to Q)\Rightarrow\neg P$	拒取式
I_{12}	$\neg P\wedge(P\vee Q)\Rightarrow Q$	析取三段论
I_{13}	$(P\to Q)\wedge(Q\to R)\Rightarrow P\to R$	蕴含三段论
I_{14}	$(P\leftrightarrow Q)\wedge(Q\leftrightarrow R)\Rightarrow P\leftrightarrow R$	等值三段论
I_{15}	$P\to Q\Rightarrow(P\vee R)\to(Q\vee R)$	前后件附加
I_{16}	$P\to Q\Rightarrow(P\wedge R)\to(Q\wedge R)$	

注意：前 4 个蕴含式是基本的，后面的蕴含式大都可由它们推出.

9.4.6 蕴含式的判定

判定 $A\Rightarrow B$ 是否成立的问题可转化为判定 $A\to B$ 是否为重言式，有下述判定方法：

(1) 真值表法.

(2) 等值演算法.

(3) 假定前件 A 真.

(4) 假定后件 B 假.

1. 真值表法

【例 9.21】 证明 (1) I_{17}：$(P\vee Q)\wedge(P\to R)\wedge(Q\to R)\Rightarrow R$，即析取构造二难.

(2) I_{18}：$(P\wedge Q)\wedge(P\to R)\wedge(Q\to R)\Rightarrow R$，即合取构造二难.

证明 (1) 记公式 $((P\vee Q)\wedge(P\to R)\wedge(Q\to R))\to R$ 为 G，其真值表如表 9.14 所示.

公式 G 对任意的一组真值指派取值均为 1，故 G 是重言式.

因此 $(P\vee Q)\wedge(P\to R)\wedge(Q\to R)\Rightarrow R$.

(2) 同法可证.

表 9.14

P Q R	$P\vee Q$	$P\to R$	$Q\to R$	$(P\vee Q)\wedge(P\to R)\wedge(Q\to R)$	G
0 0 0	0	1	1	0	**1**
0 0 1	0	1	1	0	**1**
0 1 0	1	1	0	0	**1**
0 1 1	1	1	1	1	**1**
1 0 0	1	0	1	0	**1**
1 0 1	1	1	1	1	**1**
1 1 0	1	0	0	0	**1**
1 1 1	1	1	1	1	**1**

2. 等值演算法

【例 9.22】 证明 I_{10}：$P\wedge(P\to Q)\Rightarrow Q$.

证明 $(P\wedge(P\to Q))\to Q$

$\Leftrightarrow\neg(P\wedge(\neg P\vee Q))\vee Q$ E_{11}

$\Leftrightarrow(\neg P\vee\neg(\neg P\vee Q))\vee Q$ E'_{10}

$\Leftrightarrow(\neg P\vee Q)\vee\neg(\neg P\vee Q)$ E_1,E_2

$\Leftrightarrow 1$ 代入规则,E_5

因此 $P\wedge(P\to Q)\Rightarrow Q$.

3. 假定前件 A 真

要判定 $A\to B$ 是否为重言式,由命题联结词→的真值表可知,只需判定真值表中第三行的情况是否发生.

假定前件 A 为真,若能说明后件 B 也为真,则公式 $A\to B$ 是重言式,因而 $A\Rightarrow B$;否则,该蕴含关系不成立.

【例 9.23】 证明 I_{11}：$\neg Q\wedge(P\to Q)\Rightarrow\neg P$.

证明 令前件$\neg Q\wedge(P\to Q)$为真,则$\neg Q$ 为真,且 $P\to Q$ 为真. 于是 Q 为假,因而 P 也为假. 由此$\neg P$ 为真.

故蕴含式 I_{11}成立.

4. 假定后件 *B* 假

假定后件 B 为假,若能说明前件 A 为假,则 $A\Rightarrow B$;否则 $A\Rightarrow B$ 不成立.

【例 9.24】 证明蕴含式$(P\to Q)\wedge(R\to S)\Rightarrow(P\wedge R)\to(Q\wedge S)$.

证明 令后件$(P\wedge R)\to(Q\wedge S)$为假,则 $P\wedge R$ 为真,$Q\wedge S$ 为假. 于是 P 和 R 均为真,而 Q 和 S 至少有一个为假. 由此可知,$P\to Q$ 与 $R\to S$ 中至少有一个为假,因此$(P\to Q)\wedge(R\to S)$为假.

故上述蕴含式成立.

注意：一般在 B 中含有蕴含联结词时可以考虑利用此方法. 含有析取联结词也一样，因为 $P \vee Q \Leftrightarrow \neg P \rightarrow Q$.

9.4.7 命题公式的对偶

在基本等值式中，很多等值式关于命题联结词 $\wedge$ 和 $\vee$ 成对出现，用对偶原理可成对地记忆这些关系式.

定义 9.17 在仅含有$\neg$、$\wedge$ 和 $\vee$ 这三种命题联结词的公式 A 中，若用 $\vee$ 代换 $\wedge$，用 $\wedge$ 代换 $\vee$，用 0 代换 1，用 1 代换 0，则所得的公式称为 A 的**对偶式**，记为 A^{D}.

显然，A 和 A^{D} 互为对偶.

例如，公式 $\neg(P \vee Q) \wedge (P \vee \neg(Q \wedge \neg S))$ 与 $\neg(P \wedge Q) \vee (P \wedge \neg(Q \vee \neg S))$ 互为对偶.

定理 9.10 设 A 和 A^{D} 互为对偶式，$P_1, P_2, \cdots, P_n$ 是其命题变元，则

$$\neg A(P_1, P_2, \cdots, P_n) \Leftrightarrow A^{D}(\neg P_1, \neg P_2, \cdots, \neg P_n)$$

即 A 的否定式可用其对偶式及其命题变元的否定来等值表示.

推论 9.1 设 A 和 A^{D} 互为对偶式，$P_1, P_2, \cdots, P_n$ 是其命题变元，则

$$A(\neg P_1, \neg P_2, \cdots, \neg P_n) \Leftrightarrow \neg A^{D}(P_1, P_2, \cdots, P_n)$$

定理 9.11（对偶原理） 设 A 和 B 是两个仅含有$\neg$、$\wedge$ 和 $\vee$ 这三种命题联结词的公式，$P_1, P_2, \cdots, P_n$ 是其命题变元.

(1) 若 $A \Rightarrow B$，则 $B^{D} \Rightarrow A^{D}$.

(2) 若 $A \Leftrightarrow B$，则 $A^{D} \Leftrightarrow B^{D}$.

对偶原理十分有用，一方面可以帮助记忆基本的等值式和蕴涵式；另一方面利用它可以从已知的重言式、等值式和蕴含式推导出新的重言式、等值式和蕴含式.

【例 9.25】 证明下列关系式.

(1) $\neg(P \wedge Q) \rightarrow (\neg P \vee Q) \Leftrightarrow \neg P \vee Q$.

(2) $(P \vee Q) \wedge (\neg P \wedge Q) \Leftrightarrow \neg P \wedge Q$.

证明 (1) $\neg(P \wedge Q) \rightarrow (\neg P \vee Q)$

$\Leftrightarrow (P \wedge Q) \vee (\neg P \vee Q)$

$\Leftrightarrow (P \vee \neg P \vee Q) \wedge (Q \vee \neg P \vee Q)$

$\Leftrightarrow 1 \wedge (\neg P \vee Q)$

$\Leftrightarrow \neg P \vee Q$.

或 $\neg(P \wedge Q) \rightarrow (\neg P \vee Q)$

$\Leftrightarrow (P \wedge Q) \vee (\neg P \vee Q)$

$\Leftrightarrow (\neg P \vee Q) \vee (P \wedge Q)$

$\Leftrightarrow \neg P \vee (Q \vee (P \wedge Q))$

$\Leftrightarrow \neg P \vee Q$.

(2) 由(1)的证明过程可知

$$(P \wedge Q) \vee (\neg P \vee Q) \Leftrightarrow \neg P \vee Q$$

由于 $(P \vee Q) \wedge (\neg P \wedge Q)$ 是 $\neg(P \wedge Q) \rightarrow (\neg P \vee Q)$ 的对偶式，$\neg P \wedge Q$ 是 $\neg P \vee Q$ 的对偶式，故由对偶原理知(2)成立.

9.5 命题公式的范式

从前面的例子可见，同一个命题公式可有各种相互等值的表达形式. 为将命题公式规范化，本节讨论命题公式的范式问题，并利用范式对命题公式的类型进行判定.

9.5.1 析取范式和合取范式

定义 9.18 一个由有限个命题变元或命题变元的否定所组成的合取式称为**质合取式**. 一个由有限个命题变元或命题变元的否定所组成的析取式称为**质析取式**.

例如，设 P,Q 为命题变元，则$\neg P$，$P\wedge\neg Q$，$\neg P\wedge Q\wedge\neg Q$ 等都是质合取式，$\neg(\neg P)$不是质合取式，而$\neg P$，$P\vee\neg Q$，$\neg P\vee Q\vee\neg Q$ 等都是质析取式，$\neg(\neg P)$不是质析取式.

定理 9.12 (1) 一个质合取式为矛盾式的充分必要条件是它同时包含某个命题变元及其否定.

(2) 一个质析取式为重言式的充分必要条件是它同时包含某个命题变元 P 及其否定 $\neg P$.

证明 (1) 设 A 为一质合取式，且 A 为一矛盾式. 假设 A 式中不同时包含任一命题变元及其否定，则在 A 中对所有出现在否定联结词后面的命题变元指派 0，而对所有不出现在否定联结词后面的命题变元指派 1，这样的一组真值指派使 A 的真值取 1，这与 A 为矛盾式矛盾.

例如，A 为一质合取式 $P_1\wedge\neg P_2\wedge P_3$，则真值指派$(P_1,P_2,P_3)=(1,0,1)$，使 A 的真值为 1.

反之，设 A 式中同时包含命题变元 P 和$\neg P$，因 $P\wedge\neg P$ 是矛盾式，故由结合律和零一律，A 的真值必为 0，即 A 是矛盾式.

(2) 设 A 为一质析取式，且 A 为一重言式. 假设 A 式中不同时包含任一命题变元及其否定，则在 A 中对所有出现在否定联结词后面的命题变元指派 1，而对所有不出现在否定联结词后面的命题变元指派 0，这样的一组真值指派使 A 的真值取 0，这与 A 为重言式矛盾.

例如，A 为一质析取式 $P_1\vee\neg P_2\vee P_3$，则真值指派$(P_1,P_2,P_3)=(0,1,0)$，使 A 的真值为 0.

反之，设 A 式中同时包含命题变元 P 和$\neg P$，因 $P\vee\neg P$ 是重言式，故由结合律和零一律，A 的真值必为 1，即 A 是重言式. ■

定义 9.19 有限个质合取式的析取式称为**析取范式**，即具有形为 $A_1\vee A_2\vee\cdots\vee A_n(n\geqslant 1)$的公式，其中 $A_i(1\leqslant i\leqslant n)$是质合取式. 有限个质析取式的合取式称为**合取范式**，即具有形为 $B_1\wedge B_2\wedge\cdots\wedge B_n(n\geqslant 1)$的公式，其中 $B_i(1\leqslant i\leqslant n)$是质析取式.

例如，(1) $P\vee(P\wedge Q)\vee R\vee(\neg P\wedge\neg Q\wedge R)$是一析取范式.

$R\vee(P\wedge\neg Q)\vee(\neg P\wedge Q\wedge P)$也是一析取范式.

(2) $\neg P\wedge(P\vee Q)\wedge R\wedge(P\vee\neg Q\vee R)$是一合取范式.

$(\neg P\vee R\vee Q)\wedge(P\vee Q)\wedge(P\vee\neg P)$也是一合取范式.

(3) $P\vee(\neg R\vee Q)$与$\neg(P\vee Q)$既不是析取范式也不是合取范式，但它们的等值公式 P

$\vee \neg R \vee Q$ 与 $\neg P \wedge \neg Q$ 既是析取范式也是合取范式.

定理 9.13 任一命题公式都存在着与它等值的析取范式和合取范式.

证明 通过以下步骤可以将任一命题公式转换为与之等值的析取范式或合取范式.

(1) 利用 E_{11}, E_{13}, E_{14} 消去公式中的命题联结词 $\leftrightarrow$ 和 $\rightarrow$,即将公式中的命题联结词划归为 $\neg, \wedge, \vee$.

(2) 利用德·摩根定律 E_{10}, E'_{10} 将否定符号 $\neg$ 向内深入,使之只作用于命题变元.

(3) 利用双重否定律 E_6 将 $\neg(\neg P)$ 置换成 P.

(4) 重复利用结合律、分配律等将公式变为与之等值的合取范式或析取范式. ■

由定理的证明过程可知,析取范式、合取范式仅含命题联结词集 $\{\neg, \wedge, \vee\}$.

【例 9.26】 求命题公式 G_1: $\neg(P \vee Q) \leftrightarrow (P \wedge Q)$ 的合取范式和析取范式.

【解】 $G_1 \Leftrightarrow (\neg(P \vee Q) \rightarrow (P \wedge Q)) \wedge ((P \wedge Q) \rightarrow \neg(P \vee Q))$ $\quad E_{14}$

$\Leftrightarrow ((P \vee Q) \vee (P \wedge Q)) \wedge (\neg(P \wedge Q) \vee \neg(P \vee Q))$ $\quad E_{11}, E_6$

$\Leftrightarrow (P \vee (Q \vee (P \wedge Q))) \wedge ((\neg P \vee \neg Q) \vee (\neg P \wedge \neg Q))$ $\quad E_2, E'_{10}, E_{10}$

$\Leftrightarrow (P \vee Q) \wedge (\neg P \vee (\neg Q \vee (\neg P \wedge \neg Q)))$ $\quad E_2, E_9$

$\Leftrightarrow (P \vee Q) \wedge (\neg P \vee \neg Q)$(合取范式) $\quad E_9$

$\Leftrightarrow (P \wedge (\neg P \vee \neg Q)) \vee (Q \wedge (\neg P \vee \neg Q))$ $\quad E_3$

$\Leftrightarrow (P \wedge \neg P) \vee (P \wedge \neg Q) \vee (\neg P \wedge Q) \vee (Q \wedge \neg Q)$(析取范式) $\quad E_3, E_1$

$\Leftrightarrow (P \wedge \neg Q) \vee (\neg P \wedge Q)$(化简后的析取范式) $\quad E'_5, E_4$

【例 9.27】 求命题公式 G_2: $(P \wedge (Q \rightarrow R)) \rightarrow S$ 的合取范式和析取范式.

【解】 $G_2 \Leftrightarrow \neg(P \wedge (\neg Q \vee R)) \vee S$ $\quad E_{11}$

$\Leftrightarrow \neg P \vee \neg(\neg Q \vee R) \vee S$ $\quad E'_{10}$

$\Leftrightarrow \neg P \vee (Q \wedge \neg R) \vee S$(析取范式) $\quad E_{10}, E_6$

$\Leftrightarrow (\neg P \vee S) \vee (Q \wedge \neg R)$ $\quad E_1, E_2$

$\Leftrightarrow (\neg P \vee S \vee Q) \wedge (\neg P \vee S \vee \neg R)$(合取范式) $\quad E'_3$

另外,$G_2 \Leftrightarrow (\neg P \vee S \vee Q) \wedge (\neg P \vee S \vee \neg R)$

$\Leftrightarrow (\neg P \wedge (\neg P \vee S \vee \neg R)) \vee (S \wedge (\neg P \vee S \vee \neg R)) \vee (Q \wedge (\neg P \vee S \vee \neg R))$ $\quad E_3$

$\Leftrightarrow \neg P \vee S \vee (Q \wedge \neg P) \vee (Q \wedge S) \vee (Q \wedge \neg R)$(析取范式) $\quad E'_9, E_3$

因此,一个公式的析取范式(合取范式)不唯一,但相互之间是等值的.

利用析取范式和合取范式可以判定命题公式的类型.

定理 9.14 (1) 公式 A 为重言式的充分必要条件是 A 的合取范式中每一质析取式至少包含一个命题变元及其否定.

(2) 公式 A 为矛盾式的充分必要条件是 A 的析取范式中每一质合取式至少包含一个命题变元及其否定.

证明 (1) 假设 A 的合取范式 $A_1 \wedge A_2 \wedge \cdots \wedge A_n$ 中某个 $A_i(1 \leqslant i \leqslant n)$ 不包含一个命题变元及其否定,则由定理 9.12 可知,$A_i(1 \leqslant i \leqslant n)$ 不是重言式,于是至少存在一组真值指派使 $A_i(1 \leqslant i \leqslant n)$ 取值为假.

对同一组真值指派,A 的取值也必为假,这与 A 是重言式不符,假设不成立. 因此,A 的合取范式中每一质析取式至少包含一个命题变元及其否定.

反之，假设任一 $A_i(1\leqslant i\leqslant n)$ 中含有一个命题变元及其否定，则由定理 9.12 知，每一 $A_i(1\leqslant i\leqslant n)$ 都为重言式，因此 $A_1\wedge A_2\wedge\cdots\wedge A_n$ 必为重言式，即 A 为重言式.

(2) 假设 A 的析取范式 $A_1\vee A_2\vee\cdots\vee A_n$ 中某个 $A_i(1\leqslant i\leqslant n)$ 不包含一个命题变元及其否定，则由定理 9.12 知，$A_i(1\leqslant i\leqslant n)$ 不是矛盾式. 于是至少存在一组真值指派使 $A_i(1\leqslant i\leqslant n)$ 取值为真.

对同一组真值指派，A 的取值也必为真，这与 A 是矛盾式不符，假设不成立. 因此，A 的析取范式中每一质合取式至少包含一个命题变元及其否定.

反之，假设任一 $A_i(1\leqslant i\leqslant n)$ 中含有一个命题变元及其否定，则由定理 9.12 知，每一 $A_i(1\leqslant i\leqslant n)$ 都为矛盾式，因此 $A_1\vee A_2\vee\cdots\vee A_n$ 必为矛盾式，即 A 为矛盾式. ■

【例 9.28】 利用析取范式和合取范式判定公式 $P\rightarrow(P\wedge(Q\rightarrow P))$ 的类型.

【解】 $P\rightarrow(P\wedge(Q\rightarrow P))$

$\Leftrightarrow\neg P\vee(P\wedge(\neg Q\vee P))$ $\qquad E_{11}$

$\Leftrightarrow\neg P\vee(P\wedge\neg Q)\vee(P\wedge P)$（析取范式） $\qquad E_3$

根据定理 9.14，该公式不是矛盾式.

又 $P\rightarrow(P\wedge(Q\rightarrow P))$

$\Leftrightarrow\neg P\vee(P\wedge(\neg Q\vee P))$

$\Leftrightarrow(\neg P\vee P)\wedge(\neg P\vee\neg Q\vee P)$（合取范式） $\qquad E_3'$

根据定理 9.14，该公式是重言式.

【例 9.29】 利用析取范式和合取范式判定公式 $P\leftrightarrow(P\wedge Q)$ 的类型.

【解】 $P\leftrightarrow(P\wedge Q)$

$\Leftrightarrow(P\wedge(P\wedge Q))\vee(\neg P\wedge\neg(P\wedge Q))$ $\qquad E_{12}$

$\Leftrightarrow(P\wedge Q)\vee(\neg P\wedge(\neg P\vee\neg Q))$ $\qquad E_2, E_7', E_{10}'$

$\Leftrightarrow(P\wedge Q)\vee\neg P$（析取范式） $\qquad E_9'$

根据定理 9.14，该公式不是矛盾式.

又 $P\leftrightarrow(P\wedge Q)\Leftrightarrow(P\wedge Q)\vee\neg P$

$\Leftrightarrow(P\vee\neg P)\wedge(\neg P\vee Q)$（合取范式） $\qquad E_1, E_3'$

根据定理 9.14，该公式也不是重言式.

因此，该公式是一个非永真的可满足的公式.

9.5.2 主析取范式和主合取范式

一个公式的析取范式和合取范式不唯一，给研究问题带来了不便. 为此介绍主范式的有关概念.

定义 9.20 设有命题变元 $P_1,P_2,\cdots,P_n$，形如 $\bigwedge\limits_{i=1}^{n}P_i^*$ 的命题公式称为是由命题变元 $P_1,P_2,\cdots,P_n$ 产生的**最小项**，而形如 $\bigvee\limits_{i=1}^{n}P_i^*$ 的命题公式称为是由命题变元 $P_1,P_2,\cdots,P_n$ 产生的**最大项**. 其中 P_i^* 为 P_i 或 $\neg P_i(i=1,2,\cdots,n)$.

例如，$P_1\wedge P_2\wedge P_3$，$\neg P_1\wedge P_2\wedge\neg P_3$ 均是由 P_1,P_2,P_3 产生的最小项. $P_1\vee\neg P_2\vee P_3$ 是由 P_1,P_2,P_3 产生的一个最大项.

显然，由命题变元 $P_1,P_2,\cdots,P_n$ 产生的不同最小项(最大项)共有 2^n 个，且这些不同的最小项(最大项)之间两两不等值. 最小项是质合取式，但不可能为永假式. 最大项是质析取式，但不可能为永真式.

【思考 9.1】 设有命题变元 $P_1,P_2,\cdots,P_n$，则两个不同的最小项(最大项)的合取(析取)的类型如何?

定义 9.21 由不同最小项所组成的析取式称为**主析取范式**. 由不同最大项所组成的合取式称为**主合取范式**.

如果一个主析取范式不包含任何最小项，则称该主析取范式为"空"；如果一个主合取范式不包含任何最大项，则称该主合取范式为"空".

例如，$(\neg P_1\wedge\neg P_2\wedge P_3)\vee(\neg P_1\wedge P_2\wedge P_3)\vee(P_1\wedge P_2\wedge P_3)$ 是一个主析取范式；$(P_1\vee\neg P_2\vee P_3)\wedge(P_1\vee P_2\vee P_3)\wedge(\neg P_1\vee\neg P_2\vee\neg P_3)\wedge(\neg P_1\vee P_2\vee\neg P_3)$ 是一个主合取范式.

若将集合 A_i 分别换成命题变元 P_i，A_i' 换成 $\neg P_i$，$\cup$ 换成 $\vee$，$\cap$ 换成 $\wedge$，则可得到与集合代数中完全类似的结论.

(1) 对于每一个最小项 $\bigwedge\limits_{i=1}^{n} P_i^*$，有且仅有真值表中的一行使其真值为 1，该行就是 $P_1,P_2,\cdots,P_n$ 所标记的各列分别为 $\delta_1,\delta_2,\cdots,\delta_n$ 的行. 其中

$$\delta_i=\begin{cases}1, & P_i^*=P_i\\ 0, & P_i^*=\neg P_i\end{cases}\tag{9.1}$$

此时若规定命题变元的次序为 $P_1,P_2,\cdots,P_n$，则最小项可编码表示为 $m_{\delta_1\delta_2\cdots\delta_n}$.

对于任一给定的公式 G，作出它的真值表，根据它在真值表中值为 1 的个数和 1 所在的行，可作出一个与 G 等值且由这些不同最小项的析取所构成的公式，即主析取范式.

该公式中不同最小项的个数等于 G 在真值表中 1 的个数，而这些最小项在真值表中值为 1 的行分别对应着 G 的真值为 1 的不同的行.

(2) 对于每一个最大项 $\bigvee\limits_{i=1}^{n} P_i^*$，有且仅有真值表中的一行使其真值为 0，该行就是 $P_1,P_2,\cdots,P_n$ 所标记的各列分别为 $\delta_1',\delta_2',\cdots,\delta_n'$ 的行. 其中

$$\delta_i'=\begin{cases}1, & P_i^*=\neg P_i\\ 0, & P_i^*=P_i\end{cases}\tag{9.2}$$

此时若规定命题变元的次序为 $P_1,P_2,\cdots,P_n$，则最大项可编码表示为 $M_{\delta_1'\delta_2'\cdots\delta_n'}$.

对于任一给定的公式 G，作出它的真值表，根据它在真值表中值为 0 的个数和 0 所在的行，可作出一个与 G 等值且由这些不同最大项的合取所构成的公式，即主合取范式.

这些不同最大项的个数等于 G 在真值表中 0 的个数，而这些最大项在真值表中值为 0 的行分别对应着 G 的真值为 0 的不同的行.

(3) 主析取范式与主合取范式之间可以相互转换.

由于主析取范式与主合取范式分别是由最小项与最大项构成，根据最小项与最大项的定义可知，

$$m_i\Leftrightarrow\neg M_i, M_i\Leftrightarrow\neg m_i, i=0,1,2,\cdots,2^n-1$$

因此主析取范式和主合取范式之间有着"互补"关系，可以根据其中一种主范式求出另一种主范式.

例如,已知公式 G 的主析取范式,求其主合取范式的步骤如下.

(1) 求 $\neg G$ 的主析取范式,即 G 的主析取范式中没有出现过的最小项的析取.

(2) $\neg(\neg G)$ 即是 G 的主合取范式.

【例 9.30】 求公式 G: $((P\vee Q)\to(Q\wedge R))\to(P\wedge\neg R)$ 的主析取范式和主合取范式.

【解】 构造公式 G 的真值表如表 9.15 所示.

表 9.15

$P\quad Q\quad R$	$\neg R$	$P\vee Q$	$Q\wedge R$	$(P\vee Q)\to(Q\wedge R)$	$P\wedge\neg R$	G
0 0 0	1	0	0	1	0	**0**
0 0 1	0	0	0	1	0	**0**
0 1 0	1	1	0	0	0	**1**
0 1 1	0	1	1	1	0	**0**
1 0 0	1	1	0	0	1	**1**
1 0 1	0	1	0	0	0	**1**
1 1 0	1	1	0	0	1	**1**
1 1 1	0	1	1	1	0	**0**

(1) 由 G 取值为 1 的行得 G 的主析取范式为(命题变元的次序规定为 P,Q,R):

$$m_{010}\vee m_{100}\vee m_{101}\vee m_{110}$$

或

$$m_2\vee m_4\vee m_5\vee m_6$$

或

$$(\neg P\wedge Q\wedge\neg R)\vee(P\wedge\neg Q\wedge\neg R)\vee(P\wedge\neg Q\wedge R)\vee(P\wedge Q\wedge\neg R)$$

(2) 由 G 取值为 0 的行得 G 的主合取范式为

$$M_{000}\wedge M_{001}\wedge M_{011}\wedge M_{111}$$

或

$$M_0\wedge M_1\wedge M_3\wedge M_7$$

或

$$(P\vee Q\vee R)\wedge(P\vee Q\vee\neg R)\wedge(P\vee\neg Q\vee\neg R)\wedge(\neg P\vee\neg Q\vee\neg R)$$

另解:由(1)可知,G 的主析取范式为 $m_2\vee m_4\vee m_5\vee m_6$,故 $\neg G$ 的主析取范式为

$$m_0\vee m_1\vee m_3\vee m_7$$

因此 G 的主合取范式为

$$\neg(m_0\vee m_1\vee m_3\vee m_7)$$

即

$$M_0\wedge M_1\wedge M_3\wedge M_7$$

对任一给定的公式,除了用求范式时的 4 个步骤外,还要利用同一律、幂等律、互否律、分配律等进一步将质合取式(质析取式)变换为最小项(最大项)的形式.

定理 9.15 任一命题公式都有与之等值的主析取范式和主合取范式. 若不计其中最小

项(最大项)的排列次序,则一个公式的主析取范式(主合取范式)是唯一的.

证明 通过下面的步骤可以将任意命题公式转换为与之等值的主析取范式和主合取范式.

(1) 求出该公式所对应的析取范式和合取范式.

(2) 在析取范式的析取项和合取范式的合取项中,如同一命题变元出现多次,则利用幂等律将其化简成只出现一次.

(3) 去掉析取范式中所有矛盾式的析取项(即含有形如 $P\land\neg P$ 的子公式)和合取范式中所有重言式的合取项(即含有形如 $P\lor\neg P$ 的子公式).

(4) 若析取范式中的某一析取项中缺少该命题公式中所规定的命题变元,则可用等值式 $(P\lor\neg P)\land Q\Leftrightarrow Q$ 将命题变元 P 补进去,并利用分配律展开,然后合并相同的析取项,此时得到的析取项将是标准的最小项.

对合取范式中的合取项类似处理,此时用等值式 $(P\land\neg P)\lor Q\Leftrightarrow Q$ 将命题变元 P 补进去.

(5) 利用幂等律将相同的最小项和最大项合并,同时利用交换律进行顺序调整,由此可转换成标准的主析取范式和主合取范式.

若不计其中最小项(最大项)的排列次序,则一个公式的主析取范式(主合取范式)是唯一的. ■

推论 9.2 两命题公式等值当且仅当它们有相同的主析取范式和主合取范式.

【例 9.31】 求公式 F_1: $P\to(P\land(Q\to P))$ 和 F_2: $(P\to Q)\land(P\land\neg Q)$ 的主析取范式.

【解】

$$
\begin{aligned}
F_1 &\Leftrightarrow \neg P\lor(P\land(\neg Q\lor P)) && E_{11}\\
&\Leftrightarrow \neg P\lor(P\land\neg Q)\lor(P\land P) && E_3\\
&\Leftrightarrow (\neg P\land(Q\lor\neg Q))\lor(P\land\neg Q)\lor(P\land(Q\lor\neg Q)) && E_7',E_4',E_5\\
&\Leftrightarrow (\neg P\land Q)\lor(\neg P\land\neg Q)\lor(P\land\neg Q)\lor(P\land Q)\lor(P\land\neg Q) && E_3\\
&\Leftrightarrow (\neg P\land Q)\lor(\neg P\land\neg Q)\lor(P\land\neg Q)\lor(P\land Q) && E_1,E_7\\
F_2 &\Leftrightarrow (\neg P\lor Q)\land(P\land\neg Q) && E_{11}\\
&\Leftrightarrow (\neg P\land P\land\neg Q)\lor(Q\land P\land\neg Q) && E_3\\
&\Leftrightarrow 0\lor 0 && E_1',E_5'\\
&\Leftrightarrow 0
\end{aligned}
$$

【例 9.32】 求公式 G_1: $(P\to Q)\land(P\land\neg Q)$ 和 G_2: $P\to(P\land(Q\to P))$ 的主合取范式.

【解】

$$
\begin{aligned}
G_1 &\Leftrightarrow (\neg P\lor Q)\land(P\land\neg Q) && E_{11}\\
&\Leftrightarrow (\neg P\lor Q)\land(P\lor(Q\land\neg Q))\land(\neg Q\lor(P\land\neg P)) && E_5',E_4\\
&\Leftrightarrow (\neg P\lor Q)\land(P\lor Q)\land(P\lor\neg Q)\land(P\lor\neg Q)\land(\neg P\lor\neg Q) && E_3'\\
&\Leftrightarrow (P\lor Q)\land(P\lor\neg Q)\land(\neg P\lor Q)\land(\neg P\lor\neg Q) && E_7'
\end{aligned}
$$

$$
\begin{aligned}
G_2 &\Leftrightarrow \neg P\lor(P\land(\neg Q\lor P)) && E_{11}\\
&\Leftrightarrow (\neg P\lor P)\land(\neg P\lor\neg Q\lor P) && E_3'\\
&\Leftrightarrow 1\land 1 && E_5,E_1\\
&\Leftrightarrow 1
\end{aligned}
$$

利用主范式可以判定公式的类型.

定理 9.16 (1) 命题公式为重言式的充分必要条件是它的主析取范式包含所有的最小项，此时无主合取范式或者说主合取范式为“空”，用 1 表示.

(2) 命题公式为矛盾式的充分必要条件是它的主合取范式包含所有的最大项，此时无主析取范式或者说主析取范式为“空”，用 0 表示.

两个命题公式等值的充分必要条件是它们对应的主析取范式相同，或者它们对应的主合取范式相同.

如例 9.31 中的 F_1 和例 9.32 中的 G_2 是重言式；例 9.31 中的 F_2 和例 9.32 中的 G_1 是矛盾式.

【例 9.33】 求公式 G：$(Q\wedge(P\rightarrow Q))\rightarrow P$ 的主范式并判定其类型.

【解】 (1) 求 G 的主析取范式

$G\Leftrightarrow\neg(Q\wedge(\neg P\vee Q))\vee P$

$\Leftrightarrow\neg Q\vee(P\wedge\neg Q)\vee P$

$\Leftrightarrow(\neg Q\wedge(P\vee\neg P))\vee(P\wedge\neg Q)\vee(P\wedge(Q\vee\neg Q))$

$\Leftrightarrow(P\wedge\neg Q)\vee(\neg P\wedge\neg Q)\vee(P\wedge\neg Q)\vee(P\wedge Q)\vee(P\wedge\neg Q)$

$\Leftrightarrow(P\wedge Q)\vee(P\wedge\neg Q)\vee(\neg P\wedge\neg Q)$

由此可知，G 是非永真的可满足的公式.

(2) 求 G 的主合取范式

$$G\Leftrightarrow(\neg Q\vee(P\wedge\neg Q))\vee P\Leftrightarrow P\vee\neg Q$$

由此可知，G 是非永真的可满足的公式.

由前面的分析和举例可知，仅需求出公式 G 的其中一种主范式即可判定 G 的类型.

9.6 命题演算的推理理论

9.6.1 推理的概念

推理是由已知的命题得到新命题的思维过程. 推理理论对于计算机科学中的程序验证、定理的机械化证明以及人工智能等都是十分重要的.

定义 9.22 设 A 和 B 是两个命题公式，如果命题公式 $A\rightarrow B$ 为重言式，即 $A\Rightarrow B$，则称 **B 是前提 A 的结论或从前提 A 推出结论 B.**

一般地，设 $H_1,H_2,\cdots,H_n$ 和 C 是命题公式，若蕴含式

$$H_1\wedge H_2\wedge\cdots\wedge H_n\Rightarrow C \tag{9.3}$$

成立，则称 **C 是前提集合 $\{H_1,H_2,\cdots,H_n\}$ 的结论，或称从前提 $H_1,H_2,\cdots,H_n$ 能推出结论 C.**

蕴含式(9.3)也可记作

$$H_1,H_2,\cdots,H_n\Rightarrow C \tag{9.4}$$

9.6.2 推理的方法

1. 真值表法

对于命题公式 $(H_1\wedge H_2\wedge\cdots\wedge H_n)\rightarrow C$ 中所有命题变元的每一组真值指派作出该公式的真值表，看是否为永真.

【例 9.34】 考察结论 C 是否是下列前提 H_1,H_2 的结论.

(1) H_1：$P\rightarrow Q$，H_2：P，C：Q.

(2) $H_1: P\to Q, H_2: \neg P, C: \neg Q$.

【解】 (1) 构造公式$(H_1\wedge H_2)\to C$的真值表如表 9.16 所示.

表 9.16

P Q	$P\to Q$	$(P\to Q)\wedge P$	$((P\to Q)\wedge P)\to Q$
0 0	1	0	**1**
0 1	1	0	**1**
1 0	0	0	**1**
1 1	1	1	**1**

C是前提H_1, H_2的结论.

(2) 构造公式$(H_1\wedge H_2)\to C$的真值表如表 9.17 所示.

表 9.17

P Q	$\neg P$	$\neg Q$	$P\to Q$	$(P\to Q)\wedge\neg P$	$((P\to Q)\wedge\neg P)\to\neg Q$
0 0	1	1	1	1	**1**
0 1	1	0	1	1	**0**
1 0	0	1	0	0	**1**
1 1	0	0	1	0	**1**

C不是前提H_1, H_2的结论.

2. 等值演算法

【例 9.35】 证明 $\neg(P\wedge\neg Q), \neg Q\vee R, \neg R\Rightarrow\neg P$.

证明 $(\neg(P\wedge\neg Q)\wedge(\neg Q\vee R)\wedge\neg R)\to\neg P$

$\Leftrightarrow((\neg P\vee Q)\wedge((\neg Q\vee R)\wedge\neg R))\to\neg P$

$\Leftrightarrow((\neg P\vee Q)\wedge((\neg Q\wedge\neg R)\vee(R\wedge\neg R)))\to\neg P$

$\Leftrightarrow((\neg P\vee Q)\wedge(\neg Q\wedge\neg R))\to\neg P$

$\Leftrightarrow((\neg P\wedge\neg Q)\wedge\neg R)\vee(Q\wedge\neg Q\wedge\neg R))\to\neg P$

$\Leftrightarrow(\neg P\wedge\neg Q\wedge\neg R)\to\neg P$

$\Leftrightarrow\neg(\neg P\wedge\neg Q\wedge\neg R)\vee\neg P$

$\Leftrightarrow P\vee Q\vee R\vee\neg P$

$\Leftrightarrow 1$.

因此,$\neg(P\wedge\neg Q), \neg Q\vee R, \neg R\Rightarrow\neg P$.

3. 形式证明方法

定义 9.23 一个描述推理过程的命题公式序列,如果每个命题公式或者是已知的前提,或者是由某些前提应用推理规则得到的结论,且序列中最后一个命题公式就是所要求的结论,则这样的命题公式序列称为**形式证明**.

定义 9.24 如果证明过程中的每一步所得到的结论都是根据推理规则得到的,则这样的证明称为**有效的证明**. 通过有效的证明而得到结论称为**有效的结论**.

如果所有的前提都是真的,那么通过有效的证明所得到的结论也是真的,这样的证明称为**合理的证明**. 通过合理的证明得到的结论称为**合理的结论**.

注意:

(1) 一个证明是否有效与前提的真假没有关系. 有效的证明中可能包含为"假"的前提,而无效的证明中却可能包含为"真"的前提.

(2) 一个结论是否有效与它自身的真假没有关系. 有效的结论不同于正确的结论.

(3) 如果证明有效的话,那么不可能它的前提都是真的而它的结论为假.

(4) 数学中定理的证明一般都是一个合理的证明. 形式证明中得到的是一组给定前提的有效结论.

形式证明中的主要推理规则如下:

(1) **前提引入规则.**

在证明的任何步骤上都可以引入前提. 也称为 **P 规则**.

(2) **结论引用规则.**

在证明的任何步骤上所得到的结论都可以在其后的证明中引用. 也称为 **T 规则**.

(3) **置换规则.**

在证明的任何步骤上,命题公式的子公式都可以用与它等值的其他命题公式置换.

(4) **代入规则.**

在证明的任何步骤上,重言式中的任一命题变元都可以用一命题公式代入,得到的仍是重言式.

(5) **蕴含证明规则.**

如果能够从 Q 和前提集合 P 中推导出 R 来,就能够从 P 中推导出 $Q\rightarrow R$. 该规则也称为 **CP 规则**.

事实上,如果 $P\wedge Q\Rightarrow R$,则 $P\wedge Q\rightarrow R$ 是重言式. 由于 $P\rightarrow(Q\rightarrow R)\Leftrightarrow(P\wedge Q)\rightarrow R$,于是 $P\rightarrow(Q\rightarrow R)$ 也是重言式. 所以 $P\Rightarrow(Q\rightarrow R)$.

当结论的命题公式形如 $P\rightarrow S$ 或 $\neg P\vee S$ 或 $P\vee S$ 时,经常使用 CP 规则.

【例 9.36】 证明 $R\wedge(P\vee Q)$ 是前提 $P\vee Q, Q\rightarrow R, P\rightarrow S, \neg S$ 的结论.

证明 形式证明如表 9.18 所示.

表 9.18

编号	公 式	依 据	编号	公 式	依 据
(1)	$P\rightarrow S$	前提(前提引入规则)	(5)	Q	(3),(4);析取三段论
(2)	$\neg S$	前提	(6)	$Q\rightarrow R$	前提
(3)	$\neg P$	(1),(2);拒取式	(7)	R	(5),(6);假言推理
(4)	$P\vee Q$	前提	(8)	$R\wedge(P\vee Q)$	(4),(7);合取引入

所以 $P\vee Q, Q\rightarrow R, P\rightarrow S, \neg S\Rightarrow R\wedge(P\vee Q)$.

【思考 9.2】 形式证明过程是否可以用一棵二元有序树来形象地表示?

【例 9.37】 证明 $R\to S$ 是前提 $P\to(Q\to S)$，$\neg R\vee P$ 和 Q 的结论.

证明 形式证明过程如表 9.19 所示.

表 9.19

编号	公式	依据	编号	公式	依据
(1)	$\neg R\vee P$	前提	(6)	$\neg Q\vee(\neg R\vee S)$	(5)；E_1，E_2
(2)	$R\to P$	(1)；E_{11}	(7)	Q	前提
(3)	$P\to(Q\to S)$	前提	(8)	$\neg R\vee S$	(6)，(7)；析取三段论
(4)	$R\to(Q\to S)$	(2)，(3)；蕴含三段论	(9)	$R\to S$	(8)；E_{11}
(5)	$\neg R\vee(\neg Q\vee S)$	(4)；E_{11}			

本题还可以利用 CP 规则加以证明，即证明由前提 $P\to(Q\to S)$，$\neg R\vee P$，Q，R（附加前提）推出结论 S，具体证明过程如表 9.20 所示.

表 9.20

编号	公式	依据	编号	公式	依据
(1)	R	附加前提	(5)	$Q\to S$	(3)，(4)；假言推理
(2)	$\neg R\vee P$	前提	(6)	Q	前提
(3)	P	(1)，(2)；析取三段论	(7)	S	(5)，(6)；假言推理
(4)	$P\to(Q\to S)$	前提	(8)	$R\to S$	(1)，(7)；CP 规则

【例 9.38】 符号化下列推理，并证明其逻辑有效性.

如果 6 是偶数，则 7 被 2 除不尽. 或 5 不是素数，或 7 被 2 除尽. 但 5 是素数. 所以 6 是奇数.

【解】 设 P：6 是偶数，Q：7 被 2 除尽，R：5 是素数，则推理符号化为

$$P\to\neg Q,\ \neg R\vee Q,\ R\Rightarrow\neg P$$

设 $(P\to\neg Q)\wedge(\neg R\vee Q)\wedge R$ 为真，则 $P\to\neg Q$，$\neg R\vee Q$，R 均为真.

因 R，$\neg R\vee Q$ 为真，故 Q 为真. 又 $P\to\neg Q$ 为真，故 P 为假，即 $\neg P$ 为真.

所以证明有效.

显然，本例中的结论为假，而推理是有效的. 因此，在有效的证明中，不关心结论是真还是假，主要关心由给定的前提是否能推出这个结论来. 此与合理的证明不同.

4. 间接证明方法

所谓间接证明方法就是通常所说的反证法或归谬法.

定义 9.25 如果对于出现在公式 $H_1,H_2,\cdots,H_n$ 中的命题变元的任何一组真值指派，公式 $H_1,H_2,\cdots,H_n$ 中至少有一个为假，即它们的合取式 $H_1\wedge H_2\wedge\cdots\wedge H_n$ 是矛盾式，则称公式 $H_1,H_2,\cdots,H_n$ 是**不相容的**. 否则称公式 $H_1,H_2,\cdots,H_n$ 是**相容的**.

定理 9.17 若存在一个公式 R，使得

$$H_1\wedge H_2\wedge\cdots\wedge H_n\Rightarrow R\wedge\neg R$$

则公式 $H_1,H_2,\cdots,H_n$是不相容的. 反之也成立.

证明 设 $H_1\wedge H_2\wedge\cdots\wedge H_n\Rightarrow R\wedge\neg R$,则 $H_1\wedge H_2\wedge\cdots\wedge H_n\rightarrow R\wedge\neg R$ 是重言式.

由于后件 $R\wedge\neg R$ 永假,故前件 $H_1\wedge H_2\wedge\cdots\wedge H_n$必永假. 因此,公式 $H_1,H_2,\cdots,H_n$是不相容的.

反之,若公式 $H_1,H_2,\cdots,H_n$是不相容的,则 $H_1\wedge H_2\wedge\cdots\wedge H_n$必永假. 因此,对任意的公式 P,$H_1\wedge H_2\wedge\cdots\wedge H_n\rightarrow P$ 为重言式. 于是,对任意的公式 R,$H_1\wedge H_2\wedge\cdots\wedge H_n\rightarrow R\wedge\neg R$ 为永真式,即 $H_1\wedge H_2\wedge\cdots\wedge H_n\Rightarrow R\wedge\neg R$. ■

由定理 9.17 可知,为了证明 $H_1,H_2,\cdots,H_n\Rightarrow C$,将$\neg C$ 添加到这一组前提中,转化为证明

$$H_1\wedge H_2\wedge\cdots\wedge H_n\wedge\neg C\Rightarrow R\wedge\neg R$$

于是得出 $H_1,H_2,\cdots,H_n,\neg C$ 是不相容的,即 $H_1\wedge H_2\wedge\cdots\wedge H_n\wedge\neg C$ 是永假公式.

这意味着当 $H_1\wedge H_2\wedge\cdots\wedge H_n$为真时,$\neg C$ 必为假,因而 C 必为真.

【例 9.39】 证明 $R\rightarrow\neg Q,R\vee S,S\rightarrow\neg Q,P\rightarrow Q\Rightarrow\neg P$.

证明 将$\neg(\neg P)$作为附加前提添加到前提集合中,然后推出矛盾. 证明过程如表 9.21 所示.

表 9.21

编号	公 式	依 据	编号	公 式	依 据
(1)	$\neg(\neg P)$	附加前提	(7)	$R\vee S$	前提
(2)	P	(1);E_6	(8)	S	(6),(7);析取三段论
(3)	$P\rightarrow Q$	前提	(9)	$S\rightarrow\neg Q$	前提
(4)	Q	(2),(3);假言推理	(10)	$\neg Q$	(8),(9);假言推理
(5)	$R\rightarrow\neg Q$	前提	(11)	$Q\wedge\neg Q$	(4),(10);合取引入
(6)	$\neg R$	(4),(5);E_6,拒取式			

因此,$(R\rightarrow\neg Q)\wedge(R\vee S)\wedge(S\rightarrow\neg Q)\wedge(P\rightarrow Q)\Rightarrow\neg P$.

习题

1. A 类题

A9.1 判断下列句子中哪些是命题?并给出是命题的句子的真值.

(1) 二十国集团(G20)领导人第十一次峰会在中国杭州举行.

(2) 你现在有空吗?

(3) 不存在最大素数.

(4) 1+1>2.

(5) 老王是山东人或河北人.

(6) 2 与 3 都是偶数.

(7) 小李在逛街.

(8) 天空真蓝呀!

(9) 请安静!

(10) 圆的面积等于半径的平方乘以π.

(11) 雪是黑色的当且仅当太阳从东方升起.

(12) 如果天下大雨,他就乘班车上班.

A9.2 找出下列命题中的原子命题.

(1) 李辛与李末是兄弟.

(2) 因为天气冷,所以我穿了羽绒服.

(3) 天正在下雨或湿度很高.

(4) 刘英与刘明上山.

(5) 不管你去不去,王强都会去.

(6) 如果你不看电影,那么我也不看电影.

(7) 我既没看电视也没外出,我在睡觉.

(8) 除非天下大雨,否则他不乘班车上班.

A9.3 将下列命题符号化.

(1) 他一边吃饭,一边听音乐.

(2) 3 是素数或 2 是素数.

(3) 若地球上没有树木,则人类不能生存.

(4) 8 是偶数的充分必要条件是 8 能被 3 整除.

(5) 停机的原因在于语法错误或程序错误.

(6) 四边形 ABCD 是平行四边形当且仅当它的对边平行.

(7) 如果 a 和 b 是偶数,则 $a+b$ 是偶数.

(8) 假如上午不下雨,我去看电影,否则就在家里读书或看报.

(9) 我今天进城,除非下雨.

(10) 仅当你走,我将留下.

A9.4 将下列命题符号化,并指出各复合命题的真值.

(1) 如果 $3+3=6$,则雪是白的.

(2) 如果 $3+3\neq 6$,则雪是白的.

(3) 如果 $3+3=6$,则雪不是白的.

(4) 如果 $3+3\neq 6$,则雪不是白的.

(5) $\sqrt{3}$是无理数当且仅当加拿大位于亚洲.

(6) $2+3=5$ 的充要条件是$\sqrt{3}$是无理数(假定是十进制).

(7) 若两圆 O_1,O_2 的面积相等,则它们的半径相等,反之亦然.

(8) 当王小红心情愉快时,她就唱歌;反之,当她唱歌时,一定心情愉快.

A9.5 判断下列公式哪些是命题公式,哪些不是命题公式?

(1) $(P\wedge Q\rightarrow R)$.

(2) $(P\wedge(Q\rightarrow R)$.

(3) $((\neg P \to Q) \leftrightarrow (R \vee S))$.

(4) $(P \wedge Q \to RS)$.

(5) $((P \to (Q \to R)) \to ((Q \to P) \leftrightarrow Q \vee R))$.

A9.6 设 P：天下雪，Q：我进城，R：我有时间，试把下列命题公式译成自然语言.

(1) $R \wedge Q$.

(2) $\neg(R \vee Q)$.

(3) $Q \leftrightarrow (R \wedge \neg P)$.

(4) $(Q \to R) \wedge (R \to Q)$.

A9.7 构造下列命题公式的真值表，并求成真的真值指派和成假的真值指派.

(1) $Q \wedge (P \to Q) \to P$.

(2) $P \to (Q \vee R)$.

(3) $(P \vee Q) \leftrightarrow (Q \vee P)$.

(4) $(P \wedge \neg Q) \vee (R \wedge Q) \to R$.

(5) $((\neg P \to (P \wedge \neg Q)) \to R) \vee (Q \wedge \neg R)$.

A9.8 设 A,B,C 是任意命题公式，证明：

(1) $A \Leftrightarrow A$.

(2) 若 $A \Leftrightarrow B$，则 $B \Leftrightarrow A$.

(3) 若 $A \Leftrightarrow B$，$B \Leftrightarrow C$，则 $A \Leftrightarrow C$.

A9.9 设 A,B,C 是任意命题公式，

(1) 若 $A \vee C \Leftrightarrow B \vee C$，那么 $A \Leftrightarrow B$ 一定成立吗？

(2) 若 $A \wedge C \Leftrightarrow B \wedge C$，那么 $A \Leftrightarrow B$ 一定成立吗？

(3) 若 $\neg A \Leftrightarrow \neg B$，那么 $A \Leftrightarrow B$ 一定成立吗？

A9.10 用真值表证明下列等值式.

(1) $\neg(P \to Q) \Leftrightarrow P \wedge \neg Q$.

(2) $P \to Q \Leftrightarrow \neg Q \to \neg P$.

(3) $P \leftrightarrow Q \Leftrightarrow \neg P \leftrightarrow \neg Q$.

(4) $P \to (Q \to R) \Leftrightarrow (P \wedge Q) \to R$.

(5) $P \to (Q \to P) \Leftrightarrow \neg P \to (P \to \neg Q)$.

(6) $\neg(P \leftrightarrow Q) \Leftrightarrow (P \vee Q) \wedge \neg(P \wedge Q)$.

(7) $\neg(P \leftrightarrow Q) \Leftrightarrow (P \wedge \neg Q) \vee (\neg P \wedge Q)$.

(8) $P \to (Q \vee R) \Leftrightarrow (P \wedge \neg Q) \to R$.

A9.11 用等值演算证明 A9.10 中的等值式.

A9.12 试用真值表证明下列基本的等值式.

(1) 结合律：$(P \vee Q) \vee R \Leftrightarrow P \vee (Q \vee R)$，$(P \wedge Q) \wedge R \Leftrightarrow P \wedge (Q \wedge R)$.

(2) 分配律：$P \wedge (Q \vee R) \Leftrightarrow (P \wedge Q) \vee (P \wedge R)$，$P \vee (Q \wedge R) \Leftrightarrow (P \vee Q) \wedge (P \vee R)$.

(3) 假言易位式：$P \to Q \Leftrightarrow \neg Q \to \neg P$.

(4) 等值否定等值式：$\neg(P \leftrightarrow Q) \Leftrightarrow P \leftrightarrow \neg Q$.

A9.13 用真值表或等值演算判断下列命题公式的类型.

(1) $(P \vee \neg Q) \to Q$.

(2) $\neg(P \to Q) \wedge Q$.

(3) $(P \to Q) \wedge P \to Q$.

(4) $(P \to Q) \wedge Q$.

(5) $(P \to Q) \to (\neg Q \to \neg P)$.

(6) $(P \to Q) \wedge (Q \to R) \to (P \to R)$.

(7) $\neg P \to (P \to Q)$.

(8) $P \to (P \vee Q \vee R)$.

A9.14 用真值表证明下列命题公式是重言式.

(1) $P \wedge (P \to Q) \to Q$.

(2) $\neg Q \wedge (P \to Q) \to \neg P$.

(3) $\neg P \wedge (P \vee Q) \to Q$.

(4) $(P \to Q) \wedge (Q \to R) \to (P \to R)$.

(5) $(P \vee Q) \wedge (P \to R) \wedge (Q \to R) \to R$.

(6) $(P \to Q) \wedge (R \to S) \to ((P \wedge R) \to (Q \wedge S))$.

(7) $(P \leftrightarrow Q) \wedge (Q \leftrightarrow R) \to (P \leftrightarrow R)$.

A9.15 用等值演算证明 A9.14 中的命题公式是重言式.

A9.16 化简下列命题公式.

(1) $(P \to R) \wedge (Q \to R)$.

(2) $(P \to Q) \wedge (P \to \neg Q)$.

(3) $P \wedge (P \to Q)$.

A9.17 将下列命题公式用只含$\neg$,$\wedge$,$\vee$的等值式表示.

(1) $(P \leftrightarrow \neg Q) \to R$.

(2) $\neg(P \to (Q \leftrightarrow Q \wedge R))$.

(3) $P \bar{\vee} (P \to Q)$.

(4) $(P \leftrightarrow Q) \leftrightarrow R$.

(5) $(P \leftrightarrow Q) \bar{\vee} (R \to T)$.

A9.18 写出下列命题公式的对偶式.

(1) $\neg(\neg P \wedge \neg Q) \wedge R$.

(2) $(P \vee \neg Q) \wedge (R \vee P)$.

(3) $P \bar{\vee} Q$.

(4) $P \wedge Q \to R$.

(5) $P \to (Q \to R) \wedge (P \wedge \neg Q)$.

(6) $(P \leftrightarrow Q) \to R$.

A9.19 对任意的命题公式 A,B,C,证明:

(1) $A \Rightarrow A$.

(2) 若 $A \Rightarrow B, B \Rightarrow A$，则 $A \Leftrightarrow B$.

(3) 若 $A \Rightarrow B, B \Rightarrow C$，则 $A \Rightarrow C$.

A9.20　用真值表或等值演算证明下列蕴含式.

(1) $P \wedge Q \Rightarrow P \to Q$.

(2) $P \to Q \Rightarrow P \to (P \wedge Q)$.

(3) $P \Rightarrow \neg P \to Q$.

(4) $P \to (Q \to R) \Rightarrow (P \to Q) \to (P \to R)$.

(5) $P \wedge (P \to Q) \Rightarrow Q$.

(6) $\neg Q \wedge (P \to Q) \Rightarrow \neg P$.

A9.21　用“假设前件为真”或“假设后件为假”的方法证明 A9.20 中各蕴含式.

A9.22　求下列命题公式的析取范式.

(1) $P \wedge \neg Q \to R$.

(2) $\neg (P \to Q) \to R$.

(3) $P \wedge (P \to Q)$.

(4) $(P \to Q) \wedge (Q \vee R)$.

(5) $\neg (P \vee \neg Q) \wedge (R \to T)$.

A9.23　求下列命题公式的合取范式.

(1) $\neg (P \to Q)$.

(2) $\neg Q \vee (P \wedge Q \wedge R)$.

(3) $(\neg P \wedge Q) \vee (P \wedge \neg Q)$.

(4) $\neg (P \leftrightarrow Q)$.

(5) $\neg (P \to Q) \to R$.

A9.24　求下列命题公式的主析取范式，并求命题公式的成真指派.

(1) $(P \wedge Q) \vee (P \wedge R)$.

(2) $\neg (P \vee Q) \to (\neg P \wedge R)$.

(3) $(\neg P \vee \neg Q) \to (P \leftrightarrow \neg Q)$.

(4) $(\neg P \to Q) \to (P \vee \neg Q)$.

(5) $(P \to (Q \wedge R)) \wedge (\neg P \to \neg Q \wedge \neg R)$.

A9.25　求下列命题公式的主合取范式，并求命题公式的成假指派.

(1) $(P \to Q) \wedge R$.

(2) $\neg (P \to Q) \leftrightarrow (P \to \neg Q)$.

(3) $\neg (P \vee Q) \to (\neg P \wedge R)$.

(4) $\neg (P \to \neg Q) \wedge \neg P$.

(5) $(P \to (Q \vee R)) \vee R$.

A9.26　先求下列命题公式的主析取范式，再用主析取范式求出主合取范式.

(1) $(P \to Q) \wedge (Q \to R)$.

(2) $\neg(\neg P \vee \neg Q) \vee R$.

A9.27 先求下列命题公式的主合取范式，再用主合取范式求出主析取范式.

(1) $(P \leftrightarrow Q) \wedge R$.

(2) $(P \wedge Q) \to Q$.

A9.28 用主析取范式判断下列命题公式是否等值.

(1) $P \to (Q \to R)$ 和 $Q \to (P \to R)$.

(2) $(P \to Q) \wedge (P \to R)$ 和 $P \to (Q \wedge P)$.

A9.29 用主合取范式判断下列命题公式是否等值.

(1) $(P \to Q) \to R$ 和 $P \to (Q \to R)$.

(2) $(P \wedge \neg Q) \vee (\neg P \wedge Q)$ 和 $(P \vee Q) \wedge \neg(P \wedge Q)$.

A9.30 用真值表证明下列各题的有效结论.

(1) $P \to (Q \to R), P \wedge Q \Rightarrow R$.

(2) $\neg P \vee Q, \neg(Q \wedge \neg R), \neg R \Rightarrow \neg P$.

(3) $\neg P \vee Q, R \to \neg Q \Rightarrow P \to \neg R$.

(4) $P \to Q, Q \to R \Rightarrow P \to R$.

(5) $P \vee \neg P, P \to Q, \neg P \to Q \Rightarrow Q$.

(6) $P \leftrightarrow Q, Q \leftrightarrow R \Rightarrow P \leftrightarrow R$.

A9.31 用等值演算法证明 A9.30 中各题的有效结论.

A9.32 用形式证明方法证明下列各题的有效结论.

(1) $P \to (Q \vee R), (T \vee S) \to P, T \vee S \Rightarrow Q \vee R$.

(2) $P \wedge Q, (P \leftrightarrow Q) \to (T \vee S) \Rightarrow T \vee S$.

(3) $\neg(P \to Q) \to \neg(R \vee S), (Q \to P) \vee \neg R, R \Rightarrow P \leftrightarrow Q$.

(4) $P \wedge Q \to R, \neg R \vee S, \neg S \Rightarrow \neg P \vee \neg Q$.

(5) $P \to Q, \neg P \to Q \Rightarrow Q$.

(6) $\neg P \vee \neg S, R \to S \Rightarrow \neg P \vee \neg R$.

A9.33 用 CP 规则证明下列各题的有效结论.

(1) $\neg P \vee Q, R \to \neg Q \Rightarrow P \to \neg R$.

(2) $P \vee Q \to R \wedge S, S \vee T \to U \Rightarrow P \to U$.

(3) $\neg Q \vee S, (T \to \neg U) \to \neg S \Rightarrow Q \to T$.

(4) $P \vee Q, P \to R, Q \to S \Rightarrow S \vee R$.

(5) $P \wedge Q \to R, \neg R \vee S, P \to \neg S \Rightarrow P \to \neg Q$.

(6) $P \to R \wedge Q, \neg S \vee P \Rightarrow S \to Q$.

A9.34 用反证法推证下列各题的有效结论.

(1) $P \wedge Q, (P \leftrightarrow Q) \to (T \vee S) \Rightarrow T \vee S$

(2) $R \to \neg Q, R \vee S, S \to \neg Q, P \to Q \Rightarrow \neg P$.

(3) $P \to Q, (\neg Q \vee R) \wedge \neg R, \neg(\neg P \wedge S) \Rightarrow \neg S$.

(4) $(P \to Q) \wedge (R \to S), (Q \to T) \wedge (S \to U), \neg(T \wedge U), P \to R \Rightarrow \neg P$.

(5) $P\to(Q\vee R),(T\vee S)\to P,T\vee S\Rightarrow Q\vee R$.

(6) $P\to Q,R\to\neg Q,R\Rightarrow\neg P$.

A9.35 符号化下面语句的推理过程,并证明推理是无效的.

如果刚下了雨,那么地上是湿的. 如果地上是湿的,那么你会摔跤. 你摔跤了. 所以,刚下了雨.

2. B类题

B9.1 将下列命题公式用只含$\neg$,$\wedge$的等值式表示.

(1) $\neg P\vee\neg Q\vee(\neg R\to P)$.

(2) $\neg(P\vee Q)\to(\neg P\leftrightarrow R)$.

(3) $(\neg P\vee\neg Q)\vee(P\to\neg Q)$.

(4) $(\neg P\to Q)\to(P\,\bar{\vee}\,\neg Q)$.

(5) $(P\to(Q\vee R))\vee(\neg P\to R)$.

B9.2 设$P\to Q$为公式,则$Q\to P$称为该公式的**逆换式**,$\neg P\to\neg Q$称为**反换式**,$\neg Q\to\neg P$称为**逆反式**. 证明:

(1) 公式与它的逆反式等值,即$P\to Q\Leftrightarrow\neg Q\to\neg P$.

(2) 公式的逆换式与公式的反换式等值,即$Q\to P\Leftrightarrow\neg P\to\neg Q$.

B9.3 两位同学同住在一间宿舍,寝室照明电路按下述要求设计:宿舍门口装一个开关A,两位同学床头各自装一个开关B、C,当晚上回宿舍时,按一下开关A,室内灯点亮;上床后按一下开关B或者C,室内灯熄灭;这样以后,按一下A、B、C三个开关中的任何一个,室内灯亮. 如果室内灯G亮和灭分别用1和0表示,试求出G用A、B、C表示的主析取范式和主合取范式.

B9.4 符号化下面语句的推理过程,并指出推理是否正确.

(1) 如果甲得冠军,则乙或丙将得亚军;如果乙得亚军,则甲不能得冠军;如果丁得亚军,则丙不能得亚军;事实是甲已得冠军,可知丁不能得亚军.

(2) 如果他是计算机系本科生或者研究生,那么他一定学过C语言和Java语言. 只要他学过C语言或者C++语言,那么他就会编程. 因此,如果他是计算机系的本科生,那么他就会编程.

(3) 如果今天是星期三,那么我有一次离散数学或数字逻辑测验. 如果离散数学课老师有事,那么没有离散数学测验. 今天是星期三且离散数学老师有事. 所以,我有一次数字逻辑测验.

B9.5 甲、乙、丙三人报考了王教授的研究生. 考试后王教授谈了录取情况如下:

(1) 三人中只录取一人.

(2) 如果不录取甲,就录取乙.

(3) 如果不录取丙,就录取甲.

用命题逻辑推断王教授到底录取了谁为他的研究生.

B9.6 某勘探队有三名队员,有一天取得一块矿样,三人的判断如下:

甲说：这不是铁，也不是铜.

乙说：这不是铁，是锡.

丙说：这不是锡，是铁.

经过实验室鉴定后发现，其中一人的判断完全正确，一人只对了一半，另一个人全错了.根据以上情况判断出该矿样的种类.

第 10 章 谓词逻辑

在命题逻辑中,原子命题被当作一个基本的、不可分割的单位加以研究,使得我们不再对原子命题的内部结构进行细致的分析,从而导致在命题逻辑的推理中存在着很大的局限性,主要体现在以下两个方面:

(1) 要表达"两个原子命题之间有某些共同的特点"或者"两个原子命题的内部结构之间的联系"等事实是不可能的. 例如,设 P: 张三是三好学生,Q: 李四是三好学生,显然仅从这两个原子命题的命题标识符 P 和 Q 是看不出张三与李四都是三好学生这一共性的.

(2) 有些简单的论断不能用命题逻辑进行推理,而且很多思维过程也不能在命题逻辑中表示出来. 例如,历史上有一个著名的"苏格拉底三段论",即

所有的人总是要死的.(令为 P)

苏格拉底是人.(令为 Q)

所以苏格拉底是要死的.(令为 R)

其正确性是有目共睹的.

从形式上来看,命题 R 是前两个命题 P 和 Q 的逻辑结论,即 $P,Q\Rightarrow R$,但是从命题推理理论却得不出来,因为 $P\wedge Q\rightarrow R$ 不是命题逻辑里的重言式.

显然,命题 P,Q,R 在内部结构上是有联系的,即 R 的主语和谓语分别是 Q 的主语和 P 的谓语.

这充分暴露了命题逻辑反映客观事实的局限性. 究其原因,问题就在于这类推理中,各命题之间的逻辑关系不是体现在原子命题之间,而是体现在构成原子命题的内部结构以及命题之间的内在联系,即命题结构的更深层次上,对此命题逻辑无能为力.

因此,对原子命题的成分、结构和原子命题间的共同特性等需作进一步的分析,研究它们的形式结构与逻辑关系,总结出正确的推理形式和规则,这正是谓词逻辑的核心内容.

本章将介绍个体和谓词的概念,在谓词公式中引进量词及其辖域等相关定义,展开关于谓词演算的等值式与蕴含式的讨论,并且对命题逻辑中的推理规则进行扩充和进行谓词演绎.

在本章的学习中,应牢牢把握谓词逻辑是命题逻辑的继承和发展这一基本思想.

10.1 个体、谓词和量词

1. 个体和谓词

作为一个特殊的陈述句,原子命题一般由主语和谓语组成,需要指出"谁"(或"什么")和"怎么样"这两部分内容.

例如,"苏格拉底是人",其中的"苏格拉底"回答了"谁"的问题,而"……是人"回答了"怎么样"的问题.

又如,“张三和李四是三好学生”,其中的“张三”“李四”共同担任了“谁”的角色,而“……和……是三好学生”担当了“怎么样”的角色,表明张三和李四之间的关系.

再如,“3 比 2 大”,其中的 3 和 2 都充当着“什么”的角色,“……比……大”则说明了“怎么样”.

在谓词演算中,可将原子命题分解为个体与谓词两部分.

定义 10.1 可以独立存在的客体称为**个体**. 用来刻画个体的性质或个体之间关系的词称为**谓词**.

个体通常在一个命题里表示思维对象,可以是抽象的,也可以是具体的. 表示具体或特定的个体称为**个体常元**. 表示抽象的或泛指的(或者说取值不确定的)个体称为**个体变元**.

刻画单个个体性质的词称为**一元谓词**;刻画 n 个个体之间关系的词称为 **n 元谓词**.

个体常用带或不带下标的小写字母 $a,b,c,\cdots,a_1,b_1,c_1,\cdots$ 等表示. 谓词常用 P,Q,R,A,B 等大写字母来表示,也常常用英文单词来表示,如“GREAT: 大于”“BETWEEN: 位于……之间”,尤其是在程序设计和人工智能中.

谓词也有谓词常元和谓词变元之分. 表示具体的或特定的性质与关系的谓词称为**谓词常元**,没有赋予具体内容或泛指的谓词称为**谓词变元**. 以下仅讨论谓词常元.

定义 10.2 一个由 n 个个体常元 $a_1,a_2,\cdots,a_n$ 和 n 元谓词 G 所组成的原子命题可表示为 $G(a_1,a_2,\cdots,a_n)$,并称为该**原子命题的谓词形式**.

【例 10.1】 设(1)李明是学生,(2)张亮比陈华高,(3)陈华坐在张亮与李明之间,则在这三个命题中,李明、张亮、陈华都是个体;“……是学生”是一元谓词,“……比……高”是二元谓词,“……坐在……与……之间”是三元谓词.

用 a,b,c 分别表示李明、张亮、陈华,P 表示“…是学生”,Q 表示“……比……高”,R 表示“……坐在……与……之间”,于是上述原子命题可分别写成 $P(a),Q(b,c),R(c,b,a)$.

注意:

(1) 在原子命题的谓词形式中个体常元 $a_1,a_2,\cdots,a_n$ 的排列次序是重要的. 如例 10.1 中若写成 $Q(c,b)$,则表示“陈华比张亮高”.

(2) 单独的一个 n 元谓词没有明确的含义,必须跟随在 n 个具体的个体后才有明确的含义,并且能分辨真假.

(3) 以前所引入的命题联结词在这里仍然可以用来构成复合命题.

例如,用 a,b 分别表示李明、张亮,P 表示“……出去”,Q 表示“……进来”,于是命题“如果李明不出去,张亮就不进来.”可符号化为 $\neg P(a)\to\neg Q(b)$.

2. 命题函数

定义 10.3 由一个谓词和若干个个体变元组成的表达式称为**简单命题函数**. 由 n 元谓词 P 和 n 个个体变元 $x_1,x_2,\cdots,x_n$ 组成的简单命题函数表示为 $P(x_1,x_2,\cdots,x_n)$,并称为 **n 元简单命题函数**.

由一个或若干个简单命题函数以及命题联结词组成的命题函数称为**复合命题函数**.

简单命题函数和复合命题函数统称为**命题函数**.

例如,$H(x),L(x,y,z)$ 均是简单命题函数,$P(x,y)\vee L(x,y,z)\to P(y,x)$ 则是一个复合命题函数.

注意：

(1) 命题可以视为 0 元命题函数.

(2) 命题的谓词表示形式与命题函数是不同的，前者是有真值的，而后者不是一个命题，只有当其中所有的个体变元都分别代之以具体的个体即个体常元后才表示一个命题.

例如，若 $L(x,y)$ 表示"x 小于 y"，那么 $L(2,3)$ 表示了一个真值为真的命题"2 小于 3"，而 $L(5,1)$ 则表示了一个真值为假的命题"5 小于 1".

(3) 个体变元在哪些范围取特定的值对命题函数是否能成为一个命题及命题的真值产生极大的影响.

定义 10.4 在命题函数中，个体变元的取值范围称为**个体域**，也称为**论域**，记为 D. 所有个体综合在一起所构成的个体域称为**全总个体域**.

显然，n 元简单命题函数是 $D^n \to \{T,F\}$（即 $\{0,1\}$）上的一个映射.

【例 10.2】 设 $P(x,y)$ 表示 $2x+y=1$，若 x,y 的个体域为正整数集，则总为假；若 x,y 的个体域为有理数集，则 $y=1-2x$，对任意的有理数 k，在 $x=k,y=1-2k$ 时，$P(k,1-2k)$ 为真.

3. 全称量词和存在量词

使用前面介绍的概念还不足以表达自然语言中的各种命题. 例如，对于"所有的正整数都是素数""有些正整数是素数"等都是与个体的数量有关的命题，仅用个体和谓词是很难表达的.

定义 10.5 在命题中表示数量的词称为**量词**.

对于自然语言中"对所有的""每一个""对任一个""凡""一切"等词用符号 $\forall$ 表示，称为**全称量词**.

对于自然语言中"某个""存在一些""至少有一个""对于一些"等词用符号 $\exists$ 表示，称为**存在量词**.

$\forall x$ 表示对个体域中的所有个体.

$\forall xP(x)$ 表示对个体域中的所有个体都有属性 P.

$\exists x$ 表示存在个体域里的个体.

$\exists xP(x)$ 表示存在个体域里的个体具有属性 P.

【例 10.3】 若令 $D(x)$：x 是要死的，则命题"所有人都是要死的."可表示为 $\forall xD(x)$，其中 x 的个体域为全体人的集合.

【例 10.4】 若令 $I(x)$：x 是整数，则命题"有些有理数是整数."可表示为 $\exists xI(x)$，其中 x 的个体域为有理数集合.

自然语言中，"恰好存在一个"等用符号 $\exists!$ 表示，"至多存在一个"等用符号 $\exists!!$ 表示. 因这两个量词使用得比较少，这里不再论述.

【思考 10.1】 以"方程 $f(x)=0$ 存在唯一的实数解."与"方程 $f(x)=0$ 至多存在一个实数解."为例，说明如何用 $\forall$ 和 $\exists$ 表示 $\exists!$ 和 $\exists!!$，其中个体域为实数集.

在命题函数前加 $\forall x$ 或 $\exists x$ 称为**对个体变元 x 进行量化**. 可以通过对命题函数中的所有个体变元进行量化而得到命题. 这是由命题函数得到命题的另一方法（有别于对所有个体变元用个体常元代入的方法）.

含有量词的命题的表达式形式及真值都与个体域有关. 为简便起见，在后面的讨论中，除特殊说明外，均使用全总个体域.

对个体变元的真正取值范围用**特性谓词**(限定个体变元变化范围的谓词)加以限制：

(1) 对全称量词，特性谓词常作为蕴含式之前件加入.

(2) 对存在量词，特性谓词常作为合取式之合取项加入.

【例 10.5】 将下列命题符号化：

(1) 所有的人都是要死的；(2) 有的人活百岁以上.

【解】 当 x 的个体域为全体人组成的集合时，上述命题符号化如下.

令 $D(x)$：x 是要死的，则(1)可符号化为 $\forall xD(x)$.

令 $G(x)$：x 活百岁以上，则(2)可符号化为 $\exists xG(x)$.

当 x 的个体域为全总个体域时，必须引入一个特性谓词将人从中分离出来：

(1) 对所有个体而言，如果它是人，则它是要死的.

(2) 存在着个体，它是人并且它活百岁以上.

令 $M(x)$：x 是人，则上面的命题可符号化为

(1) $\forall x(M(x)\rightarrow D(x))$.

(2) $\exists x(M(x)\wedge G(x))$.

注意：本例中，$\forall x(M(x)\rightarrow D(x))$ 是真值为真的命题，但 $\forall x(M(x)\wedge D(x))$ 却是真值为假的命题.

4. 命题符号化

将命题符号化的步骤如下：

(1) 正确理解给定命题，必要时修改命题的叙述，使其中每一个原子命题、原子命题之间的关系能明显表达出来.

(2) 把每一个原子命题分解成个体、谓词和量词；在全总个体域中讨论时，要给出特性谓词.

(3) 找出恰当量词. 应注意全称量词后跟蕴含式，存在量词后跟合取式.

(4) 用恰当的命题联结词把给定命题表示出来.

【例 10.6】 将下列命题符号化(使用全总个体域).

(1) 发光的不都是金子.

(2) 所有运动员都钦佩某些教练.

(3) 凡是实数均能比较大小.

【解】 (1) 设 $P(x)$：x 发光，$G(x)$：x 是金子，则该命题可符号化为

$$\exists x(P(x)\wedge\neg G(x)) \text{ 或 } \neg\forall x(P(x)\rightarrow G(x))$$

(2) 设 $P(x)$：x 是运动员，$T(y)$：y 是教练，$Q(x,y)$：x 钦佩 y，则该命题可符号化为

$$\forall x(P(x)\rightarrow\exists y(T(y)\wedge Q(x,y)))$$

(3) 设 $R(x)$：x 是实数，$G(x,y)$：x 与 y 可比较大小，则该命题可符号化为

$$\forall x\forall y((R(x)\wedge R(y))\rightarrow G(x,y))$$

或者令 $Q(x,y)$：$x\geqslant y$，将命题符号化为

$$\forall x\forall y((R(x)\wedge R(y))\rightarrow(Q(x,y)\vee Q(y,x)))$$

【例 10.7】 将下列命题符号化(使用全总个体域).

(1) 会叫的狗未必咬人.

(2) 没有不犯错误的人.

(3) 尽管有些人聪明,但未必所有人都聪明.

(4) 每列火车都比某些汽车快. 某些汽车比所有的火车慢.

(5) 一切人不是一样高. 不是一切人都一样高.

【解】 (1) 设 $D(x)$: x 是狗, $P(x)$: x 会叫, $Q(x)$: x 咬人,则该命题可符号化为

$$\exists x(D(x) \wedge P(x) \wedge \neg Q(x)) \quad 或 \quad \neg\forall x((D(x) \wedge P(x)) \rightarrow Q(x))$$

(2) 设 $M(x)$: x 是人, $F(x)$: x 犯错误,则该命题可符号化为

$$\neg\exists x(M(x) \wedge \neg F(x))$$

原命题即"每个人都犯错误",又可符号化为

$$\forall x(M(x) \rightarrow F(x))$$

(3) 设 $M(x)$: x 是人, $F(x)$: x 聪明,则该命题可符号化为

$$\exists x(M(x) \wedge F(x)) \wedge \neg\forall x(M(x) \rightarrow F(x))$$

(4) 设 $F(x)$: x 是火车, $G(y)$: y 是汽车, $H(x,y)$: x 比 y 快,则

第一句可符号化为

$$\forall x(F(x) \rightarrow \exists y(G(y) \wedge H(x,y))) \quad 或 \quad \forall x\exists y(F(x) \rightarrow (G(y) \wedge H(x,y)))$$

第二句可符号化为

$$\exists y(G(y) \wedge \forall x(F(x) \rightarrow H(x,y))) \quad 或 \quad \exists y\forall x(G(y) \wedge (F(x) \rightarrow H(x,y)))$$

(5) 设 $M(x)$: x 是人, $G(x,y)$: x 与 y 一样高, $H(x,y)$: x 与 y 相同,则

第一句话可符号化为

$$\forall x\,\forall y((M(x) \wedge M(y) \wedge \neg H(x,y)) \rightarrow \neg G(x,y))$$

第二句话可符号化为

$$\exists x\,\exists y(M(x) \wedge M(y) \wedge \neg G(x,y)) \quad 或 \quad \neg\forall x\forall y((M(x) \wedge M(y)) \rightarrow G(x,y))$$

【例 10.8】 将函数 $f(x)$ 在点 $x=a$ 处连续的定义符号化(使用实数域 **R**).

【解】 设 $P(x,y)$: x 大于 y,于是符号化为

$$\forall \varepsilon\,(P(\varepsilon,0) \rightarrow \exists\delta(P(\delta,0) \wedge \forall x(P(\delta, |x-a|) \rightarrow P(\varepsilon, |f(x)-f(a)|))))$$

10.2 谓词公式的基本概念

1. 谓词公式的定义

定义 10.6 由 n 元谓词 P 和 n 个个体变元 $x_1, x_2, \cdots, x_n$ 构成的简单命题函数 $P(x_1, x_2, \cdots, x_n)$ 称为谓词演算中的**原子谓词公式**.

原子谓词公式是不含联结词和量词的命题函数. 特别当 $n=0$ 时, $P(x_1, x_2, \cdots, x_n)$ 为原子命题 P. 因此,一个原子命题或一个命题变元也是谓词演算中的原子谓词公式.

下面给出谓词演算的谓词公式的递归定义.

定义 10.7 谓词演算的**谓词公式**又称为**合式公式**,由如下递归定义构成:

(1) 原子谓词公式是谓词公式;

(2) 如果 A 是谓词公式,则 $(\neg A)$ 也是谓词公式;

(3) 如果 A 和 B 是谓词公式,则 $(A \wedge B)$, $(A \vee B)$, $(A \rightarrow B)$, $(A \leftrightarrow B)$ 都是谓词公式;

(4) 如果 A 是谓词公式，x 是 A 中的个体变元，则 $\forall xA$ 和 $\exists xA$ 都是谓词公式；

(5) 只有由使用上述 4 条规则有限次而得到的才是谓词公式.

注意：

(1) 谓词公式是由原子谓词公式、命题联结词、量词以及圆括号按照上述规则组成的一个符号串. 为简便起见，公式的最外层括号可以省去. 但若量词后面有括号则不能省略.

(2) 命题演算中的命题公式是谓词公式的一个特例.

【例 10.9】 用谓词公式表示苏格拉底三段论.

【解】 设 $M(x)$：x 是人，$D(x)$：x 是要死的，a：苏格拉底，则三段论可表示为

$$(\forall x(M(x) \to D(x)) \land M(a)) \to D(a)$$

【例 10.10】 给出"不管黑猫白猫，抓住老鼠就是好猫."的谓词公式表示形式.

【解】 设 $C(x)$：x 是猫，$B(x)$：x 是黑的，$W(x)$：x 是白的，$G(x)$：x 是好的，$M(x)$：x 是老鼠，$K(x,y)$：x 抓住 y，命题可表示为

$$\forall x \forall y(C(x) \land M(y) \land (B(x) \lor W(x)) \land K(x,y) \to G(x))$$

2. 约束变元和自由变元

个体变元有自由变元和约束变元之分.

定义 10.8 谓词公式中出现在量词后面的个体变元称为该量词的**作用变元**或**指导变元**. 每个量词后面的最短公式称为该量词的**辖域**或**作用域**. 在量词辖域中指导变元的一切出现都称为**约束出现**，约束出现的变元称为**约束变元**. 在谓词公式中，除约束变元外所出现的个体变元都称为**自由变元**，自由变元的出现称为**自由出现**.

注意：

(1) 从约束变元的概念可以看出，若 $P(x_1, x_2, \cdots, x_n)$ 是 n 元谓词函数，它有 n 个相互独立的自由变元，当对其中 k 个变元进行约束时，则其变成一个 $n-k$ 元谓词函数.

(2) 谓词公式中如果没有自由变元出现，则该公式就成为一个命题公式.

(3) 谓词公式中量词辖域的求法：

① 若量词后有括号，则在括号内的公式即为此量词的辖域.

② 若量词后无括号，则量词后最短的公式为此量词的辖域.

【例 10.11】 设 $Q(x)$：x 是有理数，$F(x)$：x 可以表示为分数，则"凡是有理数都可以表示成分数."可符号化表示为 $\forall x(Q(x) \to F(x))$. 因为公式中无自由变元，所以它是一个真值确定的命题.

【例 10.12】 设 $H(x)$：x 是人，$M(y)$：y 是药物，$S(x,y)$：x 对 y 过敏，则"某些人对某些药物过敏."可符号化表示为 $\exists x \exists y(H(x) \land M(y) \land S(x,y))$. 因为公式中无自由变元，所以它也是一个真值确定的命题.

【例 10.13】 指出下列各公式中量词的辖域及自由变元和约束变元.

(1) $\exists x \forall y((P(x) \land Q(y)) \to \forall zR(z))$.

(2) $\forall x(P(x,y) \to \exists yQ(x,y,z)) \land S(x,z)$.

【解】 (1) $\forall y((P(x) \land Q(y)) \to \forall zR(z))$ 是 $\exists x$ 的辖域.

$(P(x)\land Q(y))\to\forall zR(z)$是$\forall y$的辖域.

$R(z)$是$\forall z$的辖域.

变元x,y,z在公式中的所有出现均是约束出现,故它们均是约束变元.

(2) $P(x,y)\to\exists yQ(x,y,z)$是$\forall x$的辖域.

在这一部分中,变元x是约束出现,故x是约束变元. 在$P(x,y)$中的变元y是自由出现,故y为自由变元.

但$Q(x,y,z)$是$\exists y$的辖域,因而在$Q(x,y,z)$中变元y是约束出现,故此时y是约束变元,变元z是自由变元.

在$S(x,z)$中变元x,z都是自由变元.

由此例可以看出,有时一个变元在同一个公式中既有约束出现又有自由出现,为避免由此而产生混淆,可以对约束变元或对自由变元进行更改,使得一个变元在一个公式中只有一种形式出现.

3. 换名规则和代入规则

一个公式中的约束变元的符号是无关紧要的,如在$\exists xA(x)$中将约束变元改为y,得公式$\exists yA(y)$,与前述公式具有相同的意义. 因此,可对约束变元进行更改,使得一个变元在一个公式中只有一种形式出现,这种更改称为换名.

(1) **换名规则.**

对于谓词公式中的约束变元可以换名,换名时须对该约束变元在量词及其辖域中的所有出现同时更改,公式的其余部分不变. 换名时,一定要更改为该量词辖域中没有出现过的符号,最好是整个公式中未出现过的符号.

【例 10.14】 对公式$\forall x(P(x,y)\to\exists yQ(x,y,z))\land S(x,z)$进行换名,使各变元只有一种形式出现.

【解】 公式中变元x,y既是约束变元又是自由变元.

将约束变元x,y分别换名为u,v得

$$\forall u(P(u,y)\to\exists vQ(u,v,z))\land S(x,z)$$

式中,u,v是约束变元,x,y,z均是自由变元.

错误法:

$$\forall u(P(u,v)\to\exists vQ(u,v,z))\land S(x,z)$$

$$\forall u(P(u,y)\to\exists zQ(u,z,z))\land S(x,z)$$

对于公式中的自由变元也允许更改,这种更改称为代入.

(2) **代入规则.**

对于谓词公式中的自由变元可以代入,代入时须对该自由变元的所有自由出现同时进行代入. 代入时所选用的变元符号与原公式中所有变元的符号不能相同.

例如,对例 10.14 中公式$\forall x(P(x,y)\to\exists yQ(x,y,z))\land S(x,z)$的$x,y$的自由出现分别用$w,t$代入得

$$\forall x(P(x,t)\to\exists yQ(x,y,z))\land S(w,z)$$

换名规则与代入规则的主要区别如表 10.1 所示.

表 10.1

	换名规则	代入规则
对象	约束变元	自由变元
范围	一个量词及其辖域内	整个公式
符号	辖域内出现的符号以外，最好与公式中的符号不同	整个公式中出现的符号以外

10.3 谓词公式的等值关系与蕴含关系

10.3.1 谓词公式的类型

一个谓词公式一般含有个体变元、命题变元和谓词，只有当公式中的自由变元用某个体域中确定的个体代入、命题变元用确定的命题代入后，原公式才变成为一个命题.

定义 10.9 一组代入到谓词公式中并使得谓词公式成为命题的确定的个体和命题称为公式的**一组指派**或**赋值**.

注意：*对命题变元的指派为真值指派；对自由变元的指派为非真值指派.*

定义 10.10 如果对于谓词公式 G 的任一组指派，公式 G 的值总为真，则称 G 为**永真公式**或**重言式**，用 1 表示. 如果对于公式 G 的任一组指派，公式 G 的值总为假，则称 G 为**永假公式**或**矛盾式**或**不可满足公式**，用 0 表示. 如果至少存在着一组指派，使公式 G 的值为真，则称 G 为**可满足的公式**.

与命题公式的类型一样，永真公式的否定为永假公式，永假公式的否定为永真公式，永真公式为可满足公式.

【例 10.15】 试说明下列各公式的类型(全总个体域)：

(1) $\forall xF(x)\rightarrow F(y)$.

(2) $\exists xF(x)\rightarrow F(y)$.

(3) $F(x)$ (其中 $F(x)$：$x+6=5$).

(4) $\exists x(F(x)\land\neg F(x))$.

【解】 首先找出公式中所有的自由变元和命题变元，然后针对指派进行讨论.

(1) 永真公式.

(2) 非永真的可满足公式.

(3) 非永真的可满足公式.

(4) 永假公式.

【例 10.16】 试说明下列各公式的类型：

(1) $\forall x\exists yP(x,y)\land Q$.

(2) $\forall x\forall y(P(x,y)\land\neg P(x,y))$.

(3) $(P(x,y)\lor\neg P(x,y))\land(Q\lor\neg Q)$.

(4) $P(x,y)$.

其中 x,y 的个体域为 $\mathbf{R}$，谓词 $P(x,y)$：$x=y$，Q 是命题变元.

【解】 (1)非永真的可满足公式;(2)永假公式;(3)永真公式;(4)非永真的可满足公式.

当谓词公式 G 的个体域有限时,可用真值表来判定谓词公式 G 是否是永真公式.

【例 10.17】 判断公式 G: $(Q \vee \neg Q) \wedge (P(x) \wedge \exists x P(x))$ 的类型. 其中,x 的个体域为 $\{3,4\}$,Q 为命题变元,$P(x)$: x 是奇数.

【解】 列出公式 G 的真值表如表 10.2 所示.

表 10.2

Q x	$P(x)$	$\exists x P(x)$	$Q \vee \neg Q$	$P(x) \wedge \exists x P(x)$	**G**
0 3	1	1	1	1	**1**
0 4	0	1	1	0	**0**
1 3	1	1	1	1	**1**
1 4	0	1	1	0	**0**

由真值表可知,G 是非永真的可满足公式.

注意:当个体域的基数较大时,一般用演算方法.

10.3.2 谓词公式间的等值与蕴含关系

定义 10.11 设 A,B 是两个公式,它们有共同的个体域 D,若对于 A 和 B 的任意一组指派,两公式都具有相同的真值,则称在 D 上 **A 和 B 等值**,记作 $A \Leftrightarrow B$.

定义 10.12 设 A,B 是两个公式,它们有共同的个体域 D,若在 D 上 $A \rightarrow B \Leftrightarrow 1$,则称在 D 上 **A 蕴含 B**,记作 $A \Rightarrow B$.

注意:

(1) 当个体域是有限集时,原则上可以用真值表判断两公式是否有等值关系或有蕴含关系.

(2) 当个体域是有限集合时,量词可以被消除掉.

设个体域 $D=\{a_1,a_2,\cdots,a_n\}$.

① 包含有全称量词的谓词公式 $\forall x A(x)$ 表示 $a_1,a_2,\cdots,a_n$ 都有性质 A,相当于 $A(a_1)$ 且 $A(a_2)$ 且…且 $A(a_n)$,因此

$$\forall x A(x) \Leftrightarrow A(a_1) \wedge A(a_2) \wedge \cdots \wedge A(a_n) \tag{10.1}$$

因为 $A(a_i)(i=1,2,\cdots,n)$ 中都没有个体变元,也没有量词,所以这一合取式实际上是命题演算中的命题公式.

② 包含有存在量词的谓词公式 $\exists x A(x)$ 表示 $a_1,a_2,\cdots,a_n$ 至少有一个具有性质 A,相当于 $A(a_1)$ 或 $A(a_2)$ 或…或 $A(a_n)$,因此

$$\exists x A(x) \Leftrightarrow A(a_1) \vee A(a_2) \vee \cdots \vee A(a_n) \tag{10.2}$$

同样地,这一析取式也是命题演算中的命题公式.

(3) 在后面的学习中,不妨把 $\forall x A(x)$ 理解为命题逻辑中的合取式在谓词逻辑中的延伸,而 $\exists x A(x)$ 理解为命题逻辑中的析取式在谓词逻辑中的延伸,这将有助于理解和记忆谓

词演算中的等值式和蕴含式.

(4) 如果一个谓词公式中包含有多个量词，则可以从里到外用上述方法将量词逐个消去，从而使公式转换成命题演算中的命题公式. 例如，设个体域为$\{1,2\}$，则$\forall x\,\exists y(A(x)\lor B(y))$消去量词如下：

$$\forall x\,\exists y(A(x)\lor B(y))\Leftrightarrow\forall x((A(x)\lor B(1))\lor(A(x)\lor B(2)))$$
$$\Leftrightarrow((A(1)\lor B(1))\lor(A(1)\lor B(2)))\land((A(2)\lor B(1))\lor(A(2)\lor B(2)))$$
$$\Leftrightarrow(A(1)\lor B(1)\lor B(2))\land(A(2)\lor B(1)\lor B(2)).$$

(5) 但当个体域中元素很多甚至为无限集时，这个方法就变得不实际甚至不可能了. 因此，给出一些基本的永真公式，然后以它们为基础进行推导.

下面讨论谓词演算的一些基本等值式和蕴含式.

1. 命题重言式的推广

在命题演算的重言式中，同一命题变元当用同一命题公式代换时，其结果仍是重言式. 对命题演算中的重言式，若将每一个命题变元分别代换为谓词公式，则结果如何呢？

定理 10.1 对命题演算中的重言式，若将每一个命题变元分别代换为谓词公式，则得到的是谓词演算中的永真公式.

因此，命题演算中的基本等值式在谓词演算中仍然成立.

例如，$\neg(P\lor Q)\leftrightarrow\neg P\land\neg Q$是重言式，若用$\forall xP(x)$，$\exists xQ(x)$分别代换$P$和$Q$，即可得到永真公式$\neg(\forall xP(x)\lor\exists xQ(x))\leftrightarrow(\neg\forall xP(x)\land\neg\exists xQ(x))$.

又如，因为$P\to Q\Leftrightarrow\neg P\lor Q$，所以$A(x)\to B(x,y)\Leftrightarrow\neg A(x)\lor B(x,y)$.

再如，因为$P\Leftrightarrow P\land P$，所以$A(x)\Leftrightarrow A(x)\land A(x)$.

【思考 10.2】 命题演算中的基本蕴含式，若将每一个命题变元分别代换为谓词公式，则得到的是否是谓词演算中的蕴含式？

2. 量词转换的等值式

定理 10.2 设$A(x)$为任意一个含自由变元x的公式，则有

(1) $\neg\forall xA(x)\Leftrightarrow\exists x\,\neg A(x)$.

(2) $\neg\exists xA(x)\Leftrightarrow\forall x\,\neg A(x)$.

下面仅对个体域是有限集的情形给出其证明.

证明 设个体域$D=\{a_1,a_2,\cdots,a_n\}$，则

$$\neg\forall xA(x)\Leftrightarrow\neg(A(a_1)\land A(a_2)\land\cdots\land A(a_n))$$
$$\Leftrightarrow\neg A(a_1)\lor\neg A(a_2)\lor\cdots\lor\neg A(a_n)$$
$$\Leftrightarrow\exists x\,\neg A(x)$$
$$\neg\exists xA(x)\Leftrightarrow\neg(A(a_1)\lor A(a_2)\lor\cdots\lor A(a_n))$$
$$\Leftrightarrow\neg A(a_1)\land\neg A(a_2)\land\cdots\land\neg A(a_n)$$
$$\Leftrightarrow\forall x\,\neg A(x)\ \blacksquare$$

由这两个等值式可知：

(1) 在谓词演算中只要有一个量词就够了.

(2) 量词前面的否定符号可深入至量词辖域内，但与此同时必须将存在量词和全称量

词作对换.

3. 量词辖域扩张与收缩的等值式

定理 10.3 设 $A(x)$为任意一个含自由变元 x 的公式,则有

(1) $\forall x(A(x) \vee B) \Leftrightarrow \forall x A(x) \vee B$.

(2) $\forall x(A(x) \wedge B) \Leftrightarrow \forall x A(x) \wedge B$.

(3) $\exists x(A(x) \vee B) \Leftrightarrow \exists x A(x) \vee B$.

(4) $\exists x(A(x) \wedge B) \Leftrightarrow \exists x A(x) \wedge B$.

其中 B 是任意一个不含有变元 x 的公式.

证明 以(1)为例证明如下:

设个体域 $D=\{a_1,a_2,\cdots,a_n\}$,则

$$\begin{aligned}\forall x(A(x) \vee B) &\Leftrightarrow (A(a_1) \vee B) \wedge (A(a_2) \vee B) \wedge \cdots \wedge (A(a_n) \vee B)\\ &\Leftrightarrow (A(a_1) \wedge A(a_2) \wedge \cdots \wedge A(a_n)) \vee B\\ &\Leftrightarrow \forall x A(x) \vee B \ \blacksquare\end{aligned}$$

推论 10.1 设 $A(x)$为任意一个含自由变元 x 的公式,则有

(1) $\forall x(A(x) \to B) \Leftrightarrow \exists x A(x) \to B$.

(2) $\forall x(B \to A(x)) \Leftrightarrow B \to \forall x A(x)$.

(3) $\exists x(A(x) \to B) \Leftrightarrow \forall x A(x) \to B$.

(4) $\exists x(B \to A(x)) \Leftrightarrow B \to \exists x A(x)$.

其中 B 是任意一个不含有变元 x 的公式.

证明 以(1)为例证明如下:

$$\begin{aligned}\forall x(A(x) \to B) &\Leftrightarrow \forall x(\neg A(x) \vee B)\\ &\Leftrightarrow \forall x \neg A(x) \vee B\\ &\Leftrightarrow \neg \exists x A(x) \vee B\\ &\Leftrightarrow \exists x A(x) \to B \ \blacksquare\end{aligned}$$

4. 量词分配等值式与蕴含式

定理 10.4 设 $A(x)$和 $B(x)$为任意只含自由变元 x 的公式,则有

(1) $\forall x(A(x) \wedge B(x)) \Leftrightarrow \forall x A(x) \wedge \forall x B(x)$.

(2) $\exists x(A(x) \vee B(x)) \Leftrightarrow \exists x A(x) \vee \exists x B(x)$.

(3) $\exists x(A(x) \wedge B(x)) \Rightarrow \exists x A(x) \wedge \exists x B(x)$.

(4) $\forall x A(x) \vee \forall x B(x) \Rightarrow \forall x(A(x) \vee B(x))$.

证明 (1) 设个体域 $D=\{a_1,a_2,\cdots,a_n\}$,则

$$\begin{aligned}\forall x(A(x) \wedge B(x)) &\Leftrightarrow (A(a_1) \wedge B(a_1)) \wedge (A(a_2) \wedge B(a_2)) \wedge \cdots \wedge (A(a_n) \wedge B(a_n))\\ &\Leftrightarrow (A(a_1) \wedge A(a_2) \wedge \cdots \wedge A(a_n)) \wedge (B(a_1) \wedge B(a_2) \wedge \cdots \wedge B(a_n))\\ &\Leftrightarrow \forall x A(x) \wedge \forall x B(x).\end{aligned}$$

(2) 由(1)得

$$\forall x(\neg A(x) \wedge \neg B(x)) \Leftrightarrow \forall x \neg A(x) \wedge \forall x \neg B(x)$$

即$\forall x\neg(A(x)\vee B(x))\Leftrightarrow\neg\exists xA(x)\wedge\neg\exists xB(x)$，即$\neg\exists x(A(x)\vee B(x))\Leftrightarrow\neg(\exists xA(x)\vee\exists xB(x))$.
故$\exists x(A(x)\vee B(x))\Leftrightarrow\exists xA(x)\vee\exists xB(x)$.

(3) 设$\exists x(A(x)\wedge B(x))$为真，则存在个体域中个体 c，使 $A(c)\wedge B(c)$为真，即 $A(c)$为真且 $B(c)$为真，因此$\exists xA(x)$为真且$\exists xB(x)$为真，因而$\exists xA(x)\wedge\exists xB(x)$为真，于是

$$\exists x(A(x)\wedge B(x))\rightarrow\exists xA(x)\wedge\exists xB(x)$$

为真. 依定义知

$$\exists x(A(x)\wedge B(x))\Rightarrow\exists xA(x)\wedge\exists xB(x)$$

(4) 由(3)得

$$\exists x(\neg A(x)\wedge\neg B(x))\Rightarrow\exists x\neg A(x)\wedge\exists x\neg B(x)$$

即$\exists x(\neg(A(x)\vee B(x)))\Rightarrow\neg\forall xA(x)\wedge\neg\forall xB(x)$，即$\neg\forall x(A(x)\vee B(x))\Rightarrow\neg(\forall xA(x)\vee\forall xB(x))$. 故$\forall xA(x)\vee\forall xB(x)\Rightarrow\forall x(A(x)\vee B(x))$. ■

5. 量词与联结词的关系

定理 10.5 设 $A(x)$和 $B(x)$为任意只含自由变元 x 的公式，则有

(1) $\exists xA(x)\rightarrow\forall xB(x)\Rightarrow\forall x(A(x)\rightarrow B(x))$.

(2) $\forall x(A(x)\rightarrow B(x))\Rightarrow\forall xA(x)\rightarrow\forall xB(x)$.

(3) $\forall x(A(x)\rightarrow B(x))\Rightarrow\exists xA(x)\rightarrow\exists xB(x)$.

(4) $\exists x(A(x)\rightarrow B(x))\Leftrightarrow\forall xA(x)\rightarrow\exists xB(x)$.

(5) $\forall x(A(x)\leftrightarrow B(x))\Rightarrow\forall xA(x)\leftrightarrow\forall xB(x)$.

证明 以(1),(2)为例证明如下.

(1) $\exists xA(x)\rightarrow\forall xB(x)$

$\Leftrightarrow\neg\exists xA(x)\vee\forall xB(x)$

$\Leftrightarrow\forall x\neg A(x)\vee\forall xB(x)$

$\Rightarrow\forall x(\neg A(x)\vee B(x))$

$\Leftrightarrow\forall x(A(x)\rightarrow B(x))$

(2) 设$\forall xA(x)\rightarrow\forall xB(x)$为假，则$\forall xA(x)$为真，$\forall xB(x)$为假.
因此在个体域中必存在某个体 a 使 $B(a)$为假，但 $A(a)$为真.
于是 $A(a)\rightarrow B(a)$为假. 因此$\forall x(A(x)\rightarrow B(x))$为假.
由此$\forall x(A(x)\rightarrow B(x))\rightarrow(\forall xA(x)\rightarrow\forall xB(x))$永真.
故$\forall x(A(x)\rightarrow B(x))\Rightarrow\forall xA(x)\rightarrow\forall xB(x)$. ■

6. 两个量词间的排列次序

相同量词间的次序可以任意调动，不同量词间的次序不能随意调动.

定理 10.6 设 $A(x,y)$和 $B(x,y)$为任意只含自由变元 x,y 的公式，则有

(1) $\forall x\forall yA(x,y)\Leftrightarrow\forall y\forall xA(x,y)$.

(2) $\exists x\exists yA(x,y)\Leftrightarrow\exists y\exists xA(x,y)$.

(3) $\forall x\forall yA(x,y)\Rightarrow\exists y\forall xA(x,y)$.

(4) $\forall y\forall xA(x,y)\Rightarrow\exists x\forall yA(x,y)$.

(5) $\forall x\exists yA(x,y)\Rightarrow\exists y\exists xA(x,y)$.

(6) $\forall y\exists xA(x,y)\Rightarrow\exists x\exists yA(x,y)$.

(7) $\exists y\forall xA(x,y)\Rightarrow\forall x\exists yA(x,y)$.

(8) $\exists x\forall yA(x,y)\Rightarrow\forall y\exists xA(x,y)$.

它们之间的关系如图 10.1 所示.

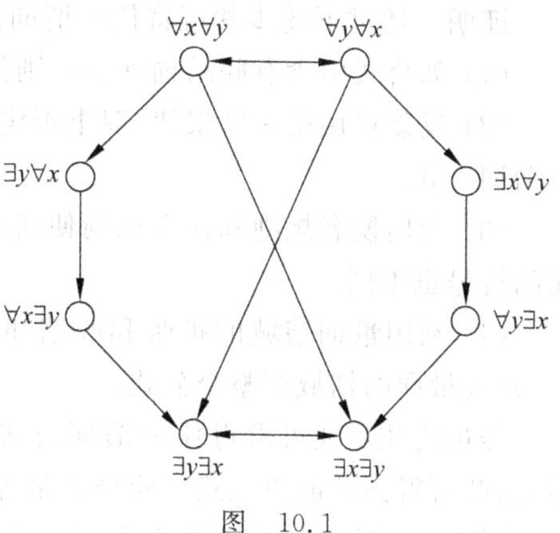

图 10.1

记忆方法:

从第 1 行变到第 2 行: $\forall x\forall y$ 到 $\exists y\forall x$, $\forall y\forall x$ 到 $\exists x\forall y$.

从第 3 行变到第 4 行: $\forall x\exists y$ 到 $\exists y\exists x$, $\forall y\exists x$ 到 $\exists x\exists y$.

从第 2 行变到第 3 行: $\exists y\forall x$ 到 $\forall x\exists y$, $\exists x\forall y$ 到 $\forall y\exists x$.

从第 1 行变到第 4 行: $\forall x\forall y$ 到 $\exists x\exists y$, $\forall y\forall x$ 到 $\exists y\exists x$.

10.3.3 谓词公式的对偶

定义 10.13 设 A 是不含联结词→及↔的谓词公式,则在其中以联结词∧,∨分别代换∨,∧,以量词∀,∃分别代换∃,∀,以常量 0,1 分别代换 1,0 后所得到的公式称为 A 的**对偶公式**,记作 A^D.

例如,公式 $\forall y\exists x(P(x,y)\land Q(x,y))\lor 1$ 的对偶公式为 $\exists y\forall x(P(x,y)\lor Q(x,y))\land 0$.

定理 10.7(对偶原理) 设 A,B 是两个不含联结词"→"和"↔"的谓词公式.

(1) 若 $A\Rightarrow B$,则 $B^D\Rightarrow A^D$.

(2) 若 $A\Leftrightarrow B$,则 $A^D\Leftrightarrow B^D$.

利用对偶原理可以帮助我们记忆定理 10.2~定理 10.6 中的各等值式和蕴含式.

10.4 谓词公式的范式

类似于命题演算中命题公式的规范化,对于谓词演算中的任一谓词公式,也可以化为与之等值的范式.

10.4.1 前束范式

定义 10.14 一个谓词公式,如果它的所有量词均非否定地出现在公式的最前面,且它们的辖域一直延伸到公式的末尾,则称这种形式的公式为**前束范式**,记为

$$Q_1x_1Q_2x_2\cdots Q_kx_kM \tag{10.3}$$

其中,$Q_i\in\{\forall,\exists\}(1\leqslant i\leqslant k)$,$M$ 为不含量词的谓词公式. $Q_1x_1Q_2x_2\cdots Q_kx_k$ 称为**首标**,M 称为**母式**.

例如: $\forall x\exists y\forall z(P(x)\to Q(y)\land R(x,z))$, $\exists x\forall y\forall z((P(x,y)\land(\neg Q(x)))\to(R(y,z)\lor(\neg Q(x))))$, $P(x,y,z)$ 都是前束范式,而 $\forall xP(x)\to\exists yQ(y)$ 不是前束范式.

定理 10.8 任一谓词公式都可以化为与之等值的前束范式.

证明 通过下述步骤可将任一谓词公式化为与之等值的前束范式:

(1) 如公式中含有联结词→、↔,则消去联结词→、↔.

(2) 反复运用德·摩根律、双重否定律以及量词否定律,将否定联结词¬向内深入到原子谓词公式.

(3) 利用换名规则和代入规则使所有约束变元的符号均不同,并且自由变元与约束变元的符号也不同.

(4) 利用量词辖域的扩张和收缩律将所有量词以在公式中出现的顺序移到公式最前面,扩大量词的辖域至整个公式.

经过这几步便可求得任一谓词公式的前束范式. 由于每一步变换都保持着等值的关系,因此所得到的前束范式与原公式是等值的. ■

【例 10.18】 求谓词公式 A: $(\forall xP(x)\vee\exists yQ(y))\to\forall xR(x)$的前束范式.

【解】 $A\Leftrightarrow\neg(\forall xP(x)\vee\exists yQ(y))\vee\forall xR(x)$ 消去联结词→

$\Leftrightarrow(\neg\forall xP(x)\wedge\neg\exists yQ(y))\vee\forall xR(x)$ 向内深入

$\Leftrightarrow(\neg\forall xP(x)\wedge\neg\exists yQ(y))\vee\forall zR(z)$ 换名规则

$\Leftrightarrow(\exists x\neg P(x)\wedge\forall y\neg Q(y))\vee\forall zR(z)$ 量词转换

$\Leftrightarrow\exists x(\neg P(x)\wedge\forall y\neg Q(y))\vee\forall zR(z)$ 量词辖域扩张

$\Leftrightarrow\exists x\forall y(\neg P(x)\wedge\neg Q(y))\vee\forall zR(z)$ 量词辖域扩张

$\Leftrightarrow\exists x\forall y\,\forall z((\neg P(x)\wedge\neg Q(y))\vee R(z))$ 量词辖域扩张

【例 10.19】 求谓词公式 B: $(\forall xP(x,y)\to\exists yQ(y))\to\forall xR(x,y)$的前束范式.

【解】 $B\Leftrightarrow(\forall xP(x,t)\to\exists yQ(y))\to\forall xR(x,t)$ 代入规则

$\Leftrightarrow(\forall xP(x,t)\to\exists yQ(y))\to\forall zR(z,t)$ 换名规则

$\Leftrightarrow\neg(\neg\forall xP(x,t)\vee\exists yQ(y))\vee\forall zR(z,t)$ 消去联结词→

$\Leftrightarrow(\forall xP(x,t)\wedge\neg\exists yQ(y))\vee\forall zR(z,t)$ 向内深入

$\Leftrightarrow(\forall xP(x,t)\wedge\forall y\neg Q(y))\vee\forall zR(z,t)$ 量词转换

$\Leftrightarrow\forall x(P(x,t)\wedge\forall y\neg Q(y))\vee\forall zR(z,t)$ 量词辖域扩张

$\Leftrightarrow\forall x\forall y(P(x,t)\wedge\neg Q(y))\vee\forall zR(z,t)$ 量词辖域扩张

$\Leftrightarrow\forall x\forall y\,\forall z((P(x,t)\wedge\neg Q(y))(\vee R(z,t))$ 量词辖域扩张

注意:

(1) 在求给定谓词公式的前束范式时,由于进行等值演算时顺序不同以及有时约束变元换名与否都可以演算下去,对量词左移的次序没有机械地规定,对于尾部也没有进一步的要求,因此该公式的前束范式可以不唯一.

(2) 由于在谓词逻辑中的判定问题无解,因此前束范式并不像命题逻辑中的范式那样能解决判定问题. 前束范式只是使公式的形式比较整齐规范,为判定工作提供一些方便.

10.4.2 前束合取范式与前束析取范式

定义 10.15 设谓词公式 A 是一前束范式,

(1) 若 A 的母式具有形式:

$$(A_{11} \vee A_{12} \vee \cdots \vee A_{1n_1}) \wedge \cdots \wedge (A_{m1} \vee A_{m2} \vee \cdots \vee A_{mn_m}) \quad (10.4)$$

其中 A_{ij} 是原子谓词公式或其否定,则称 A 是**前束合取范式**.

(2) 若 A 的母式具有形式:

$$(A_{11} \wedge A_{12} \wedge \cdots \wedge A_{1n_1}) \vee \cdots \vee (A_{m1} \wedge A_{m2} \wedge \cdots \wedge A_{mn_m}) \quad (10.5)$$

其中 A_{ij} 是原子谓词公式或其否定,则称 A 是**前束析取范式**.

例如,$\forall x \exists y \forall z((P(x,y) \vee \neg R(x,z)) \wedge (\neg Q(y,z) \vee \neg P(x,y)))$是前束合取范式;$\exists x \forall z \forall y(S(x,z) \vee (\neg P(x,y) \wedge Q(y,z)))$是前束析取范式.

定理 10.9 每个谓词公式 A 均可以变换为与它等值的前束合取范式和前束析取范式.

证明 将一个公式化为前束合取范式或前束析取范式时,只需在前面求前束范式的(1)~(4)四个步骤基础上再增加下面步骤:

(5) 利用分配律将公式化为前束合取范式或前束析取范式. ■

【例 10.20】 将 A: $\forall x(P(x) \leftrightarrow Q(x,y)) \rightarrow (\neg \exists x R(x) \wedge \exists z S(z))$化为前束合取范式和前束析取范式.

【解】 (1) 消去联结词"→""↔":

$$A \Leftrightarrow \forall x((P(x) \rightarrow Q(x,y)) \wedge (Q(x,y) \rightarrow P(x))) \rightarrow (\neg \exists x R(x) \wedge \exists z S(z))$$
$$\Leftrightarrow \neg \forall x((\neg P(x) \vee Q(x,y)) \wedge (\neg Q(x,y) \vee P(x))) \vee (\neg \exists x R(x) \wedge \exists z S(z))$$

(2) 将联结词"¬"深入至原子谓词公式:

$$A \Leftrightarrow \exists x(\neg(\neg P(x) \vee Q(x,y)) \vee \neg(\neg Q(x,y) \vee P(x))) \vee (\forall x \neg R(x) \wedge \exists z S(z))$$
$$\Leftrightarrow \exists x((P(x) \wedge \neg Q(x,y)) \vee (Q(x,y) \wedge \neg P(x))) \vee (\forall x \neg R(x) \wedge \exists z S(z))$$

(3) 换名:

$$A \Leftrightarrow \exists x((P(x) \wedge \neg Q(x,y)) \vee (Q(x,y) \wedge \neg P(x))) \vee (\forall t \neg R(t) \wedge \exists z S(z))$$

(4) 将量词提到公式前:

$$A \Leftrightarrow \exists x((P(x) \wedge \neg Q(x,y)) \vee (Q(x,y) \wedge \neg P(x))) \vee \forall t \exists z(\neg R(t) \wedge S(z))$$
$$\Leftrightarrow \exists x \forall t \exists z((P(x) \wedge \neg Q(x,y)) \vee (Q(x,y) \wedge \neg P(x)) \vee (\neg R(t) \wedge S(z)))$$

至此,已得 A 的前束析取范式.

(5) 利用分配律化其为前束合取范式:

$$A \Leftrightarrow \exists x \forall t \exists z(((P(x) \vee Q(x,y)) \wedge (\neg Q(x,y) \vee \neg P(x))) \vee (\neg R(t) \wedge S(z)))$$
$$\Leftrightarrow \exists x \forall t \exists z((P(x) \vee Q(x,y) \vee \neg R(t)) \wedge (Q(x,y) \vee P(x) \vee S(z))$$
$$\wedge (\neg Q(x,y) \vee \neg P(x) \vee \neg R(t)) \wedge (\neg Q(x,y) \vee \neg P(x) \vee S(z)))$$

【例 10.21】 求等值于$\forall x(P(x) \rightarrow \forall y(\forall z Q(x,y) \rightarrow \neg \forall z R(y,x)))$的前束合取范式和前束析取范式.

【解】 $\forall x(P(x) \rightarrow \forall y(\forall z Q(x,y) \rightarrow \neg \forall z R(y,x)))$

$$\Leftrightarrow \forall x(\neg P(x) \vee \forall y(Q(x,y) \rightarrow \neg R(y,x)))$$
$$\Leftrightarrow \forall x \forall y(\neg P(x) \vee \neg Q(x,y) \vee \neg R(y,x)) \quad \text{(前束合取范式)}$$

$$\Leftrightarrow \forall x \forall y((\neg P(x) \wedge \neg Q(x,y) \wedge \neg R(y,x)) \vee (P(x) \wedge Q(x,y) \wedge \neg R(y,x))$$
$$\vee (P(x) \wedge \neg Q(x,y) \wedge R(y,x)) \vee (\neg P(x) \wedge Q(x,y) \wedge R(y,x))$$
$$\vee (\neg P(x) \wedge \neg Q(x,y) \wedge R(y,x)) \vee (\neg P(x) \wedge Q(x,y) \wedge \neg R(y,x))$$
$$\vee (P(x) \wedge \neg Q(x,y) \wedge \neg R(y,x))) \quad \text{(前束析取范式)}$$

*10.4.3 斯柯林范式

前束合(析)取范式的优点在于它的量词全部集中在公式的首部,公式的其余部分实际上是一个命题演算公式,这就为谓词公式提供了一种规范的形式,从而将公式形式的范围缩小,给研究工作提供了一定的方便.

但前束范式的不足之处是首标中杂乱无章,全称量词与存在量词无一定的排列规则.

下面再引入前束首标都是某种特定类型量词的斯柯林(Thoralf Albert Skolem,1887—1963,挪威数学家)范式.

定义 10.16 首标中不含存在量词且公式不出现自由变元的前束范式称为**斯柯林范式**.

定理 10.10 每个谓词公式 A 均可以变换为斯柯林范式.

证明 由定理 10.8 知,任一谓词公式 A 均可以变换为与它等值的前束范式,因此可假定公式 A 已是前束范式

$$A \Leftrightarrow Q_1 x_1 Q_2 x_2 \cdots Q_n x_n G(x_1, x_2, \cdots, x_n) \tag{10.6}$$

其中首标 $Q_i x_i$ 为 $\forall x_i$ 或 $\exists x_i (1 \leqslant i \leqslant n)$,公式 G 中不含量词. 现可进行如下的斯柯林变换消去首标中的存在量词:

(1) 若 $\exists x_k (1 \leqslant k \leqslant n)$ 左边没有全称量词,则取不在 G 中出现过的个体常元 c 替换 G 中所有的 x_k,并删除首标中的 $\exists x_k$.

(2) 若 $\exists x_k (1 \leqslant k \leqslant n)$ 左边有全称量词

$$\forall x_{s_1} \forall x_{s_2} \cdots \forall x_{s_r} \quad (1 \leqslant r, 1 \leqslant s_1 < s_2 < \cdots < s_r < k) \tag{10.7}$$

则取不在 G 中出现过的 r 元函数 $f_r(x_{s_1}, x_{s_2}, \cdots, x_{s_r})$ 替换 G 中所有的 x_k,并删除首标中的 $\exists x_k$.

反复执行(1)和(2)的变换,直至删除首标中的所有存在量词,即得到不含存在量词的斯柯林范式. 其中用来替换 x_k 的个体常元和函数符号称为关于公式 A 的**斯柯林函数**. ■

【例 10.22】 求 $\exists x \forall y \forall z \exists u \forall v \exists w G(x,y,z,u,v,w)$ 的斯柯林范式.

【解】 用 a 替换 x,删除 $\exists x$ 得

$$\forall y \forall z \exists u \forall v \exists w G(a,y,z,u,v,w)$$

用 $f(y,z)$ 替换 u,删除 $\exists u$ 得

$$\forall y \forall z \forall v \exists w G(a,y,z,f(y,z),v,w)$$

用 $h(y,z,v)$ 替换 w,删除 $\exists w$ 得

$$\forall y \forall z \forall v G(a,y,z,f(y,z),v,h(y,z,v))$$

定理 10.11 设公式 S 是谓词公式 A 的斯柯林范式,则公式 A 是永假式当且仅当公式 S 是永假式.

证明 (1) 设 A 的前束范式为 P,即

$$P \Leftrightarrow Q_1 x_1 Q_2 x_2 \cdots Q_n x_n G(x_1, x_2, \cdots, x_n)$$

并设 Q_k 是 P 的前束词中从左往右数的第一个存在量词,令

$$P' \Leftrightarrow \forall x_1 \cdots \forall x_{k-1} Q_{k+1} x_{k+1} \cdots Q_n x_n G(x_1, \cdots, x_{k-1}, f(x_1, \cdots, x_{k-1}), x_{k+1}, \cdots, x_n)$$

其中,f 是替换 x_k 的斯柯林函数.

可以证明 P 是永假式当且仅当 P' 是永假式.

事实上，若 P 是永假式，而假设 P' 不是永假式，则存在某指派 E，使 P' 为真，则对个体域 D 中任意的元素 $x_{01},\cdots,x_{0k-1}$ 至少存在一个 $f(x_{01},\cdots,x_{0k-1})\in D$，使得

$$Q_{k+1}x_{k+1}\cdots Q_n x_n G(x_{01},\cdots,x_{0k-1},f(x_{01},\cdots,x_{0k-1}),x_{k+1},\cdots,x_n)$$

在 E 下为真，但是 P' 的指派就是 P 的指派. 于是在 E 下 P 为真，这与 P 永假的假设矛盾.

反之，如果 P' 永假，而 P 可满足，于是可设在指派 E 下 P 为真，则对 D 中任意的元素 $x_{01},\cdots,x_{0k-1}$，存在 $x_{0k}\in D$，使得

$$Q_{k+1}x_{k+1}\cdots Q_n x_n G(x_{01},\cdots,x_{0k-1},x_{0k},x_{k+1},\cdots,x_n)$$

在 E 下为真.

将指派 E 扩充为 E'，使其包含函数符号 $f(x_1,\cdots,x_{k-1})$，而 f 规定为：对任意的元素 $x_{01},\cdots,x_{0k-1}\in D$，有 $f(x_{01},\cdots,x_{0k-1})=x_{0k}$.

于是 E' 是 P' 的一个指派，P' 在 E 下为真，这与 P' 永假的假设矛盾.

这就证明 P 永假，当且仅当 P' 永假，即对任意的前束范式 P，如果删去它的第一个存在量词(从左往右数)，并且用斯柯林函数代入后的公式为 P'，则必有：P 永假当且仅当 P' 永假.

(2) 不失一般性，可设 A 本身就是一个含有 m 个存在量词的前束范式($1\leqslant m\leqslant n$)，设 $A_0\Leftrightarrow A$，A_k 是由 A_{k-1} 删去第一个存在量词(从左往右数)，并用斯柯林函数代入后得到的公式($1\leqslant k\leqslant m$). 显然，A_m 就是 A 的斯柯林范式，即 $S\Leftrightarrow A_m$.

根据(1)有，

A_0 永假当且仅当 A_1 永假；

A_1 永假当且仅当 A_2 永假；

……

A_{m-1} 永假当且仅当 A_m 永假.

因此，A_0 永假当且仅当 A_m 永假.

即 A 永假当且仅当 S 永假. ■

注意：斯柯林范式与前束范式不同，任何公式与它的前束范式是等值的，但是一个公式的斯柯林范式不一定与其自身等值.

一般来说，如果公式 A 不是永假式，则 A 与它的斯柯林范式 S 不等值.

【例 10.23】 设谓词公式 A 为 $\exists xF(x)$，则其斯柯林范式 S 为 $F(a)$，给定 A 和 S 的指派 E 如下：

(1) 个体域 $D=\{a,b\}$；

(2) D 中特定元素 $k=a$；

(3) 谓词 $F(x)$ 为 $F(a)=0,F(b)=1$.

于是，A 在 E 下为真，而 S 在 E 下为假. 所以 A 不等值于 S.

斯柯林范式在定理的机器证明中很有用.

10.5 谓词演算的推理理论

在谓词演算中，推理的形式结构仍为

$$H_1\wedge H_2\wedge\cdots\wedge H_n\Rightarrow C$$

若 $H_1 \wedge H_2 \wedge \cdots \wedge H_n \to C$ 是永真式，则称由前提 $H_1 \wedge H_2 \wedge \cdots \wedge H_n$ 可逻辑地推出结论 C，其中 $H_1, H_2, \cdots, H_n, C$ 均为谓词公式.

命题演算中的推理规则可在谓词推理理论中应用.

除此之外，由于谓词逻辑中引进了个体、谓词和量词等，因此又增加了一些推理规则.下面介绍几个与量词有关的推理规则.

10.5.1 推理规则

1. US 规则(全称特定化规则)

$$\forall x G(x) \Rightarrow G(y)$$

其中 y 在 $G(x)$ 中自由出现.

推广应用：$\forall x G(x) \Rightarrow G(c)$，其中 c 为任意个体常元.

使用 US 规则时要求：

(1) x 是 $G(x)$ 中自由出现的个体变元.

(2) y 是任意不在 $G(x)$ 中约束出现的个体变元.

反例：设 $A(x) = \exists y(x > y)$，其中 x, y 的个体域是 $\mathbf{R}$，则 $\forall x A(x) = \forall x \exists y(x > y)$ 是一真值为真的命题. 若应用 US 规则，则得到 $A(y) = \exists y(y > y)$，这是一真值为假的命题. 错误的原因在于 y 在 $A(x)$ 中是约束出现的.

2. ES 规则(存在特定化规则)

$$\exists x G(x) \Rightarrow G(c)$$

其中 c 是指定个体域中某个个体，不是任意的.

使用 ES 规则时要求：

(1) c 是使 $G(c)$ 为真的指定个体域中的某个个体.

(2) c 不曾在 $G(x)$ 中出现过，在具体的推理过程中还要求 c 不在以前步骤中出现过.

(3) $G(x)$ 中除 x 外无其他自由变元出现.

反例：设 $G(x)$ 为 $(x=y)$，其中 x, y 的个体域是 $\mathbf{R}$，若使用 ES 规则，则得 $c=y$，即存在一实数 c，它等于任意实数 y. 结论显然不成立，这是因为在 $\exists x(x=y)$ 中有自由变元 y.

另外，要注意的是，如果 $\exists x P(x)$ 和 $\exists x Q(x)$ 都真，则对于某个 c 和某个 d，可以断定 $P(c) \wedge Q(d)$ 必真，但不能断定 $P(c) \wedge Q(c)$ 为真.

例如，设个体域是全体整数，$P(x)$ 表示"x 是偶数"，$Q(x)$ 表示"x 是奇数"，显然 $P(2)$ 和 $Q(3)$ 都为真，$P(2) \wedge Q(3)$ 也为真，但 $P(2) \wedge Q(2)$ 为假.

3. UG 规则(全称一般化规则)

$$G(y) \Rightarrow \forall x G(x)$$

其中 x 在 $G(y)$ 中自由出现.

使用 UG 规则时要求：

(1) y 在 $G(y)$ 中自由出现，且 y 取任何值时 $G(y)$ 均为真，即 y 不能是某些特定的个体；

(2) x 不能在 $G(y)$ 中约束出现.

反例：设 x, y 的个体域为 $\mathbf{R}$，则对给定的实数 y，$A(y) = \exists x(x > y)$ 是真值为真的命题.

但$\forall xA(x)=\forall x\,\exists x(x>x)$是真值为假的命题. 出错的原因在于 x 在 $G(y)$ 中约束出现了.

注意：使用 US 规则引出自由变元 y 之后，不能让由使用 ES 规则而引入的新变元在 $G(y)$ 中自由出现. 如果有这种情况，就不能使用 UG 规则.

因为 ES 规则引入的新变元是表面的自由变元，$G(x)$不是对新变元的一切值都可证明，所以 $G(x)$不能全称量化，否则就会与"量词序列$\forall x\,\exists y$ 不可交换"的事实产生矛盾. 后面的例 10.30 将说明这一点.

4. EG 规则(存在一般化规则)

$$G(c)\Rightarrow \exists xG(x)$$

其中 c 是指定个体域中的某一个个体.

推广应用：$G(y)\Rightarrow\exists xG(x)$，其中 x 在 $G(y)$ 中自由出现.

使用 EG 规则时要求：

(1) c 是个体域中使 G 为真的某个个体常元；

(2) 代替 c 的 x 不能已在 $G(c)$ 中出现.

例如，设个体域为 **R**，并取 $A(8)=\exists x(x>8)$，则 $A(8)$ 是真值为真的命题. 由于 x 已在 $A(8)$ 中出现，因此若用 x 替换 8，则得到$\exists x\,\exists x(x>x)$是真值为假的命题.

5. 推理规则小结

(1) US 规则和 ES 规则主要用于推导过程中删除量词，一旦删除了量词，就可像命题演算一样完成推导过程，从而获得想要的结论.

① 删除的量词必须位于整个公式的最前端.

② 如有两个含有存在量词的公式，当用 ES 规则删除量词时，不能选用同一个个体常元符号来取代两个公式中的变元，而应用不同的个体常元符号来取代它们.

③ 在推导过程中，如既要使用 US 规则又要使用 ES 规则删除公式中的量词，而且选用的个体是同一个符号，则必须先使用 ES 规则再使用 US 规则.

(2) UG 规则和 EG 规则主要用于使结论呈量化形式.

① 如果一个变元使用 ES 规则删除了量词，则对该变元添加量词时只能使用 EG 规则，而不能使用 UG 规则；如果使用 US 规则删除了量词，则对该变元添加量词时可使用 EG 规则和 UG 规则.

② 使用 ES 规则而产生的变元不能保留在结论中，因它是暂时的假设，在推导结束之前必须使用 EG 规则使之成为约束变元.

(3) 在使用以上 4 个规则时，要严格按照限制条件去使用，并从整体上考虑个体变元和个体常元符号的选择，否则会犯错误.

如在添加量词时，所选用的 x 不能在公式 $A(c)$或 $A(y)$ 中以任何约束出现.

(4) 这 4 个规则可形象地称为"脱帽""戴帽"规则：

对全称量词"脱帽容易戴帽难"

对存在量词"戴帽容易脱帽难"

10.5.2 推理规则的应用

和命题逻辑相比，在谓词逻辑里使用推理规则进行推理演算同样是方便的. 推理演算过程如下：

(1) 将以自然语句表示的推理问题引入谓词公式形式化.

(2) 若不能直接使用基本的推理公式就消去量词.

(3) 在无量词下使用规则和公式进行推理.

(4) 引入量词以求得结论.

【例 10.24】 证明苏格拉底三段论.

【解】 设 $M(x)$：x 是人；$D(x)$：x 是要死的；c：苏格拉底，于是苏格拉底三段论可表示为

$$\forall x(M(x) \rightarrow D(x)) \land M(c) \Rightarrow D(c)$$

推证过程如下：

(1) $M(c)$	前提
(2) $\forall x(M(x) \rightarrow D(x))$	前提
(3) $^{*}M(c) \rightarrow D(c)$	(2)；US 规则
(4) $D(c)$	(1)，(3)；假言推理

* 由于 y 取个体域中任意个体，为了与步骤(1)一致，故取 c. 注意先后顺序.

【例 10.25】 证明 $\forall x(C(x) \rightarrow W(x) \land R(x)) \land \exists x(C(x) \land Q(x)) \Rightarrow \exists x(Q(x) \land R(x))$.

证明 推证过程如下：

(1)	$\forall x(C(x) \rightarrow W(x) \land R(x))$	前提
(2)	$\exists x(C(x) \land Q(x))$	前提
(3)	$C(a) \land Q(a)$	(2)；ES 规则
(4)	$C(a) \rightarrow W(a) \land R(a)$	(1)；US 规则
(5)	$C(a)$	(3)；化简式
(6)	$W(a) \land R(a)$	(4)，(5)；假言推理
(7)	$Q(a)$	(3)；化简式
(8)	$R(a)$	(6)；化简式
(9)	$Q(a) \land R(a)$	(7)，(8)；合取引入
(10)	$\exists x(Q(x) \land R(x))$	(9)；EG 规则

【例 10.26】 证明 $\forall x(P(x) \lor Q(x)) \Rightarrow \neg(\forall x P(x)) \rightarrow \exists x Q(x)$.

证明 推证过程如下：

(1)	$\neg(\forall x P(x))$	附加前提
(2)	$\exists x(\neg P(x))$	(1)；量词间转化等值式
(3)	$\neg P(c)$	(2)；ES 规则
(4)	$\forall x(P(x) \lor Q(x))$	前提
(5)	$P(c) \lor Q(c)$	(4)；US 规则
(6)	$Q(c)$	(3)，(5)；析取三段论
(7)	$\exists x Q(x)$	(6)；EG 规则
(8)	$\neg(\forall x P(x)) \rightarrow \exists x Q(x)$	(1)，(7)；CP 规则

【例 10.27】 证明 $\forall x(P(x) \lor Q(x)) \Rightarrow \forall x P(x) \lor \exists x Q(x)$.

证明 1：(间接证明法——反证法)

(1) $\neg(\forall xP(x)\lor\exists xQ(x))$ 附加前提

(2) $\neg\forall xP(x)\land\neg\exists xQ(x)$ (1)；E_{10}

(3) $\neg\forall xP(x)$ (2)；化简式

(4) $\neg\exists xQ(x)$ (2)；化简式

(5) $\forall x\neg Q(x)$ (4)；量词间转化等值式

(6) $\exists x\neg P(x)$ (3)；量词间转化等值式

(7) $\neg P(c)$ (6)；ES 规则

(8) $\neg Q(c)$ (5)；US 规则

(9) $\neg P(c)\land\neg Q(c)$ (7)，(8)；合取引入

(10) $\neg(P(c)\lor Q(c))$ (9)；E_{10}

(11) $\forall x(P(x)\lor Q(x))$ 前提

(12) $P(c)\lor Q(c)$ (11)；US 规则

(13) $\neg(P(c)\lor Q(c))\land(P(c)\lor Q(c))$ (10)，(12)；合取引入

因此$\forall x(P(x)\lor Q(x))\Rightarrow\forall xP(x)\lor\exists xQ(x)$.

证明 2：因为$\forall xP(x)\lor\exists xQ(x)\Leftrightarrow\neg\forall xP(x)\to\exists xQ(x)$，故可以用 CP 规则证明如下：

(1) $\neg\forall xP(x)$ 附加前提

(2) $\exists x\neg P(x)$ (1)；量词间转化等值式

(3) $\forall x(P(x)\lor Q(x))$ 前提

(4) $\neg P(c)$ (2)；ES 规则

(5) $P(c)\lor Q(c)$ (3)；US 规则

(6) $Q(c)$ (4)，(5)；析取三段论

(7) $\exists xQ(x)$ (6)；EG 规则

(8) $\neg\forall xP(x)\to\exists xQ(x)$ (1)，(7)；CP 规则

(9) $\forall xP(x)\lor\exists xQ(x)$ (8)；E_{11}，E_6

【例 10.28】 指出下面推理的错误.

(1) $\exists xP(x)\land\exists xQ(x)$ 前提

(2) $\exists xP(x)$ (1)；化简式

(3) $\exists xQ(x)$ (1)；化简式

(4) $P(c)$ (2)；ES 规则

(5) $Q(c)$ (3)；ES 规则

(6) $P(c)\land Q(c)$ (4)，(5)；合取引入

(7) $\exists x(P(x)\land Q(x))$ (6)；EG 规则

因此$\exists xP(x)\land\exists xQ(x)\Rightarrow\exists x(P(x)\land Q(x))$.

【解】 错在(5)中 c 非(4)中 c.

【例 10.29】 指出下面推理的错误.

设 $D(x,y)$表示“x 可被 y 整除”，个体域为$\{5,7,10,11\}$.

因为 $D(5,5)$和 $D(10,5)$为真，所以$\exists xD(x,5)$为真.

因为 $D(7,5)$ 和 $D(11,5)$ 为假，所以 $\forall x D(x,5)$ 为假.

但有下面的推理过程：

(1) $\exists x D(x,5)$ 前提

(2) $D(z,5)$ (1)；ES 规则

(3) $\forall x D(x,5)$ (2)；UG 规则

因此 $\exists x D(x,5) \Rightarrow \forall x D(x,5)$.

【解】 (2) 中的 z 是个体常元而不是任意的，故(3)是错误的.

【例 10.30】 对多个量词的使用情况，观察下列推理过程.

(1) $\forall x \exists y P(x,y)$ 前提

(2) $\exists y P(z,y)$ (1)；US 规则

(3) $P(z,a)$ (2)；ES 规则

(4) $\forall x P(x,a)$ (3)；UG 规则

(5) $\exists y \forall x P(x,y)$ (4)；EG 规则

推出错误结论：$\forall x$ 与 $\exists y$ 可交换. 指出错误所在.

【解】 在前提(1)中 y 是依赖于 x 的，故(2)中 y 和 z 有关.

(2)到(3)，其中的 a 是依赖于 z 的，不是对所有的 z 对同一个 a 都有 $P(z,a)$ 成立，因而(2)到(3)是不成立的.

从而导致(3)到(4)也是不成立的.

反例：设 $P(x,y)$ 表示 $x+y=0$，个体域是有理数集合，则 $\forall x \exists y(x+y=0)$ 为真，但 $\exists y \forall x(x+y=0)$ 为假.

习题

1. A 类题

A10.1 将下列命题符号化：

(1) 4 不是奇数.

(2) 2 是偶数且是素数.

(3) 老王是山东人或河北人.

(4) 2 与 3 都是偶数.

(5) 5 大于 3.

(6) 若 m 是奇数，则 $2m$ 不是奇数.

(7) 直线 A 平行于直线 B 当且仅当直线 A 不相交于直线 B.

(8) 小王既聪明又用功，但身体不好.

(9) 深圳位于广州和香港之间.

(10) 除非小李是东北人，否则她一定怕冷.

A10.2 分别在全总个体域和实数个体域中将下列命题符号化：

(1) 对所有的实数 x，都存在实数 y，使得 $x-y=0$.

(2) 存在实数 x，对所有的实数 y，都有 $x-y=0$.

(3) 对所有的实数 x 和所有的实数 y，都有 $x+y=y+x$.

(4) 存在实数 x 和实数 y，使得 $x+y=100$.

A10.3 将下列命题符号化：

(1) 每列火车都比某些汽车快.

(2) 某些汽车比所有火车慢.

(3) 对每一个实数 x，存在一个更大的实数 y.

(4) 存在实数 x,y 和 z，使得 x 与 y 之和大于 x 与 z 之积.

(5) 所有的人都不一样高.

A10.4 将下列命题符号化，并讨论其真值：

(1) 有些实数是有理数.

(2) 每个人都有父母.

(3) 每个自然数都有比它大的自然数.

(4) 乌鸦都是黑的.

(5) 不存在比所有火车都快的汽车.

(6) 有些大学生不佩服运动员.

(7) 有些女同志既是教练员又是运动员.

(8) 除 2 以外的所有素数都是奇数.

A10.5 指出一个个体域，使下列被量化谓词公式的真值为真，该个体域是整数集合的最大子集. 其中，$A(x)$：$x>0$，$B(x)$：$x=5$，$C(x,y)$：$x+y=0$.

(1) $\forall xA(x)$.

(2) $\exists xA(x)$.

(3) $\forall xB(x)$.

(4) $\exists xB(x)$.

(5) $\forall x\,\exists yC(x,y)$.

A10.6 判断下列符号串哪些是谓词公式.

(1) $P(x,y)\lor\exists xQ(x)$.

(2) $\forall x(P(x)\to Q(y))$.

(3) $\forall x(P(x\to y))$.

(4) $\forall xP(\neg x)$.

(5) $\exists x\,\forall y(P(x,y,z)\land Q(z))$.

(6) $P(z)\to(\neg(\forall x\,\forall yQ(x,y,a)))$.

A10.7 指出下列公式中的约束变元和自由变元，并指明量词的辖域.

(1) $\forall x(P(x)\to Q(y))$.

(2) $\forall x(P(x)\land R(x))\to(\exists xP(x)\land Q(x))$.

(3) $\forall x(P(x)\land\exists xQ(x))\lor(\forall xR(x,y)\land Q(z))$.

(4) $\exists x\forall y(R(x,y)\land Q(z))$.

(5) $\forall z(P(x)\land\exists xR(x,z)\to\exists yQ(x,y))\lor R(x,y)$.

(6) $\forall x(P(x)\land\exists xQ(x))\lor(\forall xP(x)\to Q(y))$.

(7) $\exists x \forall y(P(x) \wedge Q(y) \rightarrow \forall z R(z))$.

(8) $A(z) \rightarrow \neg(\forall x \forall y B(x,y,a))$.

A10.8 对下列谓词公式中的约束变元进行换名.

(1) $\exists x \forall y(P(x,z) \rightarrow Q(x,y)) \wedge R(x,y)$.

(2) $\forall x(P(x) \rightarrow R(x) \vee Q(x,y)) \wedge \exists x R(x) \rightarrow \forall z S(x,z)$.

(3) $\forall x \exists y(P(x,z) \rightarrow Q(y)) \leftrightarrow S(x,y)$.

(4) $\forall x(P(x) \rightarrow R(x) \vee Q(x)) \wedge \exists x R(x) \rightarrow \exists z S(x,z)$.

A10.9 对下列谓词公式中的自由变元进行代入.

(1) $(\exists y Q(z,y) \rightarrow \forall x R(x,y)) \vee \exists x S(x,y,z)$.

(2) $\forall y P(x,y) \wedge \exists z Q(x,z) \leftrightarrow \exists x R(x,y)$.

(3) $(\exists y A(x,y) \rightarrow \forall x B(x,z)) \wedge \exists x \forall z C(x,y,z)$.

(4) $(\forall y P(x,y) \wedge \exists z Q(x,z)) \vee \forall x R(x,y)$.

A10.10 设个体域为 $D=\{1,2,3\}$,试消去下列各式的量词.

(1) $\forall x P(x)$.

(2) $\forall x P(x) \rightarrow \exists y Q(y)$.

(3) $\forall x P(x) \vee \exists y Q(y)$.

(4) $\forall x(P(x) \leftrightarrow Q(x))$.

(5) $\forall x \neg P(x) \vee \forall y Q(y)$.

A10.11 求下列各式的真值.

(1) $\forall x \exists y H(x,y)$. 其中 $H(x,y)$：$x>y$,个体域为 $D=\{2,4\}$.

(2) $\exists x(S(x) \rightarrow Q(a)) \wedge P$. 其中 $S(x)$：$x>3$,$Q(x)$：$x=5$,a：3,P：$5>3$,个体域为 $D=\{-1,3,6\}$.

(3) $\exists x(x^2-2x+1=0)$. 其中个体域为 $D=\{-1,2\}$.

A10.12 令个体域为$\{0,1\}$,试消去下列各式的量词.

(1) $\forall x F(0,x)$.

(2) $\forall x \forall y F(x,y)$.

(3) $\exists x F(x) \rightarrow \forall y G(y)$.

A10.13 令个体域为谓词公式集合,定义其中的原子命题如下：$P(x)$：x 是可以证明的,$S(x)$：x 是可以满足的,$H(x)$：x 是真的,试将下列各式翻译成自然语言：

(1) $\forall x(P(x) \rightarrow H(x))$.

(2) $\forall x(H(x) \vee \neg S(x))$.

(3) $\exists x(H(x) \wedge \neg P(x))$.

A10.14 证明下列关系式：

(1) $\exists x \exists y(P(x) \wedge P(y)) \Rightarrow \exists x P(x)$.

(2) $\forall x \forall y(P(x) \vee Q(y)) \Leftrightarrow \forall x P(x) \vee \forall y Q(y)$.

(3) $\exists x \exists y(P(x) \rightarrow P(y)) \Leftrightarrow \forall x P(x) \rightarrow \exists y P(y)$.

(4) $\forall x \forall y(P(x) \rightarrow Q(y)) \Leftrightarrow \exists x P(x) \rightarrow \forall y Q(y)$.

A10.15 证明下列各关系式,其中 B 是不含变元 x 的谓词公式.

(1) $\exists x(S(x)\to R(x))\Leftrightarrow\forall xS(x)\to\exists xR(x)$.

(2) $\forall x\,\forall y(S(x)\to R(y))\Leftrightarrow\exists xS(x)\to\forall yR(y)$.

(3) $\exists x(A(x)\to B)\Leftrightarrow\forall xA(x)\to B$.

(4) $\forall x(B\to A(x))\Leftrightarrow B\to\forall xA(x)$.

(5) $\forall x(A(x)\to B(x))\Rightarrow\forall xA(x)\to\forall xB(x)$.

(6) $\forall x(A(x)\leftrightarrow B(x))\Rightarrow\forall xA(x)\leftrightarrow\forall xB(x)$.

A10.16 判断下列证明是否正确.

$\forall x(A(x)\to B(x))\Leftrightarrow\forall x(\neg A(x)\vee B(x))\Leftrightarrow\forall x\,\neg(A(x)\wedge\neg B(x))$

$\Leftrightarrow\neg\exists x(A(x)\wedge\neg B(x))\Leftrightarrow\neg(\exists xA(x)\wedge\exists x\,\neg B(x))$

$\Leftrightarrow\neg(\exists xA(x)\wedge\neg\forall xB(x))\Leftrightarrow\neg\exists xA(x)\vee\forall xB(x))$

$\Leftrightarrow\exists xA(x)\to\forall xB(x))$.

A10.17 求下列各式的前束范式:

(1) $\forall xP(x)\wedge\neg\exists xQ(x)$.

(2) $\forall xP(x)\vee\neg\exists xQ(x)$.

(3) $\forall x\,\forall y((\exists zA(x,y,z)\wedge\exists uB(x,u))\to\exists vB(x,v))$.

(4) $\forall x\,\forall y(\exists z(A(x,z)\wedge B(x,z))\to\exists uR(x,y,u))$.

(5) $\neg\forall x(\exists yA(x,y)\to\exists x\,\forall y(B(x,y)\wedge\forall y(A(y,x)\to B(x,y))))$.

A10.18 求下列各式的前束合取范式:

(1) $\forall x(P(x)\vee\forall zQ(z,y)\to\neg\forall yR(x,y))$.

(2) $\exists x\forall y(P(x,y)\wedge Q(y,z))\vee\forall xR(x,y)$.

(3) $(\exists yQ(z,y)\to\forall xR(x,y))\vee\exists xS(x,y,z)$.

A10.19 求下列各式的前束析取范式:

(1) $\forall x(P(x)\to\forall y(\forall xQ(x,y)\to\neg\forall zR(x,y,z)))$.

(2) $\exists x\forall y(P(x,y)\vee Q(y,z))\wedge\forall xR(x,y)$.

(3) $(\exists yQ(z,y)\wedge\forall xR(x,y))\vee\exists xS(x,y,z)$.

A10.20 判断下列谓词公式的类型:

(1) $\forall xA(x)\to\exists xA(x)$.

(2) $\forall x\,\neg A(x)\to\neg\forall xA(x)$.

(3) $\exists xA(x)\to\forall xA(x)$.

(4) $\exists x\forall yP(x,y)\to\forall y\,\exists xP(x,y)$.

(5) $\forall x\forall yP(x,y)\to\forall y\,\forall xP(x,y)$.

(6) $\exists x\exists yP(x,y)\to\exists y\,\exists xP(x,y)$.

(7) $(\exists xA(x)\wedge\exists xB(x))\leftrightarrow\exists x(A(x)\wedge B(x))$.

(8) $(\exists xA(x)\vee\exists xB(x))\leftrightarrow\exists x(A(x)\vee B(x))$.

(9) $(\exists xA(x)\to\exists xB(x))\to\exists x(A(x)\to B(x))$.

(10) $\forall x(A(x)\vee B(x))\to(\forall xA(x)\vee\forall xB(x))$.

A10.21 证明下列各关系式:

(1) $\forall x(F(x)\to(G(y)\wedge R(x))),\exists xF(x)\Rightarrow\exists x(F(x)\wedge R(x))$.

(2) $\forall x(F(x)\to G(x)),\forall x(R(x)\to\neg G(x))\Rightarrow\forall x(R(x)\to\neg F(x))$.

(3) $\forall x(F(x)\vee G(x)),\forall x(G(x)\to\neg R(x)),\forall xR(x)\Rightarrow\forall xF(x)$.

(4) $\exists xF(x)\to\forall y((F(y)\vee G(y))\to R(y)),\exists xF(x)\Rightarrow\exists xR(x)$.

A10.22 用CP规则证明下列各关系式：

(1) $\forall x(F(x)\to R(x))\Rightarrow\forall xF(x)\to\forall xR(x)$.

(2) $\forall x(F(x)\vee G(x)),\neg\exists x(G(x)\wedge R(x))\Rightarrow\forall xR(x)\to\forall xF(x)$.

(3) $\forall x(F(x)\to\neg G(x)),\forall x(G(x)\vee R(x))\Rightarrow\neg\forall xR(x)\to\exists x\neg F(x)$.

A10.23 用反证法证明下列各关系式：

(1) $\forall x(F(x)\vee G(x))\Rightarrow\forall xF(x)\vee\exists xG(x)$.

(2) $\forall x(F(x)\vee G(x)),\forall x(G(x)\to\neg R(x)),\forall xR(x)\Rightarrow\forall xF(x)$.

(3) $\forall x(F(x)\to\neg G(x)),\forall x(G(x)\vee R(x)),\exists x\neg R(x)\Rightarrow\exists x\neg F(x)$.

2. B类题

B10.1 若定义唯一性量词$(\exists!x)$为"存在唯一的一个x"，则$(\exists!x)P(x)$表示"存在唯一的一个x使$P(x)$为真"．试用量词，谓词及逻辑运算符表示$(\exists!x)P(x)$.

B10.2 正整数一共有下述三条公理：

(1) 每个数都有唯一的一个数是它的后继数.

(2) 没有一个数使数1是它的后继数.

(3) 每个不等于1的数都有唯一的一个数是它的直接先驱数.

用两个谓词表达上述三条公理.

注意：设n是不等于1的正整数，则$n+1$是n的**后继数**，$n-1$是n的**先驱数**.

B10.3 求下列各式等值的斯柯林范式.

(1) $\forall x\,\exists y(\neg P(x,y)\vee Q(x))$.

(2) $\exists x\,\forall y\,\exists z(P(x)\wedge Q(y,z)\wedge R(x,y,z))$.

B10.4 符号化下列命题并推证其结论：

(1) 没有不守信用的人是可以信赖的．有些可以信赖的人是受过教育的人．因此，有些受过教育的人是守信用的.

(2) 每一个买到门票的人都能得到座位．因此，如果这里已经没有座位，那么就没有任何人去买门票.

(3) 每个喜欢步行的人都不喜欢骑自行车．每个人或者喜欢骑自行车或者喜欢乘汽车．有的人不喜欢乘汽车．所以有的人不喜欢步行．(个体域为人类集合).

B10.5 符号化下列命题并推证其结论：

(1) 每个有理数都是实数．有的有理数是整数．因此，有的实数是整数.

(2) 有理数，无理数都是实数．虚数不是实数．因此，虚数既不是有理数，也不是无理数.

(3) 不存在能表示成分数的无理数．有理数都能表示成分数．因此，有理数都不是无理数.

参 考 文 献

[1] 姜建国，臧明相．数论算法．西安：西安电子科技大学出版社，2014．

[2] 潘承洞，潘承彪．简明数论．北京：北京大学出版社，1998．

[3] 洪帆，傅小青．离散数学基础．3版．武汉：华中科技大学出版社，2009．

[4] 洪帆，傅小青．离散数学习题题解．武汉：华中科技大学出版社，1999．

[5] 王元元，沈克勤，李拥新．离散数学教程．北京：高等教育出版社，2010．

[6] 宋丽华，沈克勤，王兆丽．离散数学教程纲要及题解．北京：高等教育出版社，2012．

[7] 徐洁磐．离散数学导论．4版．北京：高等教育出版社，2011．

[8] 朱怀宏，徐洁磐．离散数学导论(第4版)——学习指导与习题解析．北京：高等教育出版社，2012．

[9] 左孝凌，李为鑑，刘永才．离散数学．上海：上海科学技术文献出版社，1982．

[10] 徐晓静，李明灿．离散数学辅导及习题精解．延吉：延边大学出版社，2014．

[11] 屈婉玲，耿素云，张立昂．离散数学．北京：高等教育出版社，2008．

[12] 屈婉玲，耿素云，张立昂．离散数学学习指导与习题解析．北京：高等教育出版社，2008．

[13] 傅彦，顾小丰，王庆先．离散数学及其应用．北京：高等教育出版社，2007．

[14] 傅彦，王丽杰，尚明生．离散数学实验与习题解析．北京：高等教育出版社，2007．

[15] 古天龙，常亮．离散数学．北京：清华大学出版社，2012．

[16] 李盘林，李丽双，赵铭伟．离散数学．2版．北京：高等教育出版社，2005．